新工科教育系列教材　　天津市级普通高校精品教材

嵌入式系统及其应用

王守志　赵昌丽　韩金玉　刘旸　齐存康　刘琼　陈巧云　编著

天津大学出版社
TIANJIN UNIVERSITY PRESS

图书在版编目（CIP）数据

嵌入式系统及其应用 / 王守志等编著. -- 天津 ：天津大学出版社，2025. 6. --（天津市级普通高校精品教材）. -- ISBN 978-7-5618-7893-4

Ⅰ. TP332.021

中国国家版本馆CIP数据核字第2025XV6490号

出版发行	天津大学出版社
地　　址	天津市卫津路92号天津大学内（邮编：300072）
电　　话	发行部：022-27403647
网　　址	www.tjupress.com.cn
印　　刷	河北鑫彩博图印刷有限公司
经　　销	全国各地新华书店
开　　本	787mm×1092mm　1/16
印　　张	19
字　　数	474千
版　　次	2025年6月第1版
印　　次	2025年6月第1次
定　　价	58.00元

前　言

嵌入式系统是以应用为中心，以计算机技术为基础，软硬件可以裁剪，对性能、成本、体积、功耗及可靠性有着严格要求的专用计算机系统。在现实生活中，人工智能、无人驾驶、机器人、汽车电子、航空航天、海洋监测、智能监控、智慧健康、消费电子等涉及计算机控制的产品几乎都用到了嵌入式计算机系统。嵌入式技术和现代生产生活的方方面面联系得日益紧密。作为计算机领域重要的组成部分，嵌入式系统已成为教学、研究与应用的热点。

本书是针对普通高校嵌入式系统相关课程教学，特别是应用型本科专业教学需要而开发的产教融合特色鲜明的教学用书，也可作为职教本科、研究生以及嵌入式系统开发者的参考用书。

本书以 STM32F407 微控制器为研究对象，以嵌入式系统开发和应用为主线，结合典型应用案例，系统介绍了嵌入式系统的软硬件基础知识、系统构建思路及应用方法。全书共 10 章，分为嵌入式系统、最小系统、典型外设应用、实时系统四个部分，具体知识框架如图 0-1 所示。

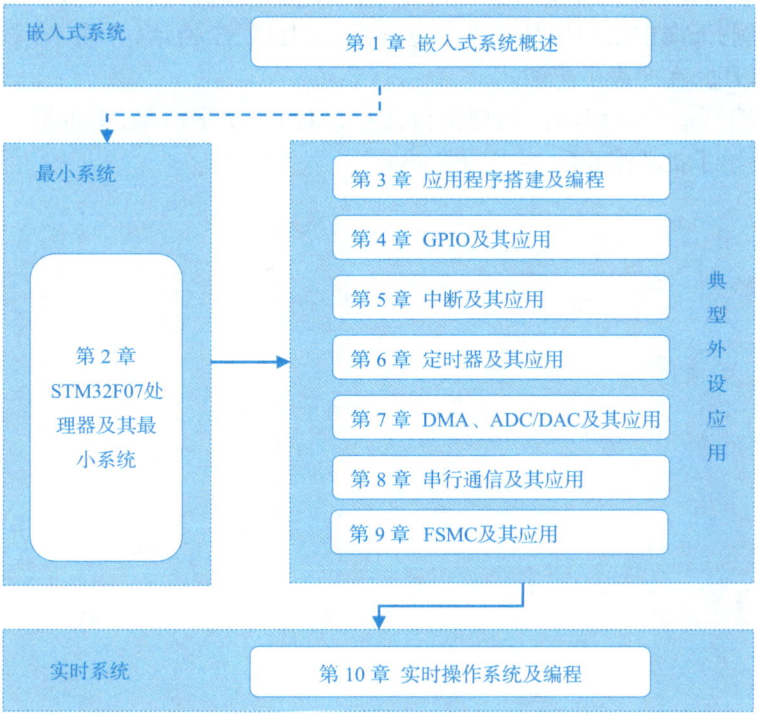

图 0-1　知识框架图

本书坚持产教融合的编写理念，各章节结合实际应用，既重视基础理论知识的介绍，也重视应用系统的电路搭建、程序编制与调试的讲解，突出工程应用思路和应用方法，突出理实一体、学以致用。教材所涉及的芯片、CMSIS 标准库均努力采用最新技术、最新型号和最新版本，确保内容的先进性。本书重视课程思政改革，坚持“意识上默化、专业上潜识”的课程思政理念，整合与课程紧密相关的思政、品德、素养等三类近 20 个思政要素，融合点 50 多处。

本书编写过程中，参考了大量国内外已出版的同类图书，在吸收这些文献的精华和优点的同时，本书还具有如下特色。

（1）图文并茂，以增加读者对嵌入式系统的理解和掌握，部分难点内容配有难点解析讲解视频。

（2）阐述严谨、重点突出、思路清晰、深入浅出、富启发性，便于教学与自学。

（3）以嵌入式系统开发为主线，引入理论知识，也重视应用思路及其方法讲解。

（4）本书配套有实验指导书、程序代码、教学课件、教学大纲、自测系统（含答案）、难点解析视频、知识图谱（线上课程）等丰富的数字资源。

全书由校企人员联合编写，其中天津中德应用技术大学王守志主持编写并负责全书统稿，刘旸负责全书思政案例的遴选与融合组织，以及全书文本修订和思政内容审核。天津中德应用技术大学王守志负责编写第 1~5 章；赵昌丽负责编写第 6 章、第 10 章，并参与编写第 2 章、第 4 章以及实验指导书；刘琼参与编写第 3~7 章；韩金玉负责编写第 7~9 章；华玉龙参与编写第 5~7 章；齐存康负责编写实验指导书；远洋航空科技（天津）有限公司陈巧云提供了诸多企业案例；天津中德应用技术大学赵洋洋、王月敏、李柯熠（学生）在教材审核与修订中给予了很大帮助，在此表示感谢。

编者力求编写适用好用的应用型本科教材，但由于水平所限，不可避免存在问题或错误，望广大读者给予批评指正。

编者

目录

第1章 嵌入式系统概述

当前，嵌入式系统（Embedded System，ES）应用领域日益广泛，已达到甚至超出人们所能想象的范围，如无人机、手机、洗衣机、电视机、冰箱、汽车、动车等，都在使用嵌入式系统。本章以四旋翼航拍无人机的研制项目为例，引出嵌入式系统，介绍嵌入式系统的基本概念、嵌入式处理器的关键技术以及嵌入式操作系统，讲解嵌入式系统开发的一般流程和思路。

1.1 应用案例及分析

假设某公司拟研发一款四旋翼航拍无人机，并给出了设计要求，其中部分设计要求如下：

（1）该款消费级四旋翼航拍无人机主要针对航拍用户设计，相机采用 1/1.3 in（1 in=2.54 cm）双原生 ISO（感光度）传感器；

（2）无人机机体采用可折叠结构，便于用户携带；

（3）整机质量≤248 g，对轴间距≤247 mm，最大抗风等级为 5 级；

（4）最大平飞速度≥10 m/s，最大上升（下降）速度≥3 m/s；

（5）最大续航里程≥18 km，最大前飞（平飞）时间≥32 min，在无风环境中最大悬停时间≥30 min；

（6）飞行控制系统需为后续的功能拓展预留资源。

解析：

从公司新产品的研制视角来看，无人机等产品的研制一般会涉及机械结构设计、电气或控制系统设计、控制软件开发、外形设计、样机试制、产品测试、规模生产工艺开发等一系列环节，需要机械、材料、控制、计算机等多个领域的技术人员联合攻关。为缩短研发周期，多数公司会将研发团队划分为若干子团队（部门），分别研发产品的不同部件，如图 1-1 所示。各研发子团队同步开展各自负责的研发工作，各部件研发完成后组装为产品。在研发子团队（部门）内部，各成员之间一般也有分工，不同成员负责更为具体的不同的研发任务。

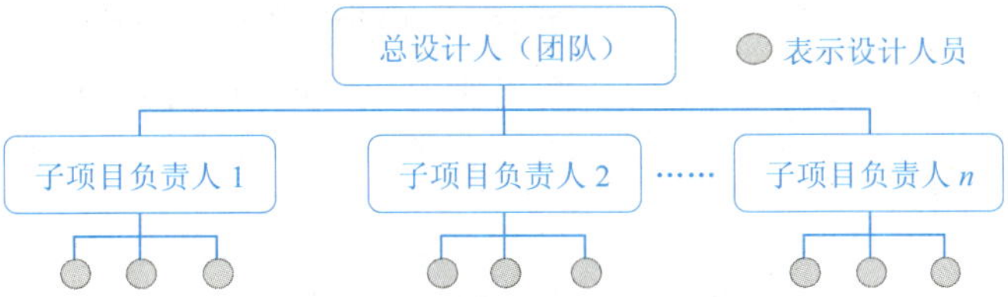

图 1-1 产品研发团队构成示意

这就需要研发子团队（部门）之间、成员之间进行及时、有效的沟通与合作，以确保多部件之间的匹配性，避免因部件不匹配而无法组装或无法工作。因此，相关开发人员应做到以下几点：

（1）掌握本领域扎实的理论知识、系统的工程思维、有效的问题解决方法，能顺利完成所负责的研发任务；

（2）了解该产品所涉及的国家或行业标准，以保证所研制的部件（产品）符合国家或行业标准要求；

（3）具备较强的责任意识、良好的合作意识和沟通能力以及相关领域的基础理论，能本着为公司负责、为产品负责的态度，及时进行有效的沟通，正确理解其他团队或成员的要求，与团队成员融洽合作，按计划研制出合格的部件。

对控制系统研发团队或人员来说，其任务就是开发适用于公司拟研制的无人机的飞行控制系统（简称"飞控系统"），飞控系统的核心部件是嵌入式控制器。系统了解嵌入式控制器及其系统基础知识，掌握常用的开发方法和思路，是飞控系统开发、检测与维护的基础和前提，也是本书后续章节的主要内容。

飞控系统等嵌入式系统是典型的专用计算机系统，该类系统的开发一般可划分为需求分析、系统总体设计、软硬件设计、系统集成、集成测试等几个阶段。由于不同企业的分工细化程度和所采用的设计思路及技术不同，对开发周期的要求也不同，故嵌入式系统开发工作的组织形式和组织过程不同，有传统开发方法、软硬件协同设计方法等。

1.1.1 嵌入式系统传统开发方法

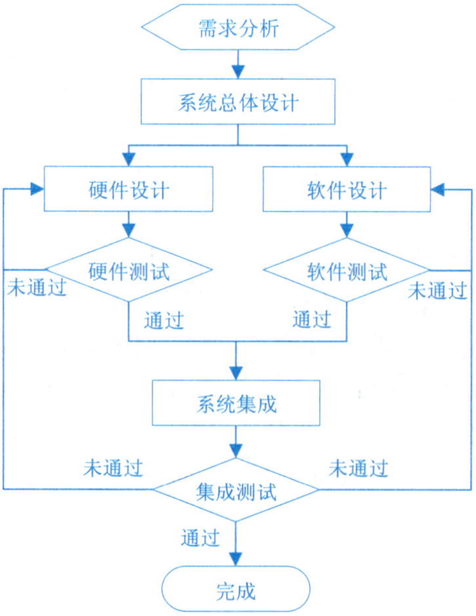

图 1-2 嵌入式系统的传统开发流程

1. 嵌入式系统的传统开发流程

嵌入式系统的传统开发流程如图 1-2 所示，首先根据系统或产品的功能和性能需求选择处理器并设计硬件平台，同时选择软件运行环境和开发工具并开发软件；然后分别进行硬件和软件调试，排除硬件中的故障和不足，修复软件中的缺陷；最后进行系统集成、测试与验证，完成产品或系统开发。

1）需求分析

该阶段的目的是通过需求分析确定系统的设计目标，提炼和编制需求说明书，并将其作为设计指导和验收标准。需求可分为功能性和非功能性两类。功能性需求是指系统的基本功能，如输入/输出接口、遥控人机交互方式等；非功能性需求包括系统的实时性、可靠性、成本、功耗等。

【示例 1-1】第 1.1 节所给的航拍无人机研制项目，具体需求如下。

功能性需求：输入接口，如飞行姿态、高度、速度（加速度）、位置等飞行数据的采集；输出接口，如旋翼电机的控制、航拍相机云台的控制、飞控系统工作状态的指示等；人机交互方式，如遥控信息的交互等。

非功能性需求，一般包括隐性和显性两方面需求：隐性需求是指设计需求无明确要求，但产品研制时必须考虑的因素，如成本、可靠性、功耗等；对无人机来说，实时性、抗干扰性是保障飞行安全的关键因素，是无人机安全飞行的最低要求，属于显性需求。

2）系统总体设计

系统总体设计是开发成功与否的关键步骤，该阶段要给出实现所需功能和要求的技术方案，包括系统软件、硬件的功能划分，系统软件、硬件的选型，开发环境、语言的选择等。

3）其他设计阶段

完成系统总体设计后，多数企业会同步进行软件和硬件的开发、调试与测试工作，最后进行系统集成和集成测试。

2. 嵌入式系统传统开发流程的缺陷

嵌入式系统的传统开发流程简单、直接，但也存在诸多缺陷。

1）影响软硬件功能划分的因素多，人为划分困难大

所谓软硬件功能划分，是指确定系统的哪些功能由硬件完成，哪些功能由软件完成。硬件的运算速度快，但成本高、灵活性低；而软件的成本低、灵活性高，但运算速度慢。系统功能的硬件实现与软件实现差异见表 1-1。

表 1-1　系统功能的硬件实现与软件实现差异

性能	实现方式	
	硬件实现	软件实现
运算速度	快	慢
成本	高	低
灵活性	低	高

在传统开发流程中，系统的软硬件功能划分多依赖于开发者的经验，难以找到最合理的划分方案，或者难以确定是否有更好的划分方案。另外，人工划分容易遗漏软硬件之间的接口。

2）软硬件设计的人为影响大，系统开发周期长

在传统开发流程中，硬件设计和软件设计原则上是同步独立进行的，彼此之间若交互不及时、沟通不顺畅，多数情况会转化为按照硬件优先原则进行设计，即先设计硬件再设计软件，如图 1-3 所示。这种情况会使系统的开发周期延长。而且如果在软件开发阶段或者在系统集成阶段才发现硬件设计存在错误，将会导致巨大的纠错成本。相关文献显示，在传统开发流程中一般有 30%的内容可能需要进行二次设计。

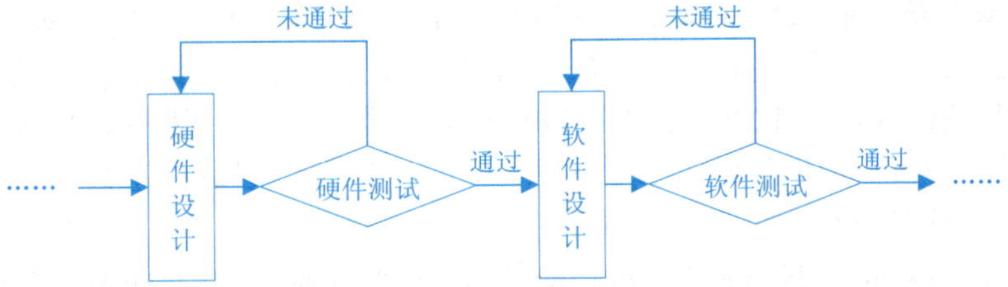

图 1-3　硬件优先的开发过程

3)从系统层面优化的难度大,优化效果有限

由于软硬件独立设计,在优化系统性能时只能分别对软件和硬件进行优化,难以从系统层面对嵌入式系统整体进行优化,优化效果有限。

1.1.2 嵌入式系统软硬件协同设计方法

为了克服传统开发方法的缺点,自 20 世纪 90 年代起软硬件协同设计方法逐步发展起来,并应用于嵌入式系统的设计工作。软硬件协同设计是将软件设计和硬件设计作为一个整体进行考虑,设计过程从系统需求出发,以可编程设计技术为核心,综合考量系统软硬件功能及现有资源,划分软硬件功能,确定系统架构,并进一步实现软硬件协同验证,使所设计的系统能够在最优工作状态下运行。软硬件协同设计过程可分为系统描述、系统设计、仿真验证和综合实现等四个阶段,如图 1-4 所示。

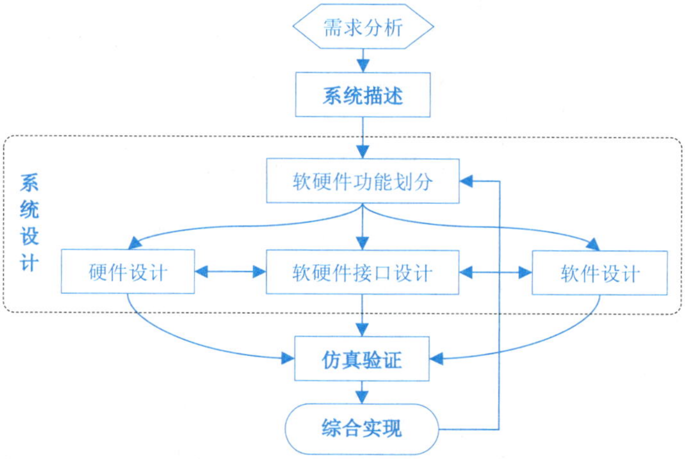

图 1-4 软硬件协同设计流程

系统描述即设计者采用一种或多种语言对所要设计的系统功能和性能进行全面的描述,建立系统的软硬件模型。系统模型可以借助电子设计自动化工具 EDA(Electronic Design Automation)建立,也可以由设计者用自然语言来完成。

系统设计可分为软硬件功能划分和系统映射两个阶段,如图 1-5 所示。软硬件功能划分是确定哪些系统功能由硬件模块来实现,哪些系统功能由软件模块来实现。硬件一般能够提供更好的性能,但软件更容易修改且成本较低,因此软硬件功能划分是一个复杂的过程,需要综合考虑市场资源状况、成本、系统软硬件单元及其接口,最终确定系统体系架构。系统映射是根据系统描述和软硬件功能划分的结果,选择系统的软硬件模块以及其接口的具体实现方法,并进行集成,最终确定系统的体系结构。具体来说,这一过程就是要确定系统应采用哪些硬件模块(如 MCU、DSP、FPGA、存储器、I/O 接口部件等)、软件模块(如操作系统、驱动程序、功能模块等)、软硬件模块之间的通信方法(如总线、共享存储器、数据通道等)以及这些模块的具体实现方法。

仿真验证就是评估设计结果的正确性,并尽可能发现、修正设计中的问题,避免在设计开发后期反复修改所带来的一系列问题。

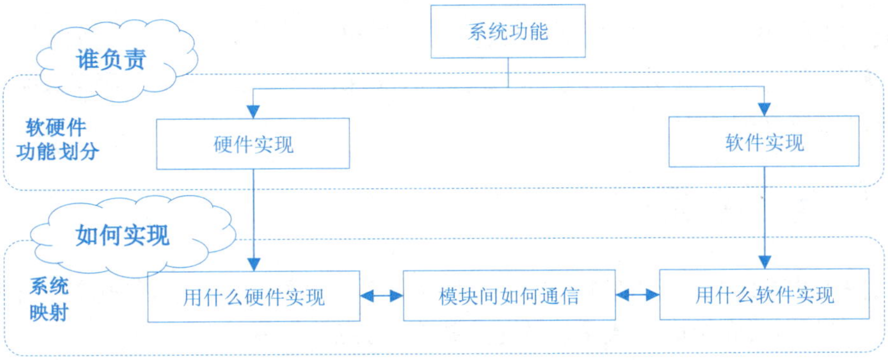

图 1-5　系统设计阶段的工作内容

1.1.3　课程学习方法与建议

嵌入式系统开发与应用涉及电路、计算机、编程语言、控制、通信等领域，知识点多，相关技术与开发应用方法多且差异大，不易理解和掌握。对本课程的学习给出以下建议，如图 1-6 所示。

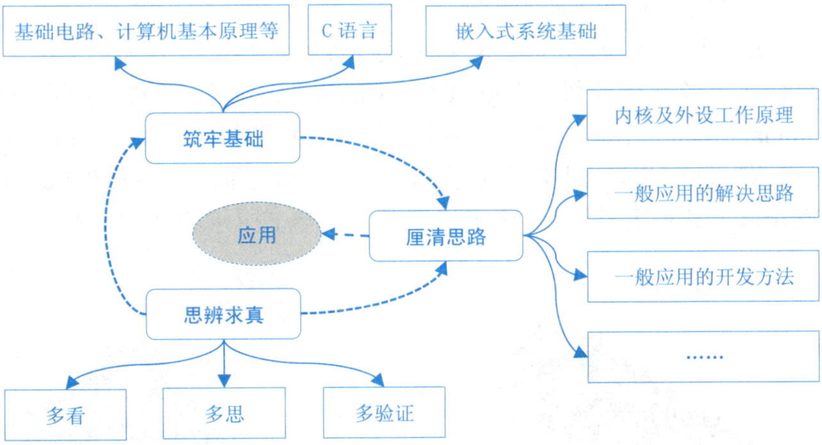

图 1-6　嵌入式系统学习方法

1. 筑牢基础

基础电路、计算机基本原理是学习嵌入式系统的基础，学习本课程前应掌握必要的基础知识；C 语言是嵌入式系统软件开发的必备知识，应具备扎实的 C 语言基础知识和程序编写能力；嵌入式系统既有原理性、思路性、方法性的基础知识，也有内部结构、寄存器等庞杂的内容，基础知识要熟练掌握，内部结构、寄存器等要了解基本架构、基本原理及查询方法。

2. 厘清思路

嵌入式系统应用问题的解决有较为通用的思路或流程，要掌握内核和外设应用的基本思路，并善于归纳和分析，以找出共性特点，将复杂的问题细分为若干简单的问题，逐个解决、逐个突破，切忌眉毛胡子一把抓。

3. 思辨求真

当前，网上关于嵌入式系统的资料较多，厂家提供的各类手册也较多，但是厂家提供的资料并非无误，网上的资料更是良莠不齐，学习时应保持严谨的“求真”意识，多看、多思、多验证，真正理解所学的知识。

1.2　嵌入式系统基础

当前，嵌入式系统已广泛应用于人们的生活和工业各领域，成为智能化领域不可或缺的重要装置。本节简要介绍嵌入式系统的基本概念、特点及发展。

1.2.1　嵌入式系统的基本概念

嵌入式系统的定义当前说法不一，国际电气与电子工程师协会（Institute of Electrical and Electronics Engineers，IEEE）将嵌入式系统定义为“用于控制、监视或辅助操作机器或设备的装置”，国内较为认同的定义是“以应用为中心，以计算机技术为基础，软硬件可裁剪，面向应用系统，对功能、可靠性、成本、体积、功耗有严格要求的专用计算机系统”。嵌入式系统是面向用户、面向产品、面向应用的，是嵌入手机、无人机等具体对象中并与应用紧密结合的，具有很强的专用性，有别于通用计算机系统。

从广义上来讲，凡是带有微处理器的专用软硬件系统均可称为嵌入式系统，譬如图 1-7 所示的 STC89C52 等各类单片机（Single Chip Microcomputer，SCM）、现场可编程门阵列（Field Programmable Gate Array，FPGA）和数字信号处理器（Digital Signal Processor，DSP）等。从狭义上来讲，嵌入式系统更加强调使用嵌入式微处理器（图 1-8）构成的独立系统，且具有独立的操作系统和特定功能，可用于特定场合。本书所讲的嵌入式系统是狭义上的嵌入式系统。

图 1-7　STC89C52 单片机

图 1-8　STM32F103 嵌入式微处理器

1.2.2　嵌入式系统的特点

嵌入式系统不同于通用计算机系统，它是针对具体应用和特定用途而设计的应用于特定环境的专用系统，其硬件和软件均高效率地设计、量体裁衣、去除冗余，可利用较少的资源实现较高的性能。与通用计算机系统相比，嵌入式系统具有以下显著特点，如图 1-9 所示。

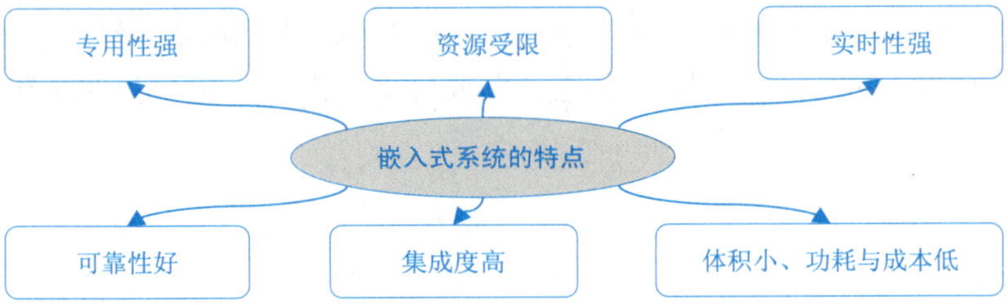

图 1-9　嵌入式系统的特点

1. 专用性强

嵌入式系统的硬件和软件通常是面向特定应用和产品而设计的，不同产品的嵌入式系统不能通用。例如，智能手机与无人机的嵌入式系统不能互换，甚至同一厂商同一系列不同型号手机的嵌入式系统也不能互换。

2. 实时性强

无人机、汽车等集成的嵌入式系统必须对外部事件及时做出反应，这就要求嵌入式系统必须在限定的时间内完成相应的任务。

3. 可靠性好

嵌入式系统通常长期运行，并需要在恶劣的环境下工作，如高温、低温、高湿、振动等。因此，嵌入式系统的硬件和软件都需经过严格的测试和验证，以确保运行的稳定性和可靠性。

4. 资源受限

嵌入式系统是针对特定任务设计的专用计算机系统，因此系统资源较少，内核较传统操作系统小得多。通用计算机系统的内核往往拥有几十甚至上百兆字节的内存，数百千兆字节甚至几太字节的硬盘资源，而嵌入式系统的内核系统资源少得多，常用的面向 ARM 的 Linux 的内核内存多为几兆字节。

5. 集成度高

嵌入式系统的核心部件——嵌入式控制器（或处理器）基于以微计算机为核心的内核，一般集成有 USB（通用串行总线）、GPIO（通用输入/输出）、CAN 等多种外设。

6. 体积小、功耗与成本低

嵌入式系统“嵌入”具体对象（如手机、无人机等）的体系中。这些具体对象要么没有充足的电源，要么空间小不便于配备较大的散热装置。因此，嵌入式系统应具有尽可能小的体积和尽可能低的功耗。另外，嵌入式系统的硬件和软件都必须高效率地设计，在保证稳定、安全、可靠的基础上量体裁衣、去除冗余，力争用较少的软硬件资源实现较高的性能，最大限度地降低应用成本。

嵌入式系统还具有可拓展性强等其他特点，在此不再赘述。

1.2.3 嵌入式系统的发展

从 20 世纪 70 年代末单片机出现到今天，各种嵌入式微处理器、微控制器广泛应用，嵌入式系统已有近 50 年的历史，根据技术特点大致可将其发展历史分为四个阶段，如图 1-10 所示。

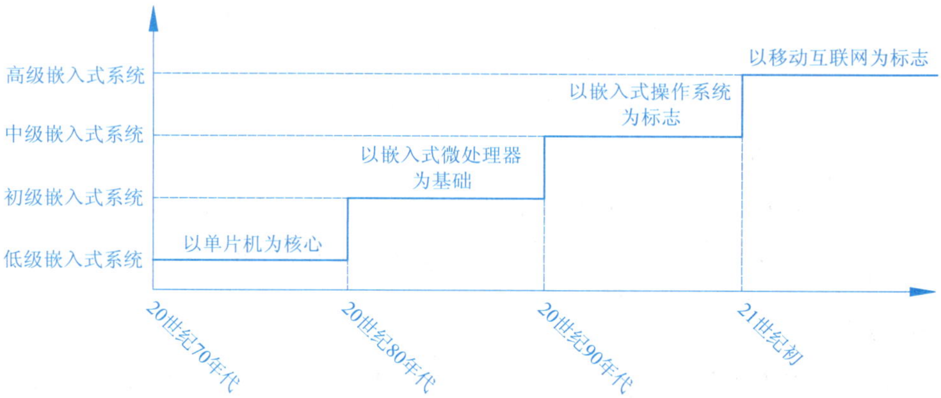

图 1-10 嵌入式系统的发展历史

1. 低级嵌入式系统（以单片机为核心）

嵌入式系统最初的应用是基于单片机的，此时的嵌入式系统一般没有操作系统的支持，只能通过汇编语言对系统进行直接控制，运行结束后再清除内存。这种装置虽然已经具备嵌入式系统应用的特点，但只是由 8 位的 CPU（中央处理器）芯片来执行一些单线程的程序。

这种嵌入式系统由于使用简便、价格低廉，曾在工业控制领域中得到非常广泛的应用，但无法满足现今对执行效率、存储容量都有较高要求的信息产品、智能设备等。

特点：系统结构和功能相对单一，处理效率较低，存储容量较小，几乎没有用户接口。

2. 初级嵌入式系统（以嵌入式微处理器为基础）

20 世纪 80 年代，随着微电子工艺水平的提高，IC（集成电路）制造商开始将嵌入式系统应用所需的微处理器、I/O 接口、串行接口以及 RAM（随机存取存储器）、ROM（只读存储器）等部件全部集成到一片 VLSIC（Very Large Scale Intergration Circuit，超大规模集成电路）中，从而制造出面向 I/O 设计的微处理器，并一举成为控制系统领域中异军突起的新秀。

与此同时，嵌入式系统程序员也开始基于一些简单的操作系统开发嵌入式应用软件，从而大大缩短了开发周期，提高了开发效率。

特点：嵌入式 CPU 具有较好的可靠性和低功耗；操作系统具有兼容性、扩展性，且用户界面简单。

3. 中级嵌入式系统（以嵌入式操作系统为标志）

20 世纪 90 年代，在分布控制、柔性制造、数字化通信和信息家电等巨大需求的推动下，嵌入式系统进一步飞速发展。随着对硬件实时性要求的提高，嵌入式系统的软件规模不断扩大，逐渐形成了多任务实时操作系统（Real Time Operating System，RTOS），并开始成为嵌入式系统的主流。

特点：操作系统的实时性改善很大，并且能够在各种不同类型的微处理器上运行，具有高度的模块化和扩展性。此时的嵌入式操作系统已经具备文件和目录管理、设备管理、多任务、网络、图形用户界面（Graphical User Interface，GUI）等功能，并提供了大量应用程序编程接口（Application Programming Interface，API），从而使应用软件的开发更加简单。

4. 高级嵌入式系统（以移动互联网为标志）

21 世纪是一个高度信息化的时代，将嵌入式系统应用到各种网络环境、通信环境中成为必然趋势。随着互联网技术与信息产品、智能设备、现代工业控制技术等的结合日益紧密，嵌入式设备与移动互联网结合将是嵌入式技术的真正未来。

1.3　嵌入式处理器的分类

1.3.1　嵌入式处理器的类型

嵌入式处理器是嵌入式系统的核心，其根据处理器的性能特点及适用领域可分为嵌入式微控制器（Embedded Microcontroller Unit，EMCU）、嵌入式微处理器（Embedded Microprocessor Unit，EMPU）、嵌入式数字信号处理器（Embedded Digital Signal Processor，EDSP）、嵌入式片上系统（System on a Chip，SoC）等四种类型，如图 1-11 所示。

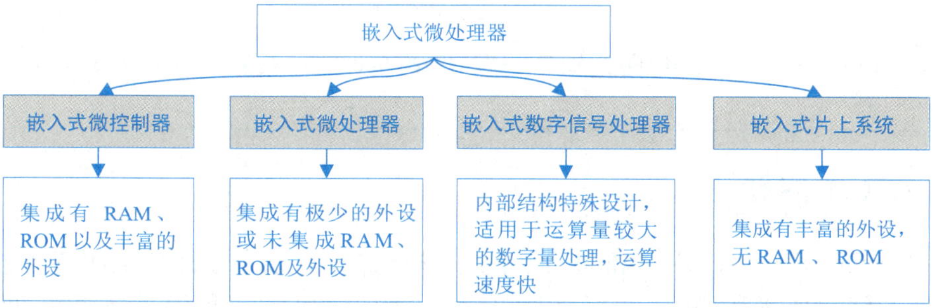

图 1-11　嵌入式处理器的类型及特点

1. 嵌入式微控制器

嵌入式微控制器又称单片机，已有近 50 年的发展历程，目前在嵌入式系统中仍然有极其广泛的应用。这类处理器内部集成了 RAM、各种非易失性存储器、总线控制器、定时/计数器、看门狗、I/O、串行口、脉宽调制输出、A/D、D/A 等必要的功能和外设。

嵌入式微控制器的片上外设资源一般比较丰富，适合进行控制，因而称为微控制器（Microcontroller Unit，MCU）。MCU 品种丰富，价格低廉，目前占嵌入式系统 70%以上的市场份额，如 MCS51 单片机等。

2. 嵌入式微处理器

嵌入式微处理器一般仅具有中央处理器（Central Processing Unit，CPU），没有集成

RAM、ROM、计时器等外设，通用性比较好，数据处理能力较强，可扩展性好，寻址范围大，支持各种灵活的设计，且不限于某个具体的应用领域，在通用性上类似于通用处理器，但在功能、价格、功耗、芯片封装、温度适应性、电磁兼容方面更符合嵌入式系统的应用要求。嵌入式微处理器有很多种类型，如 xScale、Geode、PowerPC、MIPS、ARM 等处理器系列。

3. 嵌入式数字信号处理器

当前，数字信号处理是一种应用较为广泛的技术，如数字滤波、谱分析、语音编码、视频编码、数据编码、雷达目标提取等，传统微处理器在进行这类计算时性能较差，因此专门的数字信号处理(Digital Signal Processing，DSP)芯片应运而生。DSP 系统和指令系统针对数字信号处理进行了特殊设计，执行效率较高。

4. 嵌入式片上系统

某些特定的应用对嵌入式系统的性能、功能、接口有相似的要求。针对这些共性需求，将微处理器和特定应用中常用的模块集成在一个芯片上，实现嵌入式系统大部分的核心功能，此类处理器就是 SoC，是一种尽可能包容共性功能的集成器件。

应用 SoC 时，往往只需在 SoC 外部扩充内存、接口驱动、一些分立元件及供电电路即可构成一套实用系统，极大地降低了系统设计难度，同时有利于减小电路板面积，降低系统成本，提高可靠性。SoC 是嵌入式处理器的重要发展趋势。

提示：

1. 嵌入式微控制器和 SoC 将计算机系统的全部或大部分功能集成在单个芯片中，具有集成度高的特点，有些文献将嵌入式微控制器归为 SoC。
2. 后续为了更清晰地描述，将内部集成了 RAM 和 ROM、主要用于控制的单片机称为微控制器。

拓展：

2020 年 10 月，华为公司打破国际封锁，其发布的麒麟 9000 芯片是基于 5 nm 制程工艺的全球首款 5 nm 5G SoC 芯片。

1.3.2 ARM 内核

内核是指处理器的内部核心部件，通常包括内部结构和指令集，内部结构又包括运算和控制单元、总线、存储管理单元、异常处理单元等。内核的设计一般追求高速度、低功耗、易集成。

ARM 是公司名称 Advanced RISC Machines 的缩写，ARM 公司专门致力于先进精简指令集计算机(Reduced Instruction Set Computer，RISC)体系结构内核的研发。ARM 还是一种处理器或一种技术的代名词，因此也称为 ARM 微处理器、ARM 技术或 ARM 核。

ARM 公司成立于 1991 年，它是嵌入式处理器的知识产权(Intellectual Property，IP)供应商，既不生产芯片，也不销售芯片，只设计高效的 IP 内核，并授权给半导体公司使用，其业务模式如图 1-12 所示。

半导体公司在 ARM 技术的基础上，根据自己公司的产品定位添加自己的设计，并嵌入各种外围和处理部件，推出芯片产品，形成各种嵌入式微处理器或微控制器。

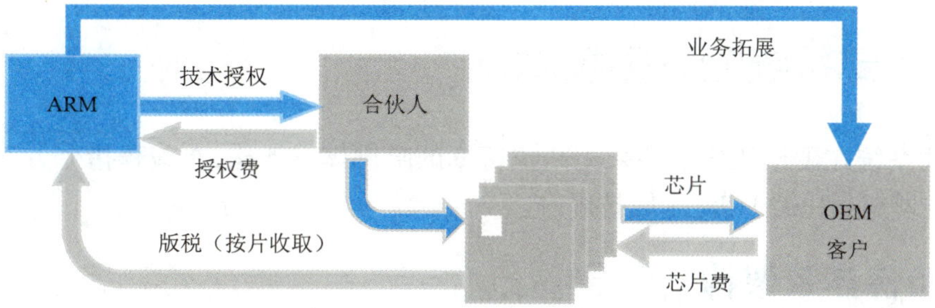

图 1-12　ARM 公司的业务模式

拓展：

科技创新是提升产业国际竞争力与驱动经济增长的关键因素，党的十八大明确提出“实施创新驱动发展战略”。

目前，ARM 架构处理器已在高性能、低功耗、低成本应用领域中占据领先地位。ARM 微处理器主要包括 ARM7、ARM9/9E、VFP、ARM10E、ARM11、Contex、SecurCore、OptimoDE、StrongARM 以及 XScale 等系列。其中，ARM7、ARM9/9E、ARM10E、ARM11 为通用处理器系列，具有可满足不同应用领域的一套相对独特的性能；SecurCore 系列专门为安全要求较高的应用而设计；StrongARM 和 XScale 系列是 ARM 公司与 Intel（英特尔）公司合作开发的用于便携式通信产品和消费电子产品的嵌入式微处理器。

ARM 公司在 ARM11 系列以后的产品改用 Contex 命名，并分成 A、R 和 M 三类，旨在为各种应用市场提供服务，如图 1-13 所示。

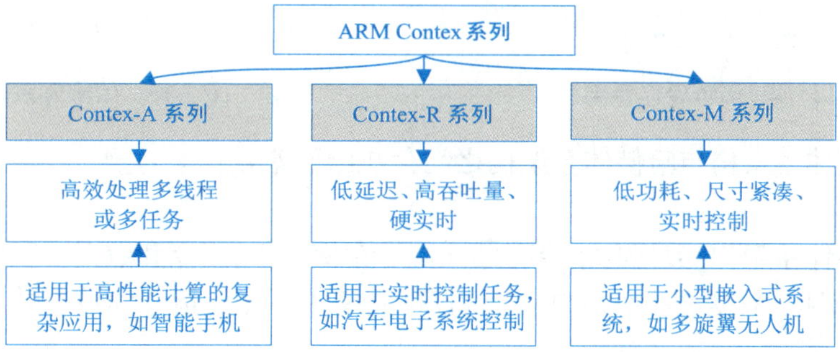

图 1-13　ARM Contex 处理器的分类及特点

Contex-A 具有多级流水线、超标量执行等高级特性，可高效处理多线程或多任务，广泛应用于智能手机、平板电脑等需要高性能和通用计算的领域。Contex-R 采用嵌入式实时处理器，具有低延迟、高吞吐量和硬实时性能，适用于处理实时控制任务，如汽车电子系统控制、工业控制等。Contex-M 是 ARM 架构中的微控制器处理器，具有单一周期执行、功耗低、中断处理能力强、实时控制、尺寸紧凑等特点，适用于小型嵌入式系统，广泛应用于微控制器（MCU）、传感器节点、物联网设备、无人机控制等低功耗、实时控制领域。

1.4 嵌入式系统的关键技术

嵌入式系统在硬件架构上多采用高执行率的哈佛体系架构，在编程指令方面发展了精简指令集计算机（RISC）和流水线技术等。

1.4.1 哈佛体系架构

传统计算机大多是冯·诺依曼体系架构（又称普林斯顿架构），由运算器、控制器、存储器、输入设备、输出设备等五部分组成，其总线结构实现简单、成本低，如图 1-14 所示。该体系架构依靠总线结构的优势得以广泛应用。

所谓哈佛体系架构，是一种将程序储存和数据储存分开的存储器结构，如图 1-15 所示。其中，程序存储器和数据存储器采用不同的总线，使得处理器在执行一条指令的同时，可以读取下一条指令，指令的执行效率较高。

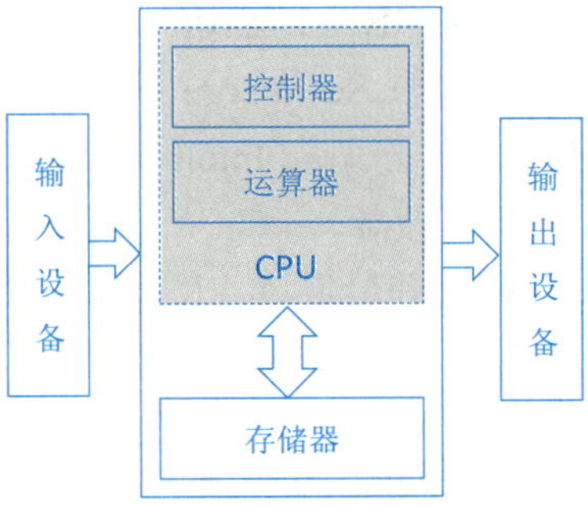

图 1-14 冯·诺依曼体系架构

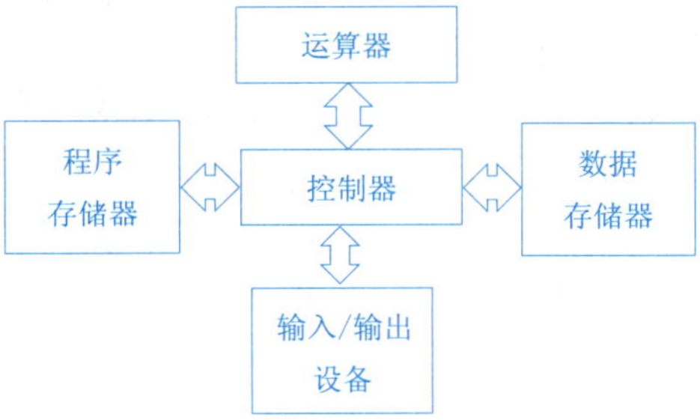

图 1-15 哈佛体系架构

冯·诺依曼体系架构与哈佛体系架构之间存在以下差异。

1. 结构不同

冯·诺依曼体系架构：数据与指令存储在同一存储区中，指令和数据的宽度相同。

哈佛体系架构：数据和指令分开存储，各存储模块不允许指令和数据并存，可获得更大的数据带宽。

2. 总线不同

冯·诺依曼体系架构：指令与数据共用同一数据总线。

哈佛体系架构：指令和数据使用独立的总线，分别作为 CPU 与每个存储器之间的专用通信路径，而这两条总线之间毫无关联。

3. 效率不同

冯·诺依曼体系架构：执行程序时不可以预先读取下一条指令，需要串行依次读取，执行效率较低。

哈佛体系架构：执行程序时可以预先读取下一条指令，取指令和取数据在同一周期内进行，执行效率较高。

提示：

STM ARM9 以前的版本采用的是冯·诺依曼体系架构；ARM9 及以后的版本多采用哈佛体系架构。

1.4.2　RISC 体系结构

研究表明，传统计算机中约 20%的指令承担了 80%的工作，而且计算机执行的各类型指令均需要额外的晶体管和电路元件支撑。计算机的指令集越复杂，则微处理器内部结构越复杂，执行速度越慢。因此，相对于复杂指令集计算机（Complex Instruction Set Computer，CISC），20 世纪 80 年代出现了精简指令集计算机，即简化计算机的指令功能，使指令的平均执行周期缩短，从而提高计算机的工作主频，同时大量使用通用寄存器提高子程序的执行速度。RISC 体系结构具有以下特点，如图 1-16 所示。

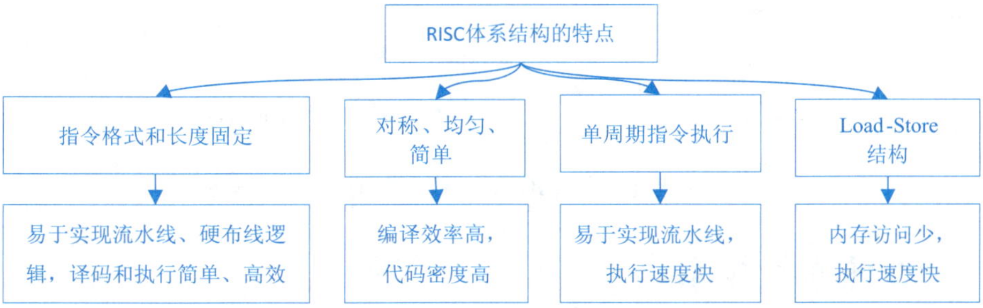

图 1-16　RISC 体系结构的特点

（1）指令格式和长度固定，且指令类型很少，指令功能简单，寻址方式少而简单，指令译码控制器采用硬布线逻辑，易于实现流水线，可获得高性能。

（2）由于 RISC 指令系统强调对称、均匀、简单，使得程序的优化编译效率更高。

（3）大多数指令为单周期完成，通道中只包含最有用的指令，只提供简单的操作。

（4）采用 Load-Store 结构，即处理器只处理寄存器中的数据，Load-Store 指令用来完成数据在寄存器和外部存储器之间的传送。

RISC 体系结构的上述特点极大地简化了处理器的设计，在体系结构的 VLSI 实现时更加有利于提高性能，对性能的提高主要表现在 RISC 组织结构方面的特点。

1.4.3　ARM 总线技术

AMBA（Advanced Microcontroller Bus Architecture，先进的微控制器总线体系结构）是 ARM 公司公布的总线标准，它是目前非常有竞争力的三种片上总线（On-Chip Bus，OCB）之一。AMBA 总线标准定义了 ASB（Advanced System Bus，先进的系统总线）、AHB（Advanced High-performance Bus，先进的高性能总线）及 APB（Advanced Peripheral Bus，先进的外围总线）三种高性能的系统总线规范。

（1）ASB 用于连接高性能系统模块，支持突发数据传输模式。ASB 是开发较早的系统总线，而新版的 AHB 增强了性能、时序验证的支持等。

(2)AHB 用于连接高性能系统组件或高宽带组件,支持突发数据传输方式及单个数据传输方式,所有时序参考同一个时钟源。

(3)APB 用于连接系统的周边组件,其传输速度低于 AHB。

典型的基于 AMBA 总线标准连接的微控制器同时集成 AHB(或 ASB)和 APB 接口,如图 1-17 所示。APB 通常用作局部的二级总线,用于次要外设、性能要求不高的外设的连接。AHB 和 APB 的协议以及通信速率不同,桥路负责不同协议与通信速率信号的转换,实现 AHB 与 APB 的互联。

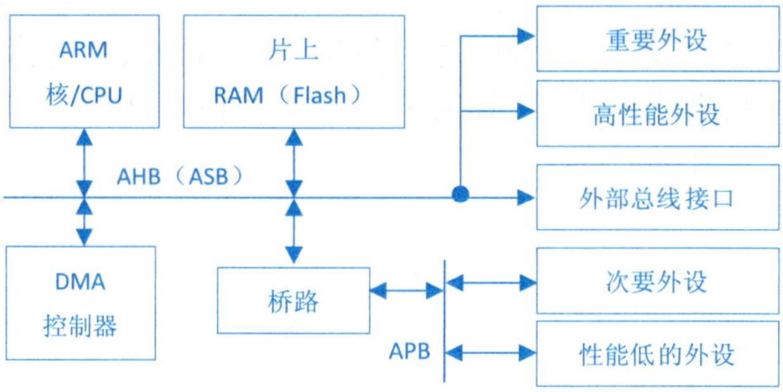

图 1-17　AMBA 总线的逻辑结构

1.4.4　指令流水线技术

1. 处理器的时间周期

处理器的时间周期一般可分为时钟周期、机器周期、指令周期等,了解这些概念有利于理解和掌握流水线技术。

1)时钟周期

时钟周期也称为振荡周期,定义为时钟脉冲频率的倒数,它是处理器最基本的、最小的时间单位。处理器若采用 1 MHz 的时钟脉冲频率,则时钟周期为 1 μs;若采用 4 MHz 的时钟脉冲频率,则时钟周期为 250 ns。

2)机器周期

为了便于管理,处理器常把一条指令的执行过程划分为若干个阶段,每一阶段完成一项工作。例如,取指令、存储器读、存储器写等,每一项工作称为一个基本操作。完成一个基本操作所需要的时间称为机器周期,也称为 CPU 周期。在一般情况下,一个机器周期由若干个时钟周期组成,如图 1-18 所示。

3)指令周期

指令周期是指执行一条指令所需要的时间,一般由若干个机器周期组成。指令不同,所需的机器周期数也不同。简单的指令可以在一个机器周期内完成;比较复杂的指令,如转移指令、乘法指令等,则需要两个或者两个以上的机器周期。

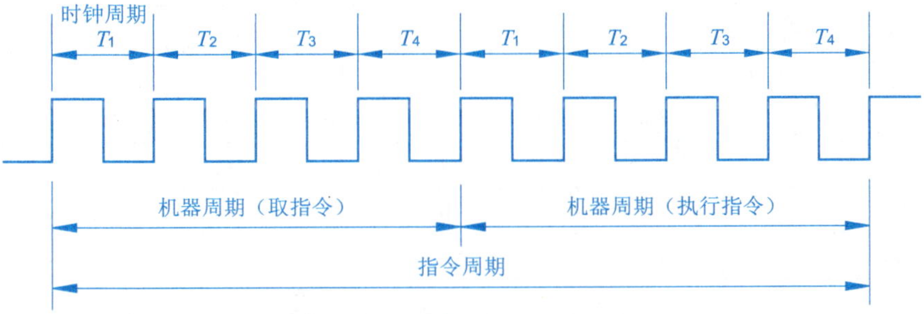

图 1-18　处理器的时间周期示意

通常在一个机器周期内执行完成的指令称为单周期指令，在两个机器周期内执行完成的指令称为双周期指令，在两个以上机器周期内执行完成的指令称为多周期指令。

2. 流水线技术

现代处理器的指令越来越复杂，往往需要多个机器周期才能执行完成。在处理器执行多周期指令的过程中，系统总线通常处于空闲状态。如果将指令执行流程细分为若干步骤，处理器在同一时钟周期内并行执行不同指令的相关步骤，即在执行一条指令的过程中，处理器已开始处理下一条指令，从而提高指令的执行速度和效率，这种技术就是指令流水线技术。

指令流水线是 RISC 处理器共同的特点，ARM 处理器也不例外。但是不同的 ARM 核的流水线级数不同，当前常用的流水线技术有三级、五级、六级等流水线。

1）三级流水线

ARM7 采用的是三级流水线结构，即指令的运行分为取指、译码、执行等三个阶段，如图 1-19 所示。

指令						
MOV	取指	译码	执行			
ADD		取指	译码	执行		
SUB			取指	译码	执行	
时钟周期			T_1	T_2	T_3	

图 1-19　ARM7 三级流水线示意

（1）取指，即处理器从程序存储器读取指令，并放入指令流水线中。

（2）译码，即对指令进行译码，为下一周期准备数据路径需要的控制信号。此时，该指令“占用”译码逻辑，而不“占用”数据路径。

（3）执行，即指令“占用”数据路径，寄存器被读取，操作数在桶式移位器中被移位，ALU（算术逻辑单元）产生相应的运算结果并回写到目的寄存器中，ALU 的结果根据指令需求更改状态寄存器的条件位。

2）五级流水线

ARM9 采用的是五级流水线结构，即指令的运行分为取指、译码、执行、缓冲、回写等五个阶段，如图 1-20 所示。

指令									
MOV R0,R1	取指	译码	执行		回写				
LDR R3,[R4]		取指	译码	执行	缓冲	回写			
STR R9,[R13]			取指	译码	执行	缓冲	回写		
MOV R6,R7				取指	译码	执行		回写	
时钟周期				T_1	T_2	T_3	T_4	T_5	

图 1-20 ARM9 五级流水线示意

（1）取指，即从存储器中取出指令，并放入指令流水线中。

（2）译码，即指令译码，从寄存器堆中读取寄存器操作数，在寄存器堆中有三个操作数读端口，因此大多数 ARM 指令能在一个周期内读取其操作数。

（3）执行，即将一个操作数移位，产生 ALU 的结果。如果指令是“load”或“store”，在 ALU 中计算存储器的地址。

（4）缓冲如果需要，则访问数据存储器，否则 ALU 的结果只是简单地缓冲一个时钟周期，以使所有的指令具有同样的流水线流程。

（5）回写，即将指令产生的结果回写到寄存器堆，包括任何从存储器读取的数据。

以五级流水线为例，假设在 10 个时钟周期内，处理器不采用指令流水线技术，可处理 2 条指令；而采用指令流水线技术，可处理 6 条指令，见表 1-2。可见，采用指令流水线技术可大大提高微处理器的运行效率。

表 1-2 采用指令流水线技术与不采用指令流水线技术的对比

时钟周期		1	2	3	4	5	6	7	8	9	10
不采用	指令 1	取指	译码	执行	缓冲	回写					
	指令 2					取指	译码	执行	缓冲	回写	
	指令 3									取指	译码
采用	指令 1	取指	译码	执行	缓冲	回写					
	指令 2		取指	译码	执行	缓冲	回写				
	指令 3			取指	译码	执行	缓冲	回写			
	指令 4				取指	译码	执行	缓冲	回写		
	指令 5					取指	译码	执行	缓冲	回写	
	指令 6						取指	译码	执行	缓冲	回写

3）流水线的相关性

流水线中经常有一些被称为“相关”的情况发生，使得指令序列中的下一条指令无法按照设计的周期执行，这些相关会阻断流水线正常执行，降低流水线的性能。流水线中的相关可分为以下三种类型。

（1）结构相关，即在指令执行过程中，由于硬件资源无法满足指令执行的要求而发生硬件资源冲突。例如，在某个流水线的执行中，CPU 既要访问存储器，又要取出指令，这样就会发生存储器访问冲突，从而发生结构相关。

【示例 1-2】存储器访问指令 LDR 是非单周期指令，如图 1-21 所示。在执行阶段，首先要进行存储器地址的计算，需要占用控制信号线，译码过程同样需要占用控制信号线，所以下一条指令（第 1 条 SUB 指令）的译码被阻断；由于 LDR 访问存储器和回写寄存器的过程需要占用执行单元，所以下一条指令（第 1 条 SUB 指令）的执行也被阻断；同时也会影响第 2 条 SUB 指令的译码、执行和 MOV 指令的执行。

指令									
ADD	取指	译码	执行						
LDR		取指	译码	算地址	访存	回写			
SUB			取指		译码		执行		
SUB				取指		译码		执行	
MOV						取指	译码		执行
时钟周期			T_1	T_2	T_3	T_4	T_5	T_6	T_7

图 1-21　三级流水线因结构相关而被阻断示意

（2）数据相关，即在流水线执行的几条指令中，一条指令依赖于前面指令的执行结果。

（3）控制相关，即流水线中的分支指令或者其他需要修改 PC 的指令造成的相关。

【示例 1-3】当指令序列中含有 BL 等具有分支功能的指令时，流水线也会被阻断，如图 1-22 所示。执行分支指令时，其后的第 1 条指令被译码，其后的第 2 条指令进行取指，但是这两步操作的指令并不被执行。因为分支指令执行完毕后，程序应跳转到目标地址处执行，此时流水线需要丢弃这两条指令，同时程序计数器会转移到新的位置继续进行取指、译码和执行。

指令							
	BL 目标地址	取指	译码	执行	写 LR	调 PC	
	ADD		取指	译码			
	MOV			取指			
目标地址	SUB				取指	译码	执行
时钟周期				T_1	T_2	T_3	T_4

图 1-22　三级流水线因控制相关而被阻断示意

1.4.5　Thumb 技术

ARM 指令集是 32 位的指令集，且是按 4 字节对齐（也称字对齐）存储的，即每条指令占用 4 个字节的存储空间，处理器每执行一条指令，PC 指针偏移 4 个字节。由于许多 ARM 指令集的实际长度少于 32 位，字对齐的存储方式致使代码存储密度较低，如图 1-23 所示。

为了解决 ARM 指令集的存储密度和代码长度的问题，16 位的 Thumb 指令集应运而生。Thumb 指令集是 ARM 指令集的子集，按 2 字节对齐存储，代码存储密度较高，如 ARM7TDMI 为支持 Thumb 的核。

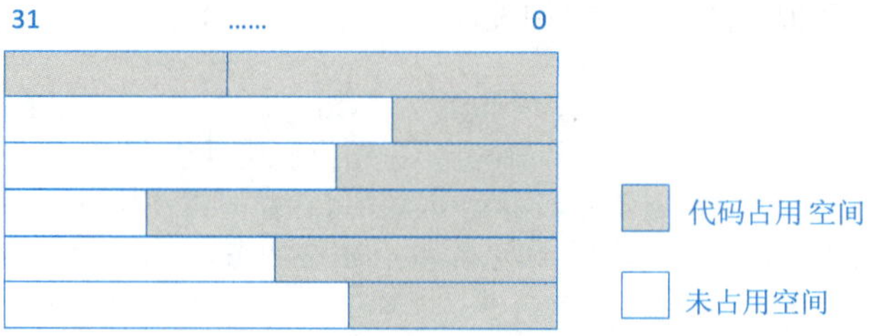

图 1-23　32 位 ARM 指令集的存储示意

为了给用户提供更为优越的性能，2003 年 ARM 公司在 Thumb 指令集的基础上增添了一些用两个 16 位表示的 32 位 Thumb 指令集，即 Thumb-2 指令集，使得原来很多只有 ARM 指令集能够完成的功能利用 Thumb 指令集也可以完成。

1. Thumb 技术的实现

早期的 ARM7TDMI 三级流水线体系为了支持 Thumb 指令集，ARM 指令体系需要增加 Thumb 解压缩器。ARM7 和 ARM7T 核进行单周期指令的执行都需要三个阶段，即取指令、译码和执行。指令经过各个阶段是由时钟相位的高低来控制的，ARM7TDMI 正是利用了这个特点，考虑流水线各级间的平衡，利用译码阶段的一个未用的时钟相位，将 Thumb 指令解压还原为相应的 32 位 ARM 指令。16 位的 Thumb 指令可以由处理器在译码阶段解压成 32 位的 ARM 指令，并在 ARM 核中运行，如图 1-24 所示。这样不需要再附加时间费用和单独的解码周期，就可以维持指令的执行。

图 1-24　ARM7 和 ARM7T 取指令、译码与执行

2. Thumb 技术的特点

Thumb 技术是 ARM 技术的一大特色，支持 Thumb 的核既可以执行 ARM 指令，又可以执行 Thumb 指令，既可获得 32 位 ARM 指令集的性能，又有 Thumb 指令集的高代码密度的优势，可以在性能和代码量之间取得平衡。

与 ARM 指令集相比，Thumb 指令集具有以下局限性。

（1）完成相同的操作，Thumb 指令集通常需要更多的指令，因此对系统运行时间要求苛刻的应用场合，ARM 指令集更为适合。

（2）Thumb 指令集没有包含进行异常处理需要的指令，因此在异常中断时还是需要使用 ARM 指令集，这个限制决定了 Thumb 指令集需要和 ARM 指令集配合使用。

相关文献指出，同样的程序在 16 位 Thumb 状态下运行的代码是在 32 位 ARM 状态下运行代码的 60%~70%，即同样的程序在 Thumb 状态下运行比在 ARM 状态下运行少 30%~40%的代码。与使用 32 位 ARM 代码相比，使用 16 位 Thumb 代码系统存储器功耗约降低 30%。

1.5　嵌入式系统的组成

嵌入式系统是专用计算机应用系统，具有通用计算机的共性特征，同样是由硬件和软件组成的。嵌入式系统是一个应用系统，包括应用中的执行机构，这些机构用于实现对其他设备的控制、监视或管理等功能。图 1-25 所示是基于控制领域的典型嵌入式系统，完整地描述了嵌入式系统的软硬件构成及其内在关联。

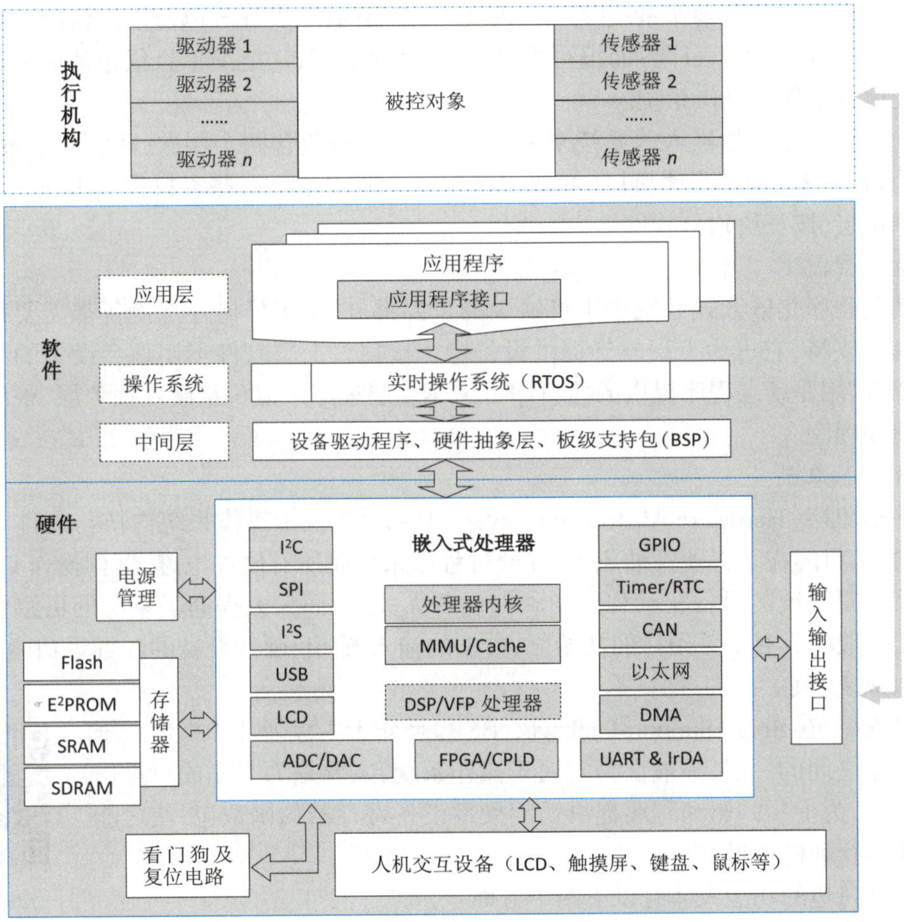

图 1-25　基于控制领域的典型嵌入式系统

嵌入式系统的硬件是软件运行的基础，为软件运行提供物理平台和通信接口。嵌入式操作系统和应用软件是整个系统的控制核心，控制系统的运行，并提供人机交互的信息等。

1.5.1　硬件基本结构

嵌入式系统的硬件以嵌入式处理器为核心，并配置存储器、I/O 设备、通信模块以及电源等必要的辅助器件组成。嵌入式系统是量身定做的专用计算机应用系统，其组成不同于普通计算机系统。在实际应用中，嵌入式系统的硬件配置极为精简，除微处理器和必要的外围电路外，其余电路都可以根据需要和成本进行裁剪和定制，以实现低成本、高可靠性等设计目标。

有时为了提高系统的信息处理能力，嵌入式系统会外接 DSP 和 DSP 协处理器（也可内部集成），以完成高性能信号处理。

1.5.2 软件层次结构

复杂应用一般需要操作系统（OS）来管理或控制内存、多任务以及周边资源。编程人员可利用操作系统提供的程序界面编写程序，减轻编程负担；功能简单且仅包括应用程序的嵌入式系统可以不使用操作系统。

对使用操作系统的嵌入式系统来说，软件结构一般包含四个层次，即驱动层程序、实时操作系统（RTOS）、应用程序接口（API）和实际应用程序层。有些资料将应用程序接口归属于操作系统层，按三层划分软件结构。

1. 驱动层程序

驱动层程序是嵌入式系统中不可缺少的重要部分，使用任何外部设备都需要有相应的驱动层程序支持，它可为上层软件提供设备操作接口。上层软件不用理会设备的具体内部操作，只需调用驱动层程序提供的接口即可。驱动层程序一般包括硬件抽象层、板级支持包和设备驱动程序。

1）硬件抽象层

硬件抽象层（Hardware Abstraction Layer，HAL）是位于操作系统内核与硬件电路之间的接口层，其目的在于将硬件抽象化，并通过程序来控制所有硬件电路，譬如操作 CPU、I/O 等。这就使得系统的设备驱动程序与硬件设备无关，从而大大提高了系统的可移植性。硬件抽象层一般应具有相关硬件的初始化、数据的输入/输出、硬件设备的配置等功能。

2）板级支持包

板级支持包（Board Support Package，BSP）是介于主板硬件和操作系统驱动层程序之间的一层，一般认为它属于操作系统，主要是为了完成对操作系统的支持，为上层的驱动程序提供访问硬件设备寄存器的函数包，使之能够更好地运行硬件主板。

嵌入式系统
硬件组成

板级支持包的功能大体有以下两个方面：

（1）在系统启动时，完成对硬件的初始化，如对系统内存、寄存器以及设备的中断进行设置；

（2）在系统运行时，为上层的驱动程序提供访问硬件设备寄存器的函数包。

3）设备驱动程序

系统安装设备后，只有同时安装相应的驱动程序才能使用，设备驱动程序可为上层软件提供设备操作接口。上层软件只需调用驱动程序提供的接口，而不用理会设备的具体内部操作。

2. 实时操作系统

嵌入式系统若使用操作系统，一般以内核映像的形式将其下载到目标系统中。以 μC-

Linux 为例，在系统开发完成后，将操作系统转为内核映像文件，与文件系统一起下载到目标系统中；然后通过 BootLoader 指定地址运行 μCLinux 内核，启动已经下载的操作系统；最后通过操作系统解开文件系统并运行应用程序。

3. 应用程序接口

应用程序接口是一系列复杂的函数、消息和结构的集合体。嵌入式操作系统的 API 和一般操作系统 API 的功能、含义及知识体系完全一致。API 可以这样理解：在计算机系统中有很多可以通过硬件或外部设备执行的功能，这些功能的执行可以通过计算机操作系统或硬件预留的标准指令调用，这样软件人员在编写应用程序时就不需要为可以通过硬件或外部设备执行的功能编写程序，只需要通过系统或某些硬件提供的 API 调用就可以完成功能的执行。因此，在操作系统中提供标准的 API 函数，可以加快应用程序开发，统一应用程序开发标准，也可为操作系统版本升级带来方便。API 函数一般会提供大量的常用模块，可以极大地简化应用程序的编写。

1.6　嵌入式操作系统

嵌入式操作系统是嵌入式应用软件的基础和开发平台，是一段嵌入在目标代码中的特定代码。应用程序若借助操作系统提供的 API 编写，其运行就需要操作系统的支持。

嵌入式操作系统多数是实时操作系统（RTOS），RTOS 是可靠性好、可信度高的实时内核，它将 CPU 时间、中断、I/O、定时器等资源封装后，为用户提供 API，并根据各个任务的优先级，合理地在不同任务之间分配 CPU 时间。RTOS 是针对不同处理器优化设计的多任务内核，优秀的商品化 RTOS 可以面向几十个系列的嵌入式 MPU、MCU、DSP、SoC 等硬件提供类似的 API，这是保障应用程序可移植性的基础。

嵌入式操作系统种类繁多，大体上可分为商用型和免费型两种。商用型操作系统主要有 VxWorks、Windows CE、Psos、Palm OS、OS-9、LynxOS、QNX、LYNX、Android 等，其优点是功能稳定、可靠，有完善的技术支持和售后服务，而且提供了如图形用户界面和网络支持等许多高端嵌入式系统要求的高级功能，缺点是价格昂贵且源代码封闭。免费型操作系统主要有 Linux 和 μC/OS-Ⅱ，它们在价格方面具有较大优势，如嵌入式 Linux 操作系统因具有价格低廉、功能强大、易于移植且程序源代码全部公开等优点而被广泛采用。

1. μC/OS-Ⅱ

μC/OS-Ⅱ是一个可裁减、源代码开放、结构小巧的实时多任务内核，主要面向中小型嵌入式系统，具有执行效率高、占用空间小、可移植性强、实时性能优良和可扩展性强等特点。

μC/OS-Ⅱ最多可以支持 64 个任务，其优先级分别为 0~63，其中 0 为最高优先级。内核在任何时刻总是运行已就绪的最高优先级的任务，是真正的实时操作系统。μC/OS-Ⅱ在最大程度上使用 ANSI C 语言开发，现已成功移植到 40 多种处理器体系中。

μC/OS-Ⅱ结构小巧，最小内核可编译至 2 KB，即使包含全部功能（如信号量、消息邮箱、消息队列及相关函数等），编译后的 μC/OS-Ⅱ内核也仅有 6~10 KB，所以比较适用于小型控制系统。μC/OS-Ⅱ具有良好的可扩展性，如系统本身不支持文件系统，如可自行加入文件系统的内容。

2. VxWorks

VxWorks 是 Wind River Systems 公司推出的一款实时操作系统，可支持多种处理器，如 x86、i960、Sun Sparc、Motorola MC68xxx、MIPS RX000、Power PC 等。

VxWorks 系统基于微内核结构，由 400 多个相对独立、短小精练的目标模块组成，用户可根据需要增加或删减适当的模块来裁剪和配置系统。VxWorks 链接器可以按照应用的需要来动态链接目标模块。VxWorks 因具有良好的可靠性和卓越的实时性已被广泛应用在通信、军事、航空、航天等高端技术与实时要求极高的领域，是目前嵌入式系统领域中使用最广泛、市场占有率最高的系统。

3. Windows CE

Microsoft Windows CE 是针对有限资源平台而设计的多线程、完整优先权、多任务操作系统，但它不是一个硬实时操作系统。高度模块化是 Windows CE 的一个鲜为人知的特性，这一特性有利于实现从掌上电脑到工业专用控制器的迁移。Windows CE 系统的基本内核需要至少 200 KB 的 ROM，支持 Windows 32 API 子集、多种用户界面硬件、多种串行和网络通信技术、COM/OLE 和其他进程间通信的先进方法。Microsoft(微软)公司为 Windows CE 提供了 Platform Builder 和 Embedded Visual Studio 开发工具。

Windows CE 系统最大的特点是能提供与 PC 类似的图形界面和主要应用程序，其界面显示大多数是 Windows 的标准部件，包括桌面、任务栏、窗口、图标和控件等。这样对 Windows 较为熟悉的用户可以很快学会使用基于 Windows CE 的嵌入式设备。

4. Linux

Linux 类似于 UNIX，是一种免费的、源代码完全开放的、符合 POSIX 标准的操作系统。由于 Linux 的界面和编程接口与 UNIX 很相似，所以 UNIX 程序员可以很容易地从 UNIX 环境转移到 Linux 环境。

Linux 拥有现代操作系统所具有的内容：真正的抢先式多任务处理，支持多用户、内存保护、虚拟内存，支持对称多处理机(Symmetric Multi-Processing，SMP)，符合 POSIX 标准，支持 TCP/IP，支持绝大多数 32 位和 64 位 CPU。嵌入式 Linux 版本众多，如支持硬实时的 Linux-RT-Linux/RTAI、Embedix、Blue Cat Linux 和 Hard Hat Linux、μCLinux 等。

1.7 小结

嵌入式系统是典型的专用计算机系统，传统开发方法和软硬件协同设计方法是两种常用的设计方法。传统开发过程一般包括需求分析、系统总体设计、软硬件设计、系统集成、集成测试等五个阶段。传统开发方法人为影响大，软硬件功能划分困难，系统开发周期长，优化难度大，优化效果有限。软硬件协同设计是将软件设计和硬件设计作为一个整体进行综合考虑而进行的系统设计，可有效规避传统开发方法的缺陷。

嵌入式系统是以应用为中心，以计算机技术为基础，软硬件可裁剪，面向应用系统的专用计算机系统，具有集成度高、专用性强、体积小、功耗与成本低等诸多优点，已广泛应用于工业控制、智能交通、汽车、智能家电等领域。

ARM 嵌入式系统是当前的主流系统，为满足不同应用性能需要，陆续推出哈佛体系架构等新技术。哈佛体系架构的数据和指令分开存储,取指令和取数据可在同一周期内进行,具有较高的执行效率。精简指令集计算机强调对称、均匀、简单,指令格式和长度固定,极大地简化了处理器的设计。ARM 总线一般由 AHB(或 ASB)、APB 两级总线组成,使得芯片具有更小的面积、更低的功耗和更高的性能。指令流水线技术可进一步提高程序的执行效率,但要注意因结构相关、数据相关、控制相关等引起的中断异常。Thumb 指令采用 16 位指令编码方式(Thumb-2 的部分指令采用两个 16 位表示),可提高代码存储密度,减小对存储空间的需求。

典型嵌入式系统均由硬件和软件组成,其中硬件是嵌入式系统软件运行的基础,为嵌入式系统软件运行提供物理平台和通信接口。嵌入式操作系统和应用软件是整个系统的控制核心,其控制系统的运行,并提供人机交互的信息等。

思考题

1.1　简要阐述嵌入式系统的传统开发过程。

1.2　在嵌入式系统的传统开发方法中,需求分析的目的是什么?

1.3　简要阐述嵌入式系统的传统开发方法的缺陷。

1.4　嵌入式系统功能的软件实现和硬件实现有何差异?

1.5　什么是软硬件协同设计?在软硬件协同设计中,系统设计分为哪几个阶段?各阶段的主要工作是什么?

1.6　嵌入式系统的定义说法不一,国内较为认同哪种定义?如何理解软硬件可裁剪?

1.7　与通用计算机系统相比,嵌入式系统有哪些特点?

1.8　嵌入式微控制器有哪些特点?适合于哪些应用场合?

1.9　简要阐述 Contex-M、Contex-R 核的特点及适用的场合。

1.10　什么是哈佛体系架构、冯·诺依曼体系架构?两者有什么异同?

1.11　CISC 指令较为复杂和全面,完全可以支持计算机系统运行,为什么还要提出 RISC 指令?与 CISC 相比,RISC 有什么特点?

1.12　ARM 总线标准有哪几种总线规范?各总线规范有什么特点?

1.13　什么是时钟周期、机器周期、指令周期?若时钟脉冲频率为 1 MHz,该处理器的时钟周期是多少?

1.14　基于三级流水线技术执行指令,执行过程分为哪几个阶段?各阶段的具体工作是什么?

1.15　流水线的“相关”会阻断流水线正常执行,流水线有哪几种“相关”?简要描述各类“相关”的含义。

1.16　简要描述 Thumb 指令在 ARM 体系处理器中的运行过程。与 ARM 指令集相比,Thumb 指令集有哪些局限?

1.17　嵌入式系统软件的层次结构包括哪些部分?简单说明各部分的功能和作用。

1.18　嵌入式操作系统的主要任务有哪些?

第 2 章 STM32F407 处理器及其最小系统

STM32F407 处理器是意法半导体（ST）推出的基于 ARM Contex-M4 内核的高性能微控制器。本章以 STM32F407VET6 为例，介绍嵌入式处理器的性能、硬件结构、最小系统构成，以及处理器选型和最小系统设计方法等。

2.1 STM32F407VET6 处理器

不同品牌的微处理器一般都有自己的一套命名规则，STM 微处理器的命名规则由产品系列、类别、特定功能、管脚数、闪存容量、封装类型、工作温度范围、固件及其选项等 9 个部分组成，如图 2-1 所示。

注意：微处理器的命名规则会随着新产品的推出而有所调整；对于厂家新推出的芯片，建议到官方网站查询最新选型手册。

由命名规则可知，STM32F407VET6 是一款有 100 个管脚，采用 512 KB 闪存 QFP，并带有数字信号处理器（DSP）和浮点运算单元（Floating Point Unit，FPU），可在−40~85 ℃的范围内工作，基于 ARM Contex-M4 内核的 32 位基础型高性能微控制器。

2.1.1 性能特点

F407 MCU 的工作频率最高可达 168 MHz，若从闪存执行程序，其性能可达 210 DMIPS/566 CoreMark，且嵌入了丰富的外设资源。

（1）2 个 USB OTG，其中 1 个支持 HS（High Speed），可实现 480 Mb/s 速度模式高速通信。

（2）音频：专用音频 PLL 和 2 个全双工 I^2S。

（3）通信接口：6 个速度高达 11.25 Mb/s 的 USART、3 个速度高达 45 Mb/s 的 SPI、3 个 I^2C、2 个 CAN 和 1 个 SDIO。

（4）数模/模数转换器：2 个 12 位 DAC、3 个速度为 2.4 MSPS 或 7.2 MSPS（交错模式）的 12 位 ADC。

（5）定时器：多达 17 个，频率高达 168 MHz 的 16 位和 32 位定时器。

（6）基于模拟电子技术的真随机数发生器等。

图 2-1　STM 微处理器的命名规则

提示：

1. 为便于描述，本书后续没有特殊说明时 F407 特指 STM32F407VET6 微处理器，F4 系列特指 STM32F4xx 系列。

2. DMIPS(Dhrystone Million Instructions executed Per Second)即每秒执行百万条整数运算指令。

3. CoreMark 是嵌入式微处理器测试基准协会提出的一种衡量嵌入式系统 CPU 性能的标准，采用由 C 语言编写的 CoreMark 进行测试，测试后给定分值。

4. USB OTG(USB On-The-Go)是一种不需要 Host 的即插即用数据传输技术。

5. PLL(Phase Locked Loop)即锁相回路，一般称为倍频器。

6. I^2S(Inter-IC Sound)又称为集成电路内置音频总线。

7. USART(Universal Synchronous/Asynchronous Receiver/Transmitter)即全双工通用同步/异步串行收发模块。

8. SPI(Serial Peripheral Interface)即串行外设接口。

9. I²C(Inter-Integrated Circuit)直译为内部整合电路，是一种同步双向串行通信总线。
10. SDIO(Secure Digital Input and Output)即安全数字输入和输出，是一种外设接口。
11. DAC(Digital-to-Analog Converter)即数字模拟转换器。
12. ADC(Analog-to-Digital Converter)即模拟数字转换器。

2.1.2 封装

电子封装是指使用陶瓷、金属等塑封材料，将设计电路按照特定的输入/输出端安装、连接、固定、灌封和标识的工艺，如图 2-2 所示。封装可以隔离内部电路与外界，且防潮、防尘；降低与其他元件或电路单元的电气干涉，改善电路工作时的热量释放；在组装和焊接过程中保持引出端及壳体的距离，缓冲应力。

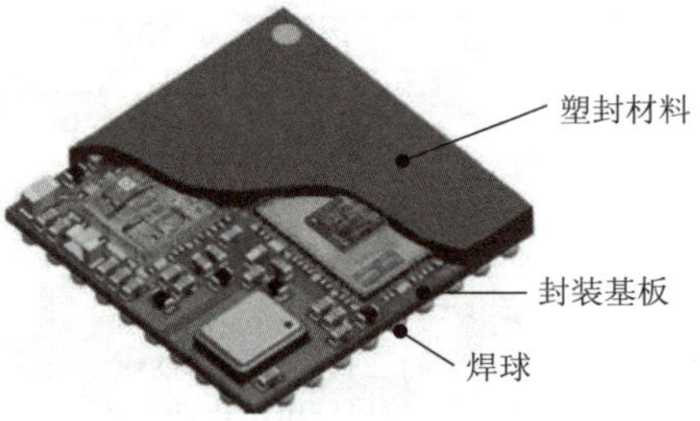

图 2-2 封装示意

封装材料、封装工艺以及封装形式对电子器件的性能、散热、抗干扰能力等方面均有较大影响，因此封装是处理器选型时需要考虑的因素之一，但不是主要考虑因素。STM32 的封装形式主要有：

(1)小外形封装(Small Out-line Package，SOP)，如图 2-3(a)所示；

(2)四面扁平封装(Quad Flat Package，QFP)，如图 2-3(b)所示；

(3)细间距球栅阵列(Fine-pitch Ball Grid Array，FBGA)；

(4)晶圆片级芯片规模封装(Wafer Level Chip Scale Package，WLCSP)，如图 2-3(c)所示。

(a) (b) (c)

图 2-3 STM32 的部分封装形式

(a)SOP (b)QFP (c)WLCSP

同一种封装形式会因采用的封装材料以及封装工艺不同又有所细分，如陶瓷 SOP、薄型 QFP 等。WLCSP 的外形与 FBGA 相似，其工艺较为先进，且体积小、质量轻、散热和电性能好。需要注意的是，有些品牌某型号的处理器只有一种封装形式，若要选择某种封装形式的芯片，只能考虑其他品牌。如 F407 处理器仅有薄型（Low-profile）QFP 一种封装形式，即 LQFP。

2.1.3　管脚

F407 芯片共设有 100 个管脚，包括 16 个电源管脚和 82 个输入/输出（I/O）管脚，以及复位管脚 NRST 和启动模式管脚 BOOT 等 2 个其他管脚，如图 2-4 所示。

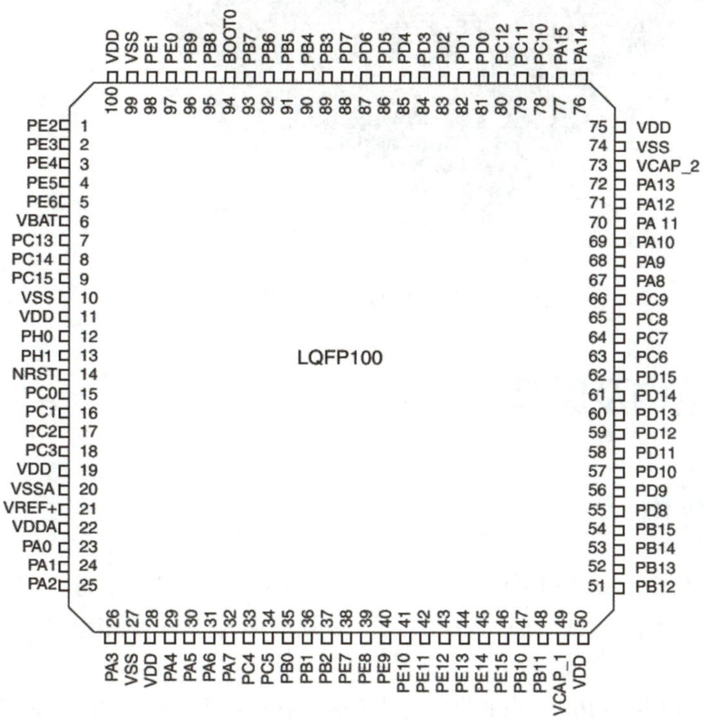

图 2-4　F407 芯片外部管脚

1. 电源管脚

电源管脚共 16 个，包括 6 个 VDD、4 个 VSS 以及 VBAT、VDDA、VSSA、VREF+、VCAP_1、VCAP_2 等管脚。

2. I/O 管脚

I/O 管脚共 82 个，16 个管脚为一组，组号从“PA”开始编号，依次编号为 PA、PB、PC、PD、PE、PH 等 6 组，各管脚一般称为 PAx、PBx、PCx、PDx、PEx（其中 x 为 0~15），而 PH 仅有 PH1 和 PH2 两个管脚。

3. 芯片管脚号的识别

管脚号是芯片管脚按空间位置编排的顺序号，一般从“1”开始沿逆时针方向依次编号，顺序号“1”的位置常采用“圆点”标记。需要注意的是，芯片背面一般不仅有顺序号“1”的位置标记圆点，还有制造时使用的工艺圆点，与顺序号“1”处的位置标记圆点相比，工艺圆点半径较大，而且圆点中心部位的表面较为粗糙，如图 2-5 所示。

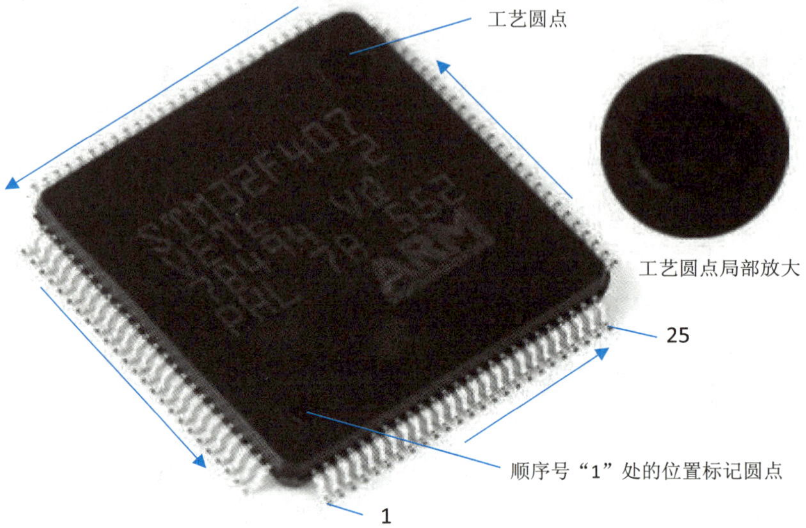

图 2-5　LQFP 的 F407 芯片管脚识别

2.2　F407 结构及原理

2.2.1　硬件结构

F407 以 ARM Contex-M4 内核为核心，以 AHB 总线矩阵为纽带，内嵌有 192 KB 的 SRAM（包括 64 KB 的 CCM）、512 KB 的闪存以及诸多片上外设和组件。其中，内核模块包含以下几部分。

（1）浮点运算单元（FPU），可选组件，支持单精度 32 位浮点数的加减乘除、累加和平方根运算。

（2）内存保护单元（Memory Protection Unit，MPU），通过定义内存区域的属性（如只读属性）提高系统的可靠性，最多可定义 8 个不同区域和 1 个可选的预定义备份区域。

（3）内嵌跟踪单元（Embedded Trace Macrocell，ETM），提供实时指令跟踪和数据跟踪。

（4）内嵌向量中断控制器（Nested Vectored Interrupt Controller，NVIC），用于处理 Contex-M 支持的所有中断和异常。

内核与 FPU、MPU、ETM 等组件的连接属于紧耦合，内核与这些组件之间的通信不经过总线矩阵。内核通过总线矩阵与外设（片上外设和外部外设）连接，负责系统的整体控制与调度，且可不经过总线矩阵直接访问 CCM 存储器，如图 2-6 所示。

直接访问存储器控制器（DMA）是内核的协处理器，具有总线控制权，负责在不需要进行任何 CPU 操作的情况下控制外设与存储器之间、存储器与存储器之间的高速数据传输，以节省 CPU 的运行资源供其他操作使用。

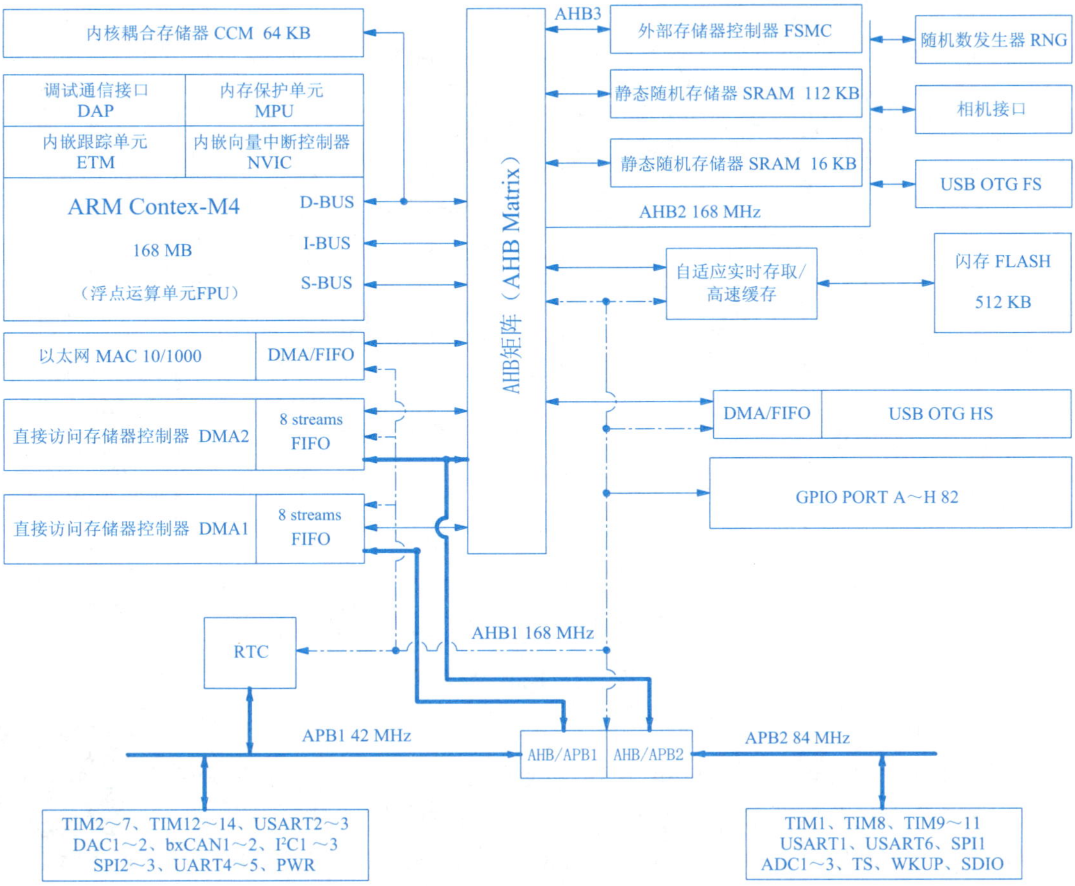

图 2-6　F407 MCU 结构框图

> **提示：**
>
> 基于 RAM Context-M4 内核的 F407，CCM 只能存储数据，不能存储代码，否则会出现异常，且只有内核可访问 CCM，DMA 无法访问 CCM；而基于 RAM Context-M3 内核的某些处理器，内嵌的 CCM 可以存储代码。

F407 共有 8 条主控总线（S0~S7）、7 条被控总线（D0~D6），借助总线矩阵，可以实现从主控总线到被控总线的单线路访问以及多线路的并发访问，确保系统高效运行。

F407 内部结构

1. S0:I 总线

I 总线（指令总线）用于 Contex-M4 内核获取指令，通过 I 总线可访问包含代码的存储器，如内部 FLASH、SRAM1 或通过 FSMC 扩展的外部存储器，如图 2-7 所示。

2. S1:D 总线

D 总线（数据总线）用于 Contex-M4 内核进行立即数加载和调试访问，通过 D 总线可访问包含代码或数据的存储器，如内部 FLASH 或通过 FSMC 扩展的外部存储器；Contex-M4 内核也可通过 D 总线直接访问 64 KB CCM 数据 RAM。

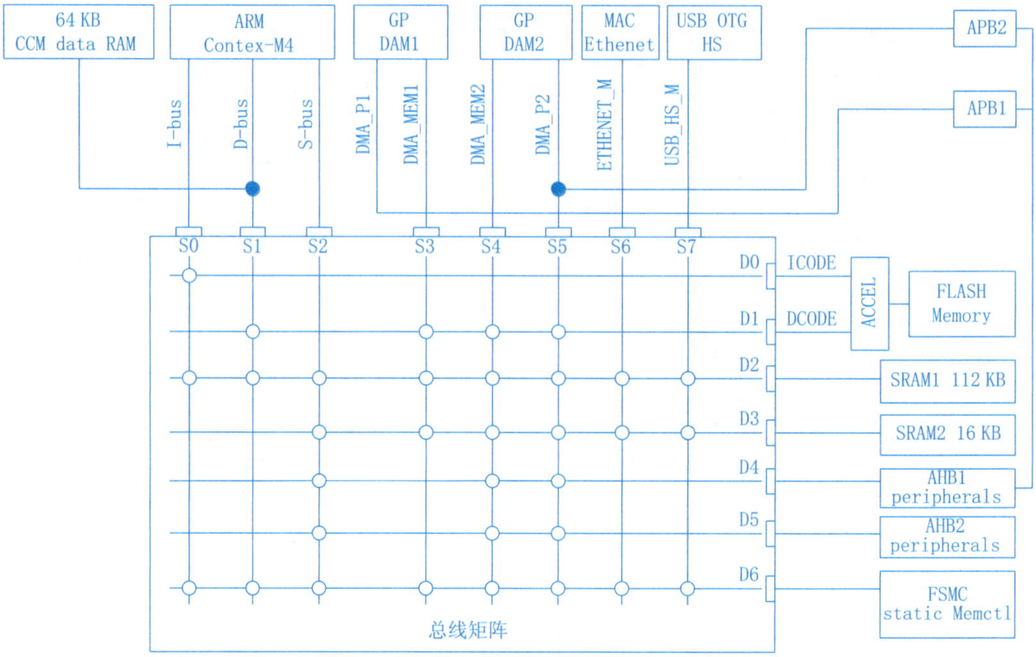

图 2-7　F407 总线

3. S2:S 总线

S 总线用于将 Contex-M4 内核的系统总线连接到总线矩阵。可通过该总线访问位于外设或 SRAM 中的数据,也可通过该总线获取指令(效率低于 ICODE)。该总线可访问 112 KB 和 16 KB 的内部 SRAM、包括 APB 外设在内的 AHB1 外设和 AHB2 外设以及通过 FSMC 扩展的外部存储器。

F407 总线矩阵

4. S3 和 S4:DMA 存储器总线

DMA 存储器总线用于将 DMA 存储器总线主接口连接到总线矩阵。DMA 通过该总线执行存储器数据的传入和传出。该总线访问的对象是数据存储器,包括内部 SRAM(112 KB、16 KB)以及通过 FSMC 扩展的外部存储器。

5. S5:DMA 外设总线

DMA 外设总线用于将 DMA 外设总线主接口连接到总线矩阵。DMA 通过该总线访问 AHB 外设或执行存储器间的数据传输。该总线访问的对象是 AHB 和 APB 外设以及数据存储器(内部 SRAM 以及通过 FSMC 扩展的外部存储器)。

6. S6:以太网 DMA 总线

以太网 DMA 总线用于将以太网 DMA 主接口连接到总线矩阵。以太网 DMA 通过该总线向存储器存取数据。该总线访问的对象是数据存储器,包括内部 SRAM(112 KB、16 KB)以及通过 FSMC 扩展的外部存储器。

7. S7:USB OTG HS DMA 总线

USB OTG HS DMA 总线用于将 USB OTG HS DMA 主接口连接到总线矩阵。USB OTG DMA 通过该总线向存储器加载/存储数据。该总线访问的对象是数据存储器,包括内部 SRAM(112 KB、16 KB)以及通过 FSMC 扩展的外部存储器。

总线矩阵是处理器总线系统的核心，用于主控总线之间的访问仲裁管理，仲裁采用循环调度算法，可实现不同总线的主设备同时访问不同的从设备而互不影响，即互不独占总线。

2.2.2 Contex-M4 内核工作模式

Contex-M4 内核有两种工作模式，即线程模式（Thread Mode）与处理模式（Handler Mode），如图 2-8 所示。某一时刻，芯片只能处于一种工作模式。

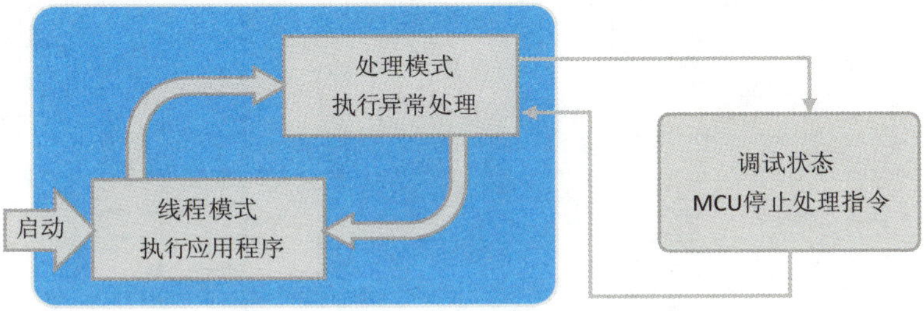

图 2-8 F407 Contex-M4 内核工作模式

1. 线程模式

线程模式用于执行应用程序，处理器在复位后进入线程模式。线程模式下的访问等级有特权和非特权两种权限模式。特权和非特权模式类似于个人计算机的管理员和一般用户，两者的访问权限不同。

2. 处理模式

处理模式用于执行异常处理，即当处理器发生异常或者中断时，则进入处理模式进行处理，处理完成后返回线程模式。在处理模式下，处理器总是处于特权访问等级，可以访问处理器中的所有资源。

如上所述，软件执行的权限级别分为特权和非特权两种。在特权级别下，软件可以使用所有指令并访问所有资源，还可以通过设置将软件执行的权限级别更改为非特权。在非特权级别下，软件执行具有较多限制，具体如下：

（1）对 MSR 和 MRS 指令的访问权限有限，无法使用 CPS 指令；

（2）无法访问系统计时器、NVIC 或系统控制块；

（3）对内存或外围设备的访问可能受到限制；

（4）必须使用 SVC 指令进行主管调用，以将控制权转移到特权软件。

提示：

MSR、MRS、CPS、SVC 是 ARM 的汇编语言指令。

1. MSR、MRS 分别是写或读状态寄存器 CPSR、SPSR 的指令。

2. CPS 是修改处理器状态的指令，SVC 是系统服务呼叫指令，非特权的程序如果要进入特权级别，通常使用该指令去触发“SVC 异常”，该异常的服务例程可以选择修改相关设置。

2.2.3 内核及其寄存器

Contex-M4 内核是处理器运行指令、处理数据的核心，一般由控制单元、算术逻辑单元

（浮点运算单元）、寄存器组等构成，如图 2-9 所示。其中，控制单元是内核的指挥中心，在其控制下，内核有条不紊地工作，自动执行程序；算术逻辑单元在控制信号的作用下完成加、减、乘、除等算术运算，与、或、非、异或等逻辑运算，以及移位、补位等运算；浮点运算单元（若有）负责浮点运算和高精度整数运算；内核在执行程序的过程中所取的指令、数据以及运算结果等均暂存于寄存器内。

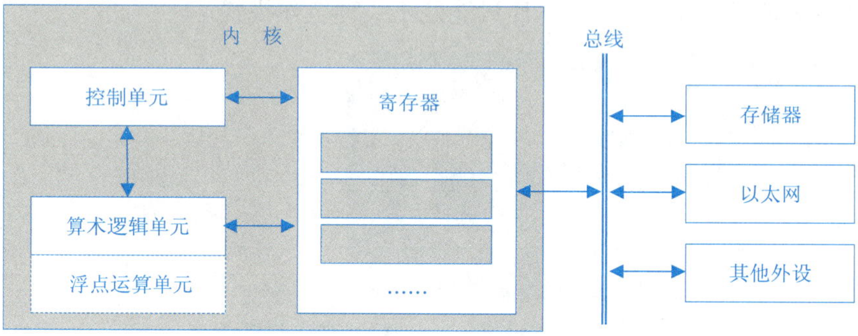

图 2-9　Contex-M4 内核结构示意

Contex-M4 内核有 13 个通用寄存器及多个特殊寄存器，如图 2-10 所示。其中，R13~R15 都具有不同的特殊功能，虽然厂家公布的编程手册没有将其划分为特殊寄存器，但是多数文献一般将其归为特殊寄存器。

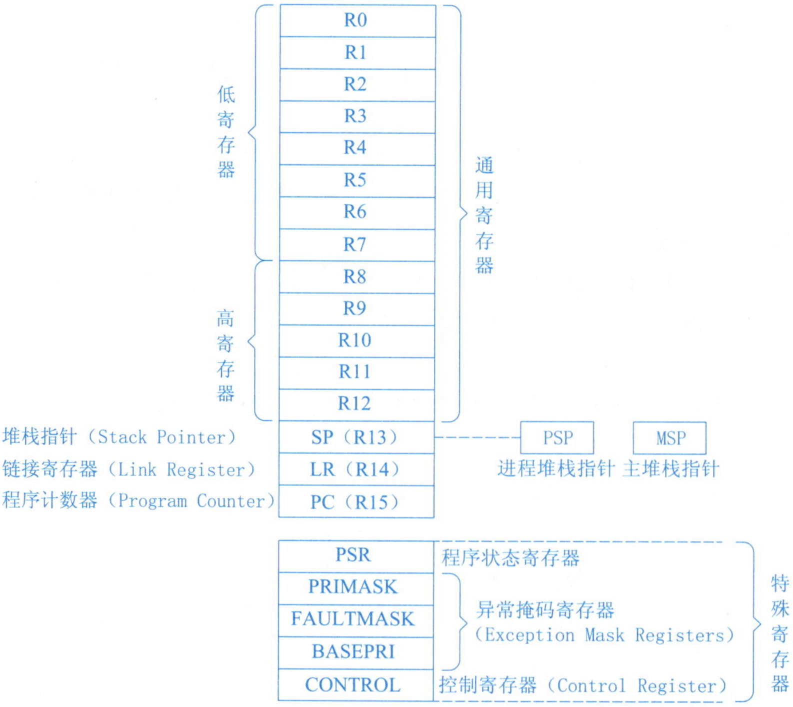

图 2-10　Contex-M4 内核寄存器

1. 通用寄存器：R0~R12

R0~R12 为通用寄存器，用于数据操作，协助内核执行程序，如暂存子程序之间传递的参数、局部变量等。其中，R0~R7 为低寄存器，16 位和 32 位的所有指令均可访问；R8~R12 为高寄存器，只有 32 位的指令可访问，而 16 位的指令不可访问。

2. 特殊寄存器：R13~R15

R13 为堆栈指针（SP），Contex-M4 在物理位置上存在 2 个堆栈指针，即主堆栈指针（MSP）和进程堆栈指针（PSP），系统上电后的默认堆栈指针是 MSP。在处理模式下，只能使用主堆栈；在线程模式下，可以使用主堆栈，也可以使用进程堆栈，具体使用哪个堆栈主要由控制寄存器的参数设置决定。

R14 为链接寄存器（LR），用于存储子程序或者函数调用的返回地址。

R15 为程序计数器（PC），用于存储下一条要执行的指令的地址。

3. 程序状态寄存器：PSR

程序状态寄存器是标识程序执行结果状态、Thumb 状态、异常编号等信息，由 3 个 32 位的寄存器构成的寄存器组，见表 2-1。

表 2-1　程序状态寄存器

英文名称	标识	中文名称	描述
Application Program Status Register	APSR	应用程序状态寄存器	标识应用程序的执行结果状态
Interrupt Program Status Register	IPSR	中断程序状态寄存器	标识中断异常的编号
Execution Program Status Register	EPSR	执行程序状态寄存器	标识 Thumb 状态、ICI/IT 指令的执行状态等

程序状态寄存器的位分配如图 2-11 所示，各位的含义见表 2-2。

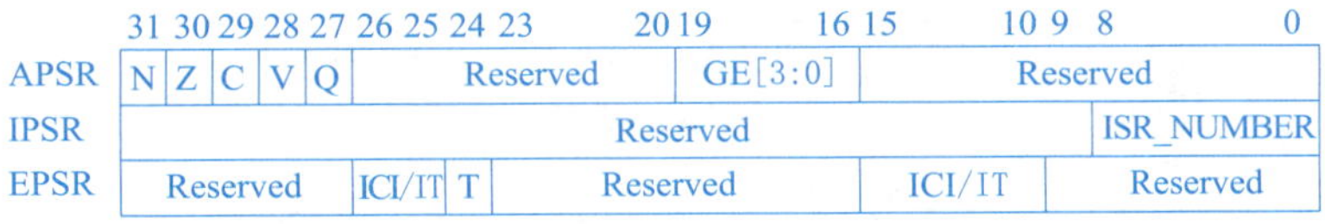

图 2-11　Contex-M4 程序状态寄存器的位分配

表 2-2　Contex-M4 程序状态寄存器各位的含义

位	标识	含义	描述	备注
31	N（Negative）	操作结果是否为负	0：结果为正、零、大于或等于	APSR
			1：结果为负、小于	
30	Z（Zero）	操作结果是否为零	0：结果不为零	APSR
			1：结果为零	
29	C（Carry）	加法运算是否发生进位，减法运算是否发生借位	0：结果不为零	APSR
			1：结果为零	

续表

位	标识	含义	描述	备注
28	V （Overflow）	操作结果是否溢出	0：结果未溢出 1：结果溢出	APSR
27	Q （——）	DSP 溢出和饱和标志：黏滞饱和标志	0：自复位或上次将位清零后未发生饱和 1：SSAT/USAT 指令导致饱和，DSP 溢出	APSR
25~26	ICI/IT	ICI 或 IT 指令执行状态位	具体查询编程手册	EPSR
24	T	Thumb 状态位	1：处理器处于 Thumb 状态	EPSR
16~19	GE[3:0]	大于或等于标志	根据该标识，SEL 指令选择第 1 个或第 2 个操作数	APSR
0~8	ISR_NUMBER	异常类型编号	具体查询编程手册	IPSR

编程时，可使用带有 MRS 指令的 PSR 读取所有寄存器，此时会返回上述 3 个寄存器合并后的 PSR 结果，如图 2-12 所示。

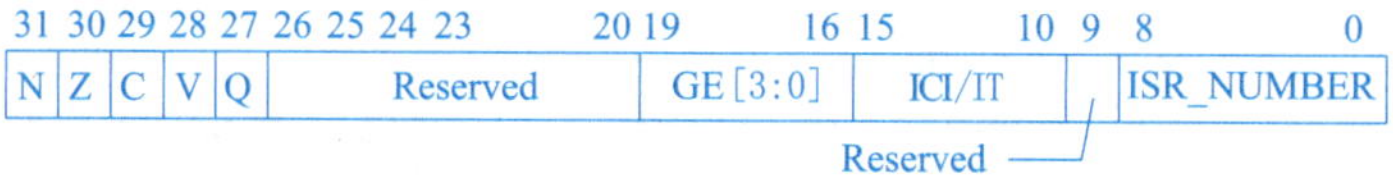

图 2-12　程序状态寄存器的合并结果

4. 异常掩码寄存器

异常掩码寄存器用于设定禁止处理器处理异常，由 3 个 32 位的特殊寄存器组成，见表 2-3。

表 2-3　异常掩码寄存器

序号	英文名称	标识	中文名称	描述
1	Priority Mask Register	PRIMASK	优先级掩码寄存器	设定防止激活具有可配置优先级的所有异常
2	Fault Mask Register	FAULTMASK	故障掩码寄存器	设定是否防止激活除非屏蔽中断（NMI）外的所有异常
3	Base Priority Mask Register	BASEPRI	基本优先级掩码寄存器	定义异常处理的最低优先级，当 BASEPRI 设置为非零值时，将阻止激活优先级与 BASEPRI 相同或更低的所有异常

需要注意的是，禁用处理器异常处理可能导致关键任务计时的异常。

5. 控制寄存器：CONTROL

当处理器处于线程模式时，控制寄存器控制所使用的堆栈和软件执行的特权级别，并指示 FPU 是否处于运行状态。

控制寄存器的位[31：3]为预留位，位[2：0]的含义见表 2-4，也可查询官方发布的编程手册了解更多信息。

表 2-4　控制寄存器的位[2:0]的含义

位	标识	含义	描述
2	FPCA	指示浮点数是否处于活动状态，由此确定在处理异常时是否保留浮点数	0：无浮点数处于活动状态
			1：有浮点数处于活动状态
1	SPSEL	活动堆栈指针的选择	0：选择主堆栈指针 MSP
			1：选择进程堆栈指针 PSP
0	nPRIV	线程特权级别	0：有特权
			1：无特权

2.2.4　存储器及其映射

嵌入式控制器内部有许多存储数据的单元，如 SRAM、Flash、CCM，这些存储单元就是存储器。其中，用于存储内核或外设初始化设置参数、过程数据的存储单元是具有特定功能的内存单元，一般称为寄存器。

存储器本身不具有地址信息。为了便于管理和访问存储空间，厂家对存储空间进行了统一的地址分配和使用规定。为存储器分配地址的过程称为存储器映射，如图 2-13 所示。

ARM Contex-M4 内核最大支持 4 GB 的存储空间，并将 4 GB 的存储空间分为 8 个块，每个块为 512 MB。

（1）CCM 的地址为 0x1000 0000~0x1000 FFFF，共计 64 KB。

（2）Flash 可用地址为 0x0800 0000~0x080 FFFFF，最大为 1 MB。

（3）SRAM 分为两部分，其地址分别为 0x2000 0000~0x2001 BFFF（112 KB）和 0x2001 C000~0x2001 FFFF（16 KB）。

（4）系统存储器的地址为 0x1FFF 0000~0x1FFF 7A0F（30 MB），用于存储芯片出厂时厂家烧录好的 ISP 自举程序，即 Bootloader 程序，用户无法改动。

（5）选项字节的地址为 0x1FFF C000~0x1FFF C007（8 B），用于配置读写保护、欠压复位（BOR）、软件/硬件看门狗以及器件处于待机或停止模式下的复位。

提示：

1. 不同型号的微处理器存储器地址映射不同，使用时切记要查询该型号的官方技术手册。

2. 嵌入式处理器有大量的寄存器，对于设计人员、学习人员来说，记忆这些具体位的相关知识是一件非常困难的事情。在学习中一般不需要刻板地记忆这些知识，但需要了解和掌握寄存器的基本组成以及官方技术手册的查询方法，编程时再有针对性地查询。

2.3　最小系统

最小系统也称为最小应用系统，指用最少的元件组成的 MCU 芯片可以工作的系统。最小系统可以工作的基本条件是具有电源、时钟（晶振）、复位电路，即最小系统的三要素。

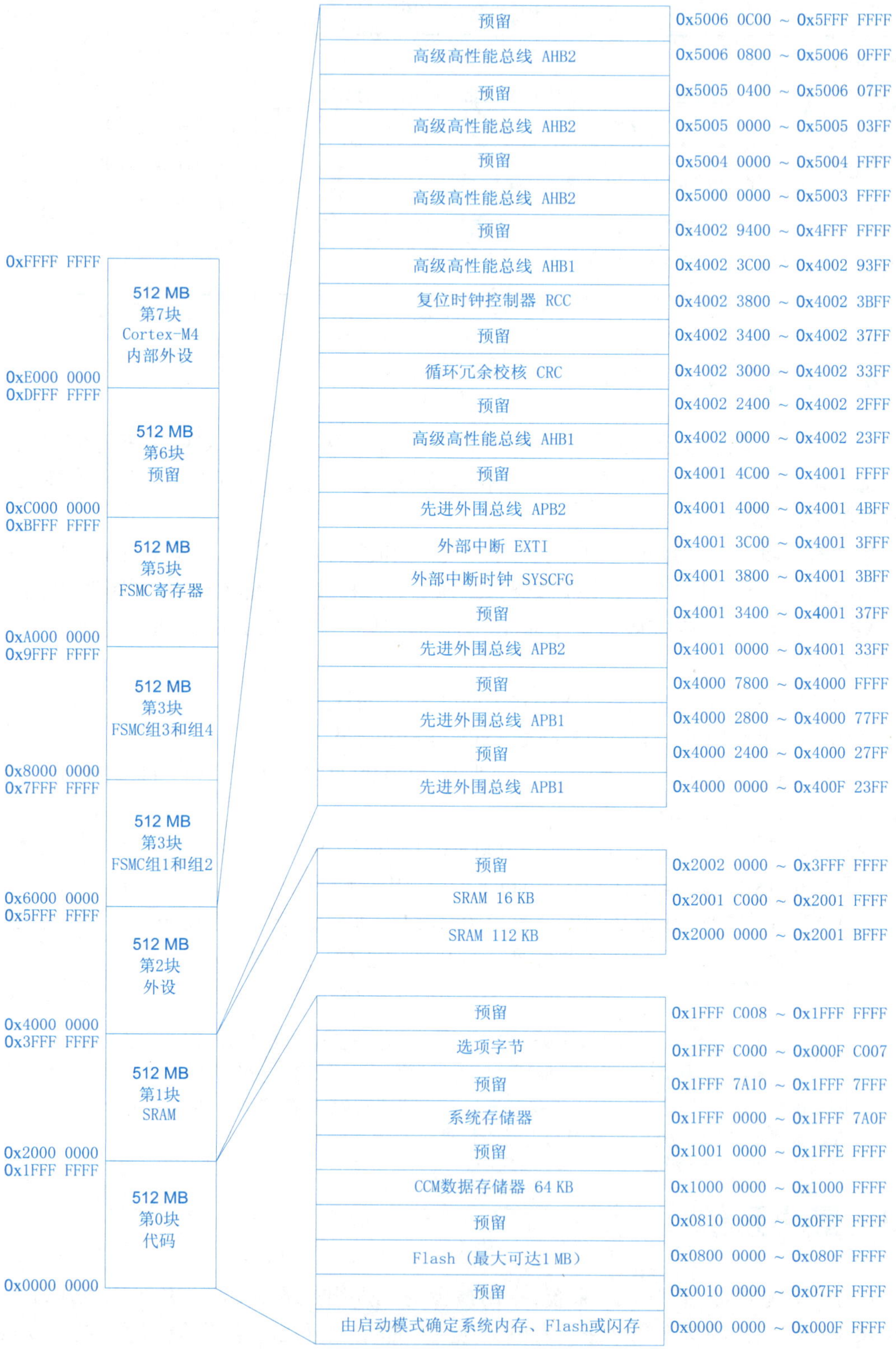

图 2-13　F407 存储器映射图

2.3.1　电源

嵌入式微处理器内部嵌入了很多功能单元，为了使内部单元可以就近获取电源，同时减小不同功能部件之间的相互干扰，保障各功能部件的工作性能和稳定性，F407 采用了多管脚供电方案。F407 设置了 16 个与电源相关的管脚，其管脚功能详见表 2-5。

表 2-5　F407 与电源相关的管脚功能介绍

管脚	数量	功能描述	管脚	数量	功能描述
VDD	6	I/O 管脚和系统模拟部分的供电电源正极，即嵌入式处理器的主电源正极	VCAP_1	1	嵌入式内部调压器的稳压管脚，一般通过 2.2 μF 电容的接地 ADC、DAC 独立供电电源的负极
VSS	4	I/O 管脚和系统模拟部分的供电电源负极，即嵌入式处理器的主电源负极	VCAP_2	1	
VDDA	1	ADC、DAC 独立供电电源的正极	VSSA	1	
VREF+	1	ADC、DAC 的基准电压，当使能 F4 系列 MCU 内部的电压基准时，将使用内部基准 VREF+和 VREF−，如果没有使能，则通过外置电压基准提供	VBAT	1	当主电源 VDD 不供电时，由 VBAT 为芯片的实时时钟（RTC）、RTC 备份寄存器和备份 SRAM（BKP SRAM）供电

1. 主电源

嵌入式微处理器正常工作时，其电源由管脚 VDD 和 VSS 提供。F4 系列处理器的器件工作电压（V_{DD}）要求介于 1.8~3.6 V，建议设置为 3.3 V，如图 2-14 所示。

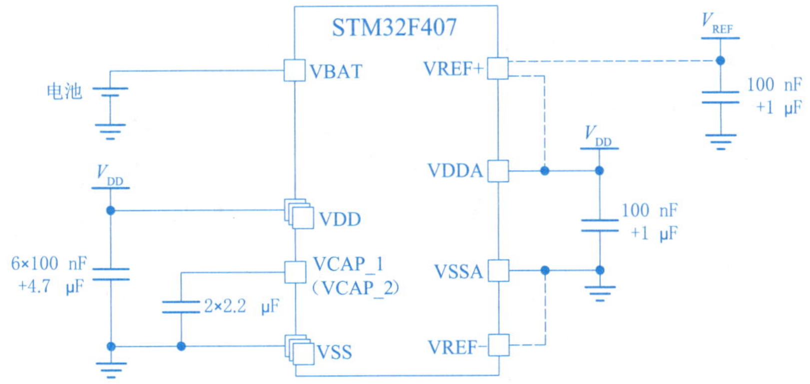

图 2-14　F407 电源电路

为了滤除电源中的杂波，以获取稳定的电源，需在 VDD 管脚与“地”之间串联 100 nF 的高频去耦陶瓷电容，这就是电容对地滤波。该滤波电路相当于为高频杂波提供了对地通路，将其引入“地”中，如图 2-15 所示。

由于小电容滤除低频杂波效果不好，为更好地滤除低频杂波，需至少在一个 VDD 管脚上串联 4.7 μF 的陶瓷电容，如图 2-14 所示。

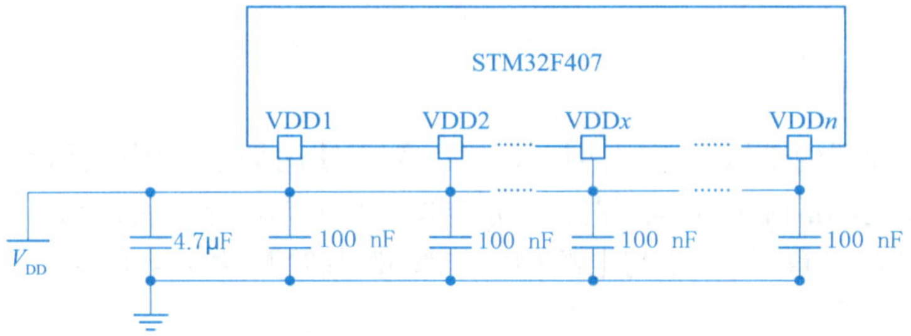

图 2-15　F407 电源滤波电路

提示：上述大电容与小电容配合的滤波电路，官方技术手册多以“6 × 100 nF +4.7 μF”的形式给出，实际电路应按图 2-14 所示设计。

拓展：

学习用实验板多在室内使用，干扰少，影响不大，不设置 4.7 μF 的滤波电容也可正常工作，所以多数实验板不设置该电容；但是工业应用环境复杂，干扰多，严禁省略 4.7 μF 的滤波电容。

2. 备用电源

关闭主电源后，一般需要保留 RTC 备份寄存器和备份 SRAM 的内容，并为 RTC 供电，保持系统时钟的正常运行，确保系统在关闭主电源后不丢失系统时间和基本数据，此时可将 VBAT 管脚连接到通过电池或其他电源供电的备用电源。在工程应用中，常采用 3 V 的纽扣电池作为备用电源。

备用电源的开关由微处理器复位模块中内置的掉电复位电路控制，即当主电源接通或关闭后，由掉电复位电路控制备用电源切断或接通，如图 2-16 所示。

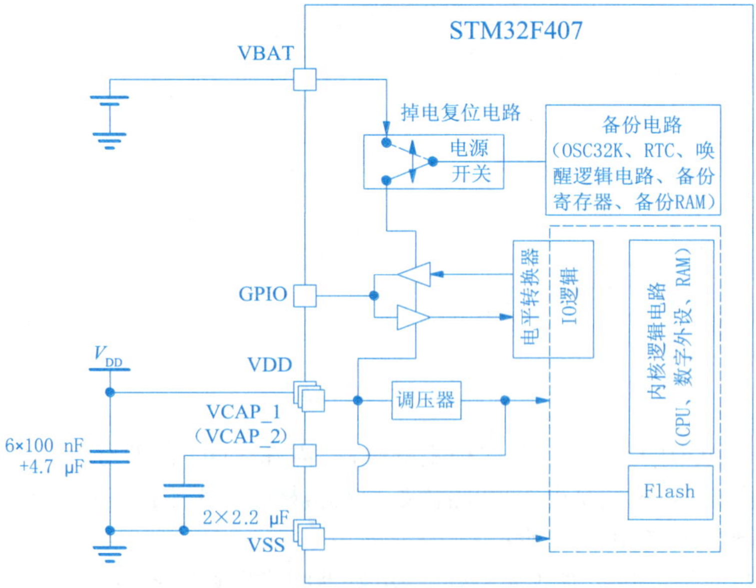

图 2-16　F407 电源内部供电示意

3. A/D 转换器的独立电源和参考电压

为了提高 A/D 转换器的转换精度，ADC 配有独立电源，可以单独滤波并屏蔽印刷电路板（PCB）上的噪声。ADC 独立电源的电压从 VDDA 管脚输入，并配有独立的电源接地端子 VSSA 管脚。

若要确保测量低电压时具有更高的精度，需要在 VREF+管脚上连接单独的 ADC 外部参考电压输入，其电压介于 1.8 V 到 VDDA 管脚电压之间。该电源可以单独设置参考电压的电源 V_{REF}，也可与 VDDA 管脚共用电源 V_{DD}，如图 2-14 所示。

4. 调压器稳压电路

F4 系列处理器内部设置有线性调压器，VDD 管脚提供的电源并不直接驱动片上器件，而是由线性调压器调压后的电源（一般为 1.2 V）驱动，线性调压器主要为备份域和待机电路以外的所有数字电路供电。

处理器的内部电路相互干扰会使内部电压不稳，从而使处理器工作极不稳定，如无法调试、烧录程序等。为消除内部干扰，以稳定电压，需要通过 2.2 μF 的滤波陶瓷电容将 VCAP_1、VCAP_2 两个管脚接地，如图 2-16 所示。

若用户不使用该调压器，可将其设为 OFF 状态，此时图 2-16 中的 2 个 2.2 μF 的滤波陶瓷电容应替换为 2 个 100 nF 的去耦陶瓷电容。需要注意的是，LQFP64、LQFP100 和 LQFP144 封装的 F407 芯片不具有内部调压器 OFF 功能，即调压器一直处于启用状态。

提示：

1. 不同型号的嵌入式处理器封装不同，其管脚设置也不同，如 F407 处理器没有设置 VREF−管脚，此时可忽略图 2-14 所示的 VREF−管脚及其接线。

2. 调压器的稳压电容应尽可能靠近芯片管脚，该电容应尽可能选择高品质的电容，否则极易出现处理器运行不稳的现象。

2.3.2 时钟

时钟是为微处理器提供时序基准（脉冲）信号的部件，类似于微处理器的心脏，它是系统最重要的核心部件。

STM32F4 片上外设很多，不同外设所需的时钟频率不同。例如，为了保证 MCU 系统的运行速度，内核和 AHB 等重要外设需要较高的时钟频率，而看门狗等部件只需要较低的时钟频率即可保证其正常工作。另外，电路中的时钟频率越高，功耗越大，抗电磁干扰能力越弱。因此，STM32F4 配置了多种时钟源，以解决上述问题，如图 2-17 所示。

1. STM32F4 时钟源

STM32F4 有 HSI、HSE、LSI、LSE 和 PLL 等 5 个重要时钟源。从来源看，时钟源可分为内部时钟源和外部时钟源。外部时钟源为从外部通过接晶振等方式获取的时钟源，HSE 和 LSE 是外部时钟源，其他 3 个为内部时钟源。

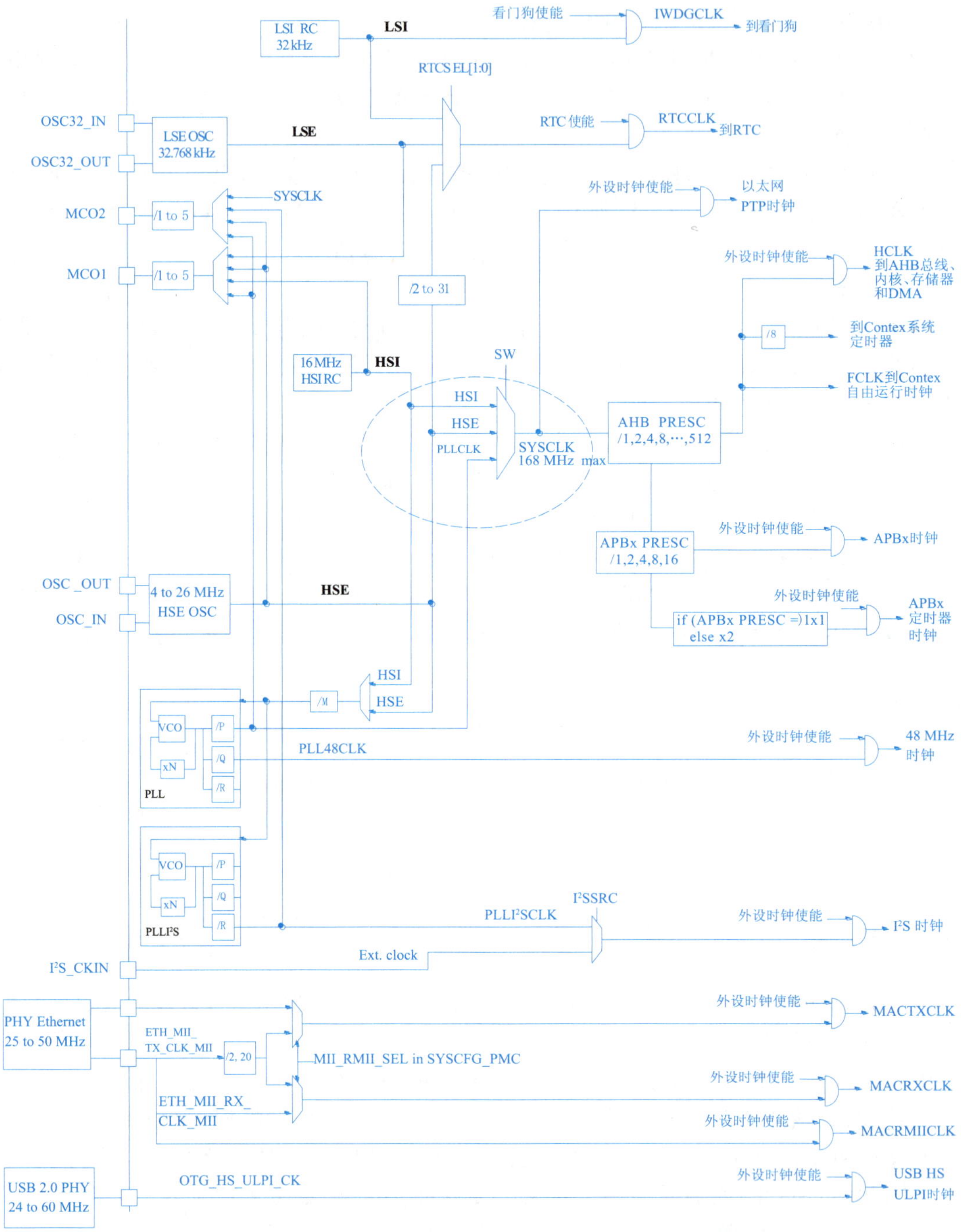

图 2-17　STM32F407 的时钟树(参考 STM32F4 数据手册)

内部时钟源 HSI 与 LSI 均是由内部 RC 振荡器生成的,其中高速内部时钟源 HSI 的频率为 16 MHz,其优点是成本低,启动速度快。但因内部时钟源的制造误差及其内部的干扰,即使校准后,时钟精度也不及外部晶振或陶瓷谐振器。因此,对时钟精度要求较高的工业应采用外部时钟源。

PLL 是一种依靠锁相环倍(分)频的"无源"时钟,其本身无法产生振荡脉冲信号, PLL 的信号源用户可编程选择 HSE 或 HSI 信号。

1)LSI

LSI(Low Speed Internal clock signal)时钟是低速内部时钟,由内部 RC 振荡器生成频率约为 32 kHz 的时钟信号,主要为看门狗和自动唤醒单元提供工作时钟。

【示例 2-1】阅读图 2-17 所示的时钟树,了解 LSI 时钟的相关信息。

解析:以 LSI 框图为起点,沿着 LSI 信号的走向逐条梳理 LSI 与其他外设(功能模块)的关系,将与 LSI 紧密相关的部分从图 2-17 中剥离出来,其框图如图 2-18 所示。

F407 时钟树

由图 2-18 可知, LSI 信号的走向有两条路径:一是和看门狗使能信号逻辑"与"后(此时该信号称为 IWDGCLK),供给系统的看门狗工作使用,线路中的"与"门类似于电路中的"开关",若看门狗使能信号等于"0",则 LSI 信号无法通过"与"门, IWDGCLK 信号被关闭;二是经 RTC(Real_Time Clock)时钟选择器、逻辑"与"门后(此时该信号称为 RTCCLK),供给 RTC 外设①。

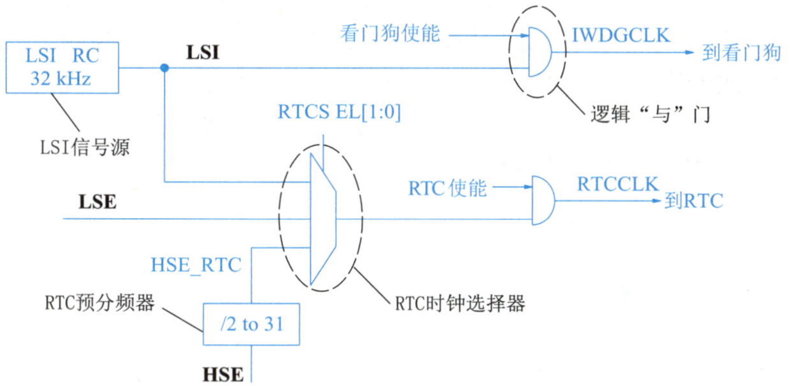

图 2-18 LSI 时钟框图(参考 STM32F4 数据手册)

RTC 外设的时钟信号可选择 LSI、LSE 或 HSE,具体选择哪一个时钟源由相应寄存器中的 RTCSEL[1:0]位决定②,用户可根据用户参考手册的提示进行选择。若选择 LSI 作为 RTC 外设的时钟源,RTCSEL[1:0]应设置为"10"。

若选择 HSE 作为 RTC 外设的时钟源, HSE 信号经 RTC 预分频器分频后,通过 RTC 时钟选择器、逻辑"与"门后,供给 RTC 外设。RTC 预分频器的分频系数③可由用户编程设置,由图 2-18 可知该分频系数最小为 2,最大为 31。例如,若 HSE 的频率 f_{HSE} = 8 MHz,且预分频系数 *RTCPRE* 设置为 8,则 RTCCLK 时钟的频率为

$$f_{RTCCLK} = \frac{f_{HSE}}{RTCPRE} = \frac{8}{8} = 1\ \text{MHz}$$

提示:

① RTC 时钟是为处理器提供精准时间和日期信息的部件,它一般选择低频晶振作为时钟源,以保持高精度和可靠性。另外,处理器关闭或重启时,因其独立供电(如备用电源供电)而可以继续运行。

② 时钟选择器、预分频器、倍频器等时钟参数的设置方法在后续章节介绍。

③ 在时钟树等相关框图中,框内有形式为"/Y"的文字的矩形框表示分频器,框内的"/"表示分频,数字或字母为分频系数,如图 2-19 所示。例如,"/2 to 31"表示分频系数可设置为 2~31 的任一数值;图 2-17 中的"/P"表示分频系数为 P,"/2, 20"表示分频系数可设置为 2 或 20。而框内有形式为"xN"的文字的矩形框表示倍频器,框内的"x"表示倍频,数字或字母为倍频系数,如图 2-20 所示。例如,"xN"表示倍频系数为

N,若时钟频率是 2 MHz,N 设置为 6,则倍频后的频率为 12 MHz。

图 2-19　分频器图形符号

图 2-20　倍频器图形符号

拓展:

嵌入式处理器内部集成的具有相对独立功能的模块称为片上外设或内部外设,如时钟、USB、以太网等。同一外设或内核的功能模块在不同应用场景中的性能和工作要求会有所差异,为了使同一芯片尽可能满足更多不同场景的应用需要,ARM 芯片采用了以下措施,以拓宽芯片的适用领域。

(1)参数可编程设置,即对于外设的部分参数,用户可通过编程修改。如 RTC 时钟源,用户可通过编程选择 LSI、LSE 或 HSE;而看门狗时钟,用户可通过设置“看门狗使能”信号关闭或开启看门狗时钟 IWDGCLK。

(2)参数集中管理,由于外设或内核功能模块的可编程参数数量较多,一般用由多个字(32 位)构成的寄存器组来保存用户设置的参数。“集中管理”体现在两方面:一是同一外设或内核功能模块的寄存器地址是连续的,且这些地址是由厂家统一规定的,用户无法更改,否则所设置的参数将不起作用;二是作用相似的参数一般保存于同一个字中,若一个字的容量不足,则由地址紧邻的多个字保存。

【示例 2-2】查询厂家公布的用户参考手册提供的 RCC 时钟寄存器相关信息,了解 F407 外设寄存器的参数存储规律,分析掌握外设寄存器的手册查询方法。

解析:用户参考手册对于各外设寄存器提供了寄存器映射表(Register Map)、寄存器边界地址表(Register Boundary Addresses)以及寄存器设置说明等三类信息。

寄存器映射表统计了某一外设的所有寄存器、各寄存器包含的参数以及寄存器在连续地址中相对于首地址的偏移量,见表 2-6。

表 2-6　F407 时钟寄存器映射表(摘自用户参考手册)

地址偏移量	寄存器名称	31	30	29	28	……	3	2	1	0
0x00	RCC_CR	预留				……	HSITRIM1	预留	HSIRDY	HSION
0x04	RCC_PLLCFGR	预留				……	PLLM3	PLLM2	PLLM1	PLLM0
……	……	……								
0x70	RCC_BDCR	预留				……	预留	LSEBYP	LSERDY	LSEON
……	……	……								
0x84	RCC_PLL2SCFGR	预留	PLL2SRx			……	预留			

由表 2-6 可知, RCC 时钟共有 22 个寄存器,每个寄存器有 1 个字(32 位)的存储空间, RCC 控制寄存器 RCC_CR(RCC clock Control Register)位于 RCC 寄存器组地址的首位,即相对于该连续地址的首地址,其偏移量为 0x00;第二个寄存器用于配置 PLL,名为 RCC_PLLCFGR(RCC PLL Configuration Register),地址偏移量为 0x04;依此类推,RCC 时钟共有 88 个字节的寄存器组。另外,各寄存器均预留了多个未使用的位,这些预留位可为芯片后续的升级预留参数保存位置。

寄存器边界地址表给出了各外设或内核功能模块的寄存器组的起止地址，该地址是由厂家规定且不可更改的，见表 2-7。

表 2-7　寄存器边界地址表（摘自用户参考手册）

边界地址	外设	总线	寄存器映射
……	……	……	……
0x4002 3C00~0x4002 3FFF	Flash 接口	AHB1	第 3.8 节：Flash 接口寄存器
0x4002 3800~0x4002 3BFF	RCC		第 171 页的第 6.3.32 节：RCC 寄存器映射
0x4002 3000~0x4002 33FF	CRC		第 85 页的第 4.4.4 节：CRC 寄存器映射
……	……	……	……

可见，RCC 时钟寄存器组的起始地址为 0x4002 3800，最后一个寄存器（RCC_PLL2SCFGR）的地址为 0x4002 3BFF，结合寄存器映射表可计算出各寄存器的地址。例如，RCC 备份域控制寄存器 RCC_BDCR（RCC Backup Domain Control Register）的地址偏移量为 0x70，则其地址为 0x4002 3800 + 0x70 = 0x4002 3870。

表 2-7 中的"寄存器映射"是对应外设的寄存器映射表所在的用户参考手册章节和页码。

寄存器设置说明给出了所有外设寄存器各位的作用、参数设置说明以及默认值。RCC 备份域控制寄存器 RCC_BDCR 各位的信息如图 2-21 所示，RTC 时钟选择参数存储在该寄存器的第 8~9 位，将这两位命名为 RTCSEL[1:0]；各位的作用、参数含义及设置方法如图 2-22 所示。例如，若选择 LSE 作为 RTC 时钟，则 RTCSEL[1:0]应设置为"01"；若选择 LSI，则应设置为"10"。

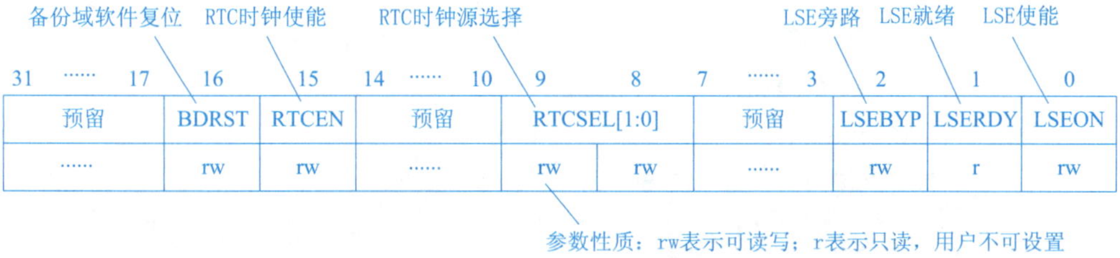

图 2-21　RCC_BDCR 寄存器属性

位 9:8　RTCSEL[1:0]：RTC 时钟源选择（RTC clock source selection）

由软件置 1，用于选择 RTC 的时钟源。选择 RTC 时钟源后，除非备份域复位，否则其不可更改。可使用BDRST位对其进行复位。

00：无时钟

01：LSE 振荡器时钟用作 RTC 时钟

10：LSI 振荡器时钟用作 RTC 时钟

11：由可编程预分频器分频的 HSE 振荡器时钟（通过 RCC 时钟配置寄存器(RCC_CFGR)中的 RTCPRE[4:0]位选择）用作 RTC 时钟

图 2-22　用户参考手册给出的寄存器各位的作用、参数含义及设置方法

综上所述，寄存器边界地址表、寄存器映射表给出了外设寄存器组的概要信息，可联合两表了解外设有哪些寄存器以及寄存器的地址等；寄存器设置说明用于指导用户进行参数设置。

2)HSI

HSI(High Speed Internal clock signal)时钟是高速内部时钟,由内部 RC 振荡器生成频率约为 16 MHz 的时钟信号,可以直接作为系统时钟 SYSCLK 或者作为 PLL 的输入。

3)LSE

LSE(Low Speed External clock signal)时钟是低速外部时钟,接频率为 32.768 kHz 的石英晶体,主要为 RTC 外设提供时钟源,也可以经分频后通过 MCO1 管脚为外部器件提供时钟源。

4)HSE

HSE(High Speed External clock signal)时钟是高速外部时钟,可连接外部石英/陶瓷谐振器或者接外部时钟源,频率范围为 4~26 MHz。HSE 时钟可以直接作为系统时钟或者作为 PLL 的输入。

5)PLL

PLL(Phase Lock Loop)有主 PLL 和专用 PLL 两类时钟。

主 PLL 的时钟源信号(HSI 或 HSE)经 M 倍的分频后传至 PLL,在 PLL 内经过 N 倍的倍频后有两路输出,如图 2-23 所示。

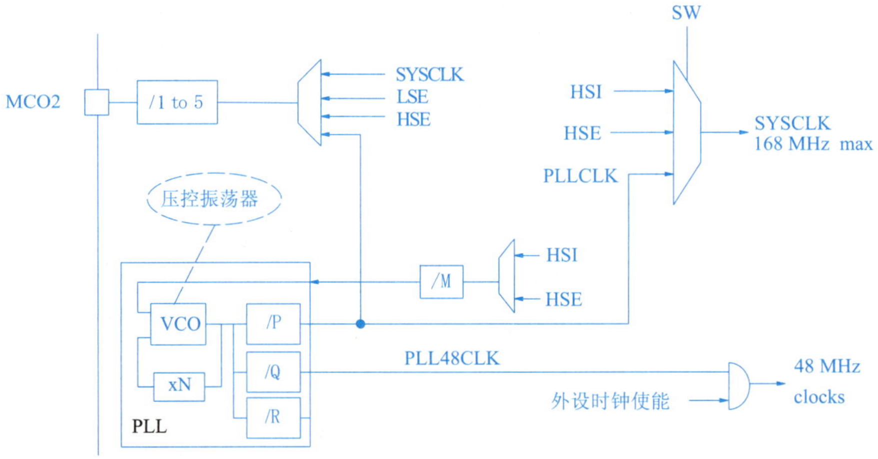

图 2-23　PLL 时钟框图

经 P 倍的分频后,输出信号 PLLCLK 用于高速系统时钟,频率最高可达 168 MHz;PLLCLK 信号也可以经分频后通过 MCO2 管脚为外部器件提供时钟源。

若输入源(HSE 或 HSI)的信号频率设为 f_s,则有

$$f_{PLLCLK}=\frac{f_s}{M\times P}\times N \tag{2-1}$$

【示例 2-3】假设 PLL 时钟源选择 HSE,且 HSE 的频率为 8 MHz,分频器和倍频器的系数分别设置为 $M=8$、$P=2$、$N=336$,试计算系统时钟源 SYSCLK 信号的频率。

解:将已知参数代入式(2-1),可得

$$f_{PLLCLK}=\frac{8}{8\times 2}\times 336=168\text{ MHz}$$

系统时钟源 SYSCLK 信号的频率为 168 MHz。

经 Q 倍的分频后输出信号 PLL48CLK 用于生成 USB OTG FS 的时钟(48 MHz)。

【示例 2-4】假设 PLL 时钟源、分频器和倍频器的系数 M 和 N 等均与示例 2-3 相同,若要生成 48 MHz 的 PLL48CLK 信号,试分析如何设置分频系数 Q。

解:由式(2-1)可知,PLL48CLK 信号的频率为

$$f_{\text{PLL48CLK}}=\frac{f_s}{M\times Q}\times N=\frac{8}{8Q}\times 336=48\text{ MHz}$$

求解上式可得 $Q=7$,即应将分频系数 Q 设为 7。

另外,PLL48CLK 信号也是随机数发生器、SDIO 的时钟源,随机数发生器和 SDIO 内部还设有分频器,经内部再次分频,工作频率≤ 48 MHz。

综上所述, F4 的 5 个时钟源各具特点,如图 2-24 所示。系统开发时应综合考虑时钟源的特点以及应用的实际需求,选用合适的时钟源。

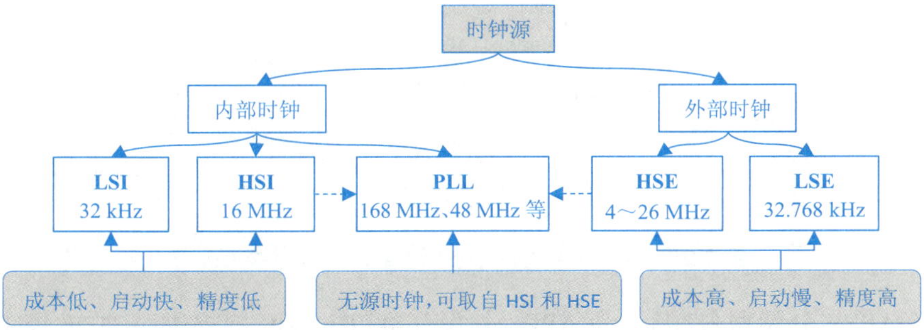

图 2-24　F4 时钟源对比

2. 系统时钟

系统时钟(SYSCLK)的时钟源可选择 HSI、HSE 或 PLL。PLL 时钟是 HSI 或 HSE 时钟经分频、倍频后所得的“次级时钟”,其频率远高于 HSI 和 HSE 时钟。要求时钟频率较高的场景,系统时钟一般选择 PLL 时钟,频率最高可达 168 MHz。

STM32F4 的系统时钟为绝大多数外设提供工作时钟。系统时钟可以直接作为以太网的 PTP(Precision Time Protocol,精准时钟同步协议)时钟,经 AHB 分频器分频后,输出到其他模块(外设)使用,AHB 分频器可选择 1、2、4、8、16、32、64、128、256、512 分频,如图 2-25 所示。

(1)为 AHB、内核、存储器和 DMA 等器件提供高速时钟(HCLK),其频率可达 168 MHz。

(2)8 分频后,为 Contex 内核的系统定时器提供工作时钟。

(3)为 Contex 内核提供自由运行时钟(FCLK),在处理器休眠时采集中断事件,并跟踪休眠、处理唤醒等。

提示:

1. 时钟开启运行会产生功耗,为了实现低功耗, STM32F4 芯片的所有外设时钟均设置有使能信号,可方便用户在不使用时关闭(失能)外设的时钟,使用时必须开启(使能)外设的时钟。

2. 处理器休眠时, HCLK 等时钟会处于关闭状态,为了实现低功耗,只有 FCLK 工作,以维持内核的最低工作状态。

3. 由图 2-25 可知，FCLK 与 HCLK 是相互同步的时钟，HCLK 根据需要可以关闭，而系统一旦运行，FCLK 始终处于工作状态。

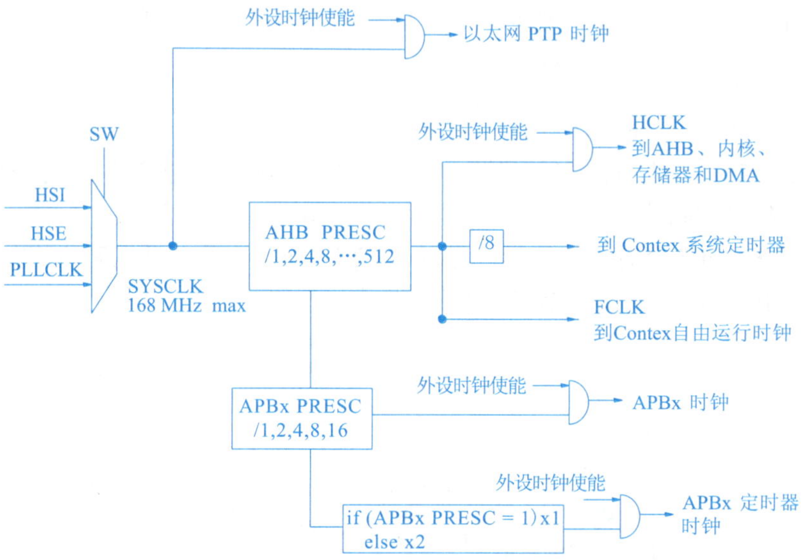

图 2-25　系统时钟框图(参考 STM32F4 数据手册)

(4)经 APBx 分频器分频后，为 APBx 外设和 APBx 定时器提供时钟；或经定时器倍频器倍频后供定时器使用。其中，APB1 为低速 APB，频率最高为 42 MHz，为挂载在 APB1 上的外设提供时钟源；APB2 为高速 APB，频率最高为 84 MHz，为挂载在 APB2 上的外设提供时钟源，如图 2-26 所示。

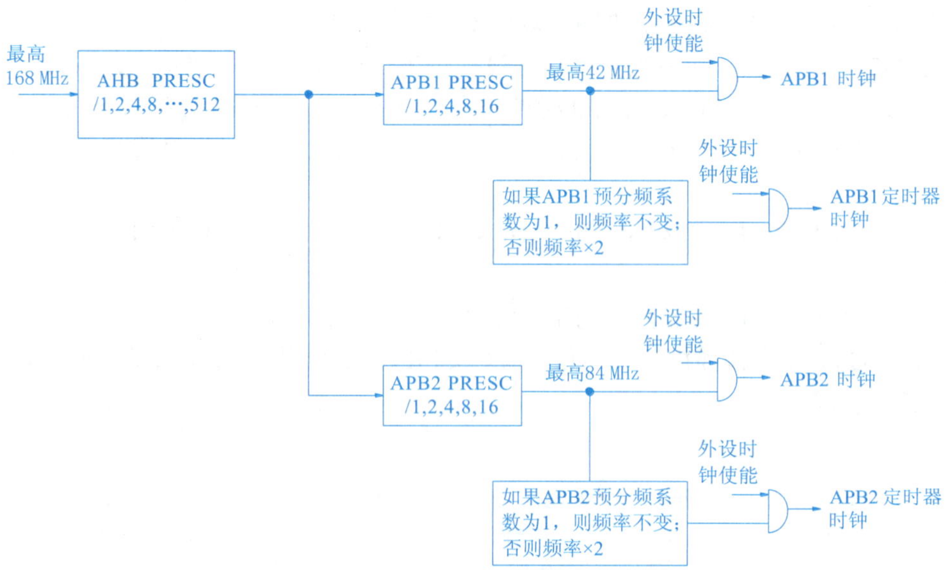

图 2-26　APB 时钟框图

挂载在 APB 上的定时器时钟较为特殊，其频率由 APBx 时钟频率和 APBx 预分频系数两者共同确定，若 APBx 预分频系数为 1，则 APBx 定时器时钟的频率与该 APB 时钟相同，否则是该 APB 时钟的 2 倍。

需要注意的是，APB1 和 APB2 时钟为挂载在 APB 上的外设提供时钟源，有些外设内部还设有分频器，其工作时钟是经外设内部的分频器分频后的时钟，因此其工作时钟的频率与 APB 时钟有时并不相等。

3. 其他时钟

音乐编码解码器 I^2S（Inter-IC Sound）对时钟的精度要求较高，可以选择副 PLL（即 PLLI²S）时钟，也可选择外部时钟，如图 2-27 所示。

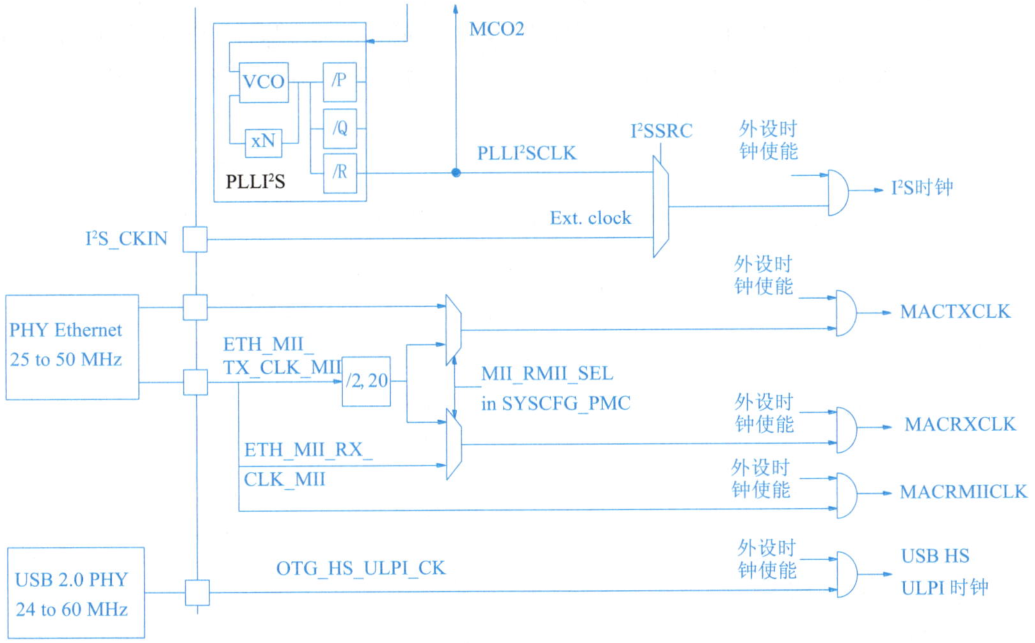

图 2-27　音频、以太网以及 USB 时钟框图

以太网和 USB OTG HS 的时钟均来自外部时钟，其中 USB OTG HS 时钟频率最高为 60 MHz；以太网工作时外部必须为 RMII 接口提供 50 MHz 的时钟，并通过 MII 为 STM32F4 芯片提供 TX（发送数据）和 RX（接收数据）的工作时钟。

4. STM32F4 外部时钟设计

由于 STM32F4 内部时钟的精度不高，工程上多采用 HSE+LSI 的配置方案，即高速时钟采用外部时钟，通过 PLL 倍频、分频后供给系统时钟；而看门狗等部件以及对精度要求不高的外设可直接采用芯片的低速内部时钟。

高速外部时钟的电路如图 2-28 所示。其中，晶振频率范围为 4~26 MHz，如有些无人机飞控系统的外部时钟选择 24 MHz 的晶振；C_{L1} 和 C_{L2} 是两个电容值相同的电容，根据晶振的要求选择，一般选用 5~25 pF 的高质量陶瓷电容。在确定 C_{L1} 和 C_{L2} 的电容值时，须考虑 PCB 和 MCU 的管脚电容，管脚电容一般可粗略估计为 10 pF。

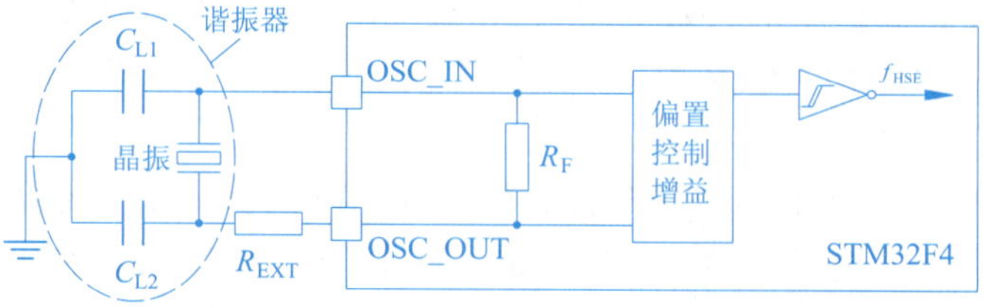

图 2-28　高速外部时钟的电路（参考 STM32F4 数据手册）

布线时，负载电容与晶振尽可能靠近谐振器管脚，以尽量减小输出失真和稳定启振时间。

由 STM32F4 数据手册可知，高速外部时钟的接入管脚 OSC_IN 与 PH0 共用 12 号管脚，OSC_OUT 与 PH1 共用 13 号管脚，如图 2-29 所示。可见，芯片的某些管脚既可作为 GPIO（通用输入/输出）管脚使用，也可作为内部外设的管脚使用，这种管脚设置多个功能以供用户选择的情况称为管脚复用。

> **提示：**
>
> 1. 若想了解详细的外部时钟设计知识，可参阅厂家提供的应用说明 AN2867“ST 微控制器振荡器设计指南”。
> 2. STM32F4 内核与片上外设若按用户拟定的方案运行，需对相应的寄存器进行初始设定。

封装形式

I/O类型：I/O—输入/输出管脚；I—输入引脚；S—电源管脚

I/O结构：FT—耐压5 V；TTa—耐压3.3 V，直接连接到ADC；B—BOOT0引脚；RST—双向复位

PIN number						PIN name (function after reset)	PIN type	I/O structure	Notes	Alternate functions（备用功能）	Additional functions（附加功能）
LQFP 64	WLCSP 90	LQFP 100	LQFP 144	UFBGA 176	LQFP 176						
...	...	...	...	...	...	...	...	...	...	...	...
5	F10	12	23	G1	29	PH0/OSC_IN (PH0)	I/O	FT	-	EVENTOUT	OSC_IN (4)
6	F9	13	24	H1	30	PH1/OSC_OUT (PH1)	I/O	FT	-	EVENTOUT	OSC_OUT (4)
...	...	...	...	...	...	...	...	...	...	...	...

不同封装的管脚号

部分管脚给出了备注说明，该处给出了表后的说明序号，如（4）是指第（4）号说明；若无须说明，为短横线“-”

图 2-29　STM32F4 数据手册中的“管脚与管脚说明表”

2.3.3　复位电路

STM32F4 的 NRST 管脚是异步复位管脚，复位电路由复位按钮与电容组成，电容可以

消除因按钮抖动而产生的振荡脉冲，如图 2-30 所示。复位时，NRST 管脚的电压必须低于 $0.3V_{DD}$，否则系统将无法完成复位。

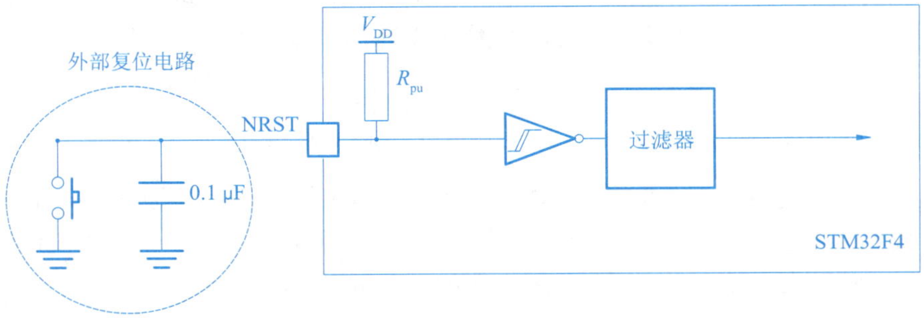

图 2-30　复位电路

当 NRST 管脚输入低电平时，MCU 处于复位状态。此时，除备份域内的寄存器外，电源复位会将其他全部寄存器设置为复位值。当 NRST 管脚从低电平变为高电平时，PC 指针将从 0 开始，即系统将重新启动。

由于 STM32F4 片内 RTC 的寄存器以及备份存储器采用电池通过专门的 VBAT 管脚供电，所以 NRST 管脚复位时，MCU 不会将它们重置。

2.3.4　启动模式

启动模式类似于在使用个人电脑开机时进入电脑的 BIOS（标准输入/输出系统），在 BIOS 中可以选择从什么存储介质中启动 Windows 系统，如可以选择读取硬盘、光盘或者 U 盘中的系统程序进行启动。同样，STM32 芯片也可以选择从什么存储介质中启动，并且为了方便切换启动模式，预留了两个启动模式管脚，即 BOOT0 和 BOOT1。

对于 F407 LQFP100 芯片，BOOT0 管脚为专用管脚，BOOT1 管脚与 GPIO 管脚共用。BOOT0 管脚的管脚号为 94，BOOT1 管脚的管脚号为 37，实际是与 PB2 的管脚共用。

STM32F4xx 芯片提供的三种启动模式由 BOOT[1:0]的值确定，见表 2-8。

表 2-8　STM32F4xx 芯片提供的启动模式

启动模式选择管脚		启动模式	启动空间	说明
BOOT1	BOOT0			
x	0	主 Flash	选择主 Flash 作为自举空间	最常用的用户启动模式
0	1	系统存储器	选择系统存储器作为自举空间	采用串口下载程序时使用，不建议采用该模式
1	1	内置 SRAM	选择嵌入式 SRAM 作为自举空间	用于程序调试

1. 主 Flash 启动模式

主 Flash 启动是从 STM32 内置的 Flash 启动，这是最常用的用户启动模式。用户采用 JTAG 或者 SWD 接口下载程序时，程序代码将被下载到内置的 Flash 中，芯片重启后将直接从主 Flash 读取并启动程序。

2. 系统存储器启动模式

系统存储器启动模式的程序功能是由芯片厂家设置的，在一般情况下不使用。系统存储器是芯片内部一块特定的区域，STM32 出厂时由 STM 公司在这个区域内部预置 BootLoader 程序，即 ISP 程序，该区域为只读存储器（ROM），出厂后无法修改。

> 提示：
>
> ISP（In System Program）意为在系统编程，是一种极为简洁的临时系统程序，用于启动嵌入式系统。

由于厂家提供的 BootLoader 程序中有串口下载程序的硬件，可以通过 BootLoader 将用户程序下载到主 Flash 中。所以选用这种启动模式时，多数情况是为了使用串口下载用户程序。但是这种下载方式较为烦琐，一般步骤如下，如图 2-31 所示。

（1）将 BOOT0 设置为"1"，BOOT1 设置为"0"，然后按下复位键，从系统存储器启动 BootLoader。

（2）在 BootLoader 程序的帮助下，通过串口将用户程序下载到 Flash 中。

（3）程序下载完成后，将 BOOT0 设置为"0"，手动复位，使 STM32 从 Flash 中启动。

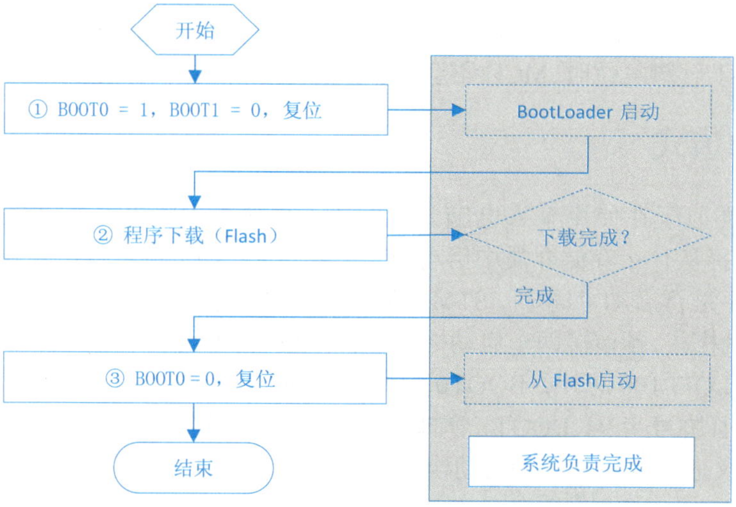

图 2-31　基于 BootLoader 的程序下载流程

可见，使用串口下载用户程序较为烦琐，需要频繁切换 BOOT0 与 BOOT1；另外，使用串口下载用户程序速度较慢，一般不建议采用这种下载方式。

3. 内置 SRAM 启动模式

内置的 SRAM 没有存储程序的能力，复位或重启后下载的用户程序会丢失。所以该启动模式一般用于频繁的程序调试，这样可以减少主 Flash 的擦写次数，保护主 Flash。

值得说明的是，STM32 的主 Flash 一般可以擦除 10 万次，在一般情况下因擦除而损坏主 Flash 的情况很少发生。

4. 启动模式电路

综上分析可见，最常用的用户启动模式为主 Flash 启动模式。这种启动模式只要 BOOT0 的状态为"0"即可，不受 BOOT1 的状态影响，即 BOOT1 管脚（管脚 37，与 PB2 共用)可作他用。

启动模式电路如图 2-32 所示,在默认情况下 BOOT0 输入为“0”,为主 Flash 启动模式。若要调整为其他启动模式,需在按下按钮的前提下,配合 PB2 管脚的输入装调进行设置。

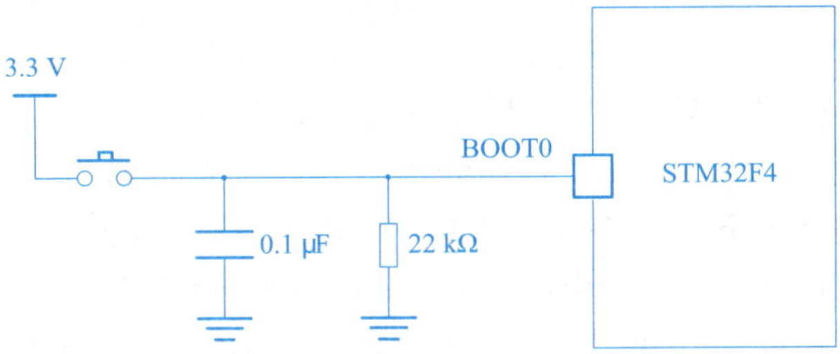

图 2-32　启动模式电路

综上,低速时钟采用内部低速时钟时,F407 的最小系统参考电路如图 2-33 所示。

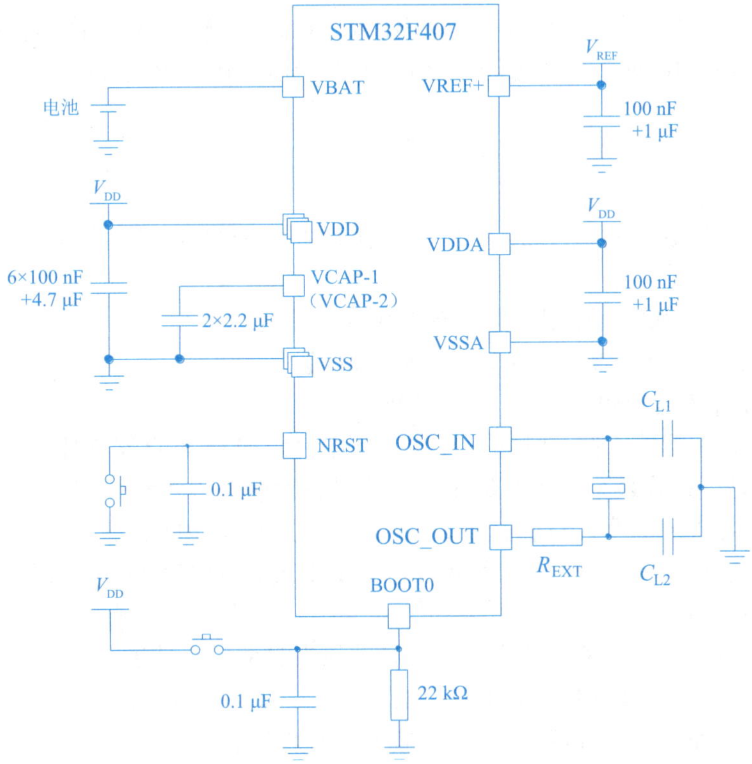

图 2-33　F407 的最小系统参考电路

2.4　小结

F407 是 32 位、频率可达 168 MHz 的嵌入式微控制器,内嵌有 USART、USB、SDIO、ADC、SPI、I^2C、I^2S、CAN、TIMER 等外设资源。该芯片采用 LQFP100 封装,设有 16 个电源

管脚、82 个 I/O 管脚以及 NRST 和 BOOT 管脚。

F407 内核为 Contex-M4 内核，片上集成有 192 KB 的 SRAM（包括 64 KB 的 CCM）、512 KB 的闪存，借助 8 条主控总线与 7 条被控总线实现片上外设以及系统的高效运行。

Contex-M4 内核有线程和处理两种模式，线程模式用于执行应用程序，处理模式用于执行异常处理。该内核最大支持 4 GB 的存储空间，并分为 8 个块，每个块为 512 MB；存储空间的地址由厂家统一分配；且有 13 个通用寄存器及多个特殊寄存器。

最小系统也称为最小应用系统，指用最少的元件组成的 MCU 芯片可以工作的系统。最小系统可以工作的基本条件是具有电源、时钟（晶振）、复位电路，即最小系统的三要素。

为了使内部单元可以就近获取电源，同时减小不同功能部件之间的相互干扰，保障各功能部件的工作性能和稳定性，F407 采用了多管脚供电方案。STM32F4 有 HSI、HSE、LSI、LSE 和 PLL 等 5 个重要时钟源，系统时钟（SYSCLK）为绝大多数外设提供工作时钟。STM32F4xx 芯片提供的三种启动模式由 BOOT[1：0]的值确定。主 Flash 启动是从 STM32 内置的 Flash 启动，这是最常用的用户启动模式。

ARM 芯片片上外设的参数用户可编程设置，可编程参数存储在对应的寄存器组内。同一外设的寄存器组的地址是由厂家统一规定的连续地址，用户不可更改。

思考题

2.1　什么是封装？封装对芯片有什么作用？STM32 微控制器常用的封装形式有哪些？

2.2　简要阐述 F407 微控制器集成有哪些片上外设。

2.3　STM32F407 有哪几类管脚？管脚号如何识别？

2.4　什么是存储器映射？什么是寄存器？

2.5　F407 处理器的内核有哪些寄存器？其中 R13~R15 寄存器有什么功能？

2.6　什么是嵌入式最小系统？最小系统应具备哪些基本要素？

2.7　F407 为什么要为 A/D 转换器设置独立电源和参考电压？

2.8　F407 芯片内嵌的 PLL 的输出信号 PLLCLK 的频率由哪些因素决定？这些因素对 PLLCLK 有什么影响？

2.9　F407 芯片的系统时钟可选择哪些时钟作为时钟源？其最高频率为多少？

2.10　F407 芯片的 HCLK 时钟和 FCLK 时钟之间有哪些联系？

2.11　复位电路一般会并联电容，该电容有什么作用？

2.12　F407 有哪几种启动模式？分别适用于哪些场合？

第 3 章

应用程序搭建及编程

应用软件是为满足不同需求而编写的代码集合，是用户使用 C 语言、汇编语言等程序设计语言，借助 Keil、VSCode 等软件工具编写和调试，具有一定功能的代码集合。Keil 和 C 语言是嵌入式系统常用的开发软件和编程语言。为降低用户的程序开发难度，STM32 厂家提供了帮助用户进行程序开发的标准库 DFP。本章将简要介绍 Keil 开发工具、嵌入式 C 语言、DFP 库，分析基于 Keil、C 语言和 DFP 开发与调试应用软件的基本方法和思路。

3.1 嵌入式系统开发工具

当前，嵌入式系统开发工具较多，如 Keil、IAR、VSCode、Clion、STM32CubeIDE 等。这些软件开发工具一般都集成了编辑器、编译器、调试器、下载器等，这是软件开发与调试的一种集成环境，如图 3-1 所示。

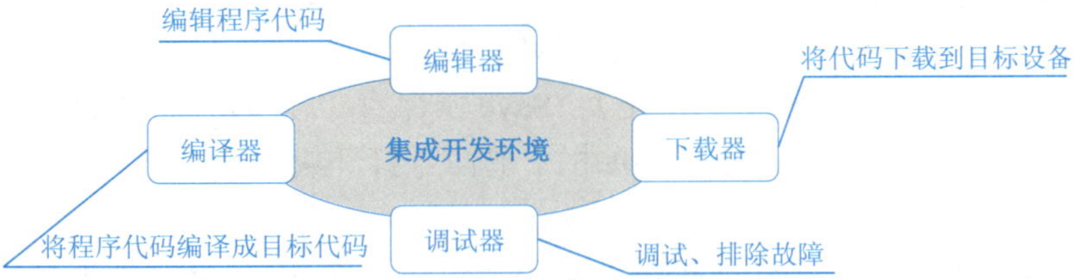

图 3-1　常用软件开发工具主要构成

Keil 的全称为 Keil MDK（Module Development Kit），有时也称为 MDK，它是 Keil 公司开发的嵌入式系统软件开发工具，应用较为广泛。全球有十几万嵌入式系统开发工程师使用该软件。目前，Keil 的最新版本为 MDK5，它是针对 ARM 内核处理器的集成开发环境（μVision5 IDE），也是基于 Contex-M 内核处理器的最佳开发工具。

若开发 ARM 应用程序，除需安装 MDK5 软件外，还需安装支持 STM32 硬件的设备系列包（Device Family Pack，DFP）。本书所使用的 MDK5 与 DFP 的版本见表 3-1。

表 3-1　本书所使用的软件及其版本

序号	类别	软件名及版本	下载地址
1	MDK5	Keil MDK-ARM V5.38a	https://www.keil.com/download/product/
2	DFP	Keil.STM32F4xx_DFP.2.17.0	https://www.keil.com/dd2/Pack/

3.1.1 Keil MDK5 开发环境

MDK5 主界面为通用的窗口界面，由菜单栏、工具栏、工程窗口、编辑窗口、消息窗口、状态栏等构成，如图 3-2 所示。

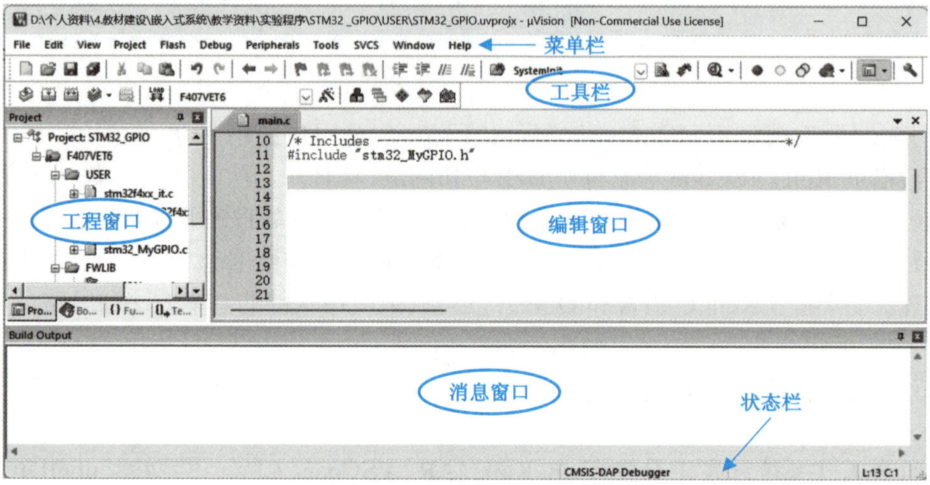

图 3-2　MDK5 主界面

1. 菜单栏

菜单栏与其他通用软件类似，包含 “File” “Edit” “View” “Project” “Flash” “Debug” “Tools” “Help” 等诸多一级菜单。各一级菜单包含若干与该菜单相关的菜单命令，如 “File” 菜单中有 “New”（新建）、“Open”（打开）、“Save”（保存）、“Save As”（另存为）等菜单命令。MDK5 的所有功能均可通过单击菜单栏中的命令打开或激活。

2. 工具栏

工具栏是为了方便用户操作而提供的常用命令快捷按钮，包括文件工具栏和构建工具栏。其中，文件工具栏设有新建、打开、保存等命令快捷按钮，构建工具栏设有编译、下载、工程项目管理等命令快捷按钮。

3. 工程窗口

工程窗口显示软件工程项目的结构以及代码文件，用户可在该窗口中快速选择并打开代码文件。该区域还可通过 “View” 菜单选择并添加 “Books” “Functions” 和 “Templates” 等选项卡，如图 3-3 和图 3-4 所示。“Books” 选项卡显示与用户工程所用芯片相关的官方资料，如用户手册、数据手册等，以方便用户查阅资料；“Functions” 选项卡显示用户工程的代码文件；“Templates” 选项卡显示 C 语言常用结构，如 for 循环、while 循环等。

4. 编辑窗口

编辑窗口为代码文件编辑区，用户在该区域可进行代码的输入、修改和复制等。

5. 消息窗口及状态栏

项目编译的日志信息、用户查询的结果信息等在消息窗口内显示。编辑窗口中鼠标指针所在位置，软件工程所选的调试器版本，以及鼠标选中命令的简要说明在状态栏显示。

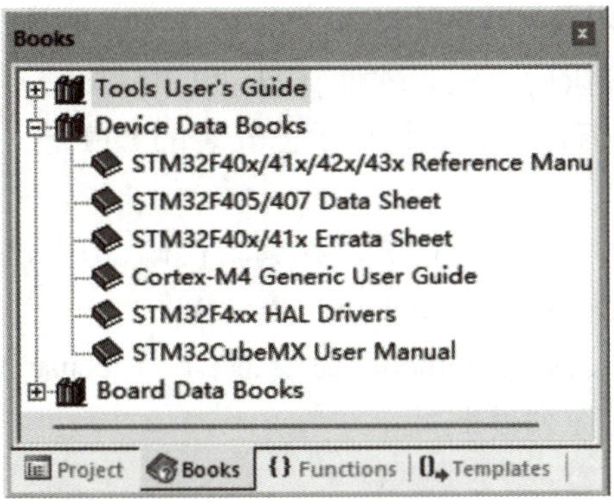

图 3-3　Books 选项卡

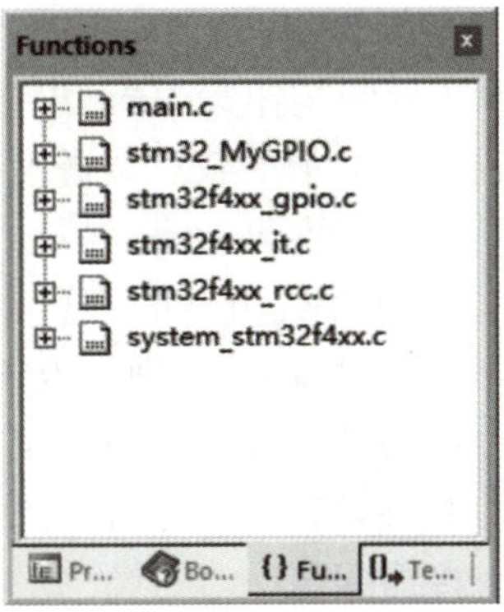

图 3-4　Functions 选项卡

3.1.2　Keil MDK5 环境配置

在应用软件开发前，需配置 MDK5 的开发环境，使其支持 STM32F407 芯片的软件编译和调试。

1. DFP 安装

在 MDK5 主界面内单击“Pack Installer”按钮，弹出“Pack Installer”窗口，检查 DFP 是否正确安装，如图 3-5 和图 3-6 所示。

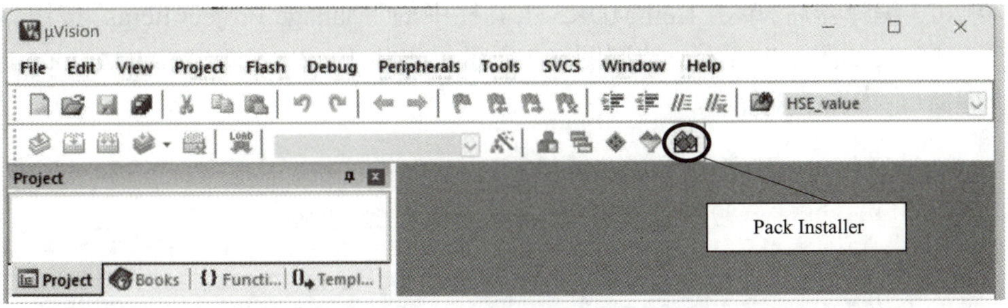

图 3-5　“Pack Installer”按钮

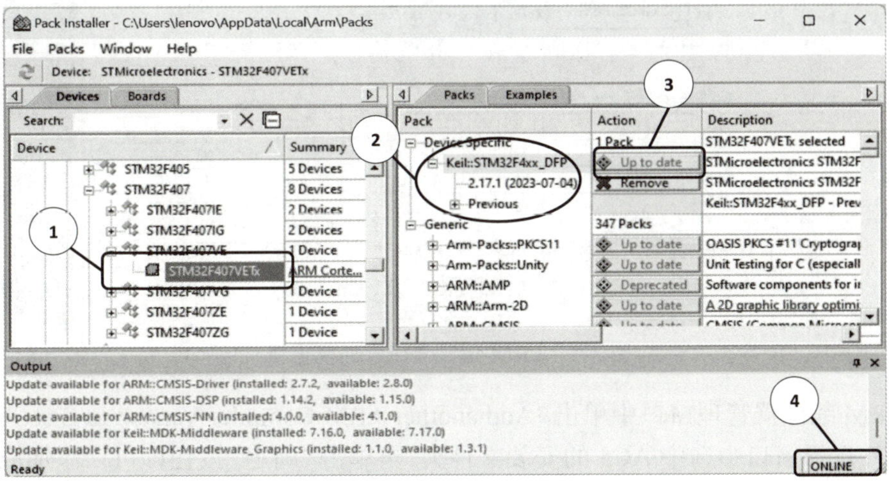

图 3-6　“Pack Installer”窗口

若未安装 DFP,在"Device"选项卡中选择用户程序所用芯片"STM32F407VETx",此时图 3-6 中③处的按钮为"Install"按钮,单击该按钮后, Keil 软件将自动上网下载安装 DFP,状态栏中④处显示下载安装进度;成功安装后,窗口中②处将显示已安装的 DFP。

2. 检查确保许可激活

若 Keil 软件或组件的许可未被激活,则用户可以建立工程和编辑代码,但无法编译程序。编译程序时,将会出现"C9555E"错误,即"Failed to check out a license"。

许可的激活可通过"File"菜单中的"License Management"命令,调出"License Management"窗口,在该窗口中添加 CID 和有效的许可序列号即可。

3. 编译器配置

编译器的版本必须与所编辑的程序或所使用的第三方程序匹配,否则将会出现编译错误而无法完成编译。Keil MDK 5.37 及以上的版本不再默认安装 AC5(ARM Compiler 5)编译器,而 STM 厂家提供的标准外设库是基于 AC5 编译的代码,因此借助 STM 标准外设库开发软件,用户必须下载并安装 AC5 编译器。

> **提示:**
>
> 安装 AC5 编译器时,强烈建议将安装路径更改为 Keil MDK5 的安装路径。例如, MDK5 的安装路径为"C:\Keil_v5",可将 AC5 安装于"C:\Keil_v5\ARM\ARM_Compiler_5"文件夹内,以方便后续编译器的设置。

安装 AC5 编译器后,单击 Keil MDK5 工具栏中的"Manage Project Items"按钮,调出工程项目管理窗口,如图 3-7 所示。按照图 3-7 所示的步骤①、②、③调出"ARM Compiler Versions"管理窗口,如图 3-8 所示。

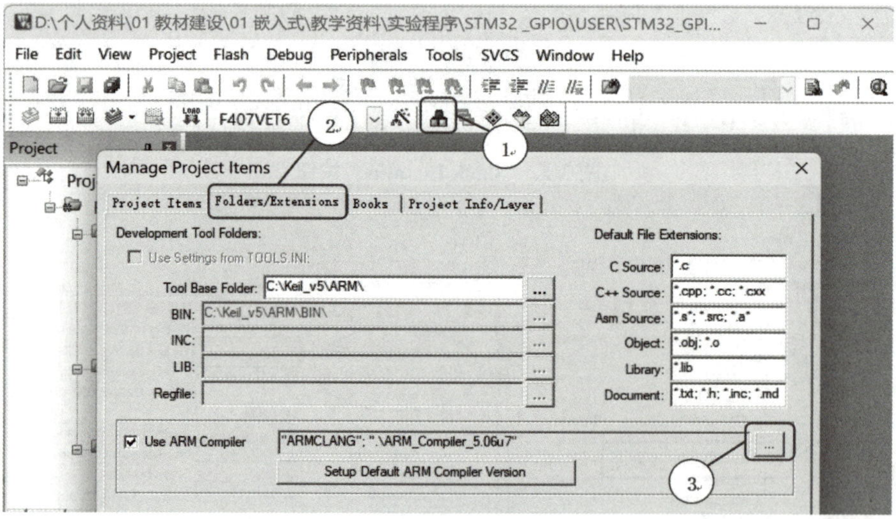

图 3-7 ARM 编译器设置情况查看

在 ARM 编译器管理窗口中单击"Add another ARM Compiler Version to List..."按钮,在弹出的文件选择窗口中选中 AC5 的安装文件夹,再单击"确定"按钮即可。添加成功后,编译器列表将正确显示图 3-8 中②处所示的 AC5 信息。

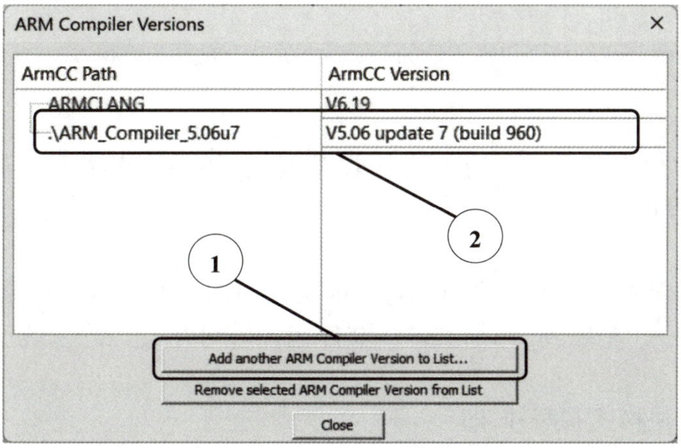

图 3-8　ARM 编译器设置

3.2　嵌入式 C 语言

基于嵌入式 C 语言编写的程序一般有三类结构化元素，即预处理声明、定义和 include 语句，主函数，函数、异常和中断服务函数。

3.2.1　预处理语句

预处理是指编译器在编译之前进行的处理，预处理命令以符号“#”开头。C 语言主要有宏定义、文件包含、条件编译等三类预处理命令。

1. 宏定义

宏定义（Macro Definition）是 C、C++等编程语言中的一种预处理指令，也称为宏替换、宏代换，简称宏。

宏定义的一般形式为

#define　宏名　字符串（被替换的文本）

其中，“被替换的文本”可以是任意常数、表达式、字符串、指针等；“宏名”强烈建议使用具有一定意义的名称，如 PLL 的倍频器倍频系数的宏名为 PLL_N。

【示例 3-1】常量 π 是经常使用的数据，若某程序对常量 π 的精度要求较高，可将其宏定义为

```
#define   PI   3.141 592 653 589 793 238 46
```

解析：上述语句是将“3.141 592 653 589 793 238 46”宏定义为“PI”，宏定义后用户无须记忆 π 的值，编程时直接输入“PI”即可，从而极大地降低了编程难度。从编译器的视角来看，所谓预处理就是编译器编译上述语句时，首先进行预处理，也就是编译器遍历整个程序，分析查找程序中的“PI”字符，并将其全部替换为“3.141 592 653 589 793 238 46”，然后进行编译（翻译成目标代码）。

【示例 3-2】C 语言允许宏带有参数。若拟定义计算圆面积的带参宏，其形式如下：

```
#define   AREAC(r)   PI*r*r   //PI 为 π 的宏名
int main(void){
    double   r,   area;
```

```
        r = 3;
        area = AREAC( r );    //该语句执行后,area 值为半径为 3 的圆的面积
        ……
    }
```

可见,宏定义的本质是采用具有一定意义、容易记忆的字符串代替不易记忆的数据或表达式,从而降低程序的开发难度。

2. 文件包含

文件包含是将某个文件的内容包含到当前文件的预处理语句,编译器在预处理阶段将给定文件的代码导入(粘贴到)当前文件。文件包含语句可"包含"系统定义和用户定义的头文件(h 文件)。

文件包含的用法格式有两种,即

```
#include  "文件名"
```

或

```
#include  <文件名>
```

其中,使用双引号和尖括号的区别在于搜索的路径不同。双引号包含形式,编译器将在程序的当前目录下查找所包含的文件,如#include "stm32f4xx.h";而尖括号包含形式,编译器将在系统路径下查找所包含的文件,如#include <stdint.h>。

如果使用的包含形式不正确,编译器未找到所包含的文件,编译器会提示错误,无法完成编译。

3. 条件编译

条件编译允许编译器根据条件有选择性地编译某一部分代码。这样可以根据不同的环境或配置生成不同的目标代码文件,使生成的目标程序较短,从而减少内存的开销,提高程序的运行效率。另外,条件编译也可以提高程序的可移植性和灵活性。

常用条件编译有 if、ifdef、ifndef 三种格式,其含义见表 3-2。

表 3-2　条件编译格式对比

if 格式	ifdef 格式	ifndef 格式
#if 表达式 语句序列 1 #else 语句序列 2 #endif	#ifdef 标识符 语句序列 1 #else 语句序列 2 #endif	#ifndef 标识符 语句序列 1 #else 语句序列 2 #endif
当表达式的值为真时,编译语句序列 1,否则编译语句序列 2	当标识符已被定义时,编译语句序列 1,否则编译语句序列 2	当标识符未被定义时,编译语句序列 1,否则编译语句序列 2

注意:

(1)ifdef 和 ifndef 格式中的标识符必须是使用#define 定义的标识符;

(2)上述三种格式中的#else 和语句序列 2 可以省略。

【示例 3-3】为了避免一个头文件被重复包含,通常在 C 文件的头文件中使用#ifndef 和#define,将头文件的主体内容置于#ifndef 限定的区域内。例如,名为"STM32_MyGpio.h"的头文件的内容架构如图 3-9 所示。

图 3-9　头文件常见框架

解析:当第一次包含该头文件时,标识符“__MYGPIO_H”未被定义,因此 #define 将定义该标识符;若再次包含该头文件,由于“__MYGPIO_H”已被定义,则直接跳转到#endif 处,结束预处理,防止该头文件被重复包含。

> **提示:**
> 头文件宏名的通用命名规则为字符大写,名称两侧加下画线,后面加“H”进一步标识该宏名为头文件的宏名,这样既可有效避免与其他宏名重名,也可提高程序的可读性。

【示例 3-4】为了使某 C 文件尽可能适用于不同型号的芯片，STM 提供的库文件常采用条件编译限定某段代码的编译条件,如 PLL 时钟的倍频和分频系数 PLL_N 和 PLL_P 的初始化语句,如图 3-10 所示。

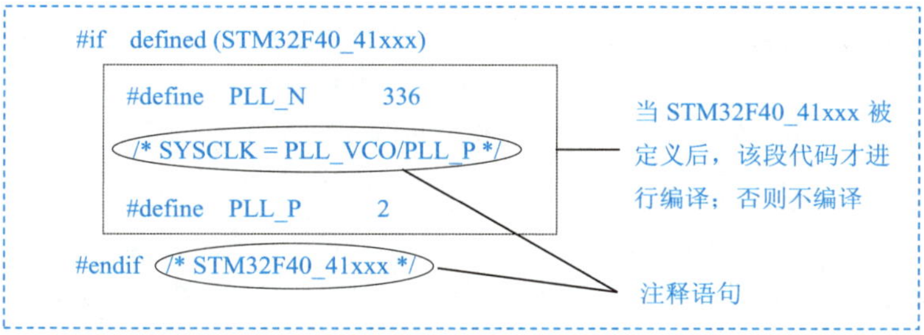

图 3-10　条件编译示例

解析:“#if　defined(标识符)”与“#ifdef　标识符”功能相同,均是指如果标识符“STM32F40_41xxx”已被定义,则预处理方框内的代码,也就是预定义 PLL_N 和 PLL_P 两个参数,并将其分别初始化为 336 和 2;若没有定义“STM32F40_41xxx”,则上述代码不执行。

3.2.2　常用关键词

嵌入式系统应用程序除使用常见的 C 语言关键词外，extern、typedef、struct、enum 等关键词的使用频率也较高。

1. 外部声明

关键词 extern 用来声明变量或函数的外部链接,表示该变量或函数是在另一个文件中定义的。

使用关键词 extern 将变量的声明与定义分离,可实现在一个文件中声明变量,而在另一个文件中完成该变量的定义。这样,多个源文件可以共享同一个全局变量。

【示例 3-5】使用关键词 extern 在一个文件中声明变量“KEY_PushNums”,格式如下:

```
extern int KEY_PushNums;
```

解析:此处声明了一个名为“KEY_PushNums”的 int 类型的变量,提示编译器遇到该语句时到其他文件中寻找其定义。

拓展：

1. 关键词 extern 仅用于声明变量，不要在声明变量的同时为其赋值，否则关键词 extern 将失效，即语句“extern int KEY_PushNums = 5”与“int KEY_PushNums = 5”的作用相同，且该语句不是声明变量“KEY_PushNums”，而是定义变量“KEY_PushNums”。

2. 定义与声明的区别在于是否为变量建立存储空间，因此同一变量可以在不同地方声明多次，但只能定义一次。

关键词 extern 还可用来声明外部函数。定义函数时，关键词 extern 表示此函数是外部函数，可供其他文件调用。

2. 类型别名

关键词 typedef 用于为已有类型定义新的别名，已有类型可以是常见数据类型、函数指针、数组或数组指针。

关键词 typedef 的用法格式为

```
typedef oldName newName
```

【示例 3-6】常见数据类型的别名定义示例如下：

```
typedef unsigned int uint32_t;    // 定义无符号整数类型的别名为 uint32_t
typedef signed int int32_t;       // 定义有符号整数类型的别名为 int32_t
```

解析： 别名定义后，语句“unsigned int pos”和语句“uint32_t pos”等效，均是定义名为 pos 的无符号整型变量。

【示例 3-7】数组定义示例如下：

```
typedef char ARRAY20[20];      // 定义类型 char[20]的别名为 ARRAY20
typedef int (*RXINT3)[3];      // 定义类型 int*[3]的指针别名为 RXINT3
                               // 定义后，可用 ARRAY20 或 RXINT3 定义数组或数组指针
ARRAY20 a1;  // 该语句与 char a1[20]等效
RXINT3 n1;   // 该语句与 int *n1[3]等效
```

【示例 3-8】函数指针定义示例如下：

```
typedef int (*MY_FUNC)(int, int);
int max(int a, int b){
    return a>b ? a : b;
}
    int main(void){
    MY_FUNC pfunc = max;
    int max_val;
    max_val =(*pfunc)(5,10);   // 该语句执行后，max_val 值为 10
    return 0;
}
```

需要注意的是，关键词 typedef 是赋予现有类型一个新的名字，而不是创建新的类型。为了见名知意，应尽量使用含义明确的标识符，并且尽量使用大写字母。

关键词 typedef 与#define 作用类似，但两者有较大的区别。关键词 typedef 是为一个类型定义新的名字，它是一种彻底的“封装”类型；而#define 仅是宏替代。

【示例 3-9】#define 定义的别名可继续使用类型说明符进行扩展，而关键词 typedef 定义的类型不允许扩展。

```
#define   INT_MY   int;
unsigned   INT_MY   n;   //预编译替换后，该语句转换为"unsigned   int   n"，可正确编译
typedef   int   INT_MY;
unsigned   INT_MY   n;   //编译出错，封装后的 INT_MY 类型不允许使用 unsigned 扩展
```

【示例 3-10】连续定义多个变量时，关键词 typedef 可保证定义的所有变量为同一类型，而#define 则无法保证。

```
#define   PTR_INT   int*;
PTR_INT   p1,   p2;
```

上述语句在预编译过程中替换后，第二条语句将转换为

```
int   *p1,   p2;            // p1 为指向 int 类型的指针，p2 是 int 类型
typedef   int   *PTR_INT
PTR_INT   p1,   p2;         // p1 和 p2 类型相同，均是指向 int 类型的指针
```

3. 结构体

结构体（struct）是由多个相同类型或不同类型的数据项构成的数据集合，这些数据项称为结构体的成员。结构体是 C 语言中的复合数据类型，可以被声明为变量、指针或数组等。

结构体的常用定义格式如图 3-11 所示。

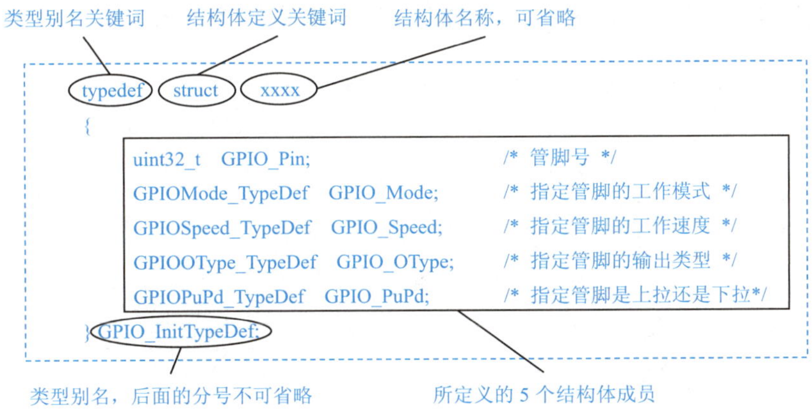

图 3-11　结构体定义示例

结构体定义后，与其他数据类型的使用方法类似。需要注意的是，结构体变量的成员引用使用点（.）引用，而结构体指针的成员引用需使用箭头（->）引用。

【示例 3-11】结构体成员引用示例。

（1）结构体变量的定义及其成员引用：

```
GPIO_InitTypeDef   my_GpioInit;      // 定义 GPIO_InitTypeDef 类型的变量 my_GpioInit
my_GpioInit.GPIO_Pin   =   0x0004;   // 为变量 my_GpioInit 的成员赋值
my_GpioInit.GPIO_Mode   =   0x01;
```

（2）结构体指针的定义及其成员引用：

```
GPIO_InitTypeDef   *my_GpioInit;     // 定义 GPIO_InitTypeDef 类型的指针 my_GpioInit
my_GpioInit->GPIO_Pin   =   0x0004; // 为变量 my_GpioInit 的成员赋值
```

my_GpioInit->GPIO_Mode = 0x01;

结构体的定义本质上是将不同的数据类型整合为一个有机整体,有利于数据的管理,提高代码的可读性。结构体指针作为函数入口参数,还可提高程序的可扩展性。

【示例 3-12】初始化 GPIO 时,如果不使用结构体,则需要一一设置端口号、管脚号、工作模式、工作速度、输出类型、上拉/下拉等多个参数,初始化函数入口参数较多,如下所示:

```
void GPIO_Init( uint32_t  GPIOx,  uint8_t  GPIO_Pin,  uint8_t  GPIO_Mode,
                uint8_t  GPIO_Speed,  uint8_t  GPIO_OType,  uint8_t  GPIO_PuPd );
```

随着软件升级,初始化参数可能需要增加,这时需要修改函数的定义。若使用结构体则可以较好地解决该问题。如示例 3-12 所示,将 GPIO 参数整合到一个结构体中,定义函数时,将入口参数设为该结构体类型的入口参数:

```
void GPIO_Init( GPIO_TypeDef* GPIOx, GPIO_InitTypeDef* GPIO_InitStruct )
```

此时只需修改结构体的成员变量即可达到改变入口参数的目的,也可以在不修改任何函数定义的情况下达到增加参数的目的。

综上所述,利用结构体可以实现同一类型数据的集中管理,也可简化程序后续的扩展升级和修订工作。

4. 枚举类型

在现实生活中,有些数据只有有限种取值,如一个星期只有 7 种取值。为了管理这种类型的数据,C 语言提供了一种枚举(enum)类型,枚举类型可以列出所有可能的取值,并允许为每一种取值定义一个名字。枚举类型的定义格式如图 3-12 所示。

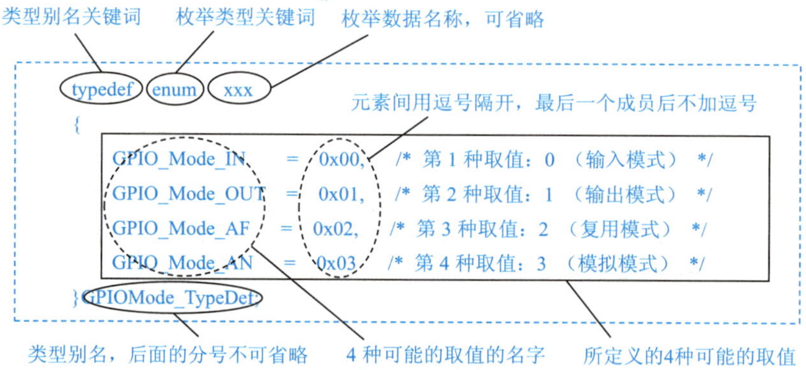

图 3-12 枚举类型定义示例

需要注意的是:

(1)枚举元素是常量,且只能是整数常量;

(2)若声明枚举数据时没有为枚举元素赋值,则编译器按照定义的顺序为各元素赋 0、1、2、3 等值。

【示例 3-13】枚举类型数据应用示例。

(1)声明枚举数据后,可直接引用枚举元素,如下所示:

```
my_GpioInit.GPIO_Mode  =  GPIO_Mode_OUT;   // 将结构体成员 GPIO_Mode 赋值为 0x01
```

(2)定义枚举变量及其使用示例如下:

```
GPIOMode_TypeDef  GPIO_Mode;   // 定义类型为 GPIOMode_TypeDef 的变量 GPIO_Mode
```

```
GPIO_Mode = GPIO_Mode_AF;          // 为变量 GPIO_Mode 赋值,所赋值只能是图 3-12 所示的 4 种
                                   // 取值中的一种
```

解析:由示例可知,枚举变量的取值范围是声明时所定义的枚举元素,且只能有一种取值,即枚举变量的值为一个整数。

3.2.3　位运算操作

在嵌入式系统编程中,位运算比其他运算更为常用。这是由于嵌入式系统涉及很多有关硬件寄存器的操作。硬件寄存器由若干位组成,这些位可能具有读写、只读、只写等属性。在 C 语言中,可以通过 8 位、16 位、32 位的指针进行相应的数据操作。因此,整字节数据的读写较为直观。然而,C 语言中没有专门给出位操作的语法。在进行位操作时,需要合理地组合基本位操作指令,进行整字节数据的读写。

C 语言有 6 个位运算操作符,见表 3-3。

表 3-3　C 语言的位运算操作符

类型	符号	说明	备注
按位与	&	1&1=1,其他均为 0	
按位或	|	0|0=0,其他均为 1	
按位异或	^	相异为 1,相同为 0	
按位非	~	按位取反	
左移	<<	左移一位	相当于乘以 2
右移	>>	右移一位	相当于除以 2

【示例 3-14】位操作示例。

(1)判断 x 第 n 位的情况。

```
if( x &( 1 <<n ) ){
相关语句                    // 如果 x 的第 n 位为 1,进行相关处理
}
```

示例 3-14(1)图解

解析:解决思路是生成一个第 n 位为 1、其余位为 0 的数,即 1 << n,该数记为 y;再将 x 与 y 进行按位与运算,运算结果为 x 的第 n 位保持不变、其余位为 0 的数。

(2)对多个位置 0 或置 1。

```
GPIOx->MODER &= ~( 0x03 << ( 10 * 2 )); // 将 GPIOx 结构体的 MODER 寄存器的第 20 和 21 位置 0
GPIOx->MODER |= ( 0x03 << ( 10 * 2 ));   // 将 GPIOx 结构体的 MODER 寄存器的第 20 和 21 位置 1
```

解析:置 0 的思路为生成一个第 20 和 21 位为 0、其余位为 1 的数(记为 y),再将 MODER 与 y 进行按位与运算;置 1 的思路为生成一个第 20 和 21 位为 1、其余位为 0 的数(记为 y),再将 MODER 与 y 进行按位或运算。

示例 3-14(2)图解

(3)获取寄存器 x 第 3~7 位的值。

```
y =( x &( 0x1F << 3 ))>> 3;
```

解析:将除第 3~7 位外的其他位清零后,再右移 3 位。

（4）给寄存器 x 的第 3~7 位赋值 0x0C。

```
x =（ x &（ ~（0x1F << 3 ）））|（0x0C <<3 ）;
```

解析：将寄存器 x 的第 3~7 位清零后，再将 0x0C 左移 3 位并写入 x。

（5）将寄存器 x 的第 3~7 位加 0x0D。

```
temp =（ x |（ 0x1F << 3 ））>> 3;     // 将寄存器 x 的第 3~7 位取出后，暂存于临时变量 temp 中
temp += 0x0D;                         // 将 0x0D 与取出的第 3~7 位相加
x = x &（ ~（ 0x1F << 3 ）;           // 将寄存器 x 的第 3~7 位清零
x |= temp << 3;                       // 将相加后的结果写入 x
```

（6）给寄存器 x 的第 3~7 位赋值 4，并给第 8~12 位赋值 7。

```
x =（ x &（ ~（0x1F << 3 ））|（ 4 << 3 ）;   // 将寄存器 x 的第 3~7 位清零后，再加 4
x =（ x &（ ~（0x1F << 8 ））|（ 7 << 8 ）;   //将寄存器 x 的第 8~12 位清零后，再加 4
```

思考：上述示例中使用了一个常量 0x1F，请分析该常量是如何确定的。

（7）数据 y 为数据 x 的 4 倍，而数据 z 是数据 x 的 1/4。

```
x = 20;
y = x << 2;
z = x >> 2;
```

解析：x 在内存中的补码为 0000 0000 0001 0100，左移 2 位后为 0000 0000 0101 0000，该值为 80；右移 2 位后为 0000 0000 0000 0101，该值为 5。可见，数据左移 1 位相当于原数据乘以 2，右移 1 位相当于原数据除以 2。需要注意的是，采用右移进行除法运算的结果是整数，将舍弃小数部分，如数据 7 右移 1 位，其结果为 3。

在嵌入式程序设计时，采用逻辑运算进行位的操作，程序简单明了、可移植性好、可读性强。

3.3 STM32 标准库

嵌入式系统的应用软件可直接操作 MCU 的寄存器实现预设功能。但是由于 STM32 芯片寄存器较多，这种软件开发方法往往需要频繁查询寄存器的相关资料，因此软件开发难度大、周期长，且后续的软件修改难度大、移植性差。因此，ST 公司先后推出了 2 套固件库，即标准库和 HAL 库。固件库封装了 STM32 寄存器的访问操作，为用户提供系列 API 函数，用户只需掌握如何使用这些 API 函数即可进行编程。

标准库和 HAL 库本质上均是对寄存器操作的封装，并提供操作底层硬件的 API 函数。鉴于当前网络资源或参考源代码多数采用的是标准库，且标准库和 HAL 库的库文件建构及使用方法类似，本书仅以标准库为例讲解固件库的基础知识。

3.3.1 标准库简介

基于 ARM 核的芯片厂家较多，为了使不同厂家的 ARM 核芯片软件相互兼容，ARM 和芯片厂家合作制定了 CMSIS（Contex Microcontroller Software Interface Standard）。该标准统一了硬件操作的通用接口规范，也就是规定了所有厂家固件库至少应配置的库文件（即标准库的文件架构）和库文件应设置的函数（即 API），且同一功能的函数必须使用规定的名称和形参。例如，系统的初始化函数的名称和形参必须采用“void SystemInit(void)”，厂家不得更改。

本书使用 ST 公司于 2022 年 1 月发布的标准库最新版本(V1.9.0 版),其名称为 STM32F4xx_DSP_StdPeriph_Lib_V1.9.0。该标准库可在 ST 官网查询下载。该标准库的文件目录如图 3-13 所示。

图 3-13　标准库文件目录

1. _htmresc 文件夹

_htmresc 文件夹存放 ST 公司的 LOGO 和图标,无须过多关注。

2. Libraries 文件夹

Libraries 文件夹内有 2 个子文件夹,即 CMSIS 文件夹和 STM32F4xx_StdPeriph_Driver 文件夹,如图 3-14 所示。

(1)CMSIS 文件夹用于存放符合 CMSIS 的文件,包括 STM32 启动文件、DSP 库文件、ARMContex 内核文件和 RTOS 操作系统文件。

(2)STM32F4xx_StdPeriph_Driver 文件夹用于存放 STM32 外设驱动文件, inc 文件夹用于存放外设的头文件,src 文件夹用于存放外设的源文件。

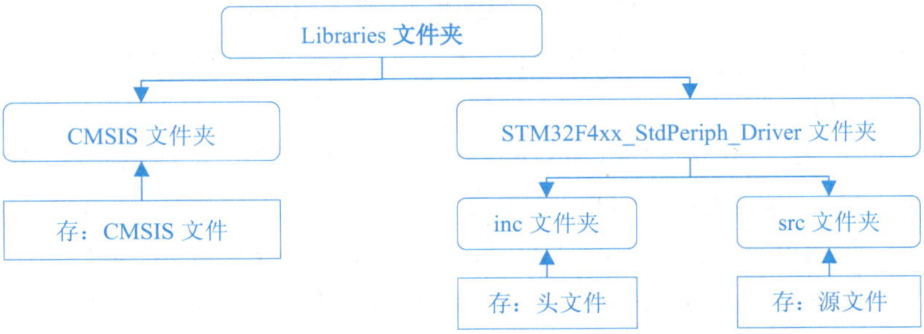

图 3-14　Libraries 文件夹

3. Project 文件夹

Project 文件夹内有 2 个子文件夹,用来存放 ST 公司提供的外设驱动示例。

(1)STM32F4xx_StdPeriph_Examples 文件夹存放 ST 公司提供的外设驱动例程,可为用户提供应用外设的编程思路和编程方法。

(2)STM32F4xx_StdPeriph_Templates 文件夹存放基于固件库的工程模板,个人创建工程时可参考这些模板文件。

4. Utilities 文件夹及其他文件

Utilities 文件夹存放有 ST 公司官方评估板的一些源文件。在根目录下,还有标准库的帮助文档(stm32f4xx_dsp_stdperiph_lib_um)、软件包版本说明文件(Package_license)、发布提示文件(Release_Notes)等。

3.3.2 标准库文件及其应用

基于标准库编程,用户程序一般需调用 stm32f4xx、core_cm4 等库文件,通过库文件提供的 API 函数实现对内核和外设的访问。所调用的库文件需通过 include 指令包含到用户代码中。常用库文件及其包含关系如图 3-15 所示。

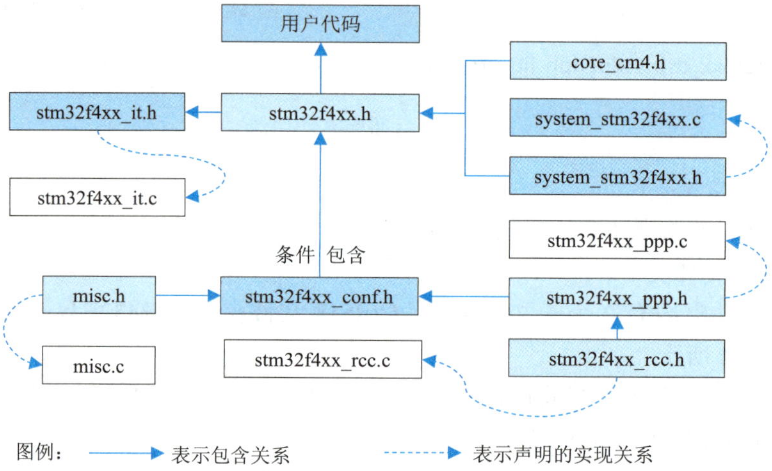

图 3-15 库文件与用户代码的内在关联

1. core_cm4 文件

core_cm4 只有头文件,它是 ARM 公司提供、符合 CMSIS、用于访问 Contex-M4 内核的文件,也是 CMSIS 的核心文件,适用于所有基于 Contex-M4 内核的芯片。

2. stm32f4xx 文件

stm32f4xx 只有头文件,包含 STM32F4xx 芯片所有外设的寄存器定义、位定义和地址映射,是用户程序唯一包含的库文件。在基于 C 语言的用户程序中,一般在 main.c 中完成该文件的包含。该文件包含 core_cm4.h、system_stm32f4xx.h 等,并条件包含 stm32f4xx_conf.h,包含条件为是否定义"USE_STDPERIPH_DRIVER"宏变量。

3. system_stm32f4xx 文件

system_stm32f4xx 文件是符合 CMSIS、用于声明设置系统及总线时钟相关的函数。该文件包含 STM32F4xx 芯片的系统时钟配置,提供可供用户程序调用的两个重要函数。

1)两个重要函数

SystemInit( )函数负责系统时钟的设置,如设置系统时钟源、PLL 的倍频和分频系数、AHB/APBx 的预分频系数等。该函数在系统重启(启动)后,执行用户主程序前,由库文件"startup_stm32f4xx.s"调用运行。

SystemCoreClockUpdate( )函数用于内核时钟变化时来更新时钟设置。

2)系统启动过程及时钟配置

设备复位启动后,运行"startup_stm32f4xx.s"启动文件(系统执行的第一个文件),进行堆栈指针 SP、程序计数器 PC 和中断向量表的初始化工作，需要注意的是在此期间系统时钟源为 HSI（16 MHz）；初始化后，启动文件调用 SystemInit（ ）函数进行系统时钟的再配置；成功配置后，调用用户程序的 main（ ）函数，用户程序开始运行，如图 3-16 所示。

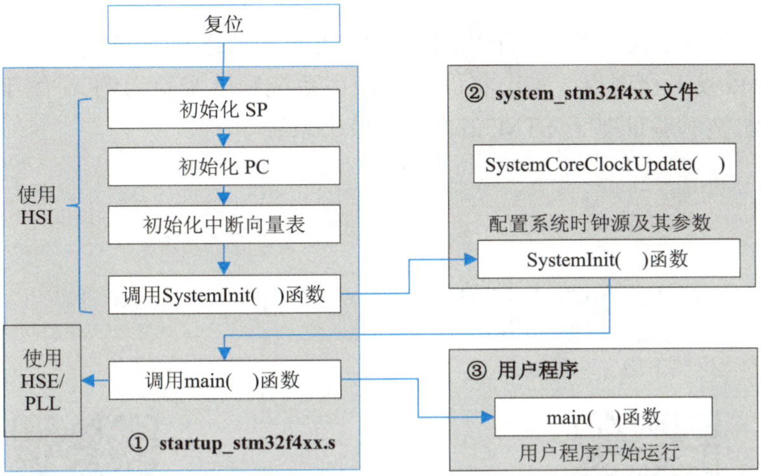

图 3-16　STM32 工程的启动

如果用户选择的系统时钟源无法启动，SystemInit（ ）函数将不起任何作用，HSI 仍用作系统时钟源。用户可以在 SetSysClock（ ）函数中添加代码处理该问题。

HSE 的默认值设置为 25 MHz，当 HSE 直接或通过 PLL 用作系统时钟源，并且 HSE 晶振不是 25 MHz 时，必须在"stm32f4xx.h"文件中通过宏变量"HSE_VALUE"进行调整。

4. stm32f4xx_conf 文件

stm32f4xx_conf 文件是用户程序使用外设文件的配置文件，用户可以修改该文件中所包含的外设头文件，用来启动或禁用外设的驱动。例如，若使用 GPIO 外设，需要包含 stm32f4xx_gpio.h 头文件；若不使用 GPIO 外设，将该头文件注释掉即可。

5. stm32f4xx_it 文件

stm32f4xx_it 文件是中断源程序模板，其中断函数的名称与启动文件中的中断向量表的名称一致。该文件的所有中断当前只有函数名，而没有实质性的中断程序实现代码，用户可以根据工程需要进行编码实现。

6. 外设驱动文件

外设驱动文件采用 stm32f4xx_ppp.c（或.h）表示，其中"ppp"泛指外设的名称，如 GPIO 外设的驱动文件为 stm32f4xx_GPIO。对于某工程项目，若使用了某个外设，则需要将该外设对应的驱动文件（头文件）拷贝到工程中，同时将 stm32f4xx_conf.h 文件设置为包含该外设的头文件。外设驱动文件中有两个特殊的文件，即 misc.c 和 stm32f4xx_rcc.h 文件。

（1）misc.c 文件定义了中断优先级分组以及 Systick 定时器相关的函数，为外设提供访问内核中的 NVIC（中断向量控制器）的接口。若工程需要配置中断，必须将该文件添加到工程中。

（2）stm32f4xx_rcc.h 文件是用于管理系统复位与时钟控制的外设驱动文件，它定义了外设时钟使能函数、时钟源和分频因子配置函数以及外设复位函数，由于其他外设的启动均会涉及相关时钟的使能，所以任何一个 STM32 工程都必须添加 RCC 外设文件。

3.4 工程建立及系统测试

在编程中，由多个文件构成，并共同负责完成一种或多种功能的集合称为工程（Project），也称为项目或工程项目。本节将以下述最小系统测试实验为例，讲解工程项目建立思路、方法及过程，实验验证基于 STM32F407 的最小系统。

【实验 1】STM32F407 的 PA2 和 PA3 分别控制 LED1 和 LED2，外部高速时钟频率为 8 MHz，系统时钟频率为 168 MHz，如图 3-17 所示。系统启动后，要求 LED1 和 LED2 闪烁。

说明：

（1）实验涉及的 GPIO 相关函数参考实验指导书编写，具体含义将在第 4 章讲解；

（2）在应用编程中，注意回顾复习 C 语言基础知识；

（3）扫描下方二维码下载实验指导书。

实验指导书下载　　　　实验示例代码下载

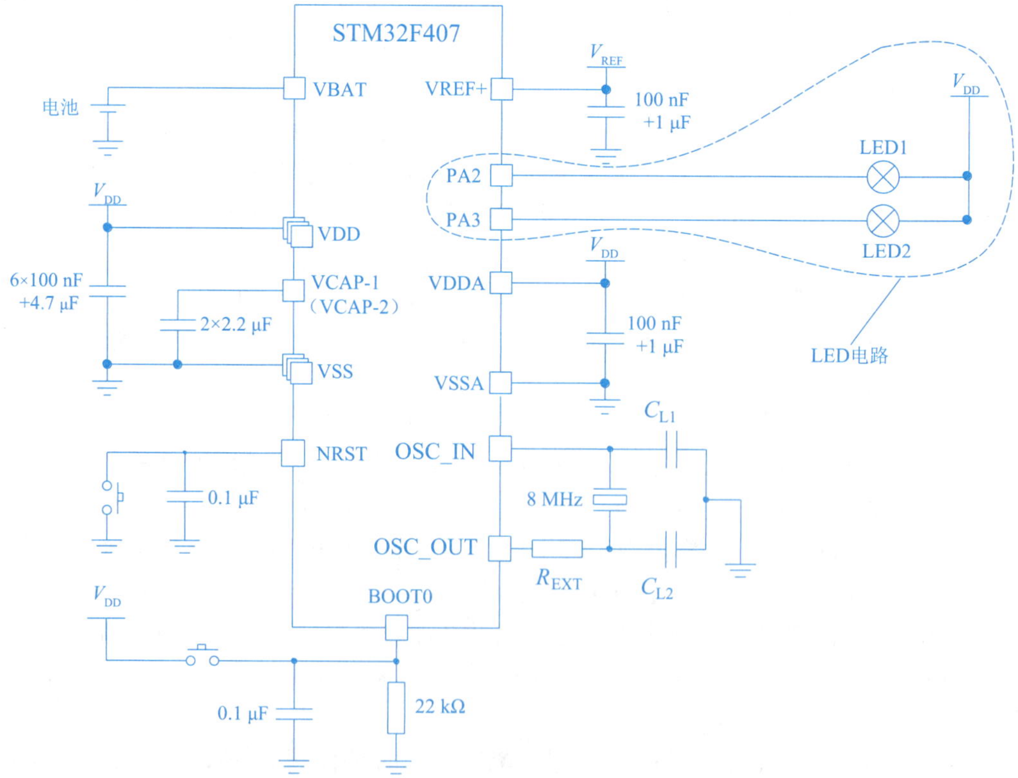

图 3-17　STM32F407 的最小系统实验电路

3.4.1　工程建立准备

工程项目不仅有代码文件,也可能有图片、视频、数据表等文件,如电子显示系统等有界面显示的程序,既有代码文件,也有图片等资源。代码文件可分为用户代码、第三方代码(如库文件)。为了有效管理这些繁杂的文件,工程文件一般放置于一个根目录(文件夹)下,并在该目录下建立若干个子文件夹,用来分类存储各类工程文件,如图 3-18 所示。

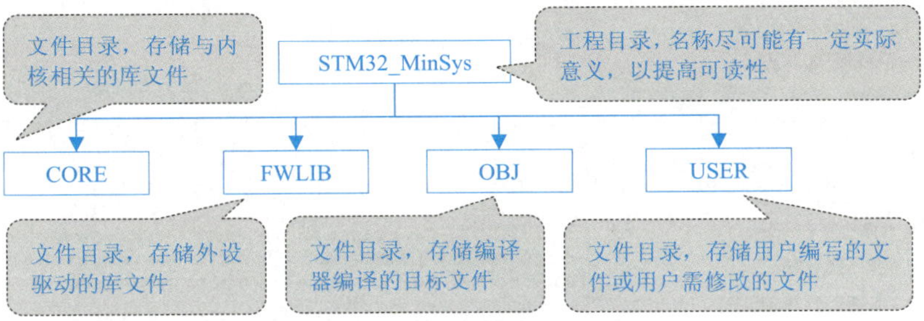

图 3-18　工程目录示例

根目录也称工程目录,其名称尽可能采用具有实际含义的字符表示,如基于 STM32 芯片的最小系统测试工程,其根目录可命名为“STM32_MinSys”;用于存储内核访问、外设驱动、目标文件和用户文件的目录,可分别命名为“CORE”“FWLIB”“OBJ”和“USER”。

3.4.2　工程建立

(1)打开 Keil,在“Project”一级菜单下选择“New µVision project”并单击,弹出“Create New Project”窗口,将目录定位于上述所建的 USER 文件夹,窗口中的“文件名”(即工程名称)设置为“STM32_MinSys”,然后单击“保存”按钮,如图 3-19 所示。

图 3-19　定义工程名称

（2）选择芯片。在上一步单击“保存”按钮后，MDK 弹出 Device 选择窗口。在该窗口中单击“STMicroelectronics”前面的“+”，逐级展开并选择“STM32F407VETx”，然后单击“OK”按钮，如图 3-20 所示。

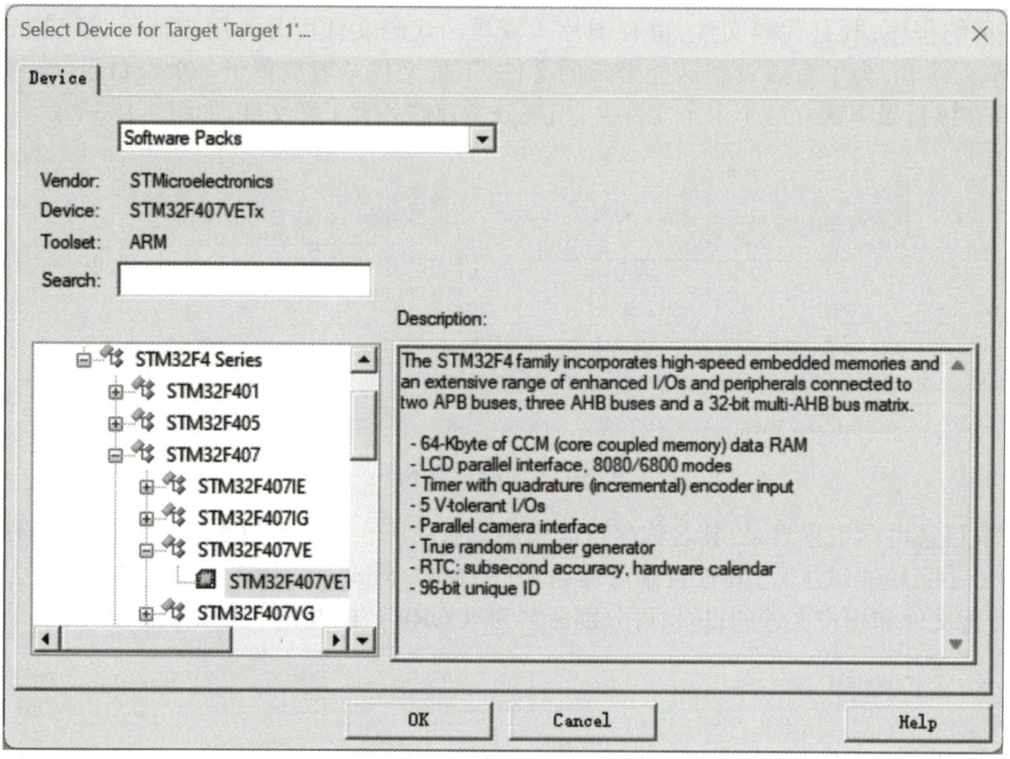

图 3-20　选择芯片

此时，MDK 弹出“Manage Run-Time Environment”窗口（MDK5 新增的功能），在此可设置工程所需的组件，以构建应用工程的开发环境。若工程不使用此功能设置工程开发环境，单击“Cancel”按钮即可，如图 3-21 所示。

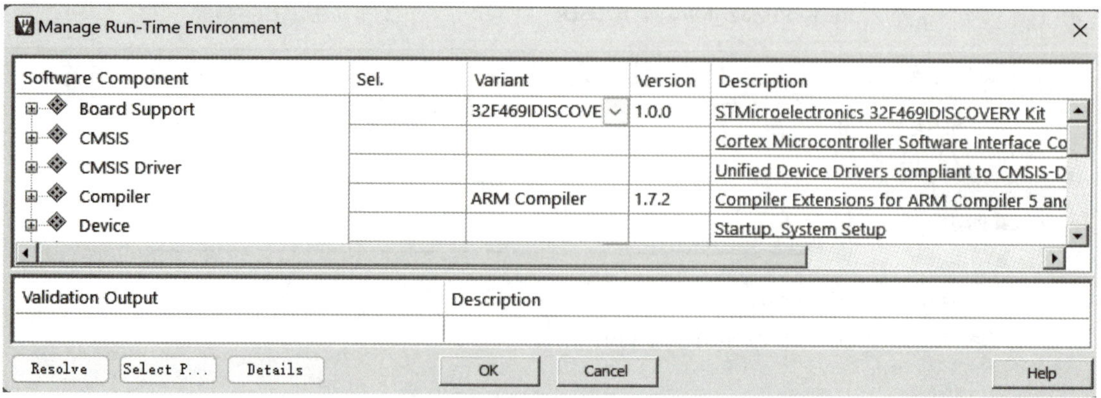

图 3-21　“Manage Run-Time Environment”窗口

至此，MDK 完成 STM32_MinSys 工程的建立，如图 3-22 所示。

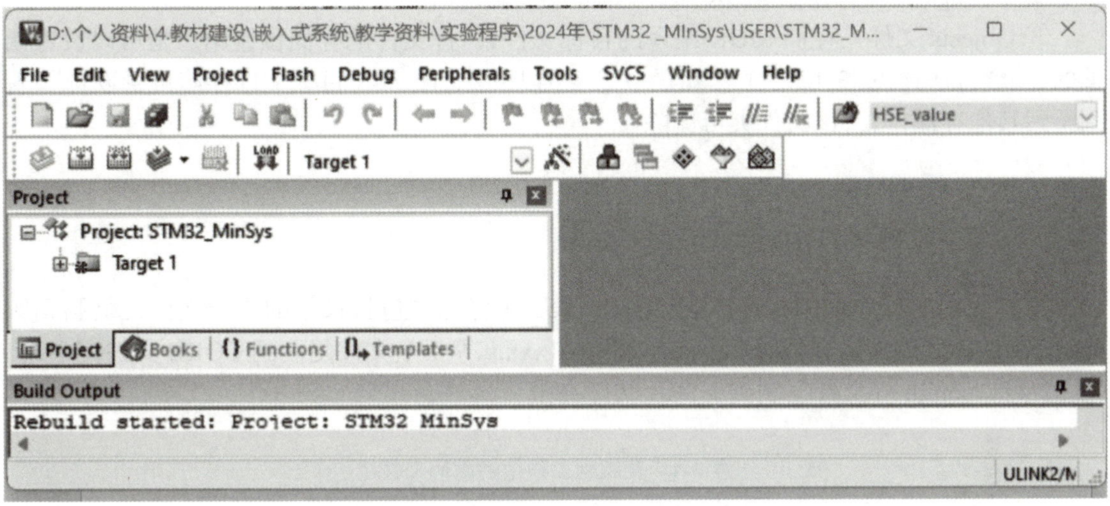

图 3-22　STM32_MinSys 工程新建状态

（3）自动生成文件的解析。工程建立后，在 USER 文件中自动生成 2 个文件和 3 个文件夹，如图 3-23 所示。

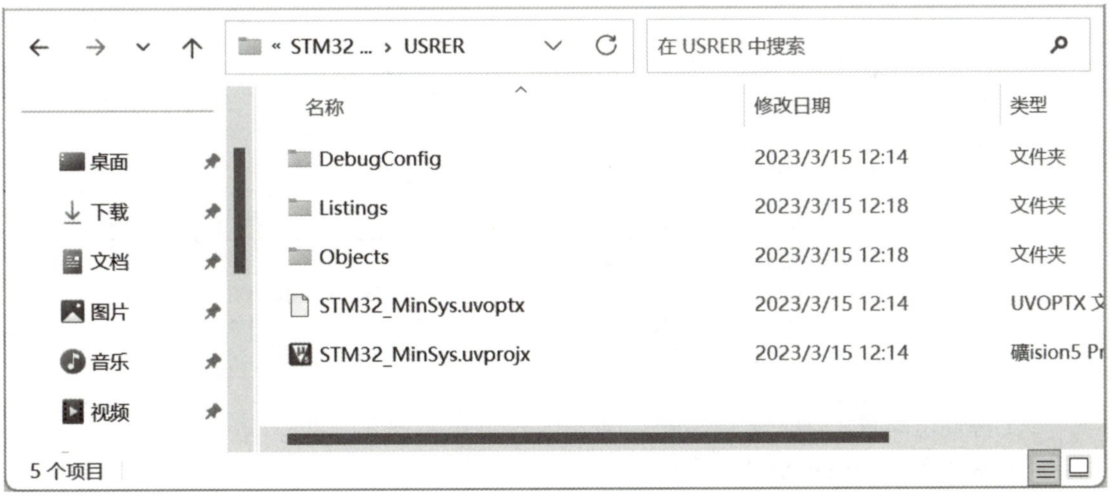

图 3-23　STM32_MinSys 工程初步建立

2 个文件的扩展名分别为 uvprojx 和 uvoptx，其中：

① uvprojx 文件是工程文件，存储工程的基本结构配置，如芯片类型、所包含的源文件等，该文件是工程的关键文件，不能删除，双击该文件可打开整个工程；

② uvoptx 文件是配置选项文件，存储下载器类型、变量跟踪配置、断点位置以及当前打开的文件等。

3 个文件夹分别为 DebugConfig、Listings 和 Objects，其中：

① DebugConfig 文件夹存储调试配置文件；

② Listings 文件夹存储 MDK 编译过程的中间文件；

③ Objects 文件夹存储 MDK 编译的目标文件，目标文件的存储位置用户是可以设置调整的，调整方法详见“3.4.3　工程配置→2. 工程环境配置→4）目标文件存储目录设置”，若调整到其他存储位置，该文件夹可删除。

3.4.3　工程配置

1. 库文件配置

为方便用户程序调用标准库文件，按照表 3-4 将标准包目录中的 2 个文件夹复制到所建的 FWLIB 文件夹中，将 startup_stm32f40_41xxx.s 等 7 个文件复制到 CORE 文件夹中，将 stm32f4xx_conf.h 等文件复制到 USER 文件夹中。

表 3-4　复制到工程中的源码文件

序号	拟复制的目标文件		目标地址文件夹
	文件位置	文件(夹)名	
1	..\Libraries\STM32F4xx_StdPeriph_Driver	src、inc	FWLIB
2	..\Libraries\CMSIS\Device\ST\STM32F4xx\Source\Template\arm	startup_stm32f40_41xxx.s	CORE
3	..\Libraries\CMSIS\Include	core_cm4.h、core_cmSimd.h、core_cmFunc.h、core_cmInstr.h	
4	..\Libraries\CMSIS\Device\ST\STM32F4xx\Include	stm32f4xx.h、system_stm32f4xx.h	USER
5	..\Project\ STM32F4xx_StdPeriph_Templates	stm32f4xx_conf.h、stm32f4xx_it.h、stm32f4xx_it.c、system_stm32f4xx.c	

注：（1）“..\”表示标准包的根目录\STM32F4xx_DSP_StdPeriph_Lib_V1.9.0；

（2）system_stm32f4xx 的头文件和源文件存储在 DFP 包的不同文件夹，头文件和源文件均拷贝到 USER 文件夹；

（3）表中所示的库文件拷贝后，建议将 FWLIB、CORE、USER 和 OBJ 等 4 个文件夹备份为模板，再次新建工程时，将上述 4 个文件夹拷贝至工程目录即可，避免重复上述工作。

2. 工程环境配置

1）新建文件分组（Group）

将鼠标移动到 MDK5 主界面左侧“Project”工具框中的“Target 1”上，单击鼠标右键调出弹出式工具，然后选择“Manage Project Items...”，如图 3-24 所示。

MDK5 弹出“Manage Project Items”窗口后，在“Groups”栏删除名称为“Group1”的组，并新建 USER、CORE、FWLIB 等 3 个 Group，如图 3-25 所示；然后单击“OK”按钮，此时工程的 Group 情况如图 3-26 所示。

新建 Group 目录的目的是进行工程文件的分类管理，特别是在工程较大、文件较多时，利用分组可提高文件的查找效率。

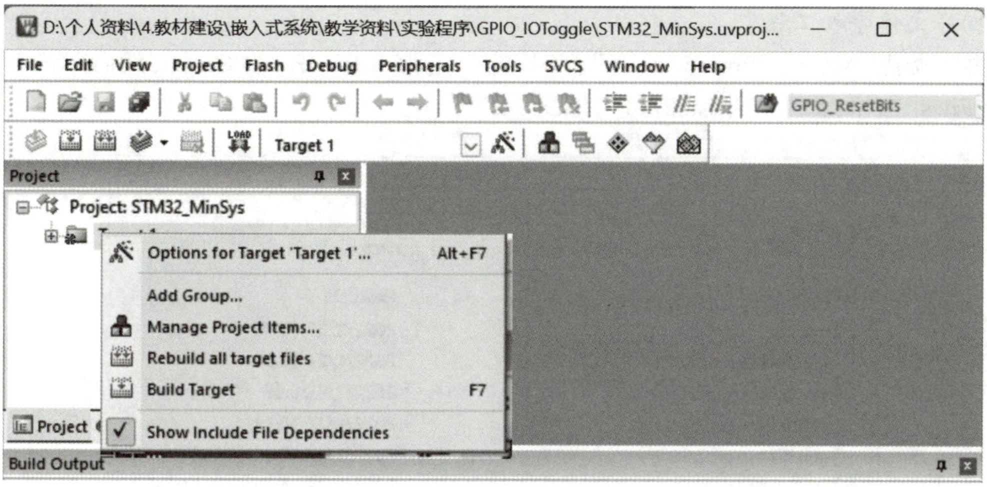

图 3-24　新建 Group 过程

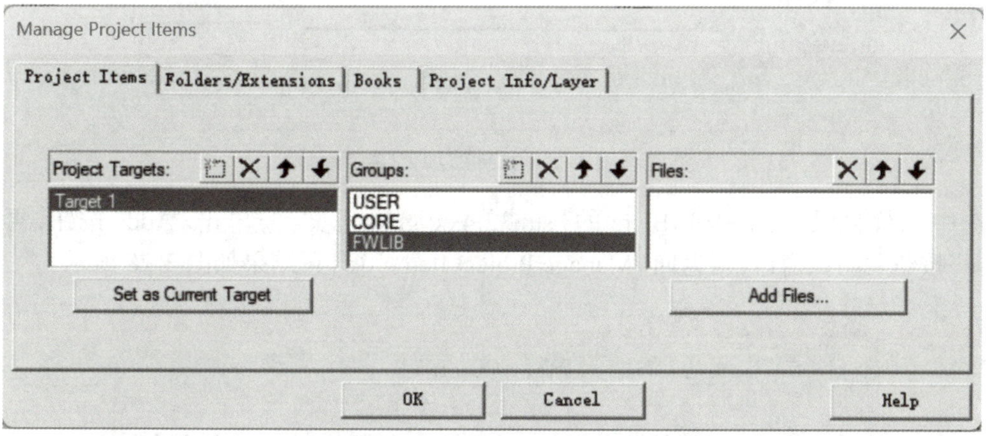

图 3-25　新建 Group 结果

图 3-26　工程的 Group 情况

2)库文件导入工程

再次调出“Manage Project Items”窗口，选中名为“FWLIB”的 Group，然后单击右边的“Add Files”按钮，调出文件添加窗口，如图 3-27 所示。

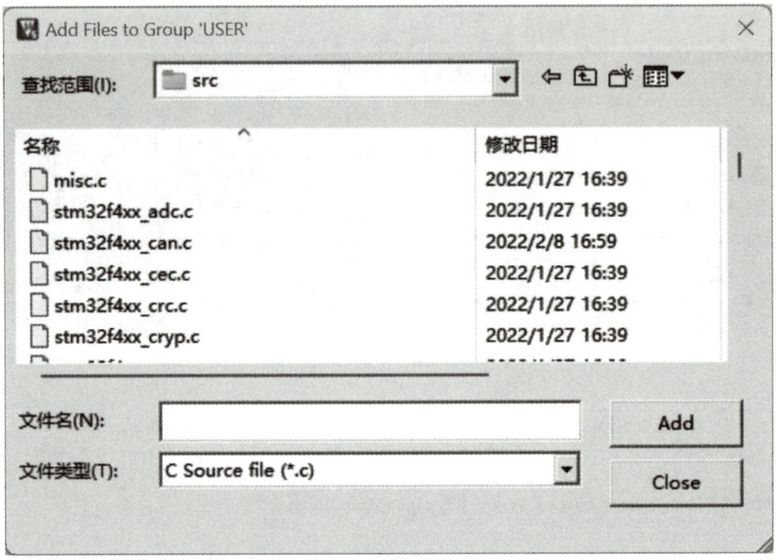

图 3-27　文件添加窗口

选中工程目录下的\FWLIB\src 的“stm32f4xx_gpio.c”文件，单击“Add”按钮，再单击“Close”按钮关闭该窗口，则返回“Manage Project Items”窗口，结果如图 3-28 所示。

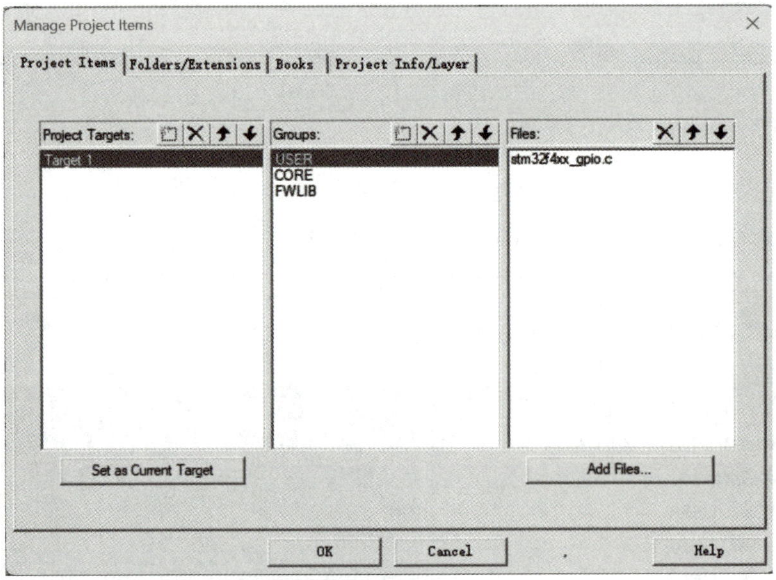

图 3-28　添加文件到 FWLIB

用同样的方法将 startup_stm32f40_41xxx.s 文件添加到 CORE，将 system_stm32f4xx.c、 stm32f4xx_it.c、main.c 等 3 个文件添加到 USER，如图 3-29 所示。

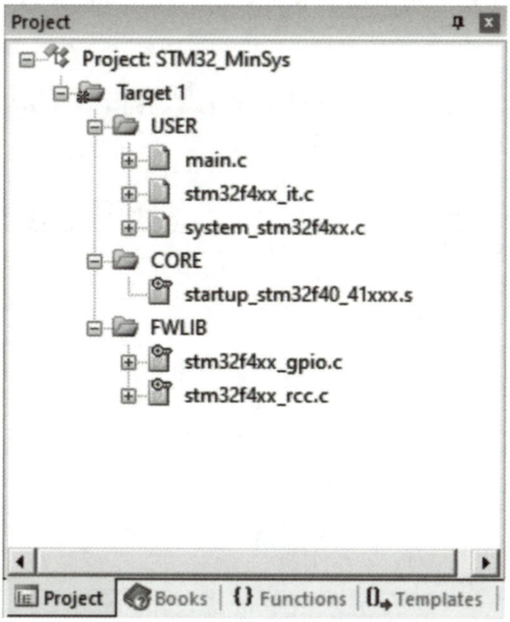

图 3-29　工程文件的分组

源文件添加后，还需在 MDK 中设置头文件的包含路径，为 MDK 编译时提供查找头文件的位置；若不设置头文件的包含路径，MDK 编译时将报错而无法完成程序的编译。

单击“Options for Target”魔术棒按钮，选中“C/C++”选项卡，如图 3-30 所示。

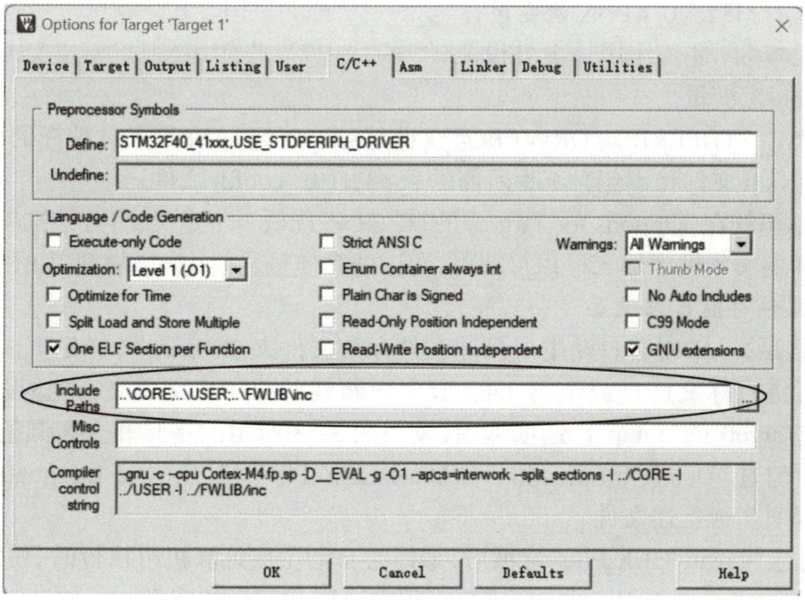

图 3-30　“Options for Target”的“C/C++”选项卡

单击“Include Paths”后面的“...”按钮，弹出“Folder Setup”窗口，然后按照图 3-31 所示步骤将工程文件根目录下的..\CORE、..\USER 和..\FWLIB\inc 文件夹路径添加到工程中。

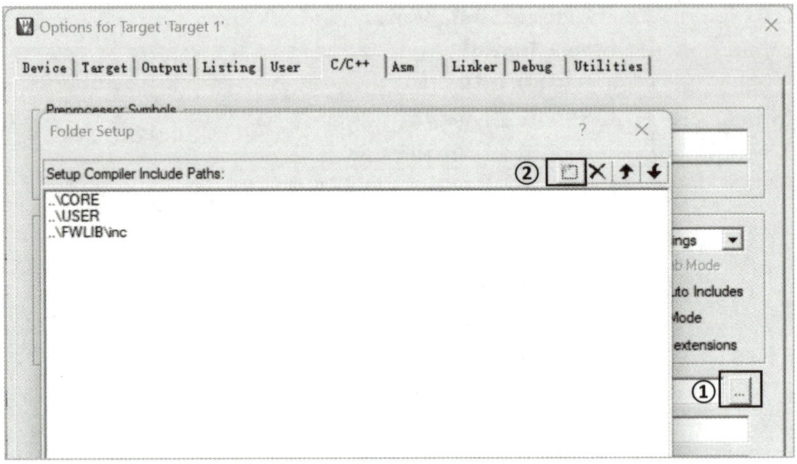

图 3-31　添加头文件路径

3）全局宏定义标识符

库文件是面向多种型号的芯片开发的通用型开源代码。如示例 3-4 所示的代码，只有定义了 STM32F40_41xxx 宏标识符，才能执行某些代码以完成相应功能的设置。

可见，正确定义全局宏定义标识符是引用标准库函数的前提和基础。对于 1.9.0 版本的 DSP 标准包，用户一般需要定义两个宏定义标识符：

（1）标识芯片所属系列的标识符，STM32F407 是 STM32F40_41xxx 系列，则需要在 MDK 中定义 STM32F40_41xxx 宏变量；

（2）标识“用户是否使用片上外设驱动”的标识符，若使用，则需要定义 USE_STDPERIPH_DRIVER 宏变量。

注意：USE_STDPERIPH_DRIVER 宏变量是 stm32f4xx.h 文件条件编译的标识符；若不定义，stm32f4xx.h 文件将不包含工程所需的 stm32f10x_conf.h 文件。

宏定义标识符在“Options for Target”的“C/C++”选项卡中定义，打开该选项卡后直接在“Define”后面的文本框中输入标识符即可，切记两个变量之间用“，”隔开，如图 3-32 所示。

4）目标文件存储目录设置

新建工程后，MDK 会自动生成目标文件存放文件夹“Objects”（详见第 3.4.2 节）。为便于管理，可将目标文件存放于第 3.4.1 节中所新建的“OBJ”文件夹，调整设置方法为在“Options for Target”的“Output”选项卡中，按照图 3-33 所示的步骤和方法调整目标文件存储目录，同时勾选“Debug Information”“Create HEX File”和“Browse Information”等选项，使 MDK 编译时生成上述文件。

注意：勾选“Create HEX File”选项后，编译时自动生成计算机可执行的 HEX 文件；勾选“Browse Information”选项后，可方便查看工程中函数和变量的定义。

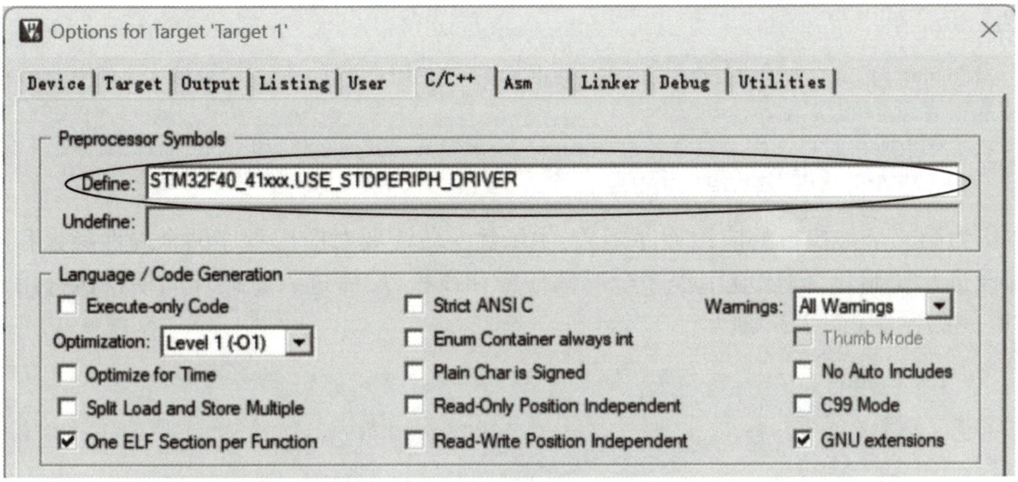

图 3-32　添加全局宏定义标识符

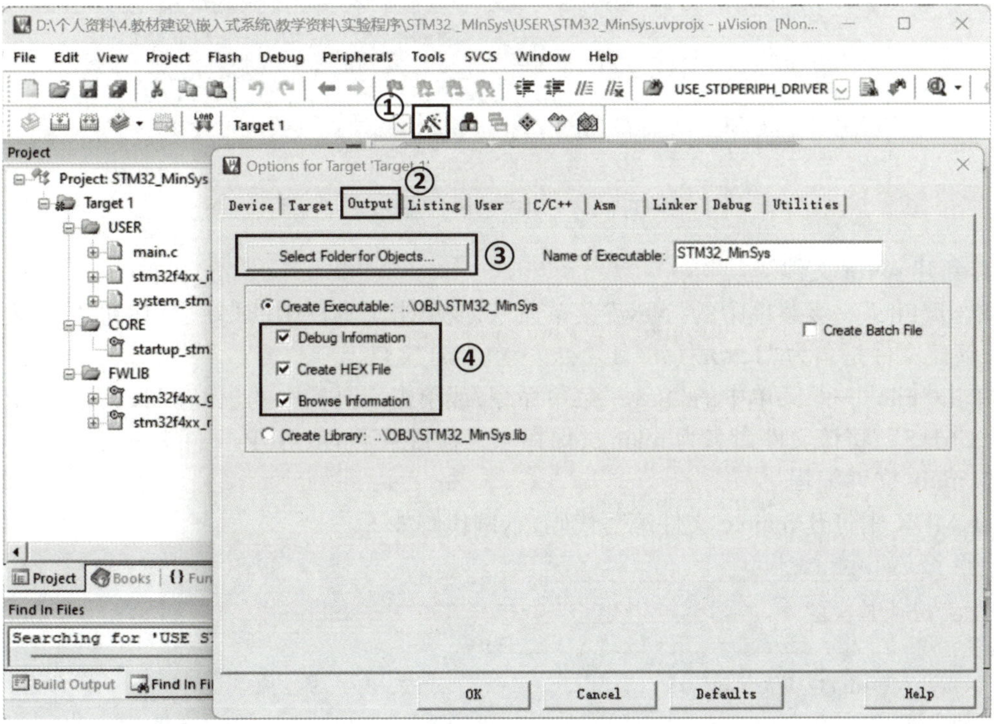

图 3-33　设置编译中间文件存放目录

3.4.4　应用编程

在嵌入式程序中，主函数（main 函数）是应用程序的入口点，也是应用程序的起点。主函数是系统初始化 SP 指针、PC 指针、堆栈指针，以及设置时钟源和时钟参数后，第一个被调用的应用程序函数，并且只会被调用一次。

提示：

1. “main( )”是 CMSIS 标准约定的主函数名称，不建议用户更改；否则，需修改库文件中的相关代码才能正确编译和正常运行。

2. 主函数所在的 C 文件一般命名为“main.c”，也可定义为其他名称，如“myProject.c”；但是不建议用户自定义其他名称，否则会影响程序的可读性。

作为第一个被执行的应用程序函数，主函数一般需要对应用程序的全局性参数和所用的外设进行初始化，创建应用程序全局性任务和线程，然后进入主循环周期性执行用户任务，其一般结构如图 3-34 所示。

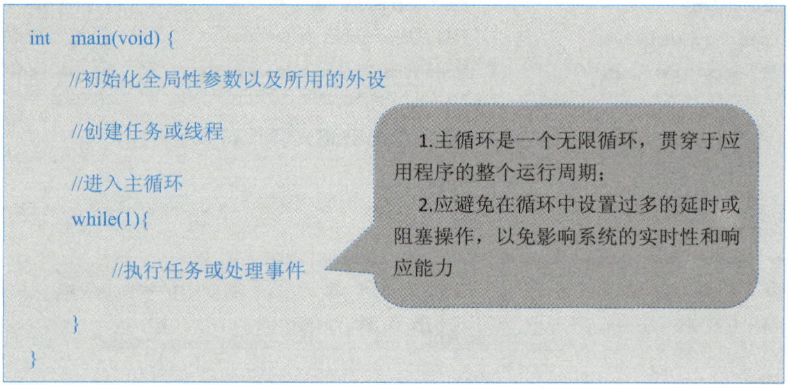

图 3-34 主函数的一般结构

1. 新建 main 文件

单击“File”一级菜单中的“New”菜单命令，或单击工具栏中的“新建”按钮，新建一个文件，新建文件是名为“Text*n*”（$n=1,2,3,\cdots$）的 txt 文件。

单击“File”一级菜单中的“Save”菜单命令，或单击工具栏中的“保存”按钮，或使用组合键“Ctrl+S”，将该文件命名为 main.c，保存于工程目录下的 USER 文件夹。

2. main 文件编程

在 MDK 中打开 main.c 文件编写代码，示例代码如下。

```
/* Includes ------------------------------------------------------*/
#include “stm32f4xx.h”
/* 函数声明 ------------------------------------------------------*/
void Delay(__IO uint32_t nCount);
int main(void)
{
    /** ****************************************************************
        * @brief      定义 GPIO_InitTypeDef 类型的结构体变量
        * @Variable GPIO_InitStructure( 名字可自定，建议有实际意义，以提高可读性 )
        * @note       GPIO_InitTypeDef 是 stm32f4xx.h 类文件声明定义的结构体
    */
    GPIO_InitTypeDef GPIO_InitStructure;
```

```
    /** ****************************************************************
      * @brief    使能 PA 管脚端口的时钟
      * @note     RCC_AHB1PeriphClockCmd 是 stm32f4xx_rcc.c 类文件的函数
    */
  RCC_AHB1PeriphClockCmd(RCC_AHB1Periph_GPIOA, ENABLE);
    /****************************************************************
      * @brief    初始化设置已定义的结构体变量 GPIO_InitStructure 的属性
      * @note     No
    */
    // 选择使用的 GPIO 管脚
  GPIO_InitStructure.GPIO_Pin = GPIO_Pin_2|GPIO_Pin_3;
    // 设置管脚模式为输出模式
  GPIO_InitStructure.GPIO_Mode = GPIO_Mode_OUT;
    // 设置输出类型为推免输出
  GPIO_InitStructure.GPIO_OType = GPIO_OType_PP;
    // 设置管脚的速率为 2 MHz
  GPIO_InitStructure.GPIO_Speed = GPIO_Speed_2 MHz;
    // 设置上下拉类型为上拉模式
  GPIO_InitStructure.GPIO_PuPd = GPIO_PuPd_DOWN;

    //通过 GPIO_Init 函数按上述端口配置属性初始化 PA 端口
  GPIO_Init(GPIOA, &GPIO_InitStructure);

    /** ****************************************************************
      * @brief  无限循环 while
      * @note   1. 在 main 函数中,该无限循环必须有,否则会发生错误;
      *         2. 在循环体内可以不做任何事情;
      *         3. 本实验为实现 LED 灯的循环闪烁,管脚输出状态设置代码置于其内
    */
  while(1){
        //设置 PA2 和 PA3 管脚电平为高电平,LED 灯灭
     GPIO_SetBits(GPIOA,GPIO_Pin_2|GPIO_Pin_3);

          //延时,注意此处不加延时,LED 灯常亮
     Delay(0x7FFFFF);

          //设置 PA2 和 PA3 管脚电平为低电平,LED 灯亮
     GPIO_ResetBits(GPIOA,GPIO_Pin_2|GPIO_Pin_3);

          //延时,注意此处不加延时,LED 灯常灭
     Delay(0x7FFFFF);
   }
}
/**
```

```
  * @brief   延时函数的实现
  * @param   nTime: 指定延时的时间长度
*/
void Delay(__IO uint32_t nCount)
{
    while(nCount--){}
}
```

3. 晶振频率的设置

对于标准库，外部高速晶振 HSE 的设置由 stm32f4xx.h 文件负责，其默认值是 25 MHz。在实验前，需确认该文件中的 HSE 频率变量 HSE_VALUE 是否与实验所用晶振频率一致。若不一致，应修改 HSE 的频率，否则将引起不可预知的运行错误。

stm32f4xx.h 文件的 HSE 频率设置代码如下，将其修改为晶振频率即可。

```
/**
 * @brief In the following line adjust the value of External High Speed oscillator (HSE) used in your application
   Tip: To avoid modifying this file each time you need to use different HSE, you can define the HSE value in your toolchain compiler preprocessor
*/
#if defined(STM32F40_41xxx) || defined(STM32F427_437xx) || defined(STM32F429_439xx) || defined(STM32F401xx) || defined(STM32F410xx) || defined(STM32F411xE) || defined(STM32F469_479xx)
    #if !defined(HSE_VALUE)
        #define HSE_VALUE     ((uint32_t)8000000) /*!< Value of the external oscillator in Hz */
    #endif /* HSE_VALUE */
```

由第 2 章可知，系统时钟的时钟源若选择 PLL，则频率由 HSE 频率、PLL 的倍频和分频系数决定。例如，f_{HSE}=8 MHz，系统时钟源为 PLL，可在 system_stm32f4xx.c 文件中将分频系数 PLL_M 设为 8，倍频系数 PLL_N 设为 336，分频系数 PLL_P 设为 2，则系统时钟频率为 $8\times336/(2\times8)$=168 MHz。system_stm32f4xx.c 文件的 PLL 参数设置代码如下。

```
#if defined(STM32F40_41xxx) || defined(STM32F427_437xx) || defined(STM32F429_439xx) || defined(STM32F401xx) || defined(STM32F469_479xx)
    /* PLL_VCO = (HSE_VALUE or HSI_VALUE/PLL_M) * PLL_N */
    #define PLL_M       8
#elif defined(STM32F412xG) || defined(STM32F413_423xx) || defined (STM32F446xx)
……
#if defined (STM32F40_41xxx)
    #define PLL_N       336
    /* SYSCLK = PLL_VCO/PLL_P */
    #define PLL_P       2
#endif /* STM32F40_41xxx */
```

3.4.5 编译与调试

在编译、下载前，需选择编译器，设定下载方式。

1. 编译与下载相关设置

在“Options for Target”的“Target”选项卡中的“ARM Compiler”选择卡中，选择“Use default compiler version 5”，如图 3-35 所示。

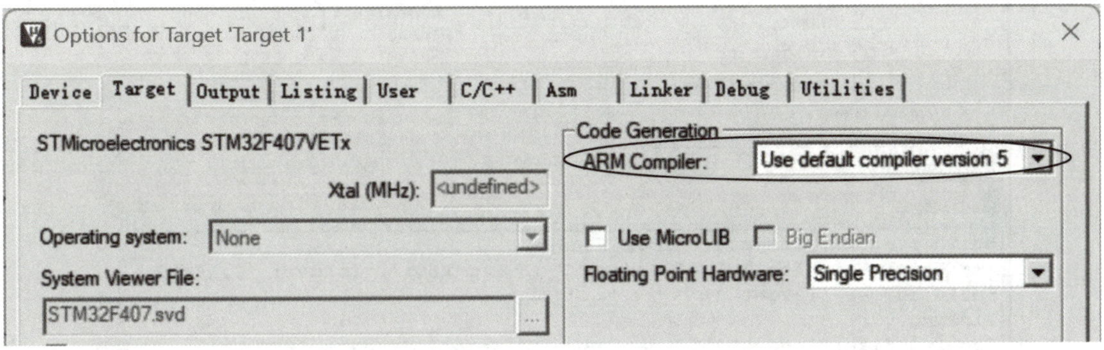

图 3-35 编译器设置

需要注意的是，MDK5.38a 版本的默认编译器是 version 6，但是 ST 公司发布的 DSP 标准包 1.9.0 版本仍是基于 version 5 编译器开发和测试的，采用 version 6 编译器编译将会出现大量的错误和警告，无法通过编译。

在“Options for Target”的“Debug”选项卡中，选择与硬件匹配的调试器。例如，某实验板为“CMSIS-DAP Debugger”调试器，则选择该调试器，如图 3-36 所示。

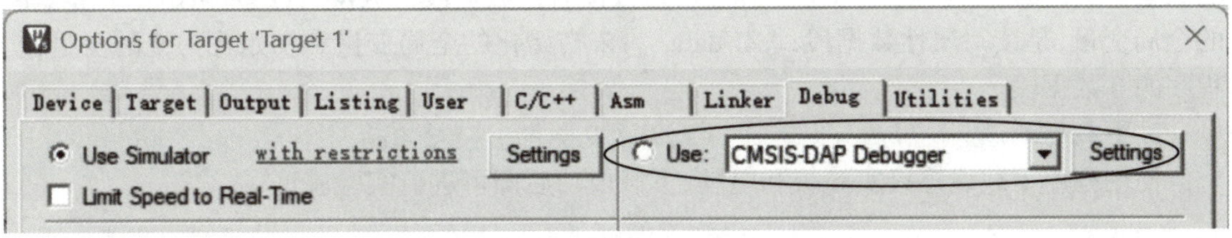

图 3-36 调试器（下载方式）设置

2. 编译

在 MDK5 主界面中，单击“编译”按钮对程序进行编译，编译结果信息在主界面下方的“Build Output”窗口实时输出，如图 3-37 所示。

编译后，“Build Output”窗口将显示所用编译器、已编译通过的 C 文件、程序大小以及报错信息。若有报错，程序肯定没有通过编译，需要根据报错信息查找错误并改正；若有警告，一般会通过编译，但对程序运行及运行结果会存在不确定的影响。

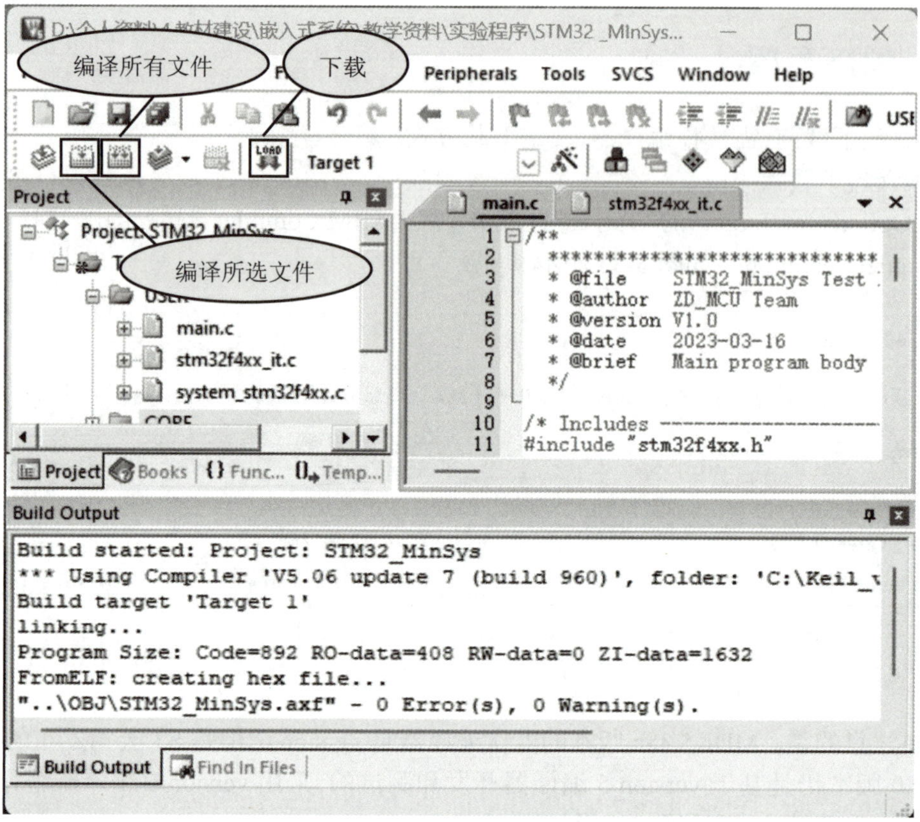

图 3-37　编译与下载

“Program Size”部分给出了工程文件的代码大小信息，其中“Code”为工程程序代码段的数量；“RO-data”为程序中定义的常量，是只读属性数据段；“RW-data”为初始化为非 0 值的全局变量，是读写属性数据段；“ZI-data”为未初始化的全局变量和初始化为 0 的变量，是程序的 0 数据段。

3. 下载与测试

使用程序下载线连接实验板和电脑，下载成功后即可进行实验验证。

3.5　小结

应用软件是为满足不同需求而编写的代码集合，是用户使用 C 语言、汇编语言等程序设计语言，借助 Keil、VSCode 等软件工具编写和调试，具有一定功能的代码集合。Keil、C 语言是嵌入式系统常用的开发软件和编程语言。

Keil MDK5 是针对 ARM 内核处理器的集成开发环境（μVision5 IDE），也是基于 Contex-M 内核处理器的最佳开发工具。MDK5 主界面为通用的窗口界面，由菜单栏、工具栏、工程窗口、编辑窗口、消息窗口、状态栏等构成。

基于嵌入式 C 语言编写的程序一般有三类结构化元素，即预处理声明、定义和 include 语句，主函数，函数、异常和中断服务函数。预处理是指编译器在编译之前进行的处理，预处理命令以符号“#”开头。C 语言主要有宏定义、文件包含、条件编译等三类预处理指令。

宏定义(Macro Definition)是 C、C++等编程语言中的一种预处理指令,也称为宏替换、宏代换,简称宏。文件包含是将某个文件的内容包含到当前文件的预处理语句,有工程当前目录包含和系统目录包含两种格式。条件编译允许编译器根据条件有选择性地编译某一部分代码,从而减少内存的开销,提高程序的运行效率、可移植性和灵活性。

嵌入式系统应用程序除使用常见的 C 语言关键词外,extern、typedef、struct、enum 等关键词的使用频率也较高。extern 用来声明变量或函数的外部链接;typedef 用于为已有类型定义新的别名,已有类型可以是常见数据类型、函数指针、数组或数组指针;结构体是由多个相同类型或不同类型的数据项构成的数据集合,可以被声明为变量、指针或数组等,用来实现较复杂的数据结构。

在嵌入式程序设计时,采用逻辑运算进行位的操作,程序简单明了、可移植性好、可读性强。

ST 公司先后推出了 2 套固件库,即标准库和 HAL 库。固件库封装了 STM32 寄存器的访问操作,为用户提供一系列 API 函数,用户只需掌握如何使用这些 API 函数即可进行编程。标准库和 HAL 库本质上均是对寄存器操作的封装,并提供操作底层硬件的 API 函数。

在编程中,由多个文件构成,并共同负责完成一种或多种功能的集合称为工程(Project),也称为项目或工程项目。工程项目文件的数量和种类较多,为了有效管理这些繁杂的文件,工程文件一般按类别放置于不同子文件夹中。新建工程后,需完成库文件导入、工程文件分组设置、编译器查询头文件的位置目录设置、全局宏变量的定义以及编译器和调试器的设置,还需根据硬件的 HSE 配置设置系统时钟源和相关参数。

思考题

3.1 为什么说当前多数嵌入式系统开发软件是一种集成开发环境?集成开发环境一般集成有哪些工具(功能)?

3.2 基于 ST 公司公布的标准库编程,为什么 Keil MDK5 要自行安装 AC5 编译器?

3.3 什么是预处理?C 语言采用什么符号标识预处理指令?常用的预处理指令有哪几类?

3.4 文件包含有哪几种格式?其区别是什么?

3.5 为什么头文件中要定义一个宏名,并将头文件置于一个条件编译限定区域内?该宏名的命名有哪些一般规则?

3.6 typedef 与#define 作用类似,但两者有较大的区别,简要阐述两者的区别。

3.7 什么是结构体?结构体对于编程有哪些积极意义?

3.8 枚举元素是什么类型的数据?声明枚举数据时,若不给枚举元素赋值,则各元素是否有初始值?若有初始值,初始值是什么?

3.9 基于 ST 标准库的 STM32F407 应用程序启动时,第一个执行的程序是哪个程序?第一个执行的应用程序是哪个函数?

3.10 为什么任何一个 STM32 工程都必须添加 RCC 外设文件?

3.11 为什么新建 STM32 工程后,要定义 STM32F40_41xxx 宏变量?

第 4 章

GPIO 及其应用

通用输入/输出(General Purpose Input/Output，GPIO)是嵌入式 MCU 最为基础的片上外设，也是应用系统使用最为广泛的一种外设。例如，按键信号的获取、指示灯的控制等都是通过 GPIO 实现的。本章主要介绍 GPIO 的基本结构、工作原理，同时结合 GPIO 寄存器的设置，分析外设驱动库文件的程序特点及应用编程思路，讲解 GPIO 应用的编程方法。

4.1 GPIO 简介

GPIO 是挂载在 AHB1 上的重要通用输入/输出接口，可在 2 个时钟周期内实现管脚输入/输出状态的快速切换，用于内核与外部设备的信息交互，如采集按键信息等。

STM32F407VET6 的 I/O 端口有 6 组，分别是 PA~PE 和 PH，PA~PE 端口均有 16 个 I/O 管脚，编号为 0~15，如 PA1、PB3、PC2 等，如图 4-1 所示；而 PH 端口只有 PH0 和 PH1 管脚。不同型号的 STM32 芯片 GPIO 的数量可能不一致，但是使用方法相同。

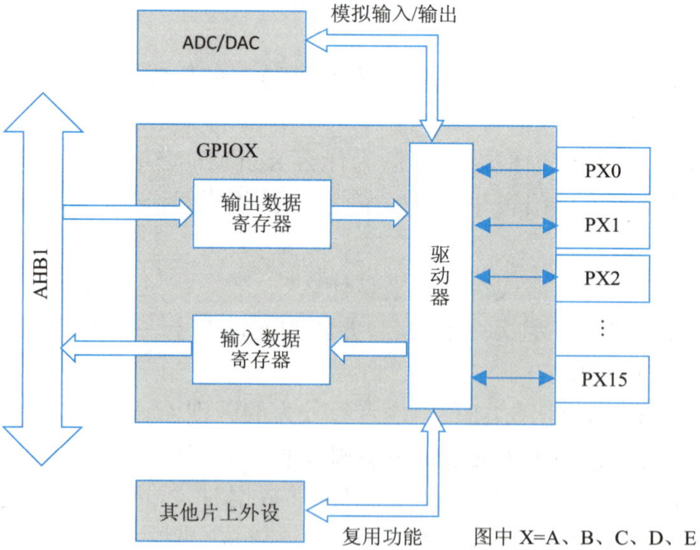

图 4-1 GPIO 接口示意

GPIO 可作为通用输入/输出管脚，还可为其他片上外设与外部设备的信息交互提供接口。

需要注意的是，允许将 I/O 管脚设置为 GPIO、ADC/DAC 和其他片上外设功能中的一种，但不能同时设置为两种及以上功能。

拓展：

不同型号的 STM32 芯片，GPIO 所挂载的总线有所不同。例如，STM32F103 芯片的 GPIO 挂载在 APB2 上，而 STM32F407 芯片的 GPIO 则挂载在 AHB1 上。

4.2　GPIO 结构及工作原理

从功能来看，GPIO 由输入模块、输出模块、公共模块三部分组成，如图 4-2 所示。其中，输入模块用于内核或片上外设采集外部设备的输入信号；输出模块负责芯片内部信息的输出；公共模块是输入模块和输出模块共用的功能单元，输出信号和输入信号均会流经公共模块，具有过压保护和电压上拉/下拉两大功能。

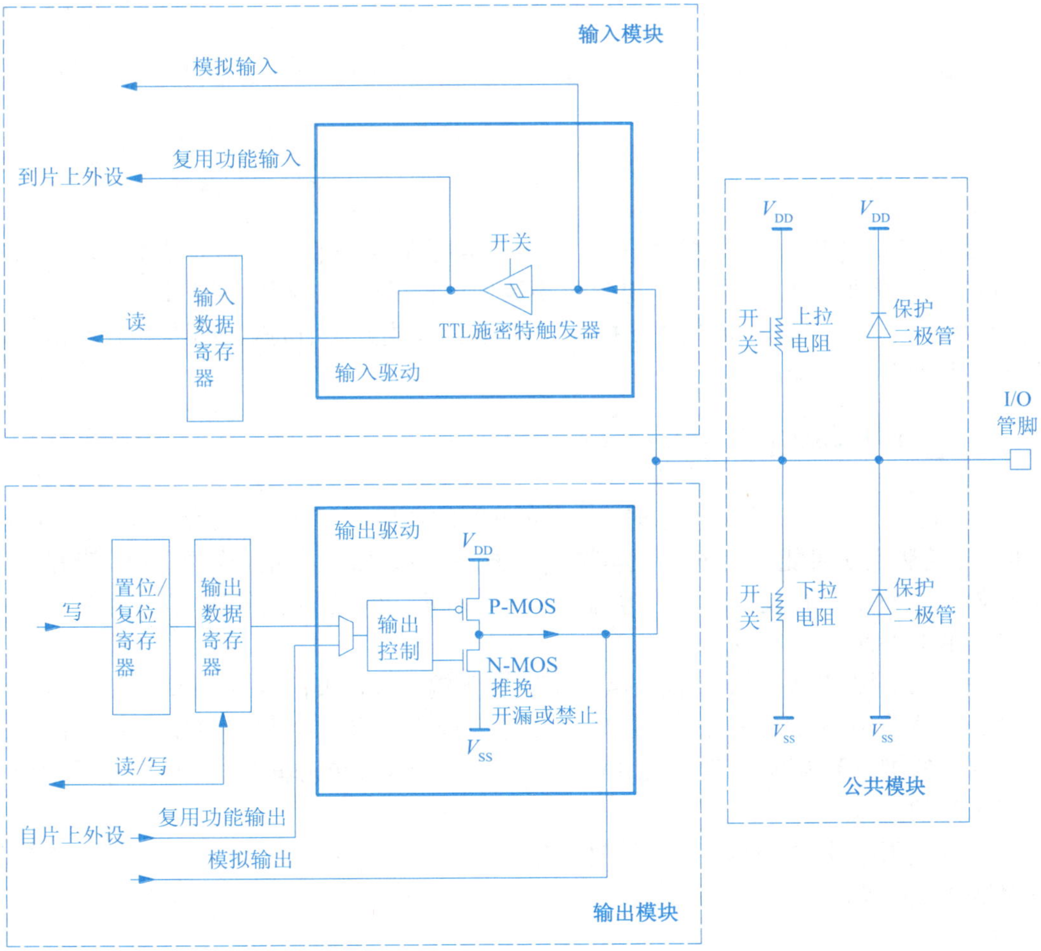

图 4-2　GPIO 基本结构框图

4.2.1 过压保护

由 2 个二极管构成的过压保护电路负责保护内部电路，避免因管脚错误接入过高或过低的外部电压，导致电流过大而烧毁内部电路。令管脚 I/O 所接入的电压为 V_{IO}，如果 $V_{IO} > V_{DD}$，则上方的保护二极管导通，电流通过芯片的 VDD 管脚流向芯片的外部电源，如图 4-3 所示；反之，如果 $V_{IO} < V_{SS}$，则下方的保护二极管导通，电流通过 VSS 管脚流入“地”，如图 4-4 所示。

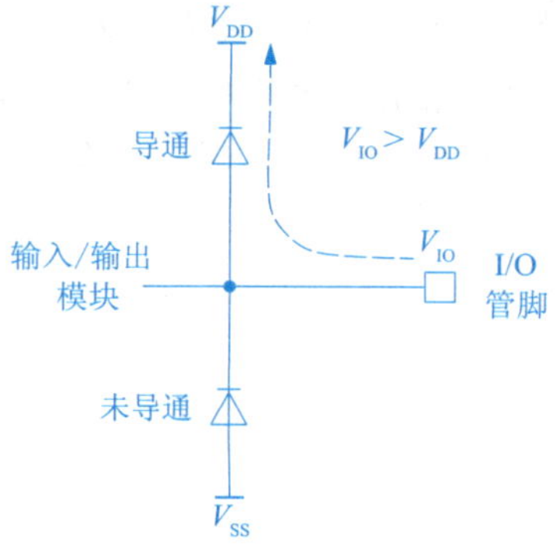

图 4-3 高压保护

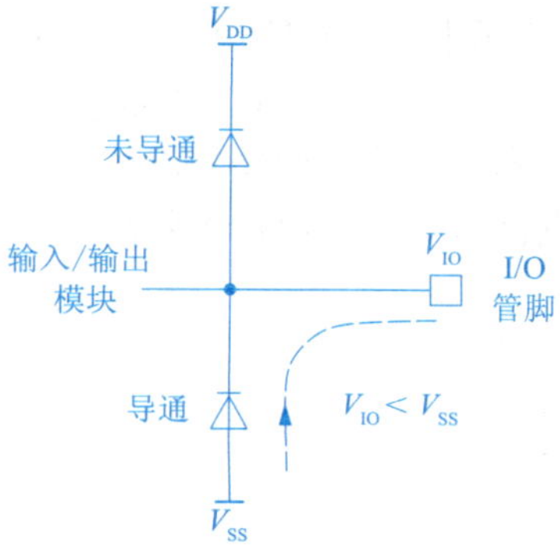

图 4-4 低压保护

尽管 STM32 芯片设置了过压保护，但并不代表管脚可以直接驱动大功率器件。例如，STM32 芯片直接驱动电机，要么因电流过小致使电机不转，要么因电流过大而损坏芯片。因此，STM32 芯片的输出一般仅用于控制，为具有功率放大作用的驱动器提供控制信号，再由驱动器驱动大功率器件。

4.2.2 电压上拉/下拉

I/O 管脚在无输入或输出信号时，因外部电路的电磁干扰等原因，存在电压偏移的可能，也就是管脚电压可能为高电平，也可能为低电平，其真实状态是未知的。为了消除这种不确定性，STM32 芯片设置了上拉电阻和下拉电阻两个电阻，可将管脚电压上拉为高电平或下拉为低电平，如图 4-5 所示。

若设置为上拉，开关 SA1 闭合、SA2 断开，在无输入或输出信号时，管脚电压为高电平；若设置为下拉，开关 SA2 闭合、SA1 断开，在无输入或输出信号时，管脚电压为低电平。

如果将管脚设置为浮空，即开关 SA1 和 SA2 均不闭合，在无输入或输出信号时，管脚的状态是未知的。

在工程应用中，用户根据实际需要通过编程可将 GPIO 管脚设置为上拉或下拉状态，也可设置为浮空状态。

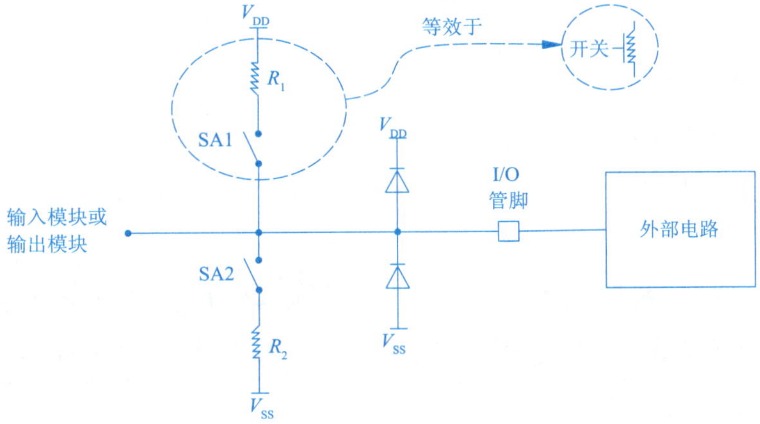

图 4-5　电压上拉/下拉原理图

4.2.3　输入模式

信号从芯片外部到内部的传送称为输入。当 GPIO 设置为输入工作模式时，施密特触发器开启，输出模块断开，如图 4-6 所示。

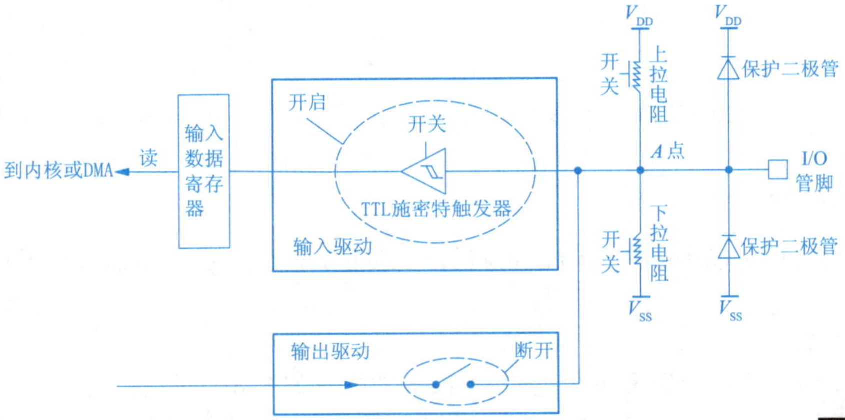

图 4-6　GPIO 输入模式

在信号输入过程中，施密特触发器实时采集管脚的电压状态信息（高电平为 1，低电平为 0），并将其暂存在输入数据寄存器，内核或 DMA 通过总线随时读取输入数据寄存器中的数据。

GPIO 输入模式

拓展：

施密特触发器是数字输入驱动模块的核心部件，可对输入信号进行变换、整形、限幅、除噪处理，生成规范、稳定的数字信号，其图形符号如图 4-7 所示。

施密特触发器有正向阈值电压 V_{T+} 和负向阈值电压 V_{T-} 两个重要参数。当输入电压 V_i 从低电平升高时，输出电压为低电平（V_{SS}），只有当 V_i 高于 V_{T+} 时，输出电压才突变为高电平（V_{DD}）；当输入电压 V_i 从高电平降低时，若 V_i 高于 V_{T-}，输出电压始终保持高电平，只有当 V_i 小于 V_{T-} 时，输出电压才突变为低电平（V_{SS}），如图 4-8 所示。可见，施密特触发器的电压传输具有滞回特性。

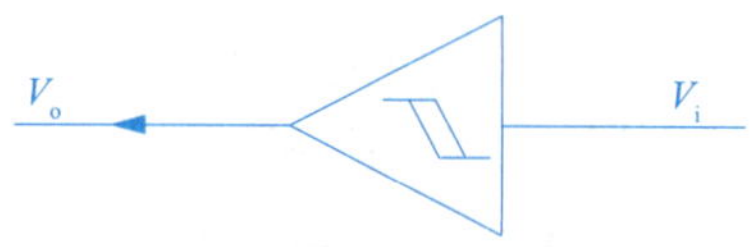

图 4-7　施密特触发器的图形符号

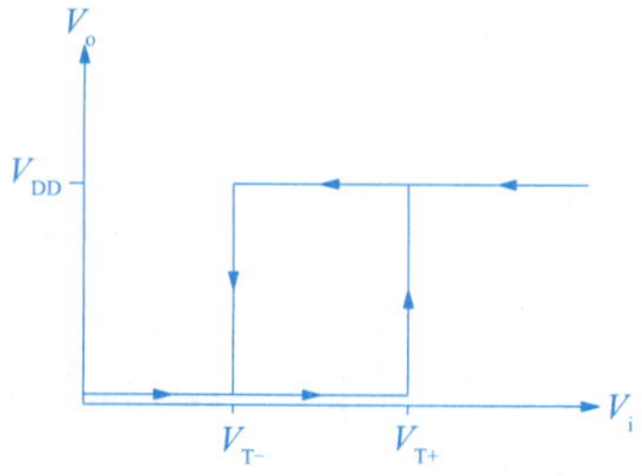

图 4-8　施密特触发器的电压传输特性曲线

数字电路正是利用施密特触发器的电压传输特性和滞回特性对输入信号进行变换(图 4-9)、降噪(图 4-10)等处理的,从而生成规范的数字信号。

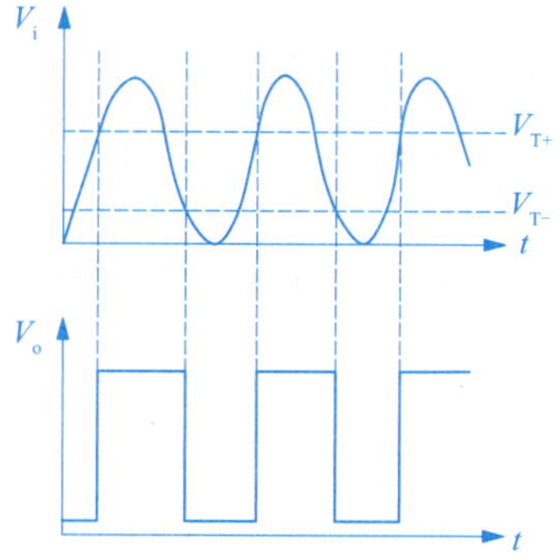

图 4-9　正弦信号变换为矩形信号

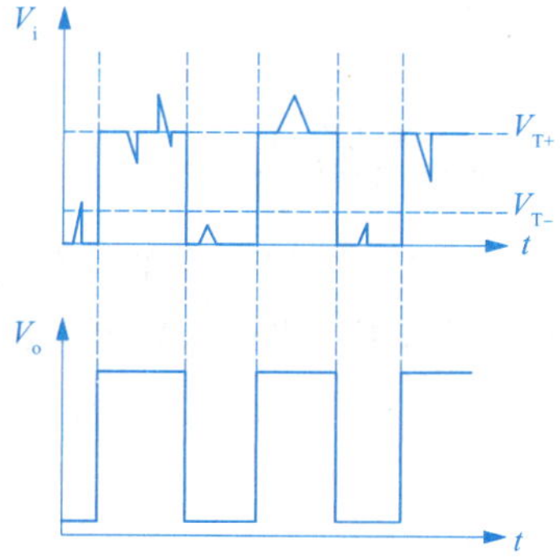

图 4-10　噪声消除

模拟信号若流经施密特触发器,将会严重失真。这正是 STM32 将片上外设的输入线路设计为模拟输入和复用功能输入的根本原因。

根据上拉/下拉电阻的设置情况,可将管脚配置为浮空输入、上拉输入和下拉输入三种模式。

1. 浮空输入

浮空输入时,上拉电阻和下拉电阻断开,等效电路如图 4-11 所示。如第 4.2.2 节所述,在管脚无输入信号时,浮空输入模式下的管脚电平不可控。不可控的输入信号在工业场景中可能会造成巨大经济损失或致命危险。

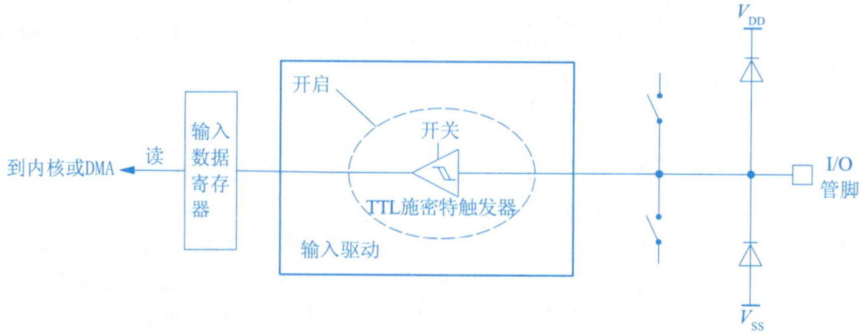

图 4-11　浮空输入等效电路

【示例 4-1】假设某设备的启动信号管脚设置为浮空输入，若管脚电压因外部干扰达到施密特触发器的正向阈值电压，该设备会意外启动，轻则损坏设备，重则危及人员生命安全。

在浮空输入模式下，外围设备一般需要外接上拉电阻，且管脚电平的高低由外部电路决定。例如，在图 4-12 所示的外接上拉电阻电路中，管脚电平由 V_{DD_E} 决定。

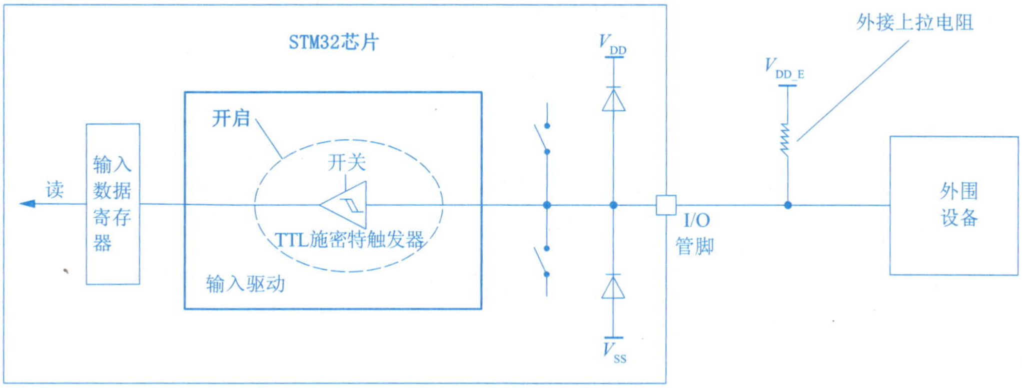

图 4-12　浮空输入模式下的外接上拉电阻电路

浮空输入适用于需要检测外部信号电平变化，而无须特定电平偏置的场合，如本书后续章节所介绍的 I²C、USART 通信。若其他场合使用浮空输入，强烈建议设置外部上拉或下拉，避免不可控的灾难发生。

2. 上拉输入和下拉输入

上拉输入时，上拉电阻闭合、下拉电阻断开，施密特触发器开启，如图 4-13 所示。当无输入信号时，管脚电平为高电平。当输入信号为 0（低电平）时，管脚电平为低电平，此时电流由 V_{DD} 端经上拉电阻、管脚流向外部的 V_{SS} 端，上拉电阻起限流作用。

思考：

在上拉输入模式下，管脚电平为高电平（V_{DD}）时，输入回路中是否有电流？此时输入寄存器相应位的数据是什么？

提示：输入回路中无电流。

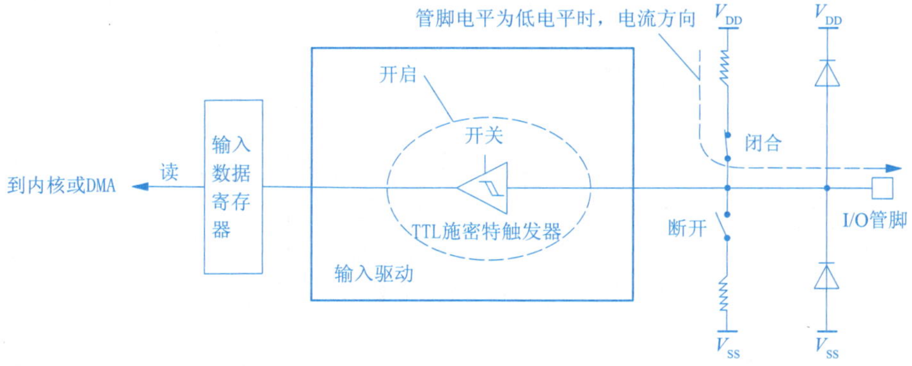

图 4-13　上拉输入等效电路

下拉输入时，上拉电阻断开、下拉电阻闭合，施密特触发器开启，如图 4-14 所示。当无输入信号时，管脚电平为低电平。当输入信号为 1（高电平）时，管脚电平为高电平，此时电流由外部电源正极经管脚、下拉电阻流向内部的 V_{SS} 端，下拉电阻起限流作用。

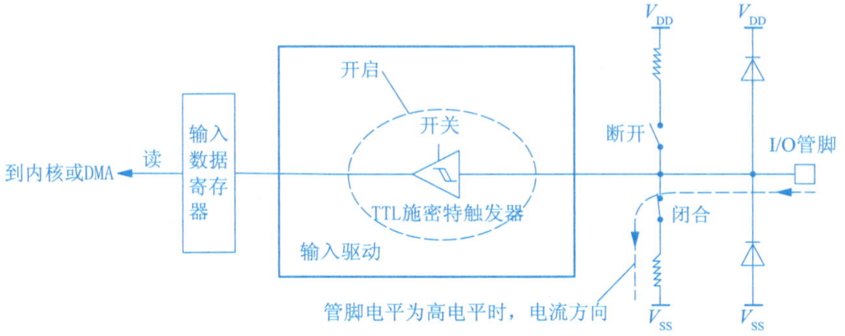

图 4-14　下拉输入等效电路

在上拉和下拉输入模式下，管脚状态可控，适用于多数输入场景。

4.2.4　输出模式

管脚设置为输出模式时，选择器选通 GPIO 输出线路，输入线路的 TTL 开启，如图 4-15 所示。当管脚配置为输出后，写入输出数据寄存器（Output Data Register，ODR）的值将通过 I/O 管脚输出。

1. ODR 的写入方法

用户可先将数据写入置位/复位寄存器（Bit Set/Reset Register，BSRR），然后 MCU 将 BSRR 数据写入 ODR。通过 BSRR 将数据写入 ODR 的操作不会被中断打断。

GPIO 输出模式

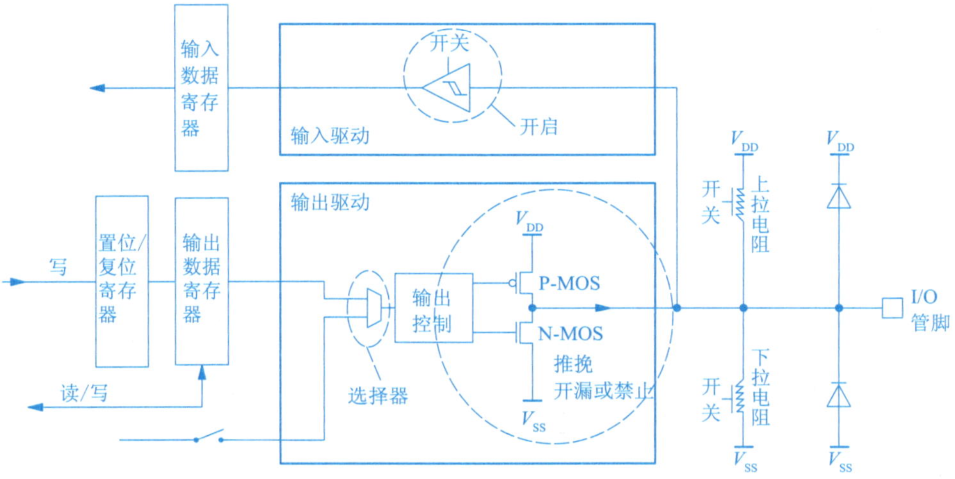

图 4-15　GPIO 输出模式

拓展：

对寄存器的单个数据位进行读-修改-写（Read-Modify-Write）操作，并且整个操作过程不会被其他总线活动中断，从而避免数据冲突或竞争的产生。这种不会被中断打断的操作称为原子操作，不会被中断打断的置位/复位称为原子置位/复位。

用户也可将数据直接写入 ODR，或者直接读取 ODR 的数据。

2. 推挽/开漏输出

由 P-MOS 和 N-MOS 组成的电路可实现推挽和开漏两种输出模式。

1）推挽输出

在推挽输出模式下，P-MOS 和 N-MOS 均有效，此时若输出为 1，P-MOS 导通，N-MOS 断开，管脚与内部电源的正极端接通，管脚电压被上拉为高电平 V_{DD}，如图 4-16 所示；反之，若输出为 0，P-MOS 断开，N-MOS 导通，管脚与内部电源的负极端接通，管脚电压被下拉为低电平 V_{SS}，如图 4-17 所示。

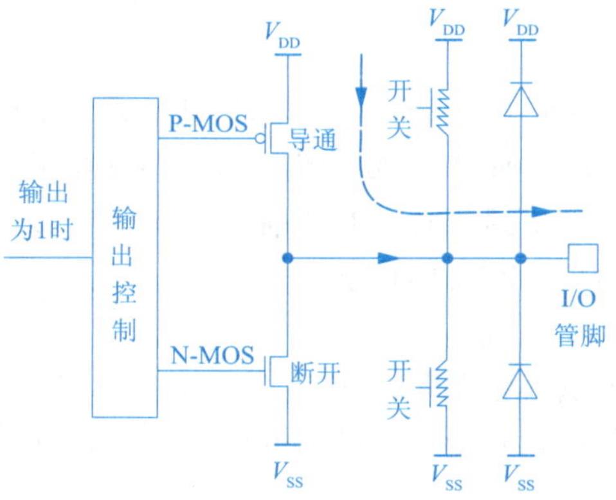

图 4-16　推挽输出模式下输出为 1 时的电流方向

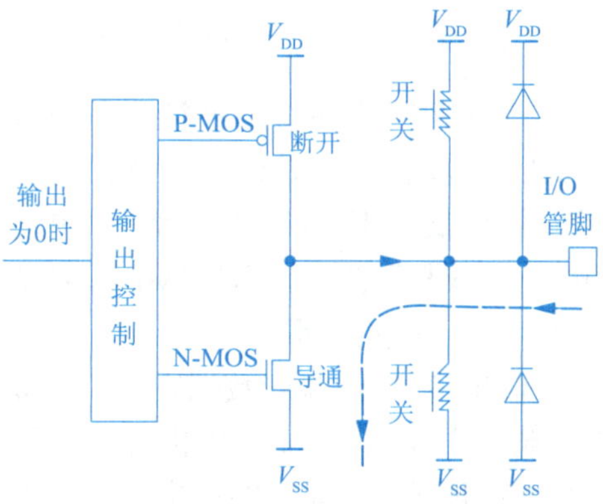

图 4-17　推挽输出模式下输出为 0 时的电流方向

推挽输出电路工作时，两个对称的 MOS 管每次只有一个导通，导通损耗小、效率高，且 MCU 对 I/O 管脚具有绝对的控制权；输出既可以向负载灌入电流，也可以从负载抽取电流，驱动能力较好，输出速度较快；常用于输出电压为 0~3.3 V，要求输出速度较快的场合，如驱动 LED 指示灯。

2）开漏输出

在开漏输出模式下，P-MOS 无效，N-MOS 有效，此时若输出为 1，N-MOS 断开，管脚"悬空"，呈现高阻态（N-MOS 未导通时，其电阻理论上为无穷大），无驱动能力，如图 4-18 所示；若输出为 0，N-MOS 导通，管脚与内部电源的负极端接通，管脚输出为低电平 V_{SS}。

开漏输出模式只能输出低电平。若要驱动外部器件，需外接上拉电阻，将电压上拉到外部电源高电平，这种电路可减小芯片的内部驱动压力，如图 4-18 所示。开漏输出模式的另一个优点是通过调节外部电源的电压，可以较为方便地改变管脚的传输电压，实现电平的匹配。

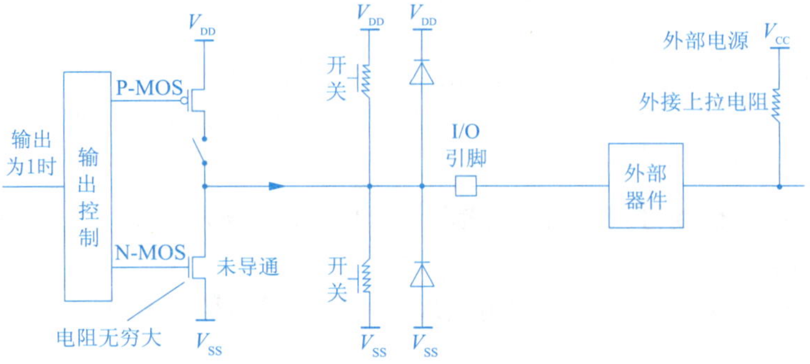

图 4-18　开漏输出模式下输出为 1 时的状态

拓展：

外接上拉电阻虽然可以灵活匹配电压，但也有缺点，即输出信号上升沿有延时，这是由于输出信号上升沿是通过外接的上拉电阻对负载充电的。当上拉电阻较小时，充电电流大，则上升沿延时短，但功耗大；反之，上升沿延时长，但功耗小。在工程上，要综合考虑延时和功耗的要求，进行上拉电阻的选择。

若对延时有严格的要求，可使用管脚的下降沿信号。

多个开漏模式的管脚连接到一条线上，通过一个上拉电阻，在不增加任何器件的情况下，可形成逻辑“与”关系，也称为“线与”。如图 4-19 所示，只要管脚 1 和管脚 2 中的任一个管脚输出低电平，外部引线就为低电平；只有两个管脚都输出 1（高阻态），外部引线才为高电平。“线与”常用于 I^2C、SMBus 判断总线是否处于被占用状态。

3. 输出状态的读取

在输出模式下，输入数据寄存器（Input Data Register，IDR）每隔 1 个 AHB1 时钟周期对 I/O 管脚上的数据进行一次采样。读取 IDR 的数据可获取 I/O 管脚的电平状态，而读取 ODR 的数据可获取最新的输出数据写入值。

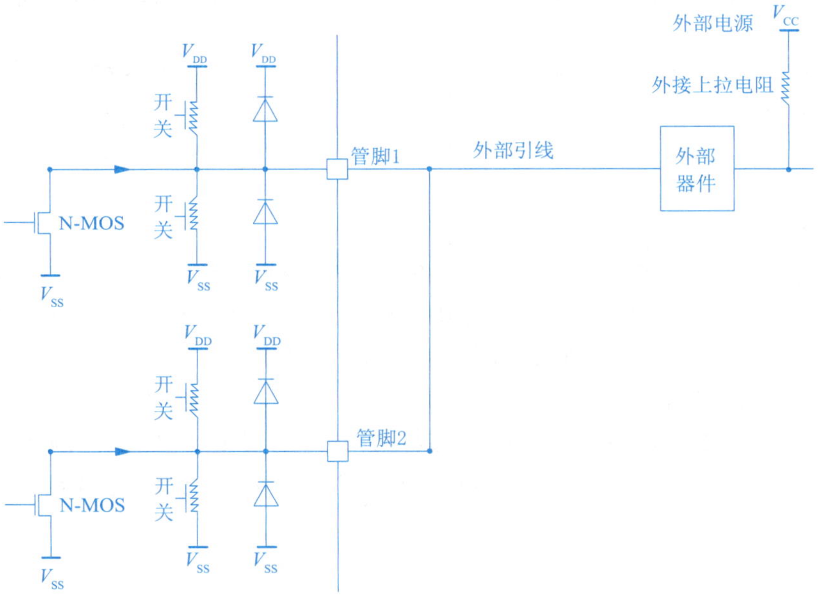

图 4-19　开漏模式的“线与”示意

思考：

I/O 管脚的电平状态与 ODR 的最新写入值是否在任何时刻都相等？

提示：在多数情况下相等，在写入 ODR 后，传输到管脚前，两者可能不相等。

4. 输出模式的上拉/下拉

推挽和开漏模式可打开上拉/下拉电阻，也可关闭上拉/下拉电阻，形成具有上拉/下拉功能的推挽输出和开漏输出。

由于内部上拉电阻的电压上拉能力有限，在实际工程中一般采用外接上拉电阻进行电压的上拉，从而提高管脚的驱动能力。

4.2.5　复用模式

I/O 管脚可以通过复用器连接片上外设，供片上外设与外部器件进行数据交互。各复用器一次仅允许一个外设的复用功能（Alternate Function，AF）连接 I/O 管脚，以确保共用同一个 I/O 管脚的外设之间不会发生冲突。

I/O 管脚如果设置为复用模式，连接片上外设（ADC 和 DAC 除外）时：

（1）输入和输出模块均选通复用模式线路，施密特触发器被打开；

（2）用户可根据需要打开弱上拉电阻或下拉电阻；

（3）输出线路可设置为推挽或开漏模式；

（4）ODR 断开，IDR 接通，如图 4-20 所示。

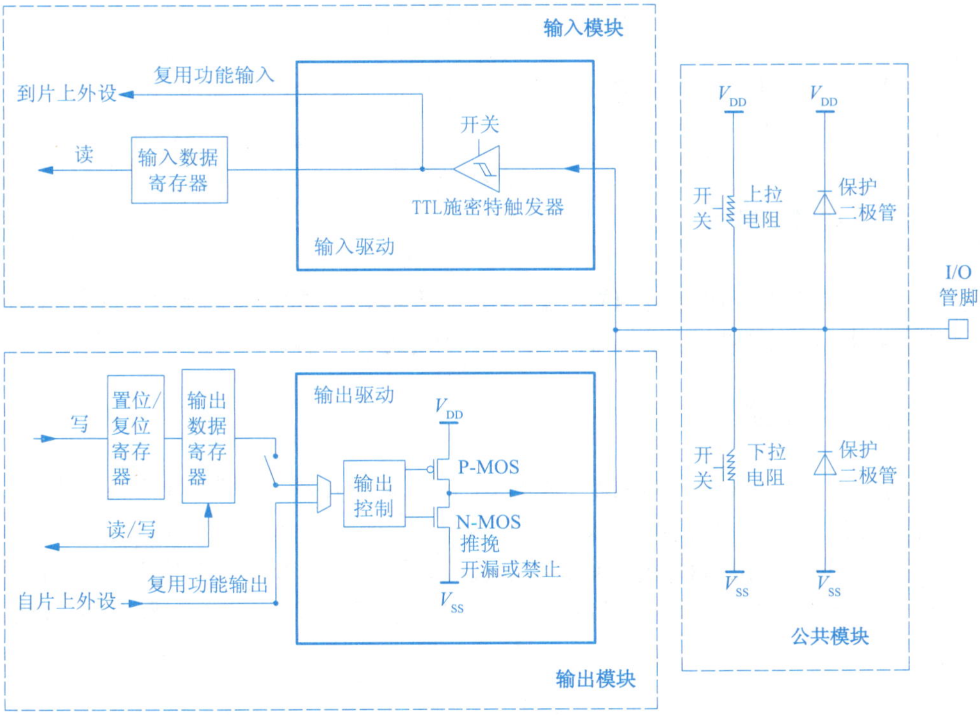

图 4-20　I/O 复用模式等效图

在复用模式下，IDR 同样每隔 1 个 AHB1 时钟周期对 I/O 管脚上的数据进行一次采样。读取 IDR 的数据可获取 I/O 管脚的电平状态。

复用模式的其他相关信息在后续章节介绍。

4.2.6 模拟模式

当 I/O 管脚设置为模拟输入时，施密特触发器断开，输入与输出模块选通模拟线路，上拉电阻和下拉电阻关闭，如图 4-21 所示。

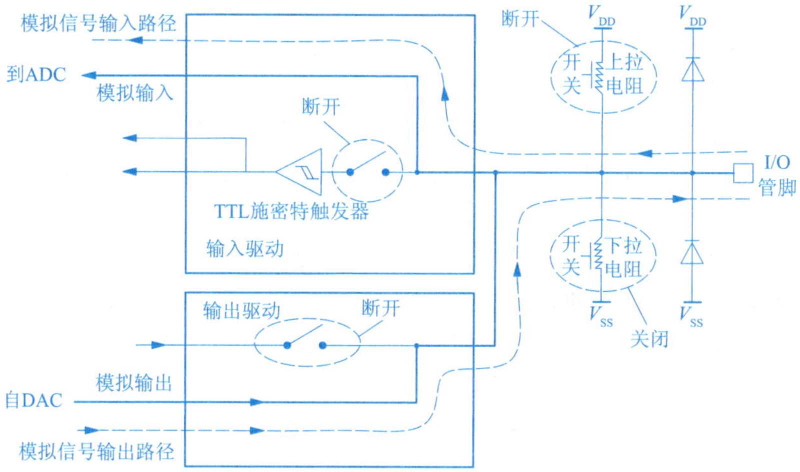

图 4-21　模拟信号传送路径

模拟输入时，必须断开上拉电阻和下拉电阻，设为“浮空输入”，以防止因电压的上拉或下拉而导致模拟信号失真。

4.3 GPIO 寄存器

每个 GPIO 端口均有 10 个 32 位的寄存器，包括 4 个配置寄存器、2 个数据寄存器、1 个置位/复位寄存器、1 个配置锁存寄存器和 2 个复用功能寄存器。

4.3.1 配置寄存器

GPIO 端口设有 4 个存储初始化参数的 32 位配置寄存器，分别用于存储端口模式、输出类型、输出速度、上拉/下拉使能等参数。

配置寄存器的每 2 位数据负责配置 1 个管脚，譬如位[0：1]数据对应 Px0 管脚的配置，位[2：3]数据对应 Px1 管脚的配置，依此类推，32 位数据分别对应端口的 16 个管脚，如图 4-22 所示。

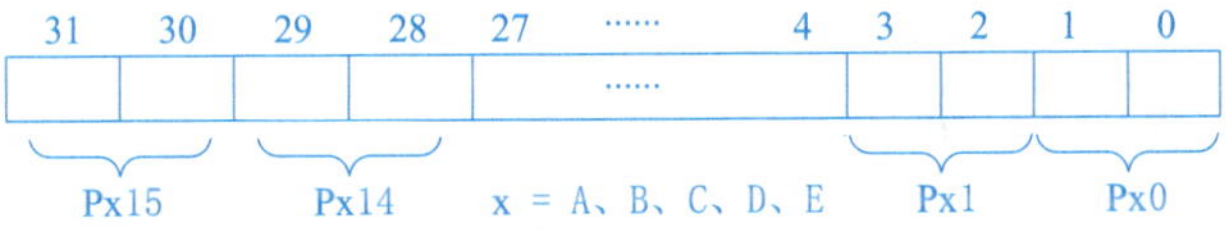

图 4-22　GPIO 配置寄存器数据位与管脚的对应关系

配置寄存器的每 2 位数据对应含义见表 4-1。

表 4-1　GPIO 配置寄存器

序号	寄存器	库函数定义的别名	设定值及其含义
1	端口模式寄存器	MODER	00—输入模式；01—输出模式；10—复用模式；11—模拟模式
2	输出类型寄存器	OTYPER	00—推挽模式；01—开漏模式；10—预留；11—预留
3	输出速度寄存器	OSPEEDR	00—2 MHz；01—25 MHz；10—50 MHz；11—100 MHz
4	上拉/下拉使能寄存器	PUPDR	00—无上拉无下拉；01—上拉；10—下拉；11—预留

4.3.2　数据寄存器

GPIO 端口设有 1 个 32 位的输入数据寄存器（IDR）和 1 个 32 位的输出数据寄存器（ODR），分别用于存储管脚的输入数据和输出数据。数据寄存器存储的数据类型为数字量，如图 4-23 和图 4-24 所示。

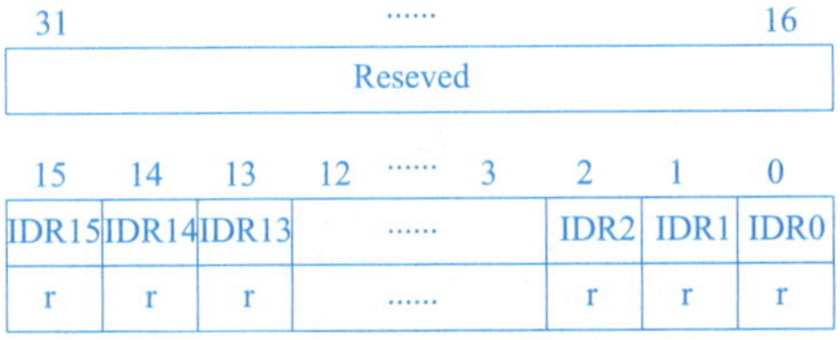

图 4-23　GPIO 输入数据寄存器（IDR）

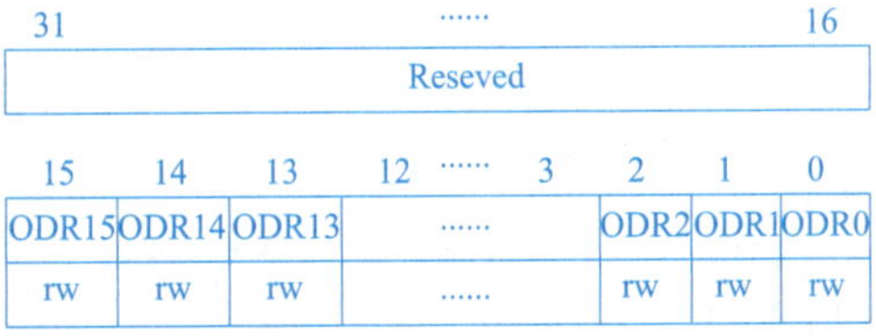

图 4-24　GPIO 输出数据寄存器（ODR）

每个 I/O 管脚的数字数据使用 1 位二进制位保存，各端口的 16 个管脚仅使用寄存器的低 16 位（0~15），按位从低到高依次存储 Px0 到 Px15 的数据，高 16 位（16~31）是预留位。

输入数据寄存器的数值是芯片根据管脚的输入信号自动写入的，用户只能读，对用户来说是只读属性的数据。而输出数据寄存器的数值，用户通过程序既可读也可写，对用户来说是读写属性的数据。

提示：

1. 当管脚用于模拟输入或输出时，数据存储于 ADC 外设或 DAC 外设的数据寄存器内。

2. 对用户来说，具有只读属性的寄存器，在本书的后续章节中称为只读寄存器；具有只写或读写属性的寄存器，则称为只写寄存器或读写寄存器。

4.3.3 置位/复位寄存器

置位/复位寄存器(BSRR)是32位的只写寄存器,通过BSRR可对管脚状态进行置位(置1)或复位(清0)。

BSRR的低16位是置位功能位(Bit Set, BS),高16位是复位功能位(Bit Reset, BR),两组都是按位从低到高依次对Px0到Px15的管脚进行置位/复位,如图4-25所示。

31	30	29	28 …… 19	18	17	16
BR15	BR14	BR13	……	BR2	BR1	BR0
w	w	w	……	w	w	w
Px15	Px14	Px13	……	Px2	Px1	Px0

15	14	13	12 …… 3	2	1	0
BS15	BS14	BS13	……	BS2	BS1	BS0
w	w	w	……	w	w	w
Px15	Px14	Px13	……	Px2	Px1	Px0

图4-25 GPIO置位/复位寄存器(BSRR)

不管是置位功能位还是复位功能位,都是1生效,也就是只有该位的值为1时,才进行置位或复位。当某个管脚的置位和复位同时为1时,置位优先。

【示例4-2】置位/复位寄存器应用示例。

(1)假设BSRR[16]为1,第16位是BSRR的高位,为复位功能位,该位对应管脚Px0,管脚Px0的输出数据存储于ODR[0]中,则ODR[0]复位,即ODR[0] = 0。

(2)假设BSRR[0]为1,第0位是BSRR的低位,为置位功能位,该位对应管脚Px0,则ODR[0]置位,即ODR[0] = 1。

若BSRR[16]与BSRR[0]同时为1,则置位优先,即ODR[0] = 1。

讨论:

输出数据寄存器是读写寄存器,用户可以通过写输出数据寄存器来调整管脚输出状态,为什么STM32芯片还设置BSRR?

提示:在写ODR时,若同时读取该ODR,会引起不必要的中断;而通过BSRR对ODR的值进行调整,则是在BSRR设置后的下一个时钟周期,由MCU调度完成数据的写入,可避免访问冲突问题。

4.3.4 配置锁存寄存器

配置锁存寄存器(Configuration Lock Register, LCKR)是32位的读写寄存器,用于锁定端口各管脚的配置。当某个管脚被锁定后,该管脚的配置不能修改,如图4-26所示。在实际应用中,该寄存器较少使用。

31	……	17	16
	……		LCKK
	……		rw

15	14	13	12 …… 3	2	1	0
LCK15	LCK14	LCK13	……	LCK2	LCK1	LCK0
rw	rw	rw	……	rw	rw	rw

图 4-26　GPIO 配置锁存寄存器(LCKR)

LCKR 使用低 17 位,高 15 位为预留位。其中,第 16 位是锁定键 LCKK(Lock Key),如果该位设置为 1,则 LCKR[0: 15]被锁定,不能更改。LCKR[0: 15]用于锁定 GPIO 各管脚的配置, 0~15 各位由低到高对应某端口管脚的配置是否被锁定。例如,若 LCK2 设为 1, Px2 管脚的配置被锁定,不可更改。

需要注意的是,当设置 LCKK 为 1 时,要使用正确的写序列(即写 1、写 0、写 1、读 1、读 1)才能设置成功,若写序列的其中一步出错,设置将不能成功。

库函数设置 LCKK 位的代码解析:

```
// 摘自 stm32f4xx_gpio.c 文件
/**
*( 1 )GPIO 管脚配置的锁定寄存器设置函数
*( 2 )可锁定端口模式、输出类型、输出速度、上拉/下拉使能以及复用功能等寄存器
*( 3 )在下次复位前,被锁定的寄存器不能被更改
*( 4 )输入参数 GPIOx 是指向具体端口、PIO_TypeDef 结构体类型的指针,x=A、B、C、D、E 等
*( 5 )输入参数 GPIO_Pin 是 16 位整数型数据,用于指定锁定的管脚 PxY( Y=0,1,2,…,15 )
*( 6 )例如,若仅锁定 Px0,GPIO_Pin=1( B0001 );若仅锁定 Px2,则 GPIO_Pin=4( B0100 ),即
*       该整数转化为 16 位的二进制数,该二进制数的第 Y 位为 1,则 PxY 被锁定;若 16 个管脚
*       都锁定,GPIO_Pin 值用二进制表达为“B1111 1111 1111 1111”,此时 GPIO_Pin 的整数数值应
*       为 65 535*/
void GPIO_PinLockConfig(GPIO_TypeDef* GPIOx, uint16_t GPIO_Pin)
{
//( 1 )定义具有__IO 和 uint32_t 双重属性的临时变量 temp,初始值赋为 0x0001 0000
//( 2 )__IO 是 core_cm4.h 文件对 C 语言的关键词 volatile 的重定义别名,volatile 类型的变量有两
//       个特点,一是该变量允许除程序之外的例如硬件来修改它的内容;二是访问该变量在任何时
//       候都会直接访问该地址处的内容
//( 3 )uint32_t 是采用 typedef 定义的 32 位无符号整型变量,其取值范围为 0 ~ 4 294 967 295( 0 ~ 2^32–1 )
//( 4 )初始值 0x0001 0000 的二进制表达为 B0000 0000 0000 0001 0000 0000 0000 0000,即第 17 位为 1
__IO uint32_t temp = 0x00010000;

/* 检查输入参数的有效性,若参数有效返回 1,否则返回 0,若发生中断,不再执行后续程序*/
assert_param(IS_GPIO_ALL_PERIPH(GPIOx));
assert_param(IS_GPIO_PIN(GPIO_Pin));

//temp 与 GPIO_Pin 按位“或”运算后,将其结果赋给 temp;“|=”是按位“或”运算符
//由于 temp 的初始值只有第 17 位为 1,而 GPIO_Pin 是 16 位的整数,该语句执行后的结果
```

```
//  是temp的第17～32位的数据保持不变，而第0～16位的数据为GPIO_Pin的数据
temp |= GPIO_Pin;
/* 以下5步是按STM32规定的写序列设置LCKR */
// 第1步 将临时变量temp的值赋给LCKR，即给LCKK(第17位)写1
// GPIOx是通过输入参数传入的，具体端口如GPIOA这种结构体的对象指针
// "->"是指向结构体成员的运算符
GPIOx->LCKR = temp;

// 第2步 将GPIO_Pin的值赋给LCKR，即给LCKK(第17位)写0
// 由于GPIO_Pin是16位的整数，在写入LCKR时，LCKR的第17～32位实际写入的是0
GPIOx->LCKR = GPIO_Pin;

// 第3步 将临时变量temp的值再次赋给LCKR，即给LCKK(第17位)写1
GPIOx->LCKR = temp;

// 第4步 读LCKR的值，即读LCKK(第17位)的值
temp = GPIOx->LCKR;

// 第5步 再次读LCKR的值，即读LCKK(第17位)的值
temp = GPIOx->LCKR;

// 上述5步就是按照STM32手册对LCKK进行的写序列，即写1、写0、写1、读1、读1
// 其中第5步是可以省略的
// 根据所要锁定的端口管脚正确确定GPIO_Pin的数值后，通过上述5步既可完成对端口管脚的
//  锁定，也可将LCKK设为1
```

4.3.5 复用功能寄存器

I/O管脚最多有16种复用功能，见表4-2。为了标识和区分，STM32采用4个二进制位保存各复用功能的设置值。例如，若将PA1管脚的复用功能设置值设定为0110，则PA1管脚复用SPI3功能。

表4-2 STM32复用功能寄存器设置

序号	设置值	复用功能	序号	设置值	复用功能
1	0000	System	9	1000	USART4 … 6
2	0001	TIM1/TIM2	10	1001	CAN1/CAN2，TIM12 … 14
3	0010	TIM3 … 5	11	1010	OTG_FS，OTG_HS
4	0011	TIM8 … 11	12	1011	ETH
5	0100	I^2C1 … 3	13	1100	FSMC，SDIO，OTG_HS
6	0101	SPI1/SPI2	14	1101	DCMI
7	0110	SPI3	15	1110	—
8	0111	USART1 … 3	16	1111	EVENTOUT

各端口有 2 个 32 位的复用功能寄存器，即低位寄存器（Alternate Function Low Register，AFRL）和高位寄存器（Alternate Function High Register，AFRH）。AFRL 用于保存 Px0~Px7 管脚的复用功能设置值，AFRH 用于保存 Px8~Px15 管脚的复用功能设置值。

【示例 4-3】若端口 Px 的 AFRL[0: 3]设定为 B1101，则说明 Px0 管脚复用 DCMI 输入/输出功能；若 AFRH[4:7]设定为 B1101，则说明 Px9 管脚复用 DCMI 输入/输出功能，如图 4-27 所示。

图 4-27　GPIO 复用功能寄存器

系统复位后，所有 GPIO 管脚初始化设置为 AF0，即系统的备用功能。

需要说明的是，各管脚最多有 16 种复用功能，并非每个管脚都有 16 种复用功能，多数管脚仅具有 16 种复用功能中的几种，且具有哪几种复用功能是由芯片设定的，用户无法修改。因此，用户若要使用 GPIO 管脚的复用功能，则需查询官方发布的数据手册，该手册的“管脚与管脚说明表”介绍了各管脚具有的功能。

【示例 4-4】查询数据手册的“管脚与管脚说明表”可知，STM32F407VET6 芯片的 PC11 仅具有 UART4_RX、SPI3_MISO、SDIO_D3、DCMI_D4、USART3_RX、I2S3ext_SD、EVENTOUT 等功能。

若要将 PC11 配置为 SDIO_D3 功能，查询表 4-2 可知，需将 AFRH[12:15]设定为 B1100。

提示：

表 4-2 所示的复用功能与设置值的关系，不同型号的芯片设置不同，使用时务必查询与芯片型号一致的手册。例如，STM32F42xxx 系列和 STM32F43xxx 系列芯片的第 14 种复用功能为 LTDC，而 STM32F40_41 系列芯片的第 14 种复用功能为 DCMI，见表 4-2。

4.4　GPIO 外接电路

设计电路时，既要实现系统的功能，又要考虑系统的可靠性、功耗和成本，还要考虑模块化设计以及后续拓展需要。

4.4.1　GPIO 驱动能力及性能匹配

1. 驱动能力

F4 系列芯片的驱动能力有限，GPIO 管脚和其他管脚的输出电流不能过大，否则会因电流过大而烧毁芯片。F407 芯片的输出、输入电流限定如下：

（1）所有主电源管脚（VDD、VDDA）和接地管脚（VSS、VSSA）的输出电流之和应小于 240 mA；

（2）任何 I/O 管脚和控制管脚消耗的输出电流应小于 25 mA；

（3）若管脚连接到片上 ADC，管脚的注入电流绝对值应小于 5 mA，总注入电流（所有 I/O 管脚和控制管脚的注入电流之和）不得大于 25 mA；

（4）管脚的高电平容限为 2.7~3.6 V，若输出低电平，其电压不得高于 1.3 V，若输出高电平，其电压不得低于 $V_{DD}-1.3$ V。

综上所述，设计电路时既要满足单管脚的限流要求，还要满足所用管脚的总限流要求。若管脚用作 GPIO，虽然管脚的额定电流为 25 mA，但是实际工程很少将电流设计为极限电流状态，建议管脚的电流限制在 20 mA 以内。

提示：

F4 系列芯片的 PC13、PC14、PC15 管脚由电源开关供电，但电源开关只能吸收有限的电流（3 mA）。因此，这 3 个管脚的使用受到限制，即其速度不应超过 2 MHz，最大负载为 30 pF，且不得用作电流源，如驱动 LED。

2. 器件的性能匹配

所谓性能匹配，是指通过器件选型和电路设计，使各器件工作于合理状态，系统的工作性能达到最优化。

器件性能匹配的一般原则是在保证各器件可正常工作的前提下，使系统的工作性能最优。但有时也需要确保关键器件的工作性能，也就是用户要根据设计要求在器件性能和系统性能之间做出权衡和选择，或牺牲器件性能，保证系统性能，或牺牲系统性能，保证关键器件的工作性能。

【示例 4-5】常见的红色贴片 LED，其工作电压为 1.6~2.4 V，电流为 2~20 mA。当电流在 2~5 mA 变化时，亮度随电流增大而增大，电流在 5 mA 以上时亮度基本稳定。假设某项目的指示用 LED 电路如图 4-28 所示。

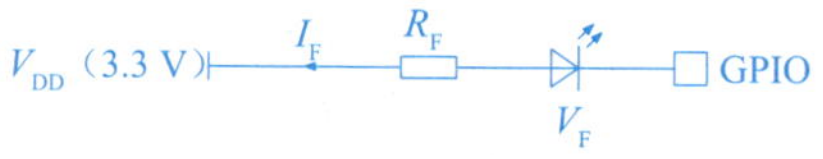

图 4-28　某项目的指示用 LED 电路

此时，限流电阻 R_F 可根据下式确定：

$$I_F=\frac{V_{DD}-V_F}{R_F} \tag{4-1}$$

鉴于 MCU 芯片的驱动能力有限，而且 LED 用于指示，对亮度要求不高，为了减少 LED 对 MCU 驱动电流的占用，使 LED 工作于最低状态，即工作电压 V_F 为 1.6 V，电流为 2 mA。根据式（4-1）计算可得限流电阻为 850 Ω。

然后根据该阻值选择较为接近的限流电阻，如可选择 ERA1AEB8450C 电阻，其阻值为 845 Ω。

该示例为了给系统的其他组件预留更多的 MCU 驱动余量，牺牲了次要组件 LED 的亮度。

4.4.2　电路设计

为介绍电路设计思路和方法，本节以及后续的编程将以实验 2 为实例进行分析和讲解。

【实验 2】F407 为控制芯片，由 3 个按键控制红色 LED 和蓝色 LED 的闪烁，要求如下。

（1）系统上电后，电源指示灯常亮。
（2）系统复位后，红色 LED 和蓝色 LED 常亮。
（3）按下按键 1，红色 LED 和蓝色 LED 均反转一次，即若原来是点亮状态，熄灭该灯；否则，点亮该灯。
（4）按下按键 2，蓝色 LED 反转一次。
（5）按下按键 3，红色 LED 反转一次。

分析：该实验需要 5 个 GPIO 管脚，分别用于接收 3 个按键的信号和控制 2 个 LED，而电源指示灯仅与系统是否供电有关，无须管脚控制。

管脚分配：PB2 接蓝色 LED，PC5 接红色 LED，PB2 和 PC5 工作于输出模式；PA0 接按键 1，PA1 接按键 2，PA4 接按键 3，3 个按键管脚工作于输入模式，获取按键的输入信号。

设计电路时，管脚的分配有以下原则和规律可供参考。

（1）明确拟使用的片上外设所占用的管脚。因为片上外设的输入/输出管脚厂家已经固定，不可更改，首先要明确这些管脚，一般不另作他用。特殊管脚也可与其他组件共用，如 BOOT1 管脚。

（2）电路隔离原则。相关或相近的器件应尽可能就近布局，如易产生噪声的器件、小电流电路、大电流电路等应尽量远离单片机的逻辑控制电路和存储电路。

（3）便于布线原则。为器件分配的管脚应便于该器件在 PCB 上的布置和走线，且走线不宜过长。

根据上述原则和规律，可合理分配芯片的管脚，尽可能降低器件之间的相互干扰，提高电路工作的可靠性。

1. LED 电路

理论上，LED 外接电源正极或负极均可点亮 LED。当 LED 外接电源正极时，电流由外部电源流向 MCU 内部，这种电流称为灌电流，如图 4-29（a）所示；当 LED 外接电源负极时，电流方向相反，即由 MCU 内部电源流向外部电源，这种电流称为过电流，如图 4-29（b）所示。

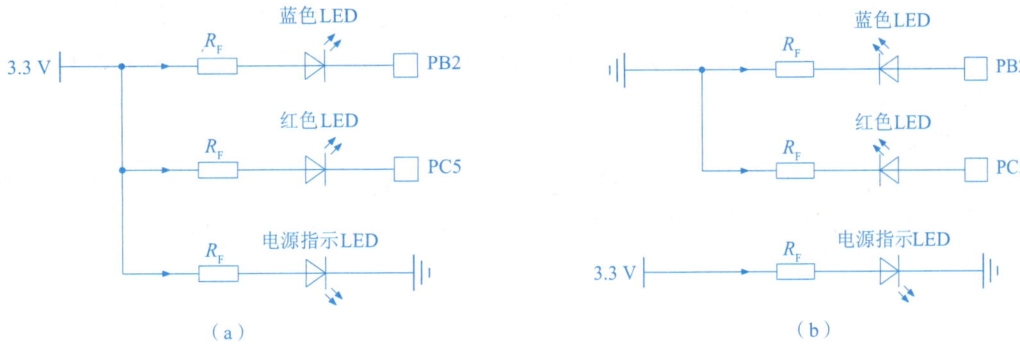

图 4-29　LED 电路设计

（a）外接电源正极　（b）外接电源负极

由于 MCU 的驱动能力有限，当驱动少量几个 LED 时，可正常工作，若 LED 较多，会因驱动电流不足而无法点亮 LED，同时也会降低 MCU 驱动其他组件的能力。因此，工程上一般采用外接电源正极的电路，如图 4-29（a）所示。

限流电阻应根据第 4.4.1 节所述的方法合理选用，如示例 4-5 所选限流电阻为 845 Ω。

提示：

LED 管脚有正负之分。在正常电压下，正负极反接时 LED 不亮。

2. 按键电路

按键作为典型的输入，常采用外接电源负极的电路，也可外接电源正极。为验证上述两种外接电路，实验 2 的按键 1 外接电源正极，按键 2 和 3 外接电源负极。

1)外接电源负极

外接电源负极时，按键按下后管脚电平为低电平，即低电平有效。为了使系统易于判别按键是否被按压，在按键未被按下时，管脚电平应为高电平，则该管脚应设置为上拉输入模式，如图 4-30 所示。

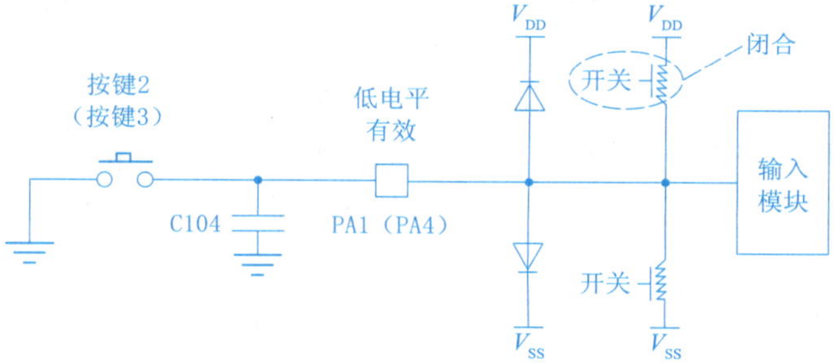

图 4-30 外接电源负极的按键电路

提示：

在输入模式下，外接情况与电压上拉/下拉设置的一般规律：外接电源负极时，GPIO 应设为上拉输入；反之，外接电源正极时，GPIO 应设为下拉输入。

按键是一种机械式开关，机械触点在按键闭合和断开时会发生抖动，这种抖动会使系统错误地识别按键状态。因此，按键电路需要进行消抖。电容消抖是在按键两端并联一个电容，利用电容的放电延时特性吸收抖动电压毛刺，这是常见的消抖方法之一，如图 4-30 中的 C104(0.1 μF)所示。

2)外接电源正极

外接电源正极时，按键被按下后管脚电平为高电平，即高电平有效。为了在按键未被按下时使管脚电平为低电平，该管脚应设置为下拉输入模式，如图 4-31 所示。

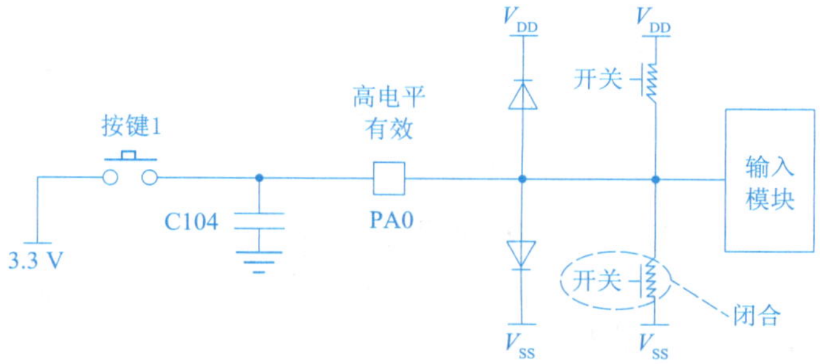

图 4-31 外接电源正极的按键电路

综上所述,实验 2 的参考电路如图 4-32 所示。

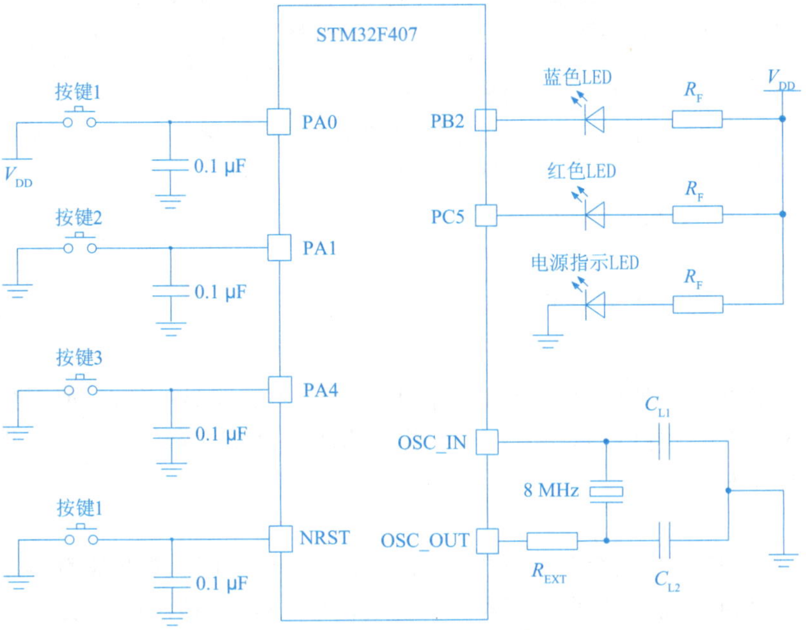

图 4-32　实验 2 的参考电路(电源电路已省略)

4.5　GPIO 应用编程

4.5.1　片上外设应用思路

外设作为功能相对独立的组件,有较为通用的使用规律和特点,即外设组件一般均需进行初始化与启动操作,然后才能开展工作,如图 4-33 所示。

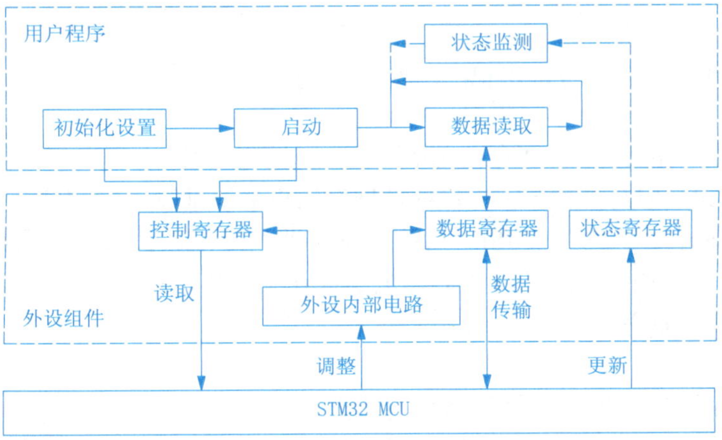

图 4-33　外设应用示意

1. 初始化

用户程序通过读写控制（配置）外设的寄存器，将初始化参数写入寄存器，MCU 读取寄存器内的初始化参数，并根据初始化参数调整外设的内部电路，实现用户预设的功能。

【示例 4-6】若 F407 的 PA1 管脚需设置为上拉输入模式，其初始化设置方法如下：
（1）将 PA 的端口模式寄存器 MODER[2:3]设置为 B00，即 PA1 为输入模式；
（2）将 PA 的上拉/下拉使能寄存器 PUPDR[2:3]设置为 B01，即 PA1 的上拉电阻开启；
（3）PA1 的初始化工作还有开启 PA 端口的时钟，设置 PA1 的速度等，在此不再赘述。

> **思考：**
> 为什么设置的是 MODER 和 PUPDR 的第 2 位和第 3 位？

2. 启动

初始化后，有些片上外设只要启动时钟即可工作，不需要显性的启动信号，如 GPIO；有些片上外设还设置了显性的启动参数，初始化后需将控制寄存器的启动信号设置为使能才能开始工作，如 TIM。

3. 工作

外设工作的本质是数据交互和处理，数据一般缓存于专门的数据寄存器中。如 GPIO，外部输入的数据缓存于输入数据寄存器（IDR）中，MCU 或其他组件从该寄存器读取数据；若输出信息，数据缓存于输出数据寄存器（ODR）中，并传送到管脚，供外部设备使用。

4. 监测

监测外设的工作状态，并及时更新且存储于状态寄存器中，以供他用。

综上所述，对于外设的控制（配置）或操作，实质上是用户通过编程读写寄存器实现的。不管什么外设，只有熟悉了外设的基本原理、特性及功能，了解相关寄存器，掌握应用 HAL 函数或标准库函数读写寄存器的方法和思路，才能灵活地设置和应用外设。

> **提示：**
> 工欲善其事，必先利其器。掌握事物的内在规律和基本思路，有利于认知事物，更有利于复杂工程问题的解决。学习片上外设的工作原理、应用思路和方法后，建议多进行实验，多在实践中验证所学知识，并深化理解。

4.5.2 库函数读写寄存器的思路及方法

STM32 芯片的存储器（含寄存器）由厂家统一编制地址，地址采用如 0xaaaa0a0a 这种数字方式进行标识。但是这种数字标识的地址对用户来说难以记忆，编程难度大。

因此，标准库开发了符合 CMSIS、可读写寄存器的库函数，常量、库函数均采用见名知意的名称。用户只需调用相应的库函数即可实现外设的初始化及控制，极大地降低了编程难度，并提高了开发效率。

1. CMSIS

CMSIS 有两大特点，即助记符和偏移式寻址。

（1）不管是寄存器、参数设置常量的名称，还是读写寄存器的方法名称以及函数的输入参数名称，均采用见名知意的助记符。助记符要求所有厂家、用户都遵守，不得随意更改。这种共同遵守的助记符可提高程序的可读性，便于编程人员之间的交流和共享。

【示例 4-7】标准库的助记符示例。

GPIO 管脚的推挽输出模式，寄存器的设置值为 B01，采用宏指令定义 GPIO_OType_PP = 0x01，助记符中 OType 是 Out Type 的缩写，PP 是 Push-Pull 的缩写，即 GPIO_OType_PP 是指 GPIO 的推挽输出模式。若管脚为开漏输出模式，助记符为 GPIO_OType_OD，其中 OD 是 Open Drain 的缩写。

（2）STM32 芯片的地址映射是按类（内核、片上外设等）、总线（AH1、AH2、APB1、APB2 等）、组件和功能逐级连续分配的地址，确定某类的基地址后，通过偏移式寻址确定具体寄存器的地址。

【示例 4-8】stm32f4xx.h 对片上外设的地址使用宏指令定义了助记符，并采用偏移式思路进行寻址，代码如下（摘抄）。

```
// 为外设的基地址（即起始地址）定义便于识别的助记符 PERIPH_BASE
// 0x40000000 是厂家分配的外设基地址，可参考“2.2.4 存储器及其映射”
#define PERIPH_BASE    ((uint32_t)0x40000000)
// AHB1 上的外设相对于基地址偏移量为 0x20000，通过偏移确定 AHB1 外设的起始地址
// 同样采用助记符的形式为 AHB1 外设的基地址定义便于识别的助记符 AHB1PERIPH_BASE
#define AHB1PERIPH_BASE    (PERIPH_BASE + 0x00020000)
……
// GPIOA 相对于 AHB1 外设的基地址偏移量为 0，GPIOB 偏移量为 0x0400，GPIOC 偏移量为 0x0800
#define GPIOA_BASE              (AHB1PERIPH_BASE + 0x0000)
#define GPIOB_BASE              (AHB1PERIPH_BASE + 0x0400)
#define GPIOC_BASE              (AHB1PERIPH_BASE + 0x0800)
……
```

由上述代码知 GPIO 各端口的基地址如下：

GPIOA，0x40000000 + 0x00020000 + 0x0000 = 0x40020000；

GPIOB，0x40000000 + 0x00020000 + 0x0400 = 0x40020400；

GPIOC，0x40000000 + 0x00020000 + 0x0800 = 0x40020800。

提示：

1. 标准库函数的绝对地址以及地址偏移量均是采用十六进制按字节标识的，如偏移量“0x04”是指偏移 4 个字节，“0x0C”是指偏移 12 个字节。

2. 偏移式寻址方法类似于我国省、市、区、街道这种住址管理方式，这种方法既有利于编程人员快速定位具体寄存器，也有利于芯片的快速寻址，可提高程序执行效率。

2. 寄存器组的管理

为了便于管理外设的寄存器，标准库对各类外设都定义了特定的结构体，该结构体包含外设相关的所有寄存器。例如，GPIO 有 10 个 32 位的寄存器，标准库函数定义了包含 10 个大小为 32 位的变量，别名为 GPIO_TypeDef 的结构体，对结构体的内部变量（GPIO 的寄存器）也定义了助记型别名，代码如下。

```
typedef struct    //typedef 是 C 语言定义类型的关键词，struct 为定义结构体的关键词
{
```

```
    __IO uint32_t   MODER;      /* GPIO 端口模式寄存器,       地址偏移量: 0x00*/
    __IO uint32_t   OTYPER;     /* GPIO 输出类型寄存器,       地址偏移量: 0x04*/
    __IO uint32_t   OSPEEDR;    /* GPIO 输出速度寄存器,       地址偏移量: 0x08*/
    __IO uint32_t   PUPDR;      /* GPIO 上拉/下拉使能寄存器,  地址偏移量: 0x0C*/
    __IO uint32_t   IDR;        /* GPIO 输入数据寄存器,       地址偏移量: 0x10*/
    __IO uint32_t   ODR;        /* GPIO 输出数据寄存器,       地址偏移量: 0x14*/
    __IO uint32_t   BSRR;       /* GPIO 置位/复位寄存器,      地址偏移量: 0x18*/
    __IO uint32_t   LCKR;       /* GPIO 配置锁存寄存器,       地址偏移量: 0x1C*/
    __IO uint32_t   AFR[2];     /* GPIO 复用功能寄存器,       地址偏移量: 0x20-0x24*/
} GPIO_TypeDef; //所定义的结构体别名
```

结构体的地址是连续的,且结构体按参数定义的先后顺序自动分配内部的地址。可见,GPIO_TypeDef 结构体声明了 10 个 32 位的存储空间,第 1 个 32 位存储空间的别名为 MODER,第 2 个 32 位存储空间的别名为 OTYPER,依此类推,各寄存器依次匹配形成自己的地址。

另外,标准库函数在定义外设的结构体时,其内部参数(GPIO 的寄存器)的定义顺序与厂家统一规定的存储器映射表内的寄存器顺序是一致的。只要指定该结构体的基地址(即起始地址),则内部参数会根据自身大小和先后顺序依次自动偏移地址,生成自己的绝对地址。

stm32f4xx.h 文件对 GPIOA 结构体的定义以及基地址的指定代码如下。

```
//使用预定义命令,定义别名为 GPIOA、指针类型的结构体,且该结构体的基地址为 GPIOA_BASE
//由 stm32f4xx.h 文件对 GPIOA_BASE 的定义可知,GPIOA 的基地址为 0x40020000
#define GPIOA       ((GPIO_TypeDef *) GPIOA_BASE);
```

综上所述,库函数将外设的寄存器组封装为结构体。用户编程时,声明一个该结构体的变量,可以实现分类集中管理,有助于用户快速编程。

3. 寄存器的读写思路与方法

CMSIS 提供了访问寄存器的通用方法以及特定寄存器设置值(常量)的助记型别名(即助记符)。为了减少编程人员的编程工作量,标准库函数同时定义了访问寄存器的中间参数和方法,供编程使用。

1)辅助参数的定义

GPIO 初始化时,编程人员一般需要指定所设置的管脚、管脚工作模式、输出类型、管脚输出速度、上拉/下拉功能使能等参数。因此,标准库函数将上述参数封装为初始化参数结构体,具体代码如下(stm32f4xx_gpio.h 文件)。

```
typedef struct
{
  uint32_t GPIO_Pin;                  /*!< Specifies the GPIO pins to be configured.
                                           This parameter can be any value of @ref GPIO_pins_define */
  GPIOMode_TypeDef GPIO_Mode;         /*!< Specifies the operating mode for the selected pins.
                                           This parameter can be a value of @ref GPIOMode_TypeDef */
  GPIOSpeed_TypeDef GPIO_Speed;       /*!< Specifies the speed for the selected pins.
```

```
                                    This parameter can be a value of @ref GPIOSpeed_TypeDef */
  GPIOOType_TypeDef GPIO_OType;    /*!< Specifies the operating output type for the selected pins.
                                    This parameter can be a value of @ref GPIOOType_TypeDef */
  GPIOPuPd_TypeDef GPIO_PuPd;      /*!< Specifies the operating Pull-up/Pull-down for the selected pins.
                                    This parameter can be a value of @ref GPIOPuPd_TypeDef */
}GPIO_InitTypeDef;
```

GPIO 的初始化参数的取值一般是有限个难以记忆的数字型常量，为了降低编程人员的记忆难度和编程难度，标准库函数定义了大量的枚举型初始化参数的常量集合。

对 GPIO 初始化结构体的内部参数，标准库都定义了枚举数据集合。例如，对 GPIO 工作模式的初始化参数“GPIO_Mode”，标准库定义的枚举数据集合别名为“GPIOMode_TypeDef”，具体代码如下。

```
typedef enum   //enum 是定义枚举型数据的命令(关键词)
{
  GPIO_Mode_IN    =  0x00,    /*!< GPIO Input Mode */
  GPIO_Mode_OUT   =  0x01,    /*!< GPIO Output Mode */
  GPIO_Mode_AF    =  0x02,    /*!< GPIO Alternate function Mode */
  GPIO_Mode_AN    =  0x03     /*!< GPIO Analog Mode */
}GPIOMode_TypeDef;
```

2)寄存器读写方法

对于内核或外设的操作，CMSIS 同样定义了通用方法，以供编程人员调用实现对底层寄存器的读写操作。例如，在 stm32f4xx_gpio 文件中定义了 GPIO 默认初始化、初始化、读写输入/输出寄存器、置位/复位 GPIO 端口等函数，具体代码如下。

```
/* Function used to set the GPIO configuration to the default reset state ****************/
void GPIO_DeInit(GPIO_TypeDef* GPIOx);    //GPIO 默认状态的初始化函数
/* Initialization and Configuration functions *****************************************/
void GPIO_Init(GPIO_TypeDef* GPIOx, GPIO_InitTypeDef* GPIO_InitStruct);   //初始化函数
void GPIO_StructInit(GPIO_InitTypeDef* GPIO_InitStruct);   //初始化函数
……
/* GPIO Read and Write functions **********************************************/
// 按管脚(位),读输入数据寄存器数据的函数
    uint8_t GPIO_ReadInputDataBit(GPIO_TypeDef* GPIOx, uint16_t GPIO_Pin);
// 按端口(16 个管脚),一次性读输入数据寄存器数据的函数
    uint16_t GPIO_ReadInputData(GPIO_TypeDef* GPIOx);
……
// 按管脚(位),置位管脚悬空时的输出值函数
    void GPIO_SetBits(GPIO_TypeDef* GPIOx, uint16_t GPIO_Pin);
// 按管脚(位),复位管脚悬空时的输出值函数
    void GPIO_ResetBits(GPIO_TypeDef* GPIOx, uint16_t GPIO_Pin);
……
```

【示例 4-9】假设在 XX.c 文件中，需要使用 stm32f4xx_gpio 文件提供的函数读取 PA 口的输入数据。

首先需要了解 stm32f4xx_gpio 文件是否提供了该函数。若提供了该函数,还要了解需要哪些输入参数。

通过 stm32f4xx_gpio 头文件及源文件可知:

(1)一次性读取端口输入数据的函数为 GPIO_ReadInputData();

(2)输入参数为 GPIO_TypeDef 指针类型;

(3)读取后返回的值是 uint16_t 类型。

因此,用户至少需要做以下工作。

(1)在 XX.c 文件中包含 stm32f4xx_gpio 文件,也就是在 XX.c 文件中添加"#include stm32f4xx_gpio.h",否则无法调用 GPIO_ReadInputData()函数。需要注意的是,由于文件之间的递归包含,若 stm32f4xx_gpio.h 文件已经隐性包含,此时无须再次包含。

(2)定义用于存储读取后的返回值的变量,如"uint16_t　data_PA"。由于标准库已经定义 GPIO 的端口,用户无须定义输入参数,可直接输入"GPIOA"。

(3)在需要读取 PA 端口数据的地方编程读取数据,如"data_PA = GPIO_ReadInputData(GPIOA)"。

综上所述,读取 PA 端口数据的代码如下:

```
#include stm32f4xx_gpio.h //包含文件,若已包含,此行可省略
……
uint16_t   data_PA; //定义存储输入数据的变量
……
data_PA = GPIO_ReadInputData( GPIOA ); //调用标准库函数读取 PA 端口数据
```

提示:

1. 标准库函数定义的寄存器访问函数已通过标准库函数编程实现,编程人员不用关注具体的实现方法,只需按软件接口函数要求调用即可。
2. 对于不同的外设,标准库函数定义的常量、函数不同,编程人员使用函数前要仔细阅读并熟悉相应的库文件,了解该库文件定义了哪些变量、常量以及函数。

4.5.3　工程建立与配置

1. 程序架构思路

标准库提供了读写寄存器的诸多接口(函数),但无法满足用户的功能性需求,因此需要借助标准库的接口函数编写具有特定功能的用户程序。

【示例 4-10】在实验 2 中,要实现"按下按键 1,红色 LED 和蓝色 LED 均反转一次"的功能,用户程序需要实时检测按键 1 是否被按下,若检测到按键 1 被按下,则将红色 LED 和蓝色 LED 所连接的管脚电平反转。

实际工程项目的用户程序一般较多。如果没有科学的管理方法,既不利于程序文件的查找,也不利于程序的阅读,更不利于程序的后续维护和拓展。因此,多数程序开发企业对程序架构思路、变量以及函数的命名规则、文档的编写规则等方面有一系列编程约定。

在项目开发时,多数企业基于面向对象的开发方法,采用"分类管理,集中调度"的思路进行项目的架构。工程项目一般包括用户程序主文件、调度类文件,实现用户程序子功能的类文件等,如图 4-34 所示。

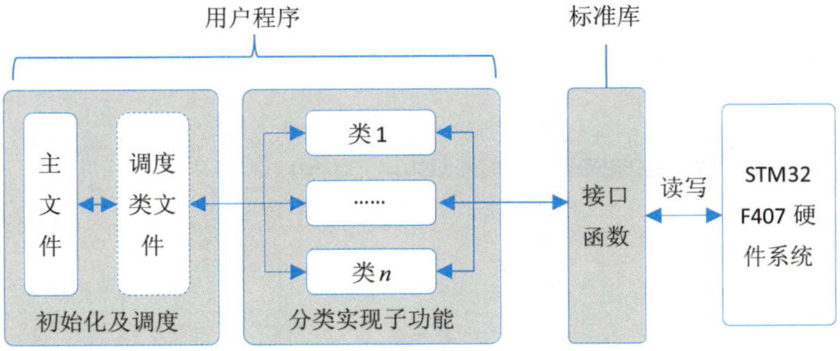

图 4-34　应用程序的架构

所谓类，是指对具有共同特征的一类事物的抽象，如通用输入/输出（GPIO）、复位与时钟（RCC）、定时器（TIM）等。按类建立程序文件，有利于对程序的理解和修改，并提高程序开发和维护的效率。标准库也是基于这种思路开发的库函数，如 stm32f4xx_gpio、stm32f4xx_RCC 等就是标准库针对不同外设提供的类文件。

标准库的类文件仅提供了通用方法，一般无法满足用户的功能性需求，用户需要在这些类的功能基础上进行拓展。

在编程实践中，强烈建议采用“继承”的思路新建文件实现用户功能，不推荐用户直接修改标准库的文件。

【示例 4-11】假设用户程序较为复杂，标准库的 stm32f4xx_gpio 文件（简称 gpio 文件）无法满足用户程序的功能性需求，可采用“继承”的方法实现新的功能，方法如下：

（1）在工程中新建名为“stm32f4xx_MyGpio.h”“stm32f4xx_MyGpio.c”的文件，简称 MyGpio 文件；

（2）在 MyGpio.h 文件中包含标准库提供的 gpio 文件，此时 MyGpio 文件就“继承”了 gpio 文件的所有属性和方法；

（3）根据用户程序的功能性需要，在 MyGpio 文件中编写代码实现所需的新功能。

提示：

此处所说的“类”和“继承”是借鉴面向对象编程的相关知识而提出的表述，在内涵和特征方面与面向对象编程中的“类”和“继承”有较大区别，不能等同理解。

2. 新建工程及初始配置

按照第 3 章所述的方法和步骤建立名为“STM32_GPIO”的新工程，并完成以下工作。

1）工程配置

配置工程文件分组，复制必需的标准库文件，设置头文件目录，定义预处理全局变量。

2）新建文件

新建 3 个工程文件，分别命名为“main.c”“stm32_mygpio.h”“stm32_mygpio.c”，并保存于 USER 文件中。

在“Project Items”选项卡中，将上述 3 个文件添加到“USER”分组中，如图 4-35 所示。

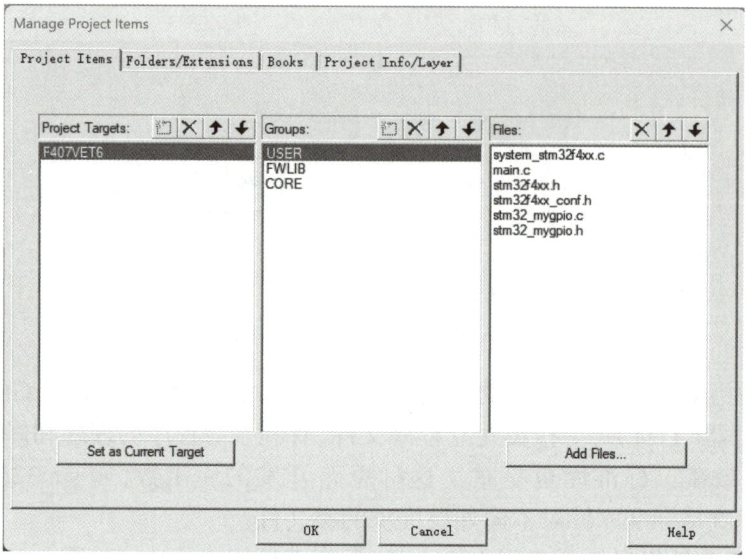

图 4-35　将新建文件添加到“USER”分组中

4.5.4　应用编程

1. Stm32_MyGPIO 头文件

如示例 3-3 所述，为避免头文件被重复包含，采用宏指令为头文件定义名为“__MYGPIO_H”的宏名，具体代码如下。

```
/* Define to prevent recursive inclusion **********************************/
#ifndef    __MYGPIO_H
#define    __MYGPIO_H
……//头文件的代码
#endif /* __MYGPIO_H */
```

为了便于后续调整按键、LED 所使用的端口、管脚及其配置，提高代码的可移植性，采用宏指令为相关参数定义别名；同时，声明按键与 LED 的初始化函数和按键扫描函数。

```
/* 包含所需的头文件**************************************************/
#include "stm32f4xx.h"

/** @brief 配置按键 1，外接电源正极，管脚 PA0*********************/
#define KEY_1_GPIO      GPIOA
#define KEY_1_PIN       GPIO_Pin_0
#define KEY_1_PuPd      GPIO_PuPd_DOWN

/** @brief 配置按键 2，外接电源正极，管脚 PA1*********************/
#define KEY_2_GPIO      GPIOA
#define KEY_2_PIN       GPIO_Pin_1
#define KEY_2_PuPd      GPIO_PuPd_UP
```

```
/**@brief 配置按键 3,外接电源负极,管脚 PA4********************/
#define KEY_3_GPIO        GPIOA
#define KEY_3_PIN         GPIO_Pin_4
#define KEY_3_PuPd        GPIO_PuPd_UP

/** @brief 配置红色 LED,管脚 PC5****************************/
#define LED_RED_GPIO          GPIOC
#define LED_RED_PIN           GPIO_Pin_5
#define LED_RED_OTYPE         GPIO_OType_PP
#define LED_RED_PuPd          GPIO_PuPd_UP

** @brief 配置蓝色 LED,管脚 PB2*****************************************/
#define LED_BLUE_GPIO         GPIOB
#define LED_BLUE_PIN          GPIO_Pin_2
#define LED_BLUE_OTYPE        GPIO_OType_PP
#define LED_BLUE_PuPd         GPIO_PuPd_UP

//**
  * @brief 预定义控制 LED 的函数,直接操作寄存器实现
  * @note   1. 宏定义函数的执行效率较高,但只能定义实现简单的函数;
  *         2. LED 的反转也可调用标准库的 GPIO_ToggleBits 函数实现
*/
/** 红色 LED 的控制函数*******************************************/
// 点亮,置低电平
#define LED_RED_ON        (LED_RED_GPIO->BSRR = (uint32_t)LED_RED_PIN << 16 & 0xFFFF0000)
// 熄灭,置高电平
#define LED_RED_OFF       (LED_RED_GPIO->BSRR = 0x0000FFFF & (uint32_t)LED_RED_PIN)
// 反转,电平取反
#define LED_RED_TOGGLE        (LED_RED_GPIO->ODR^= LED_RED_PIN)

/** 蓝色 LED 的控制函数*******************************************/
// 点亮,置低电平
#define LED_BLUE_ON   (LED_BLUE_GPIO->BSRR =(uint32_t)LED_BLUE_PIN << 16 & 0xFFFF0000)
// 熄灭,置高电平
#define LED_BLUE_OFF      (LED_BLUE_GPIO->BSRR = 0x0000FFFF & (uint32_t)LED_BLUE_PIN)
// 反转,电平取反
#define LED_BLUE_TOGGLE       (LED_BLUE_GPIO->ODR^= LED_BLUE_PIN)

/** @brief 函数声明*/
/** 按键相关函数****************************************/
//按键初始化函数
void Key_Init(uint8_t nKey);
//按键扫描函数,需指定端口、管脚以及有效电平
```

```
uint8_t Key_Scan(GPIO_TypeDef *GPIOx, uint16_t PINx, uint8_t targetStatus);
//按键扫描函数,需指定按键号及其有效电平
uint8_t Key_Scan_nKey(uint8_t nKey, uint8_t targetStatus);

/** LED 相关函数*******************************************/
//LED 初始化函数
void Led_Init(uint8_t nLed);

#endif /* __MYGPIO_H */
```

2. Stm32_MyGPIO 源文件

源文件是头文件所声明的函数实现代码,具体如下。

```
/* 包含所需的头文件*****************************************************/
#include "stm32f4xx.h"
/********************************************************************
 * 函数:Key_Init
 * 功能:初始化按键所用的 GPIO
 * 参数:
 *        nKey — 按键号,有效值为 1、2、3
 * 返回:
 *        1 — 按键被按下一次;
 *        0 — 无动作
 * 说明:
 *        1. 按键所使用的端口、管脚、模式等参数已在头文件中定义;
 *        2. 若需修改按键的设置,在头文件中修改即可
*********************************************************************/
void Key_Init(uint8_t nKey);
{
        GPIO_InitTypeDef   GPIO_InitStruct;
        /*初始化 KEY1(按键 1),按键 1 的参数在头文件中定义***********************/
        if(nKey==1)
        {
            /*使能总线***********************************************************/
         if (KEY_1_GPIO == GPIOA)
            RCC_AHB1PeriphClockCmd(RCC_AHB1Periph_GPIOA, ENABLE);
         if (KEY_1_GPIO == GPIOB)
            RCC_AHB1PeriphClockCmd(RCC_AHB1Periph_GPIOB, ENABLE);
         if (KEY_1_GPIO == GPIOC)
            RCC_AHB1PeriphClockCmd(RCC_AHB1Periph_GPIOC, ENABLE);
         if (KEY_1_GPIO == GPIOD)
            RCC_AHB1PeriphClockCmd(RCC_AHB1Periph_GPIOD, ENABLE);
         if (KEY_1_GPIO == GPIOE)
            RCC_AHB1PeriphClockCmd(RCC_AHB1Periph_GPIOE, ENABLE);
```

```
        GPIO_InitStruct.GPIO_Mode = GPIO_Mode_IN; //指定工作模式
        GPIO_InitStruct.GPIO_PuPd = KEY_1_PuPd; //指定上拉/下拉功能
        GPIO_InitStruct.GPIO_Speed = GPIO_Speed_2 MHz; //指定工作速度
        GPIO_InitStruct.GPIO_Pin = KEY_1_PIN; //指定管脚号

        //调用标准库函数 GPIO_Init( ),将配置参数写入相应的寄存器,完成初始化
        GPIO_Init(KEY_1_GPIO,&GPIO_InitStruct);
        return;
    }
    /*初始化 KEY2( 按键 2 ),按键 1 的参数在头文件中定义*********************************/
    else if(nKey==2)
    {……//此处代码与 nKey==1 时雷同,仅需将 Key1 的相关参数替换为 Key2 的参数即可}
    /*初始化 KEY3( 按键 3 ),按键 1 的参数在头文件中定义*********************************/
    else if(nKey==3)
    { ……//同 nkey==2,代码不再给出}
}

/***************************************************************************
 * 函数:Key_Scan
 * 功能:扫描按键状态
 * 参数:
 *          GPIOx — GPIO 端口;
 *          PINx — Pin 管脚编号;
 *          targetStatus — 目标电平(按下时期待得到的电平,0 表示低电平,1 表示高电平 )
* 返回:
 *          1 — 按键被按下一次;
 *          0 — 无动作
 * 说明:
 *          1. 采用 while 不断扫描,发现按键按下且等待按键松开,为一次有效按下动作;
 *          2. 本方法建议只用于实验,实际项目强烈建议使用中断方法检测
***************************************************************************/
uint8_t Key_Scan(GPIO_TypeDef *GPIOx, uint16_t PINx, uint8_t targetStatus)
{
if (GPIO_ReadInputDataBit(GPIOx, PINx) == targetStatus)
    {
        while (GPIO_ReadInputDataBit(GPIOx, PINx) == targetStatus);
        return 1; // 检测到按下状态,和期待的目标电平相同,返回 1
    }
    return 0; // 否则返回 0
}
/***************************************************************************
 * 函数:Led_Init
 * 功能:LED 所使用的 GPIO 初始化
 * 参数:
```

```
*           nKey — LED 号,有效值为 1、2,1 为红灯,2 为蓝灯
* 返回:无
* 说明:
*           1. LED 所使用的端口、管脚、模式等参数在头文件中已定义;
*           2. 若需修改 LED 的设置,在头文件中修改即可
*
**************************************************************************/
void Led_Init(uint8_t nLed)
{
        GPIO_InitTypeDef   GPIO_InitStruct;
        /*初始化 LED1(红色 LED)**************************************************/
        if(nLed == 1)
        {
            /*使能总线**************************************************************/
          if (LED_RED_GPIO == GPIOA)
             RCC_AHB1PeriphClockCmd(RCC_AHB1Periph_GPIOA, ENABLE);
          if (LED_RED_GPIO == GPIOB)
             RCC_AHB1PeriphClockCmd(RCC_AHB1Periph_GPIOB, ENABLE);
          if (LED_RED_GPIO == GPIOC)
             RCC_AHB1PeriphClockCmd(RCC_AHB1Periph_GPIOC, ENABLE);
          if (LED_RED_GPIO == GPIOD)
             RCC_AHB1PeriphClockCmd(RCC_AHB1Periph_GPIOD, ENABLE);
          if (LED_RED_GPIO == GPIOE)
             RCC_AHB1PeriphClockCmd(RCC_AHB1Periph_GPIOE, ENABLE);

             GPIO_InitStruct.GPIO_Mode = GPIO_Mode_OUT; //指定工作模式
             GPIO_InitStruct.GPIO_OType = LED_RED_OTYPE; //指定输出类型
             GPIO_InitStruct.GPIO_PuPd = LED_RED_PuPd; //指定上拉/下拉功能
             GPIO_InitStruct.GPIO_Speed = GPIO_Speed_2 MHz; //指定工作速度
             GPIO_InitStruct.GPIO_Pin = LED_RED_PIN; //指定管脚号

             //调用标准库函数 GPIO_Init( ),将配置参数写入相应的寄存器,完成初始化
             GPIO_Init(LED_RED_GPIO,&GPIO_InitStruct);
        }
        /*初始化 LED2(蓝色 LED)**************************************************/
        else if(nLed==2)
        {
        ……//此处代码与 nLed==1 时雷同,仅需将 Led1 的相关参数替换为 Led2 的参数即可
        }
}
```

3. main.c 文件

主文件主要负责所用外设的初始化及外设的调用,起总调度作用,具体代码如下。

```
/* Includes ------------------------------------------------------------------------------------------*/
```

```
#include "stm32f4xx.h"
int main(void)
{
        Key_Init(1); // 调用 stm32_MyGPIO.c 的 Key_Init( )函数,初始化按键 1
        Key_Init(2); // 初始化按键 2
        Key_Init(3); // 初始化按键 3
        Led_Init(1); // 调用 stm32_MyGPIO.c 的 Led_Init( )函数,初始化红色 LED
        Led_Init(2); // 初始化蓝色 LED
        LED_RED_ON; // 调用 stm32_MyGPIO.h 的宏定义函数 LED_RED_ON,点亮红色 LED
        LED_BLUE_ON; // 点亮蓝色 LED

        // while 函数无限循环,不让 main 函数运行结束,否则会产生硬件错误
        while (1)
        {
          // 调用 Key_Scan( )函数,扫描按键 1 是否被按下,高电平有效
          if(Key_Scan(KEY_1_GPIO,KEY_1_PIN,1))
          {
                LED_RED_TOGGLE; //红色 LED 反转一次
                LED_BLUE_TOGGLE; //蓝色 LED 反转一次
          }
          if(Key_Scan(KEY_2_GPIO,KEY_2_PIN,0))   // 扫描按键 2 是否被按下,低电平有效
          {
                LED_BLUE_TOGGLE; //蓝色 LED 反转一次
          }
          if(Key_Scan(KEY_3_GPIO,KEY_3_PIN,0))   // 扫描按键 3 是否被按下,低电平有效
          {
                LED_RED_TOGGLE; //红色 LED 反转一次
          }
     }
}
// 代码文件的末尾要加两个空行
```

4.6　小结

GPIO 实验指导书下载

GPIO 实验示例代码下载

GPIO 是嵌入式 MCU 最为基础的片上外设,也是应用系统使用最为广泛的一种外设。各端口受控的 I/O 管脚多达 16 个,各管脚通过输出数据寄存器(GPIOx_ODR)或外设(复用功能输出)输出数据,或将数据输入到输入数据寄存器(GPIOx_IDR)或外设(复用功能输入)。GPIO 可设置为输入、输出、模拟或复用等 4 类工作模式。通过软件编程,可将管脚配置为如下情况:

(1)输入,包括浮空输入、上拉输入和下拉输入;

(2)输出,包括具有上拉或下拉功能的开漏输出以及具有上拉或下拉功能的推挽输出;

（3）复用，包括复用功能推挽和复用功能开漏，在复用情况下可设置上拉或下拉功能。

每个 GPIO 端口有 4 个 32 位配置寄存器（GPIOx_MODER、GPIOx_OTYPER、GPIOx_OSPEEDR 和 GPIOx_PUPDR）、2 个 32 位数据寄存器（GPIOx_IDR 和 GPIOx_ODR）、1 个 32 位置位/复位寄存器（GPIOx_BSRR）、1 个 32 位锁定寄存器（GPIOx_LCKR）和 2 个 32 位复用功能寄存器（GPIOx_AFRH 和 GPIOx_AFRL）。

设计电路时，既要实现系统的功能，又要考虑系统的可靠性、功耗和成本，还要考虑模块化设计以及后续拓展需要。

CMSIS 有两大特点，即助记符和偏移式寻址。这些特点极大地降低了编程难度，提高了程序的可读性和可移植性。

GPIO 的初始化工作包括管脚端口时钟的开启，工作模式、传输速度、上拉/下拉、推挽/开漏等参数的配置。用户可通过读写 IDR 或 ODR 控制管脚的输入或输出，也可调用标准库函数控制管脚。

思考题

4.1　GPIO 是挂载在哪条总线上的片上外设？其时钟频率最高可设置为多少？管脚状态最快可在多少个时钟周期内切换？

4.2　GPIO 内部设置有过压保护二极管，若连接较高的外部电压，是否有烧毁芯片的可能？若可能烧毁芯片，解释为什么。

4.3　GPIO 管脚若设置为上拉输入，无信号输入时管脚电平是哪种状态（高电平、低电平或不确定）？

4.4　GPIO 配置为浮空输入时，为什么多数情况要设置外部上拉或下拉？

4.5　简要阐述 GPIO 推挽输出和开漏输出的异同。

4.6　简要说明 GPIO 推挽输出的工作过程。

4.7　简要论述开漏输出有哪些优点。

4.8　多个开漏输出模式的管脚连接到一条线上，可实现“线与”功能，论述“线与”是如何实现的。

4.9　GPIO 管脚处于输出状态时，读取哪个寄存器的数据可获得管脚当前的电压状态？

4.10　GPIO 的模拟模式和复用模式都是为其他片上外设提供数据交互功能的，为什么要设置模拟和复用两类模式？

4.11　当 GPIO 配置为模拟模式时，为什么必须关闭上拉和下拉电阻？

4.12　输出数据寄存器是读写寄存器，用户可以通过写输出数据寄存器来调整管脚输出状态，为什么 STM32 芯片还设置 BSRR？

4.13　GPIO 最多有 16 种复用功能，是否所有 I/O 管脚都有 16 种复用功能？

4.14　F407 芯片对输入/输出电流有哪些限定？

4.15　CMSIS 有哪两大特点？这些特点对用户编程有哪些好处？

第 5 章

中断及其应用

中断是计算机应对突发事件的处理行为，也是协调正常流程与应急事件的一种机制，使计算机能够根据事件的轻重缓急合理调度分配 CPU 资源，有利于实现系统的分时或实时操作。无人机飞控系统是典型的实时操作系统，无人机飞行状态的检测、与控制站之间的通信等均需要通过中断来实现。

本章以中断法检测按键信号为例，介绍中断的概念、类型以及实现原理，分析中断寄存器及其中断编程方法和思路。

5.1 中断概述

1. 中断的概念

所谓中断，是指 CPU 对系统发生的应急事件做出的一种反应行为，即 CPU 在执行当前程序时，若系统出现某种需要处理的紧急事件（或异常），CPU 暂停正在执行的程序，转而执行某种特殊程序（中断程序）来处理出现的紧急事件（或异常），处理结束后 CPU 返回原先暂停的程序继续执行。

引起中断的事件或发出中断请求的来源称为中断源，中断源向 CPU 提出的处理请求称为中断请求，发生中断时被打断程序的暂停点称为断点，如图 5-1 所示。

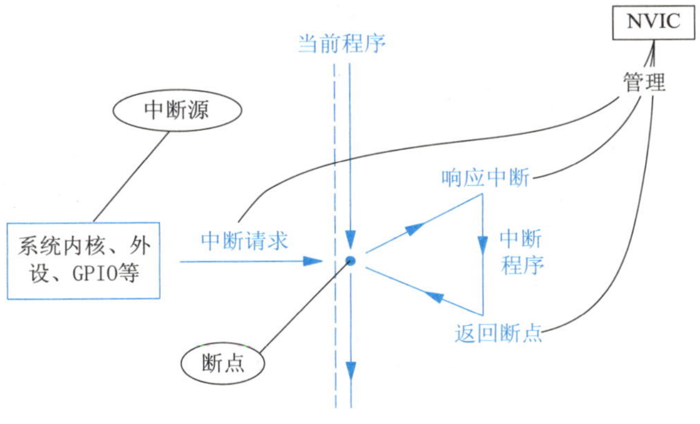

图 5-1 中断流程示意

中断程序执行前，保存当前程序被打断的位置称为现场保护。中断源发出中断请求后，若因某种原因中断程序不能马上执行，需要“挂起”等待，称为中断挂起。

从本质上来讲，中断是一种“插队”行为，其目的是使处理器内核执行指定的中断程序，从而完成更为紧急或更为重要的特定任务。为了规范不同中断有序“插队”，Contex-M4 内核设置了具有中断总控“调度员”职责的内嵌向量中断控制器（NVIC）。

NVIC 负责裁决请求是否执行、是否挂起，选择中断程序并协调处理器的内核执行等方面的调度工作；另外，NVIC 与 Contex-M4 内核是紧耦合的，属于内核外设，因此 NVIC 的处理速度较快，可以快速响应并处理中断请求。

2. 中断的类型

根据中断源的不同以及中断的特点，中断可分为系统异常、溢出中断、外设中断、NMI 中断以及外部中断等多种类型，如图 5-2 所示。

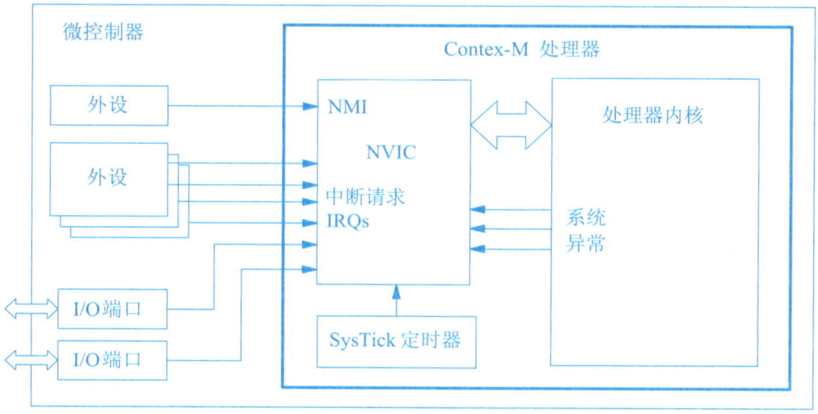

图 5-2 Contex-M 微控制器的中断架构示意

（1）系统异常是由处理器内核的异常事件引起的中断。对于这种中断，用户一般不可配置（修改）。

（2）溢出中断也称内核中断或 SysTick 中断，它是系统节拍定时器（System Tick Timer，SysTick）溢出产生的事件引发的中断。对于溢出中断，用户是可以配置的。

（3）外设中断是由 TIM、SPI 等外设引发的中断，其中看门狗外设引发的中断一般不可屏蔽（即关闭），这类中断称为不可屏蔽中断（Non Maskable Interrupt，NMI）。需要说明的是，系统异常是厂家在芯片出厂前固化的一种特殊中断，也是不可屏蔽的。

（4）外部中断是外部事件通过 GPIO 输入管脚（检测边沿）而触发的中断。

5.2 F407 外部中断请求

STM32 芯片的中断很多，既有系统异常，也有外设中断和外部中断，本节主要介绍外部中断，其他中断将在后续章节探讨。

对于 STM32 芯片，每一个 GPIO 管脚均可触发外部中断。GPIO 管脚的中断请求信号由外部中断/事件控制器（External Interrupt/event controller，EXTI）管理，主要通过 GPIO 脉冲的边沿信号检测和屏蔽检测判决请求是否有效，若请求有效则向 NVIC 发送中断请求，由 NVIC 负责调度执行，如图 5-3 所示。

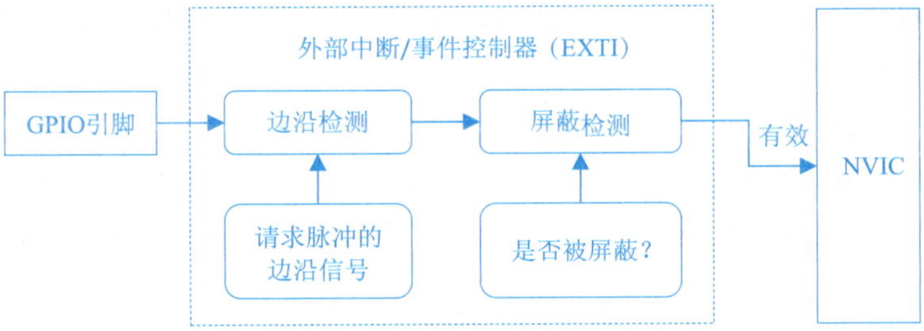

图 5-3　外部中断的请求流程示意

5.2.1　外部中断/事件控制器

为了厘清外部中断请求来自哪个中断源（如哪个 GPIO 管脚），STM32 在硬件上将外部中断请求分为 23 类，每一类中断请求设置一条中断请求硬件线路，该硬件线路称为事件线。外部中断/事件控制器的结构框图如图 5-4 所示。

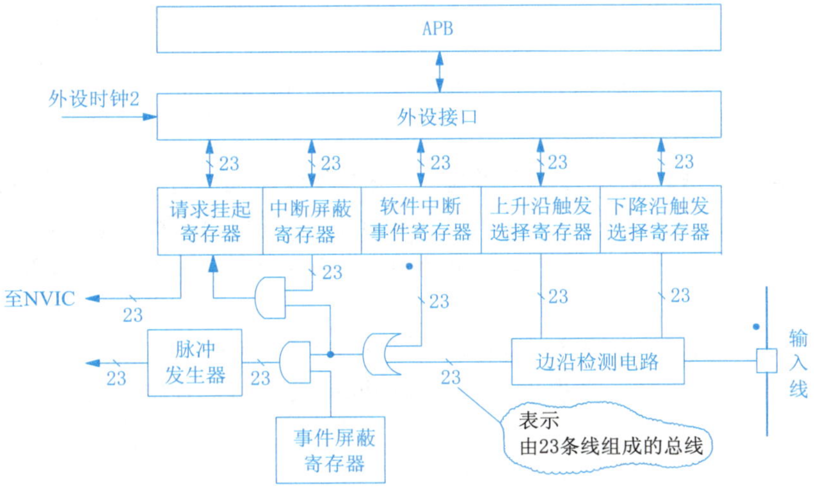

图 5-4　外部中断/事件控制器的结构框图

在 23 条事件线中，事件线 0~15 接收 GPIO 管脚输入的外部中断，其余 7 条事件线接收 RTC 等其他事件引发的中断，见表 5-1。

表 5-1　事件线的分配

事件线	接收的中断来源	事件线	接收的中断来源
0~15	GPIO 管脚输入	19	以太网唤醒事件
16	可编程电压检测器 PVD 输出	20	USB OTG HS 唤醒事件
17	RTC 事件	21	RTC 入侵和时间戳事件
18	USB OTG FS 唤醒事件	22	RTC 唤醒事件

外部中断/事件控制器为 GPIO 管脚触发的中断请求分配了 16 条事件线。而多数芯片的 GPIO 管脚远不止 16 个，如 F407 有 82 个 GPIO 管脚。STM32 芯片又力图使每一个

GPIO 管脚都可触发外部中断。因此，STM32 芯片采用了“多管脚共用、按需选通”事件线策略解决上述问题。

1. 多管脚共用事件线

STM32 将所有端口的 0 号管脚 Px0(x = A、B、C、……)接入 0 号事件线，1 号管脚 Px1 接入 1 号事件线，依此类推，15 号管脚 Px15 接入 15 号事件线，如图 5-5 所示。

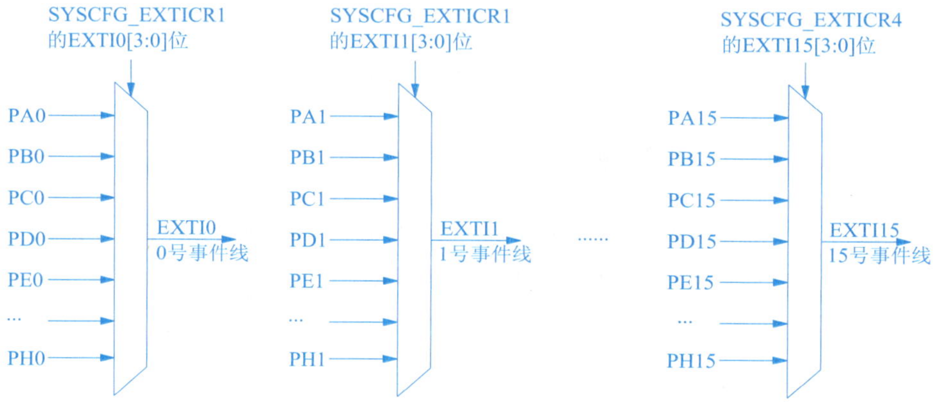

图 5-5　GPIO 管脚分组共用事件线的情况

2. 按需选通事件线

对于同一条事件线，STM32 芯片约定：一条事件线在某一时刻只允许接入一个管脚的中断请求。哪个管脚接入事件线由系统配置寄存器组(System Configuration registers，SYSCFG)中的外部中断配置寄存器(External Interrupt Configuration Register，EXTICR)的 4 个数字位决定。

EXTICR 共有 4 个 32 位的读写寄存器，称为 EXTICRx(x = 1、2、3、4)。每个寄存器使用低 16 位的数字位来管理 4 条事件线的外部中断的接入，高 16 位作为预留位，未使用，如图 5-6 所示。

	31 … 16	15 … 12	11 … 8	7 … 4	3 … 0
外部中断配置寄存器 1（EXTICR1）	预留	EXTI3[3:0]	EXTI2[3:0]	EXTI1[3:0]	EXTI0[3:0]
	预留				
外部中断配置寄存器 2（EXTICR2）	预留	EXTI7[3:0]	EXTI6[3:0]	EXTI5[3:0]	EXTI4[3:0]
	预留				
外部中断配置寄存器 3（EXTICR3）	预留	EXTI11[3:0]	EXTI10[3:0]	EXTI9[3:0]	EXTI8[3:0]
	预留				
外部中断配置寄存器 4（EXTICR4）	预留	EXTI15[3:0]	EXTI14[3:0]	EXTI13[3:0]	EXTI12[3:0]
	预留				

图 5-6　外部中断配置寄存器(EXTICR)

EXTIx[3:0]是第 x 条事件线的接入管脚控制位。STM32 同时约定:

(1)若 EXTIx[3:0]="0000",事件线 x 接收 PAx 管脚的中断请求;

(2)若 EXTIx[3:0]="0001",事件线 x 接收 PBx 管脚的中断请求;

(3)若 EXTIx[3:0]="0010",事件线 x 接收 PCx 管脚的中断请求;

(4)依此类推,若 EXTIx[3:0]="1000",事件线 x 接收 PIx 管脚的中断请求。

在实际应用中,用户可根据需要配置 EXTICR。

【示例 5-1】假设某工程项目的 PB6 管脚为外部中断请求的输入管脚,由以上分析可知:

(1)该管脚是 6 号管脚,接入的事件线为 6 号事件线;

(2)6 号事件线由 EXTICR2 寄存器的[11:8]4 个二进制位(即 EXTI6[3:0])负责管理,则需要设置 EXTI6[3:0];

(3)该管脚属于 PB 端口,设定值应该为"0001"。

综上所述,应设置 EXTI6[3:0]=B0001。

5.2.2　外部中断/事件的触发

外部中断/事件的触发有硬件触发和软件触发两种类型。硬件触发也称为外部设备中断,指外部设备通过 GPIO 管脚触发的中断请求;软件触发是由用户程序通过软件操作寄存器引起的中断请求,如用户自定义的中断等。

1. 硬件触发中断

外部中断/事件控制器配置了中断屏蔽、请求挂起、触发选择等 6 个 32 位的寄存器,如图 5-4 所示。GPIO 管脚发出中断请求信号后,外部中断/事件控制器根据寄存器的控制参数进行请求监测和有效性检测,若请求有效则向 NVIC 发送请求。

对于 23 条事件线, 6 个 32 位的控制寄存器都使用了低 23 位的数字位,其余的数字位是预留位;各寄存器的第 0 位负责 0 号事件线的控制,第 1 位负责 1 号事件线的控制,依此类推,第 22 位负责 22 号事件线的控制,如图 5-7 所示。

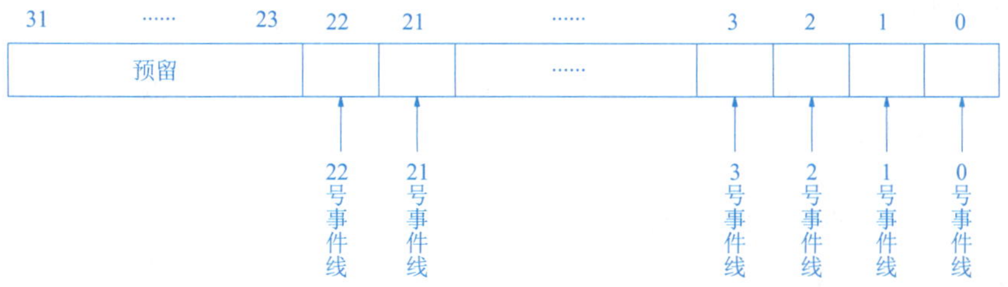

图 5-7　6 个外部中断控制寄存器的位分配

当如图 5-8 所示的 GPIO 管脚有中断请求信号时,外部中断/事件控制器的响应过程(虚线①)如下。

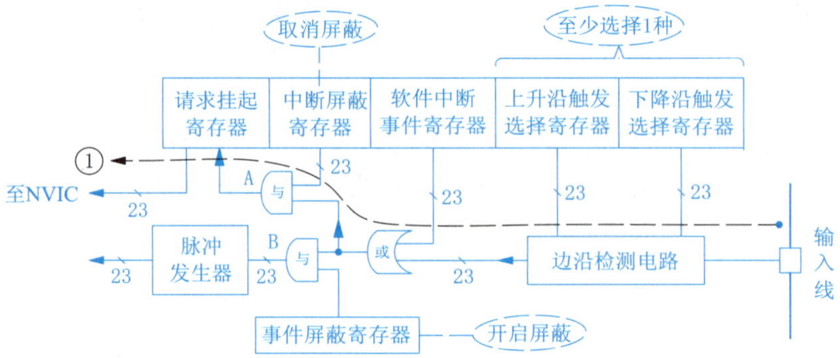

图 5-8　硬件触发中断的参数设置及响应过程

1）请求监测

中断请求信号经过边沿检测电路时，根据上升沿触发选择寄存器（Rising Trigger Selection Register，RTSR）和下降沿触发选择寄存器（Falling Trigger Selection Register，FTSR）的设定值，若检测到上升沿或下降沿，则输出触发信号“1”。

硬件触发中断

当边沿检测电路的输出信号为“1”时，经过或门后，中断请求信号“1”传送到 A 处的与门。

2）屏蔽检测

若该中断被用户屏蔽，则中断屏蔽寄存器（Interrupt Mask Register，IMR）所存储的信号为“0”，该信号和中断请求信号“1”经过与门后，输出信号为“0”，此时外部中断信号的传送被终止。

反之，若该中断没有被用户屏蔽，则 IMR 所存储的信号为“1”，该信号和中断请求信号“1”经过与门后，输出信号为“1”。

提示：

1. RTSR 和 FTSR 是读写寄存器，且数字位都是“1”有效，“0”表示未选择上升沿触发或下降沿触发。

2. 用户可以同时将 RTSR 和 FTSR 的相应数字位设为“1”，此时边沿检测电路在上升沿和下降沿均会输出“1”，即请求脉冲的上升沿和下降沿都会触发中断。

3. 请求挂起寄存器（PR）的操作较为特殊，当请求信号传送至该寄存器时，相应的数字位是由硬件自动置位的；当用户清零时，需要在软件中写“1”进行清零，切记写“0”无效。

3）挂起并请求 NVIC

当与门 A 处输出“1”时，中断请求信号传送至中断请求挂起寄存器（Pending Register，PR），等待 NVIC 的响应。

2. 硬件触发事件

由 GPIO 管脚发起事件请求时，参数设置及响应过程（虚线②）如图 5-9 所示。

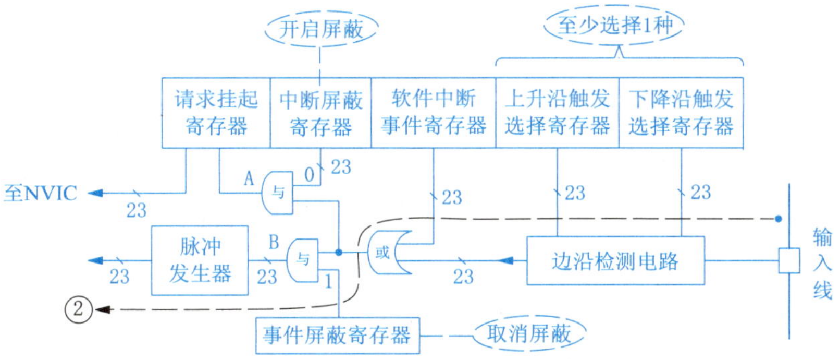

图 5-9　硬件触发事件的参数设置及响应过程

硬件触发事件与硬件触发中断相比，参数设置和响应过程较为相似，相同的部分在此不进行赘述，下面仅分析两者之间的区别。

（1）屏蔽设置不同：硬件触发事件需开启“中断屏蔽”，取消“事件屏蔽”；而硬件触发中断则相反，需开启“事件屏蔽”，取消“中断屏蔽”。

（2）信号路径不同：硬件触发事件的请求信号经 B 处的与门传送到脉冲发生器；而硬件触发中断的请求信号经 A 处的与门传送至请求挂起寄存器。

（3）响应方式不同：硬件触发事件请求成功后，由脉冲发生器产生 1 个脉冲触发信号，该触发信号用于启动相关硬件，由硬件完成相关操作；而硬件触发中断则将请求信号传给 NVIC，随后由 NVIC 调度中断服务函数进行相关中断的处理。

3. 软件触发中断

软件触发中断与硬件触发中断响应过程类似，区别是中断请求源不同。用户通过编程将软件中断事件寄存器（Software Interrupt Event Register，SWIER）的相应二进制位设置为“1”后，即可发起中断请求，响应过程如图 5-10 中的虚线③所示。

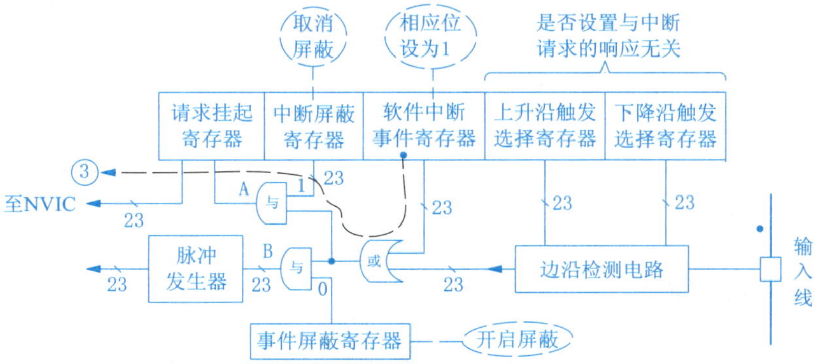

图 5-10　软件触发中断的参数设置及响应过程

4. 软件触发事件

软件触发事件需开启“中断屏蔽”，取消“事件屏蔽”，参数设置及响应过程（虚线④）如图 5-11 所示。请求成功后，同样由脉冲发生器产生触发信号。

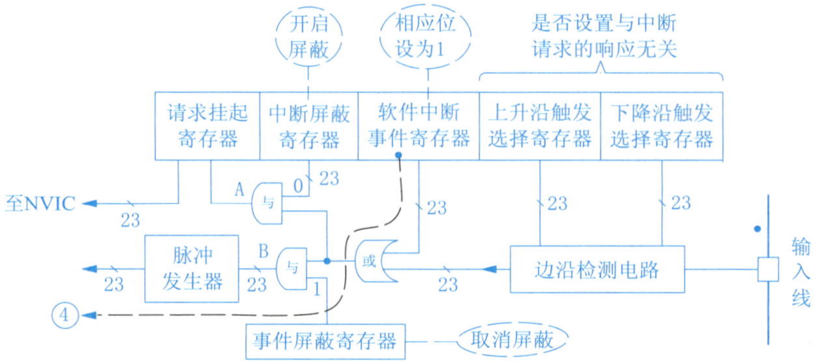

图 5-11　软件触发事件的参数设置及响应过程

5. 事件与中断解析

事件是指 MCU 在运行过程中处理的所有各类工作，如管脚电平变化、外设使能、AD 转换结束、初始化等。本节所述的事件和中断与传统概念有所不同，特指由中断/事件控制器管理的中断和事件，这些中断和事件有以下特点。

中断由 NVIC 调度，需 CPU 执行中断服务函数进行相关的操作，即中断由软件执行，需 CPU 的参与。

事件特指由脉冲发生器的脉冲信号触发启动，由硬件负责完成，无须 CPU 执行的事件。图 5-11 中的事件屏蔽寄存器所述的事件就是由脉冲发生器产生的脉冲触发信号，该信号触发（启动）其他片上外设进行关联的操作，如触发 ADC 采样、触发 TIM 等。简单来说，事件由硬件执行，中断由软件执行，事件的响应速度比中断快，具体见表 5-2。

表 5-2　本节所述的事件与中断之间的差异

差异	事件	中断
屏蔽不同	开启“中断屏蔽”	开启“事件屏蔽”
控制器处理结果不同	脉冲信号	中断信号
响应主体不同	片上外设（硬件）执行	中断函数（软件）执行
CPU 参与与否不同	不参与执行	参与执行
速度不同	快	慢

5.2.3　中断触发配置

由第 5.2.2 节可知，中断/事件的触发有 4 种类型：硬件触发中断、硬件触发事件、软件触发中断和软件触发事件。硬件触发中断应用广泛，且所配置的参数全，配置过程代表性强，下面以硬件触发中断为例介绍配置方法和思路。

1. 触发配置分析

在参数配置前，要明确触发信号输入的管脚、管脚有效电平、中断触发时间，并依此确定中断请求信号的触发方式（上升沿或下降沿）。

【示例 5-2】某工程项目，其按键连接 PA4 管脚，该按键外接电源负极。按压该按键时触发中断，中断触发后，中断服务函数负责完成相关工作。

（1）管脚时序分析。PA4 管脚外接电源负极，内部应设为电压上拉，按键未被按压时管脚电平为高电平，被按压后管脚电平由高电平变为低电平；按下按键时，信号边沿为下降沿；而释放按键时，信号边沿为上升沿，如图 5-12 所示。

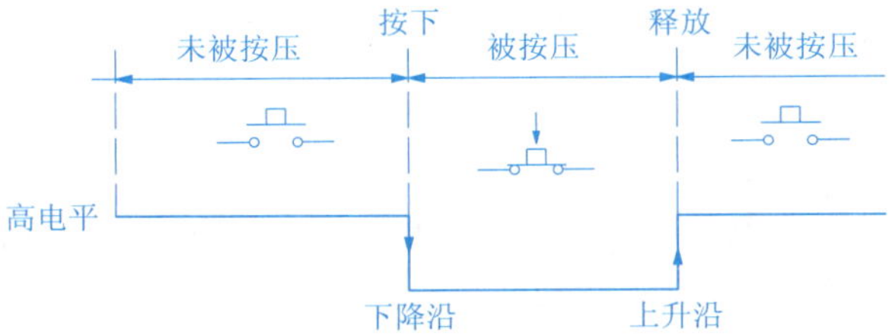

图 5-12　按键按压过程中的管脚时序（按键外接电源负极）

（2）事件线确认。由第 5.2.1 节可知，PA4 管脚接入的是 4 号事件线。

（3）边沿检测选择分析。由图 5-12 可知，在按下按键时若要触发中断，应选择下降沿触发；在释放按键时若要触发中断，应选择上升沿触发；如果按下和释放按键均要触发中断，上升沿触发和下降沿触发均要选择。

在多数情况下，用户下达指令的时刻就是按键被按下的时刻，所以该示例应选择下降沿触发。

综上所述，PA4 管脚若要触发中断，应设为上拉输入模式，中断控制器参数设为 4 号事件线、下降沿触发、开启“事件屏蔽”。

使用 GPIO 触发中断时，GPIO 管脚外接电源情况与 GPIO 的电压上拉/下拉、输入信号边沿触发方式的关系见表 5-3。

表 5-3　GPIO 在不同外接电源情况下的信号特点及参数设置

参数		外接电源情况	
		外接电源正极	外接电源负极
GPIO	上拉/下拉	下拉	上拉
	有效电平	高电平有效	低电平有效
	信号输入时电平变化情况	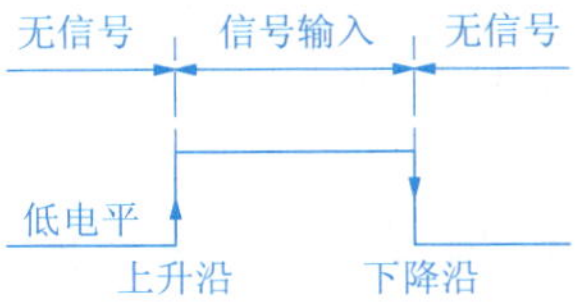	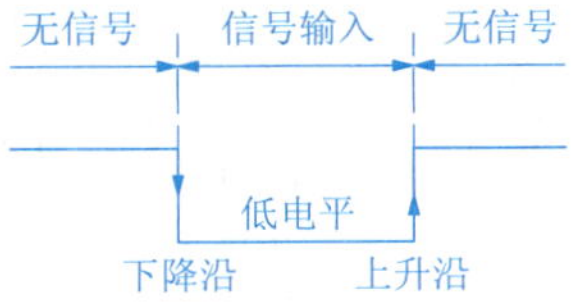
中断	信号输入开始时触发	上升沿触发	下降沿触发
	信号输入结束时触发	下降沿触发	上升沿触发
	信号输入开始与结束时均触发	上升沿触发+下降沿触发	

2. 中断触发的配置

硬件触发中断的配置过程如下。

1）步骤 1：时钟使能

GPIO 外部事件线的连接由系统配置控制器（SYSCFG）管理，若使用 GPIO 触发外部中断，则需要使能 GPIO 时钟和 SYSCFG 时钟。

> **提示：**
>
> 系统配置控制器是 STM32 芯片的片上外设之一，主要用于管理对可执行代码的存储区域的地址重映射、选择以太网 PHY 接口以及管理 GPIO 外部事件线的连接。
>
> 有些资料也将事件线称为中断线，两者是同一含义。

2）步骤 2：GPIO 管脚配置

根据 GPIO 管脚的外接电源情况指定管脚，配置为输入模式，并设定电压上拉/下拉和工作速度等，具体配置方法参考第 4 章。

3）步骤 3：中断请求配置

（1）配置中断源，即设置 EXTICR，指定由哪个 GPIO 管脚触发中断。

（2）确定触发方式，即设置 FTSR 和 RTSR，指定是上升沿触发还是下降沿触发。

（3）指定工作模式，即指定是中断还是事件，其实质是设置屏蔽寄存器（IMR 或 EMR）。若是中断，则设置中断屏蔽寄存器（IER）；若是事件，则设置事件屏蔽寄存器（EMR）。

（4）使能外部中断事件线。

需要注意的是，屏蔽寄存器的数字位为“1”时表示取消屏蔽，即使能该事件线，否则为失能该事件线。

中断请求信号传递路线及其参数设置如图 5-13 所示。

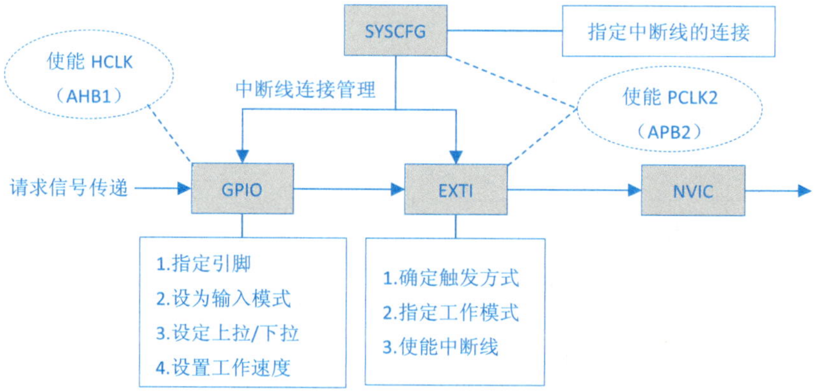

图 5-13　中断请求信号传递路线及其参数配置

5.3　NVIC

NVIC 可接收来自 23 条事件线的中断请求，中断请求源多。若同一时刻接收到多个中断请求，NVIC 要有序调度、快速响应所有请求，首先需要解决以下问题：

（1）多个中断请求同时申请时，依据什么原则确定各请求的执行顺序；

（2）在某个请求被判定为执行时，如何快速确定执行哪个中断程序。

针对上述问题，STM32 分别采用中断优先级和中断向量表两种策略实现中断请求的有序调度和快速响应。

5.3.1　中断优先级

若两个及以上的中断请求同时产生，NVIC 会根据中断的优先级高低裁决哪一个中断优先执行。STM32 将中断优先级按属性分为两类十六个级别，即抢占优先级、响应优先级两类，级别 0 到级别 15 共 16 个级别，如图 5-14 所示。

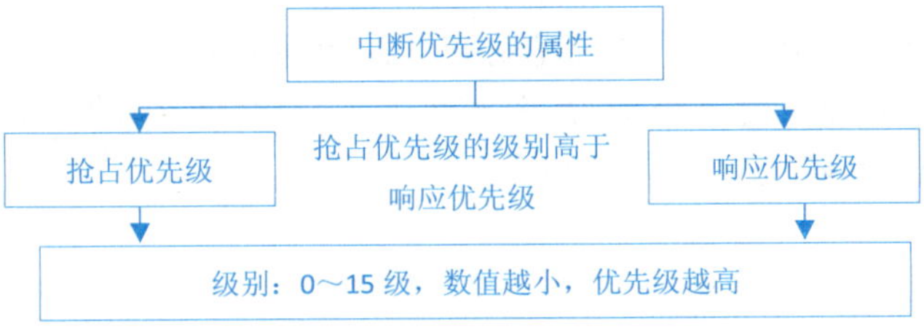

图 5-14　中断优先级的类别和级别

抢占优先级的级别高于响应优先级；同类型的优先级，级别数值小的优先级优先执行。

【示例 5-3】现有三个事件 A、B、C，其中事件 A 为抢占优先级 0 级，事件 B 为抢占优先级 2 级，事件 C 为响应优先级 0 级，若 A、B、C 三个事件同时向 NVIC 申请中断，则：

（1）事件 A 和 B 为抢占优先级，优先执行，而事件 A 的级别为 0 级，高于事件 B 的 2 级，因此首先执行事件 A，再执行事件 B；

（2）事件 C 为响应优先级，其级别低于事件 A 和事件 B，因此最后执行事件 C。

综上所述，NVIC 执行三个事件的顺序为事件 A、事件 B、事件 C。

抢占优先级的中断可以打断低级别的抢占优先级中断，从而抢先执行形成嵌套中断，如图 5-15 所示；响应优先级的中断不能打断其他中断而优先执行。

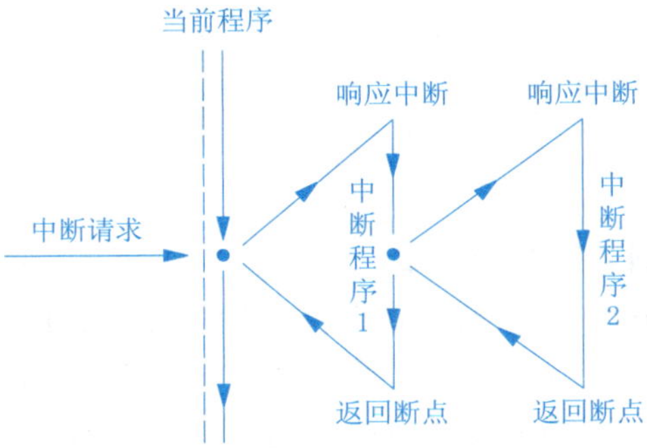

图 5-15　嵌套中断示意

【示例 5-4】现有三个事件，各自的优先级属性如下：

事件 A 为抢占优先级 0 级，响应优先级 0 级；

事件 B 为抢占优先级 1 级，响应优先级 0 级；

事件 C 为抢占优先级 1 级，响应优先级 1 级。

若当前正执行事件 C 的中断程序，当抢占优先级级别更高的事件 A 发生时，可以打断事件 C 的执行；而同级别（级别都为 1）的事件 B 发生时，则不能打断事件 C 的执行。

若事件 A 和事件 B 同时发生，系统优先执行抢占优先级级别更高的事件 A；若事件 B 和事件 C 同时发生，两个事件的抢占优先级相同，则系统优先执行响应优先级级别更高的事件 B。

1. 中断的分组

STM32 所支持的 16 个级别的中断是类与级组合的总数，而不是抢占与响应两个类型都有 16 个级别，如某 STM32 系统的抢占优先级有 0、1 两个级别，而响应优先级只能有 0~7 八个级别，两者的组合级别数为 16。

为了标识芯片具有几个级别的抢占优先级、几个级别的响应优先级，STM32 规定采用 4 个数字位来标记某事件属于哪个级别，并根据使用 4 个数字位中的多少位表示抢占（响应）优先级给出 5 种（组）分配方式，见表 5-4。

表 5-4　中断的分组

组	位数分配（抢占:响应）	分配结果
0	0:4	无抢占优先级，响应优先级 16 个级别
1	1:3	抢占优先级 2 个级别，响应优先级 8 个级别
2	2:2	抢占优先级 4 个级别，响应优先级 4 个级别
3	3:1	抢占优先级 8 个级别，响应优先级 2 个级别
4	4:0	抢占优先级 16 个级别，无响应优先级

在表 5-4 中，第 0 组的 4 个数字位全部用来标记响应优先级，响应优先级有 0~15 共计 16 个级别，系统没有抢占优先级；第 1 组的第 4 个数字位标记抢占优先级，第 1~3 个数字位标记响应优先级，则抢占优先级有 0 和 1 共计 2 个级别，而响应优先级有 0~7 共计 8 个级别；其他各组依此类别分别具有不同的分配方式。

提示：

1. 工程项目的分组方式只能是表 5-4 中的一种，分组一旦选定不能随意更改。
2. 多个事件可以是同一种抢占优先级，并且响应优先级也可以相同。抢占优先级相同的中断事件不会发生嵌套中断。

在实际工程中，若控制系统较为简单，且无特别重要的任务需要暂停其他程序的执行，可选择 0 号分组，不设置抢占优先级；若控制系统较为复杂，且有些任务一旦不立即解决会影响系统正常工作，如向前飞行的无人机检测到前方有障碍，不立即解决将会发生撞击事件，应考虑设置抢占优先级，然后根据紧急事件的多少确定具体的分组。

实际工程常选用 2 号分组，此时系统拥有足够的抢占优先级和响应优先级。

2. 中断分组的管理

中断分组的管理由应用程序中断与复位控制寄存器（Application Interrupt and Reset Control Register，AIRCR）负责，AIRCR[10:8]是中断分组管理域，具体约定见表 5-5。

表 5-5　中断分组的管理

AIRCR[10:8]	111	110	101	100	011
组号	0	1	2	3	4

若中断分组选择 2 号分组，则应将 AIRCR[10:8]设置为“101”。

5.3.2　中断向量表及其应用

1. 中断向量表

为了使 NVIC 能够快速确定并调用中断请求对应的中断程序，STM32 为每个中断设置了一个存储区域，用以存储中断程序的入口地址，这就形成了一个中断与中断程序入口地址一一对应的表，即中断向量表，见表 5-6。

表 5-6　中断向量表（摘录自 F407 参考手册）

位置	优先级	优先级类型	名称	说明	地址
	—	—	—	保留	0x0000_0000
	-3	固定	Reset	复位	0x0000_0004
	-2	固定	NMI	不可屏蔽中断，RCC 时钟安全系统（CSS）连接到 NMI 向量	0x0000_0008
	-1	固定	HardFault	所有类型的错误	0x0000_000C
	0	可设置	MemManage	存储器管理	0x0000_0010
	1	可设置	BusFault	预取指失败，存储器访问失败	0x0000_0014
	2	可设置	UsageFault	未定义的指令或非法状态	0x0000_0018
	…	…	…	…	…
	6	可设置	SysTick	系统滴答定时器	0x0000_003C
0	7	可设置	WWDG	窗口定时器中断	0x0000_0040
1	8	可设置	PVD	连接到 EXTI 线的电源电压检测（PVD）中断	0x0000_0044
2	9	可设置	TAMP_STAMP	连接到 EXTI 线的入侵和时间戳中断	0x0000_0048
3	10	可设置	RTC_WKUP	连接到 EXTI 线的 RTC 唤醒中断	0x0000_004C
4	11	可设置	Flash	Flash 全局中断	0x0000_0050
5	12	可设置	RCC	复位和时钟控制（RCC）全局中断	0x0000_0054
6	13	可设置	EXTI0	EXTI 线 0 中断	0x0000_0058
7	14	可设置	EXTI1	EXTI 线 1 中断	0x0000_005C
8	15	可设置	EXTI2	EXTI 线 2 中断	0x0000_0060
9	16	可设置	EXTI3	EXTI 线 3 中断	0x0000_0064
10	17	可设置	EXTI4	EXTI 线 4 中断	0x0000_0068
…	…	…	…	…	…
23	30	可设置	EXTI9_5	EXTI 线[9:5]中断	0x0000_009C
…	…	…	…	…	…

续表

位置	优先级	优先级类型	名称	说明	地址
40	47	可设置	EXTI15_10	EXTI 线[15:10]中断	0x0000_00E0
…	…	…	…	…	…
81	88	可设置	FPU	FPU 全局中断	0x0000_0184

表 5-6 中灰色区域的中断为内核中断。在编程使用用户可屏蔽中断时,需要注意以下问题。

(1)**自然优先级**,表 5-6 中所示的优先级是自然优先级,是芯片厂家根据默认情况下的重要程度将中断安排在向量表中的先后顺序。自然优先级的级别低于第 5.3.1 节所述的抢占优先级和响应优先级,当两个中断的抢占优先级和响应优先级完全相同时,若同时请求中断,自然优先级级别高(数字越小,级别越高)的中断优先执行。

(2)**中断地址**,表 5-6 中所示的地址一般称为中断地址,该地址存储的内容是中断程序的入口地址。

(3)**中断位置**,也称中断 ID 或中断号,它是用户可屏蔽中断在向量表中的先后顺序标识,用户编程时常采用中断 ID 指定具体的中断。

【示例 5-5】假设复位和时钟控制器发起 RCC 中断请求,NVIC 确定要执行该中断请求,则:

(1)由表 5-6 可知,RCC 中断是 5 号中断,中断地址为“0x0000_0054”,读取该地址内的数据,该数据就是 RCC 中断程序的入口地址;

(2)读取中断程序的入口地址后,内核的程序指针 PC 将跳转到该入口地址处,执行该中断程序。

2. 中断源及中断解析

STM32 多数型号的芯片中断源较多,如 F407 芯片仅作为外部中断源之一的 GPIO 管脚就有 82 个,一般工程项目真正需要的中断不会如此多。因此,STM32 为了裁减软硬件资源,降低功耗和成本,进行了以下处理:

(1)**多源共用中断请求硬件**,即多个中断源共用一套中断硬件,如在硬件线路上仅设计了 16 条面向 GPIO 中断的事件线;

(2)**多请求共用中断响应程序**,即多个中断源的请求或多条事件线共用一个中断响应程序,如 GPIO 外部中断,除 0~4 号 5 条事件线各分配了 1 个中断程序外, 5~9 号 5 条事件线共用 1 个中断程序, 10~15 号 6 条事件线共用 1 个中断程序,合计共 7 个中断程序,如图 5-16 所示。

STM32 各类手册所述的可支持的中断均是指芯片可支持的中断程序数,不是中断源的数量,也不是中断请求的数量。例如, F407 芯片可支持 92 个中断,其中 10 个是内核中断, 82 个是用户可编程使用且可屏蔽的中断,此处的中断数就是 F407 所支持的中断程序数。

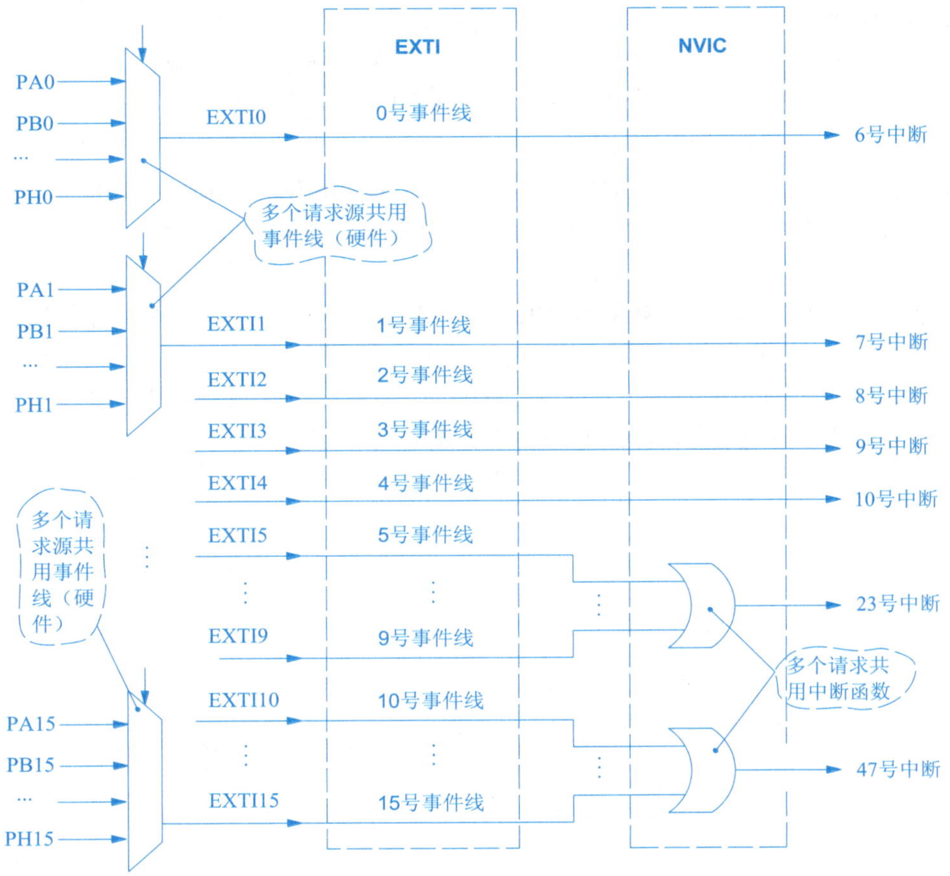

图 5-16　中断源及中断共用示意

5.3.3　NVIC 寄存器

NVIC 设有中断优先级、中断使能、中断挂起控制等 7 类寄存器，见表 5-7。

表 5-7　NVIC 寄存器

序号	名称	描述	备注
1	ISER - Interrupt Set-Enable Registers	中断使能寄存器	3 个 32 位读写寄存器
2	ICER - Interrupt Clear-Enable Registers	中断清除使能寄存器	3 个 32 位读写寄存器
3	ISPR -Interrupt Set-Pending Registers	中断挂起控制寄存器	3 个 32 位读写寄存器
4	ICPR - Interrupt Clear-Pending Registers	中断解挂控制寄存器	3 个 32 位读写寄存器
5	IABR - Interrupt Active Bit Registers	中断激活标志位寄存器	3 个 32 位读写寄存器
6	IPR - Interrupt Priority Registers	中断优先级寄存器	21 个 32 位读写寄存器
7	STIR - Software Trigger Interrupt Registers	软件触发中断寄存器	1 个 32 位只写寄存器

NVIC 负责管理和协调所有中断请求的响应。F407 芯片有 82 个用户可屏蔽的中断，为

保存这 82 个可屏蔽中断的设置参数，NVIC 寄存器设定如下。

（1）中断使能、中断清除使能、中断挂起控制、中断解挂控制、中断激活标志位等 5 个寄存器，1 个中断需 1 个数字位存储对应的参数，82 个中断则需要 82 个数字位，因此厂家设置了 3 个 32 位的寄存器存储相应的参数。

这 3 个 32 位的寄存器采用 0、1、2 区分，如 ISER0、ISER1、ISER2。从 0 号寄存器的 0 号位开始，按中断向量表中的位置号顺序依次存储对应中断的参数，直到 2 号寄存器存储完所有 82 个中断参数，剩余位为预留位。

挂起和使能写“1”有效，ISER 与 ICER、ISPR 与 ICPR 是成对互补的，用户操作这些寄存器只能写“1”，写“0”不起作用。例如，使能某个中断，只能向 ISER 写“1”，失能该中断则只能向 ICER 写“1”；同理，挂起某个中断，只能向 ISPR 写“1”，解挂该中断则只能向 ICPR 写“1”。ISER 数字位与中断使能的对应关系如图 5-17 所示。

ISER2	31	……	17	……	2	1	0
	SETENA31	……	SETENA17	……	SETENA2	SETENA1	SETENA0
	RS	……	RS	……	RS	RS	RS
	95号中断	……	81号中断	……	66号中断	65号中断	64号中断

ISER1	31	30	29	……	2	1	0
	SETENA31	SETENA30	SETENA29	……	SETENA2	SETENA1	SETENA0
	RS	RS	RS	……	RS	RS	RS
	63号中断	62号中断	61号中断	……	34号中断	33号中断	32号中断

ISER0	31	30	29	……	2	1	0
	SETENA31	SETENA30	SETENA29	……	SETENA2	SETENA1	SETENA0
	RS	RS	RS	……	RS	RS	RS
	31号中断	30号中断	29号中断	……	2号中断	1号中断	0号中断

图 5-17　ISER 数字位与中断使能的对应关系

【示例 5-6】NVIC 寄存器的参数存储规律。

ISER0[0]是中断使能 0 号寄存器的 0 号数字位，该位保存中断向量表中 0 号位置对应的中断，由表 5-6 可知，该中断是窗口定时器中断（位置号为 0）。若该数字位设为 1，则表示窗口定时器中断使能。

ISER0[23]是中断使能 0 号寄存器的 23 号数字位，该位对应 23 号中断，查表 5-6 可知 23 号中断是 EXTI 线[9:5]中断。若该位数据为 1，则表示 EXTI 线[9:5]中断失能。

（2）中断的优先级采用 4 个数字位标识，而 STM32 为优先级预留了 8 个数字位，其中低 4 位默认为“0”，高 4 位为优先级参数。82 个中断共使用了 21 个 32 位的寄存器，同样采用 0、1、2、…、20 等序号区分不同的寄存器，且从 0 号寄存器的低位开始，每 8 个数字位按顺序存储相应中断的优先级。

（3）软件触发中断寄存器仅使用低 9 号寄存器，其数值是由软件触发的中断 ID。如 STIR 写入值“0x03”，则表示指定位置号为 3，即连接到 EXTI 线的 RTC 唤醒中断，见表 5-6。

5.3.4　NVIC 工作过程

NVIC 工作过程如图 5-18 所示。在中断请求成功发起后，请求挂起寄存器将请求信号传送至 NVIC，NVIC 根据事件线与中断的对应关系，自动置位中断挂起控制寄存器。例如，6 号事件线发起中断请求，因 6 号事件线对应 23 号中断，NVIC 将自动将 23 号中断对应的中断挂起控制寄存器 ISPR0[22]位置位，即 ISPR0[22]为 1，23 号中断被挂起。

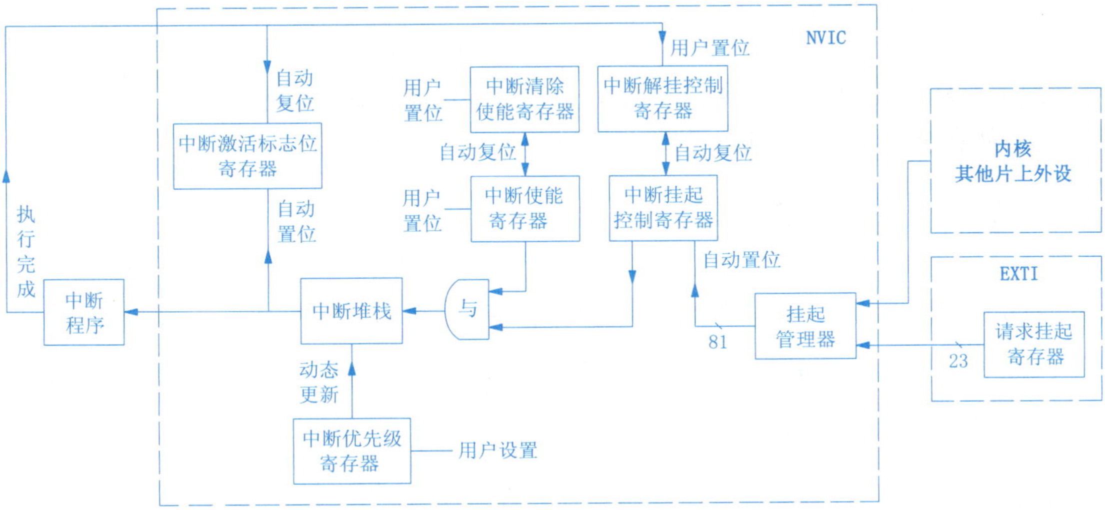

图 5-18　NVIC 工作过程示意

在中断挂起后，若用户使能该中断，则进入“中断堆栈”，NVIC 将根据用户设定的优先级，动态更新该中断在“中断堆栈”中的执行顺序，即按照优先级排队等待。如果 NVIC 检测到该中断应执行，则调用该中断的中断程序（即被激活），同时置位激活状态寄存器，标识该中断正执行。

中断程序执行完成后，NVIC 自动复位激活状态寄存器，用户必须编程置位中断解挂控制寄存器，中断解挂控制寄存器被置位后，会自动复位中断挂起控制寄存器，至此中断执行完毕。

NVIC 工作过程

5.3.5　NVIC 配置

由第 5.3.4 节分析可知，要使用某中断用户需设置优先级，并使能该中断，即将拟设定的数据写入中断优先级寄存器（IPR）和中断使能寄存器（ISER）。

NVIC 的配置工作及其过程如下。

1. 步骤 1：中断分组设定

根据工程项目的系统需要，确定并设置中断分组类型。

> 提示：
>
> 分组类型见表 5-4，分组类型参数存储于 AIRCR[10：8]中，2 号分组较为常用，2 号分组的设置值为 B101。

2. 步骤 2：NVIC 参数设置

（1）**指定中断 ID**。不同中断的使能和优先级参数在寄存器内的存储位置不同，设置 ISER 和 IPR 需指定中断 ID。

> 提示：
>
> 根据请求源触发的事件线号，查询中断向量表确定中断 ID（中断位置或中断号）。

（2）**配置优先级**，即指定中断的优先级（抢占优先级或响应优先级）。

（3）**使能中断**，即设置 ISER，使能相应的中断。

5.4 外部中断应用及编程

为介绍外部中断的使用思路和编程方法，本节以实验 3 为例进行分析和讲解。

【实验 3】F407 为控制芯片，3 个按键控制红色 LED 和蓝色 LED 的闪烁，管脚分配及外接电源情况见表 5-8。

表 5-8 实验 3 管脚分配及外接电源情况

器件	管脚	外接电源情况	器件	管脚	外接电源情况
按键 1	PA0	负极	RED LED	PC5	正极
按键 2	PA1	正极	BLUE LED	PB2	正极
按键 3	PA4	正极			

为验证硬件触发和软件触发中断方式，要求如下：

（1）复位后，红色 LED 和蓝色 LED 常亮；

（2）按键 1 配置为硬件触发中断，中断函数实现 LED 控制，若按压按键 1 则红色 LED 和蓝色 LED 同时反转；

（3）按键 2 配置为软件触发中断，按压按键 2 时，软件触发 9 号中断，控制蓝色 LED 反转；

（4）按键 3 配置为通用 GPIO，按压按键 3 时，红色 LED 反转。

分析：

（1）按键 1（PA0）通过硬件触发中断实现对 LED 的控制，PA0 应接入 0 号事件线，由图 5-16 可知该事件线触发的是 6 号中断。

（2）按压按键 2（PA1）时，由软件触发 9 号中断，从而实现对 LED 的控制。可将 PA1 配置为 GPIO，当检测到 PA1 有按键输入信号时，软件设置 9 号中断对应的 STIR 控制位为 1（即 STIR0[9] =1），即可触发 9 号中断，然后由 9 号中断函数控制 LED。查表 5-6 可知，9 号中断是 EXTI 线 3 中断。

（3）按键 3（PA4）为通用 GPIO，可按照第 4 章所述方法实现对红色 LED 的控制。

思考：

管脚号与事件线号有什么规律？管脚号与中断号有什么规律？

提示：管脚号与事件线号一一对应，如 Px0 管脚的事件线号是 0，Px1 管脚的事件线号是 1 等；管脚号与中断号无规律。

5.4.1　中断库文件解析

硬件触发外部中断是一项由 EXTI、NVIC、SYSCFG、GPIO、RCC 等多个片上外设协作完成的插队行为，SYSCFG 负责将 GPIO 管脚连接到事件线上，EXTI 和 NVIC 分别负责中断的请求管理和响应管理，如图 5-19 所示。

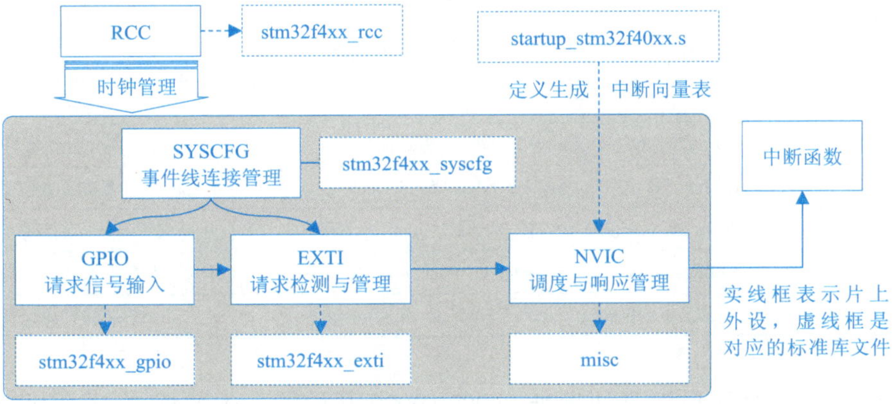

图 5-19　硬件触发外部中断所涉及的外设及其标准库文件

硬件触发外部中断的工程项目应包含 GPIO、EXTI、NVIC 等片上外设及其标准库文件，如图 5-19 所示。

1. EXTI 文件

stm32f4xx_exti 库文件提供了 8 个操作 EXTI 的函数，见表 5-9。函数详细信息可查阅 CMSIS 库文件。

表 5-9　EXTI 库文件的函数

序号	函数	描述
1	void　EXTI_DeInit(void)	将 EXTI 配置设为默认重置状态
2	void　EXTI_Init(EXTI_InitTypeDef* EXTI_InitStruct)	EXTI 初始化函数
3	void　EXTI_StructInit(EXTI_InitTypeDef* EXTI_InitStruct)	EXTI 初始化参数查询函数
4	void　EXTI_GenerateSWInterrupt(uint32_t EXTI_Line)	指定事件线软件触发中断函数
5	FlagStatus　EXTI_GetFlagStatus(uint32_t EXTI_Line)	指定事件线请求挂起状态查询函数
6	void　EXTI_ClearFlag(uint32_t EXTI_Line)	指定事件线标志位清除函数
7	ITStatus　EXTI_GetITStatus(uint32_t EXTI_Line)	指定事件线请求挂起状态查询函数
8	void　EXTI_ClearITPendingBit(uint32_t EXTI_Line)	指定事件线请求挂起清除函数

提示：

1. CMSIS 标准库 V1.9 版本中的 EXTI_GetFlagStatus 函数与 EXTI_GetITStatus 函数，EXTI_ClearITPendingBit 函数与 EXTI_ClearFlag 函数的实现代码完全相同，即上述两对函数功能相同；在早期版本中，两者的区别在于 EXTI_GetITStatus 不仅检测请求挂起寄存器（PR）的状态，同时检测中断屏蔽寄存器（IMR）的状态。

2. EXTI 相关函数的形参 EXTI_InitTypeDef 是 stm32f4xx_exti.h 文件定义的 EXTI 初始化结构体，具体参考 stm32f4xx_exti.h 文件，在此不再赘述。

2. NVIC 接口函数

misc 是 Miscellaneous（杂项）的缩写，主要存储如 NVIC 等功能相对简单的外设接口函数。misc 文件提供了 4 个 NVIC 接口函数和 1 个 SysTick 时钟设置函数，见表 5-10。

表 5-10　NVIC 接口函数

序号	函数	描述
1	void　NVIC_PriorityGroupConfig(uint32_t NVIC_PriorityGroup)	中断分组设置函数
2	void　NVIC_Init(NVIC_InitTypeDef* NVIC_InitStruct)	中断初始化函数
3	void　NVIC_SetVectorTable(uint32_t NVIC_VectTab, uint32_t Offset)	中断向量表位置及偏移量设置函数
4	void　NVIC_SystemLPConfig(uint8_t LowPowerMode, FunctionalState NewState)	系统转为低功率运行的条件设置函数
5	void　SysTick_CLKSourceConfig(uint32_t SysTick_CLKSource)	SysTick 时钟源配置函数

中断向量表的默认位置是从地址 0x0000 0000 开始的一个数据表，若需调整可调用 misc 文件中的 NVIC_SetVectorTable 函数，重新设置中断向量表的存储位置。但是重置位置与地址 0x0000 0000 的偏移量必须是“0x200”的倍数，否则程序将无法运行。

提示：

NVIC 是内核内部的片上外设，core_cm4 内核文件提供了更多读写 NVIC 寄存器的接口函数，如使能（失能）中断、挂起或解挂中断等。在一般应用工程中，用户调用 misc 提供的 NVIC 基本接口函数只需进行初始化工作，其他工作由硬件和底层函数自行负责调度运行，无须用户关注。

5.4.2　项目设计

软件设计一般可分为总体设计和详细设计两个阶段。

1. 总体设计

总体设计是根据系统的数据流划分软件的子模块，分析模块间的内在关系，确定软件结构，完成数据设计和界面设计等。所谓模块，是指相对独立且可组合的功能单元，其形式可以是函数、类、库、包或独立的子系统。

划分模块的依据有多种，较为常用且有效的划分依据是外围设备。例如，某工程项目有电机、速度传感器、加速传感器等 3 类外围设备，则工程项目可将 3 类外围设备分别划分为一个子模块。

【示例 5-7】实验 3 总体设计示例。

实验 3 有 LED 和 KEY 两类外围设备，可将软件划分为 Key、Led 两个子模块。其中，Led 模块主要负责 LED 的点亮、熄灭及反转；Key 模块负责监听用户的中断请求和中断响应；中断响应函数调用 Led 模块的函数（方法）对 LED 进行控制。

该实验中的模块采用类文件形式，借鉴 CMSIS 约定的命名规范，分别命名为 stm32f4xx_myKey、stm32f4xx_myLed，如图 5-20 所示。main 文件是应用程序必需的入口程序，负责全局性参数的初始化和工程的总调度。

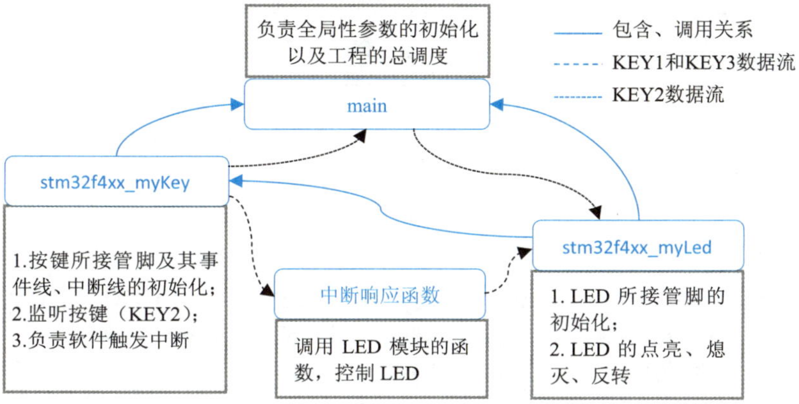

图 5-20　实验 3 模块之间的关系

3 个按键控制 2 个 LED，按键和 LED 工作的优先级不分高低。因此实验 3 选用工程实践中常用的优先级 2 号分组。

> **提示：**
>
> 根据第 3 章所述，中断响应函数一般布置在 stm32f4xx_it 文件中；在实际编程中，也可布置在用户文件中。例如，实验 3 的功能较少，程序文件少，可将中断响应函数布置在 stm32f4xx_myKey 文件中。

2. 详细设计

详细设计是在总体设计的基础上细化各部分实现过程的描述，实现过程描述得越具体越有利于后续编程。详细设计可采用功能图、表或文字等方式进行描述。

详细设计阶段主要对子模块的接口函数进行细化设计，并对接口函数的实现过程和可移植性的实现等问题进行细化描述。分而治之是详细设计过程中常用的策略，它是将复杂问题划分为若干简单问题，并逐一解决这些简单问题，从而降低复杂问题的解决难度。

子模块的接口函数一般以实现模块功能为目标，以功能类型或工作过程阶段为依据，以代码简洁、可重用等性能为评价标准进行划分设计。例如，将初始化、按键监听等设计为不同的接口函数，既要考虑功能的实现，还要考虑接口函数的可重用等。

【示例 5-8】实验 3 的 KEY 子模块（即 stm32f4xx_myKey 文件）分而治之示例。

如前所述，KEY 子模块负责按键初始化、硬件触发中断和软件触发中断，根据分而治之策略可将不同具体问题进一步分化到 5 个接口函数负责，见表 5-11。

表 5-11　stm32f4xx_myKey 文件接口函数详细设计

序号	接口函数	形参	返回值	说明
1	Key_ExtiInit	按键号	无返回值	初始化按键所接管脚的 GPIO 及对应的 EXTI、NVIC
2	Key_GpioInit	端口号、管脚号、上拉/下拉	无返回值	仅初始化按键所接管脚的 GPIO
3	Key_SwiInit	事件线号、中断号、中断优先级	无返回值	初始化软件触发中断对应的 EXTI 和 NVIC
4	Key_ScanNum	按键号、有效电平	按压为 1;否则为 0	监听按键是否被按压
5	Swi_Set	事件线号	无返回值	软件触发中断的触发函数,即将事件线对应的 SWIR 位写“1”

思考:

接口函数 Key_ExtiInit( )的形参为何只设置按键号 1 个形参?

提示:硬件触发中断的管脚号、事件线号、中断号是一一对应的。

接口函数的实现过程细化:Key_ExtiInit( )函数应包括 GPIO 的初始化、GPIO 管脚计入事件线管理、EXTI 和 NVIC 的初始化;GPIO 的初始化应设置输入模式、上拉/下拉、工作速度参数等。

接口函数的实现过程细化设计后,需根据工程项目(实验)的功能要求,复盘验证所设计的接口函数能覆盖工程项目的所有功能要求,否则应继续细化增加接口函数或优化接口函数的功能。

例如,复盘验证按键 2 的功能实现:初始化调用 Key_GpioInit( )函数,按键是否被按下的扫描监听由 Key_ScanNum( )函数负责;监听到按键被按下后,调用 Swi_Set( )函数进行软件触发中断,由中断函数完成对蓝色 LED 的控制,即上述接口函数可覆盖按键 2 的功能要求。

提示:

分而治之思想是解决复杂问题的常用策略,掌握分而治之策略不仅有利于程序设计,也有利于解决生活、生产各个领域中的复杂问题。

5.4.3　应用编程及调试

新建名为 STM32_EXTI 的实验工程项目,参考第 3 章所述方法完成工程的配置;依据第 5.4.2 节所述的总体设计结果,新建名称分别为 main.c、stm32f4xx_myKey.h、stm32f4xx_myKey.c、stm32f4xx_myLed.h、stm32f4xx_myLed.c 的 5 个用户程序。

1. stm32f4xx_myKey 头文件编程

stm32f4xx_myKey 头文件主要用于声明接口函数,为了提高代码可移植性,可使用预处理指令为按键关键参数定义别名,具体代码如下。

```
* Define to prevent recursive inclusion ------------------------------------*/
#ifndef __MYKEY_H
#define __MYKEY_H
/* 包含所需的头文件 ----------------------------------------------------------*/
#include "stm32f4xx.h"
#define KEY_1    ((uint8_t)0x01)
#define KEY_2    ((uint8_t)0x02)
```

```
#define KEY_3    ((uint8_t)0x03)

/*** @brief 配置按键 1,外接电源正极,管脚为 PA0 */
#define KEY_1_GPIO        GPIOA
#define KEY_1_PIN         GPIO_Pin_0
#define KEY_1_PuPd        GPIO_PuPd_DOWN

// 按键 1 所接管脚对应的 GPIO 端口
#define KEY_1_EXTI_PORT                 EXTI_PortSourceGPIOA
// 按键 1 所接管脚的管脚号,即 EXTI 外部中断请求源
#define KEY_1_EXTI_PIN                  EXTI_PinSource0
// 按键 1 所接管脚对应的外部中断事件线号
#define KEY_1_EXTI_LINE                 EXTI_Line0
// 按键 1 所接管脚对应的中断触发方式,因其外接电源正极,高电平有效,设为上升沿触发
#define KEY_1_EXTI_TRIGGER              EXTI_Trigger_Rising
// 按键 1 所接管脚对应的中断编号,即在中断向量表中的编号
#define KEY_1_EXTI_IRQn                 EXTI0_IRQn
// 按键 1 所接管脚对应的中断服务函数;中断服务函数的名称必须与启动文件所声明的名称一致,
// 否则中断时会因为找不到函数入口而卡死
#define KEY_1_IRQHANDLER                EXTI0_IRQHandler

/*** @brief 配置按键 2,外接电源正极,管脚为 PA1*/
#define KEY_2_GPIO        GPIOA
#define KEY_2_PIN         GPIO_Pin_1
#define KEY_2_PuPd        GPIO_PuPd_UP
//以下 2 个参数是为按键 2 配置的为硬件触发中断而预设的参数,本实验未用
#define KEY_2_EXTI_PORT                 EXTI_PortSourceGPIOA
#define KEY_2_EXTI_PIN                  EXTI_PinSource1
// 按键 2 被按压时,软件触发 9 号中断,9 号中断是 EXTI 线 3 中断
// 因此,虽然按键 2 连接 PA1,但此时应配置为 EXTI_Line3
#define KEY_2_EXTI_LINE                 EXTI_Line3
// 按键 2 软件触发的中断同理设为 EXTI 线 3 对应的中断号
#define KEY_2_EXTI_IRQn                 EXTI3_IRQn
#define KEY_2_IRQHANDLER                EXTI3_IRQHandler

/*** @brief 配置按键 3,外接电源负极,管脚为 PA4 */
// 按键 3 仅设置 GPIO 相关参数,在此不再给出

/*** @brief 函数声明 */
// 硬件触发中断的按键初始化函数
void Key_ExtiInit(uint8_t nKey);
// 软件触发中断的按键初始化函数(演示实验用)
void Key_SwiInit(uint8_t nExtiline,uint8_t nIRQ,uint8_t prePriority,uint8_t subPriority);
// 按键所接入管脚的 GPIO 初始化函数,仅供按键 2 使用
```

```
void Key_GpioInit(GPIO_TypeDef *GPIOx, uint16_t PINx, uint8_t nPuPd);
// 按键扫描函数,形参为按键号及有效电平,仅供按键 2 使用
uint8_t Key_ScanNum(uint8_t nKey, uint8_t targetStatus);
// 软件触发中断的触发函数,形参为中断事件线号
void Swi_Set(uint8_t EXTI_line);

#endif /* __MYKEY_H */
```

2. stm32_myKey 源文件编程

stm32_myKey 源文件主要负责实现头文件所声明的接口函数以及中断响应函数,限于篇幅仅给出接口函数代码。

```
/*****************************************************************************
 * 函数:Key_ExtiInit
 * 功能:初始化按键所用的 GPIO
 * 参数:
 *          nKey — 按键号,有效值为 1、2、3
 * 返回:
 *          1 — 按键被按下一次;
 *          0 — 无动作
 * 说明:
 *          1. 按键所使用的端口、管脚、模式等参数已在头文件中定义;
 *          2. 若需修改按键的设置,在头文件中修改即可,代码的可移植性好
 *****************************************************************************/
void Key_ExtiInit(uint8_t nKey)
{
        GPIO_InitTypeDef GPIO_InitStr;
        EXTI_InitTypeDef EXTI_InitStr;       // 定义 EXTI 初始化结构体,用于配置 EXTI
        NVIC_InitTypeDef NVIC_InitStr;       // 定义 NVIC 初始化结构体,用于配置 NVIC

        /************************ 所有按键的共性属性设置 ******************************/
        //指定工作模式,按键是输入设备,GPIO 必定设为输入模式
        GPIO_InitStr.GPIO_Mode = GPIO_Mode_IN;
        //指定工作速度,该实验所有按键统一设为低速
        GPIO_InitStr.GPIO_Speed= GPIO_Speed_2 MHz;
    //设定为中断模式
    EXTI_InitStr.EXTI_Mode = EXTI_Mode_Interrupt;
    //设置抢占优先级为 2 级
    NVIC_InitStr.NVIC_IRQChannelPreemptionPriority = 2;
    //设置响应优先级为 2 级
    NVIC_InitStr.NVIC_IRQChannelSubPriority = 2;

    /*初始化 KEY1(按键 1),按键 1 的参数已在头文件中定义*******************************/
    if(nKey==KEY_1)
    {
```

```
        //指定按键 1 所用 GPIO 的上拉/下拉功能
        GPIO_InitStr.GPIO_PuPd = KEY_1_PuPd;
        //指定按键 1 所接入的管脚号
        GPIO_InitStr.GPIO_Pin= KEY_1_PIN;
          //调用标准库函数 GPIO_Init( ),将配置参数写入相应的寄存器,即初始化
          GPIO_Init(KEY_1_GPIO,&GPIO_InitStr);

          //将管脚连接到管脚对应的事件线
          SYSCFG_EXTILineConfig(KEY_1_EXTI_PORT, KEY_1_EXTI_PIN);

       /*********** 配置按键 1 对应的 EXTI 事件线的个性属性*****************************/
       //设定按键 1 所接入管脚对应的事件线
       EXTI_InitStr.EXTI_Line = KEY_1_EXTI_LINE;
       //设定按键 1 对应的中断触发方式
       EXTI_InitStr.EXTI_Trigger = KEY_1_EXTI_TRIGGER;

       /************ 配置按键 1 所接入管脚对应的中断号*************************/
       //中断号,提示:各个中断的编号是由启动文件按芯片内部设计而预先设定好的编号
       NVIC_InitStr.NVIC_IRQChannel = KEY_1_EXTI_IRQn;
    }
    /*初始化 KEY2,按键 2 的参数已在头文件中定义******************************/
    else if(nKey==KEY_2)
    {
      //与按键 1 类似,查阅示例代码,在此不再给出
    }
    /*初始化 KEY3,按键 3 的参数已在头文件中定义*****************************/
    else if(nKey==KEY_3)
    {
      //与按键 1 类似,查阅示例代码,在此不再给出
    }
    //使能 EXTI
    EXTI_InitStr.EXTI_LineCmd = ENABLE;
    //初始化 EXTI,即把 EXTI 初始化结构体内的参数写入寄存器
    EXTI_Init(&EXTI_InitStr);
      //使能 NVIC
      NVIC_InitStr.NVIC_IRQChannelCmd = ENABLE;
      //初始化 NVIC,即把 NVIC 初始化结构体内的参数写入寄存器
      NVIC_Init(&NVIC_InitStr);
      return;
}
/*****************************************************************************
 * 函数:Key_SwiInit
 * 功能:软件触发的外部中断初始化函数
 * 参数:
```

```
*           nExtiline — 事件号
*           nIRQChannel — 事件号对应的中断号
*           prePriority — 抢先优先级
*           subPriority — 响应优先级
* 返回：无返回
* 说明：本函数仅为了演示软件中断，不建议在实际工程项目中使用
*       软件触发无须设置外部输入信号的边沿检测参数
**************************************************************************/
void Key_SwiInit(uint8_t nExtiline,uint8_t nIRQ,uint8_t prePriority,uint8_t subPriority)
{
    EXTI_InitTypeDef EXTI_InitStructure;      // 定义 EXTI 结构体
    NVIC_InitTypeDef NVIC_InitStructure;      // 定义 NVIC 结构体
    /*********** 配置 EXTI 中断线*************************************/
    EXTI_InitStructure.EXTI_Line = nExtiline;
    EXTI_InitStructure.EXTI_Mode = EXTI_Mode_Interrupt;
    EXTI_InitStructure.EXTI_LineCmd = ENABLE;
    EXTI_Init(&EXTI_InitStructure);

    /************ 配置 NVIC，即中断优先级  ***************************/
    NVIC_InitStructure.NVIC_IRQChannel = nIRQ;
    NVIC_InitStructure.NVIC_IRQChannelPreemptionPriority = prePriority;
    NVIC_InitStructure.NVIC_IRQChannelSubPriority = subPriority;
    NVIC_InitStructure.NVIC_IRQChannelCmd = ENABLE;
    NVIC_Init(&NVIC_InitStructure);
}

/*************************************************************************
* 函数：Swi_Set
* 功能：软件触发中断设置，即将软件触发中断寄存器 SWIR 对应的位设置为 1
* 参数：
*       EXTI_line — 拟触发的事件线
* 返回：无返回
**************************************************************************/
void Swi_Set(uint8_t EXTI_line)
{
    EXTI->SWIER |= EXTI_line;
}

// 按键 1 所用管脚的中断函数；这里使用了宏定义名称，以方便移植
void KEY_1_IRQHANDLER(void)
{
    LED_RED_TOGGLE;        //红色 LED 反转一次
    LED_BLUE_TOGGLE;       //蓝色 LED 反转一次
    delay_ms(200);
```

```
    EXTI->PR = KEY_1_EXTI_LINE; //执行完毕，清除中断挂起
    return;
}
// 按键 2 所用管脚的中断函数；这里使用了宏定义名称，以方便移植
void KEY_2_IRQHANDLER(void)
{
    LED_BLUE_TOGGLE;      //蓝色 LED 反转一次
    delay_ms(200);
    EXTI->PR = KEY_2_EXTI_LINE;
    return;
}
```

3. main 文件编程

main 文件主要负责程序的启动和全局性参数的初始化，具体代码如下。

```
#include "stm32f4xx.h"
int main(void)
{
    // 配置 NVIC 为优先级组 2；分组设置一旦选定，不能随意更改，且全局有效
    // 因此，建议在主函数中设置
    NVIC_PriorityGroupConfig(NVIC_PriorityGroup_2);

    // 按键 1 连接 PA0，按键 2 连接 PA1，按键 3 连接 PA4；蓝色 LED 接 PB2，红色 LED 接 PC5
    // 外部中断/事件控制器挂接在 APB2 总线上，使用 SYSCFG 时钟，为此使能以下时钟
    RCC_AHB1PeriphClockCmd(RCC_AHB1Periph_GPIOA, ENABLE);
    RCC_AHB1PeriphClockCmd(RCC_AHB1Periph_GPIOB, ENABLE);
    RCC_AHB1PeriphClockCmd(RCC_AHB1Periph_GPIOC, ENABLE);
    RCC_APB2PeriphClockCmd(RCC_APB2Periph_SYSCFG, ENABLE);
    // 调用 stm32_myKey 文件的 Key_ExtiInit( )函数，初始化按键 1 所接的 GPIO
    //其对应的 EXTI 和 NVIC
    Key_ExtiInit(KEY_1);

    // 按键 2 采用循环扫描检测法检测，当按下按键时，通过编程设置软件触发中断寄存器，
    // 从而触发中断；初始化按键 2( PA1 )的 GPIO，PA1 外接电源负极，设为上拉
    Key_GpioInit(KEY_2_GPIO, KEY_2_PIN, KEY_2_PuPd);
    // 同理设置按键 3，外接电源负极，管脚为 PA4
    Key_GpioInit(KEY_3_GPIO, KEY_3_PIN, KEY_3_PuPd);

    // 初始化按键 2 拟软件触发的事件线及其对应的外部中断
    // 注意：因使用软件触发，函数内可不设置边沿检测参数
    Key_SwiInit(KEY_2_EXTI_LINE,KEY_2_EXTI_IRQn,2,2);

    //调用 stm32_MyGPIO 文件的 Led_Init( )函数，初始化红色 LED
    Led_Init(LED_RED);
    //初始化蓝色 LED
```

```
        Led_Init(LED_BLUE);

        //调用 stm32_MyGPIO 的宏定义函数 LED_RED_ON,点亮红色 LED
        LED_RED_ON;
        LED_BLUE_ON;//点亮蓝色 LED

        while (1)
        {
            //调用 stm32f4xx_myKey 的 Key_Scan_nKey( )函数,监听按键 2 的按压情况
            if(Key_ScanNum(KEY_2,0)==1)
            {
                //调用 stm32f4xx_myKey 的 Swi_Set( )函数,设置软件触发中断
                Swi_Set(KEY_2_EXTI_LINE);
            }
            //调用 stm32f4xx_myKey 的 Key_Scan_nKey( )函数,监听按键 3 的按压情况
            if(Key_ScanNum(KEY_3,0)==1)
            {
                LED_RED_TOGGLE;//红色 LED 反转一次
            }
        }
}
// 代码文件的末尾要加两个空行
```

stm32f4xx_myLed 文件可参考第 4 章的示例代码,在此不再给出。

EXTI 实验指导书下载

EXTI 实验示例代码下载

4. 调试与分析

编译并下载后,调试 3 个按键至可正常工作。按键正常工作后,验证以下实验,结合实验现象分析中断的运行机制;

(1)按下按键 3(不释放按键),按压按键 2,按键 2 不起作用;

(2)按下按键 3(不释放按键),按压按键 1,按键 1 起作用;

(3)按下按键 2(不释放按键),按压按键 3,按键 3 不起作用;

(4)按下按键 2(不释放按键),按压按键 1,按键 1 起作用。

提示:

按键 3 的监听与响应函数、按键 2 的监听函数均为一般程序,且按下按键 3 后,监听程序将进入 while 循序中循环扫描,等待按键释放信号。此时按压按键 2 不能打断按键 3 的循环扫描;若此时按下按键 1,由于按键 1 配置为硬件触发中断,中断可打断当前程序而抢先运行。

5.5　小结

中断是 CPU 对系统发生的应急事件做出的一种反应行为，使计算机能够更为合理地调度 CPU 资源，有利于实现系统的分时或实时控制，提高计算机的执行效率。

中断可分为系统异常、溢出中断、外设中断和外部中断等类型。F407 支持 82 个可屏蔽中断。外部中断是外部事件通过 GPIO 管脚而触发的中断。中断的请求与响应由 EXTI、NVIC 协作管理。EXTI 类似于中断请求的“接待员”，负责中断请求的检测，以及屏蔽与否检测；NVIC 是所有中断的“调度员”，基于中断优先级判决中断请求何时响应，根据中断向量表决定由谁响应。

使用外部中断时，需要明确管脚接入的事件线，配置管脚对应的 GPIO、EXTI、NVIC 等控制器，用户拟实现的功能在中断程序中编写实现。

思考题

5.1　什么是中断？中断有什么作用？

5.2　中断有哪些类型？

5.3　简要说明 STM32 为什么将所有端口的 0 号管脚 Px0（x = A、B、C、…）接入同一条事件线。

5.4　结合图 5-8，简要描述硬件触发外部中断的请求检测过程。

5.5　与硬件触发中断相比，硬件触发事件有何不同？

5.6　外部中断/事件控制器结构框图中的“中断”和“事件”有何差异？

5.7　假设按键外接电源负极，且设置为硬件触发中断，若要求该中断在释放按键时响应，则按键所接入的 GPIO 上拉/下拉电阻以及 EXTI 边沿检测应如何设置？

5.8　用户手册指出 STM32F4xx 系列芯片最多可支持 82 个中断，简要说明这是否说明最多可支持 82 个中断请求。若不是，其含义是什么？

5.9　现有三个事件 A、B、C，其中事件 A 为抢占优先级 2 级，事件 B 为抢占优先级 1 级，事件 C 为响应优先级 0 级，若 A、B、C 三个事件同时向 NVIC 申请中断，说明三个事件执行的先后顺序，并说明原因。

5.10　什么是中断向量表？中断向量表有什么作用？

5.11　简要描述外部中断/事件控制器和 NVIC 在中断响应全过程中的作用。

5.12　若某中断已执行完毕，用户是否需要清除该中断（取消挂起）？若不清除，会有什么结果？

5.13　简要阐述分而治之策略。

第 6 章

定时器及其应用

定时器可以使计算机系统在设定的定时时间执行必要的任务(程序),它是所有单片机芯片都内嵌的重要部件,是工程上使用频率较高的片上外设之一。STM32 芯片的定时器功能强大,具有定时、计数、PWM 产生、输入捕获以及定时器中断等功能。本章结合 STM32 定时器的特点,主要介绍定时器的基本原理、类型以及基本定时器和通用定时器的应用等。

6.1 定时器概述

所谓定时器,是指通过统计周期为 T 的计数脉冲数 n 来控制定时时间 t 的一种外设,其定时示意图如图 6-1 所示。定时器需具备两个基本要素,即作为定时基准的计数脉冲和累计脉冲数的计数器。定时器的定时时间 t 与计数脉冲周期 T、脉冲数 n 之间的关系为

$$t = T \times n \tag{6-1}$$

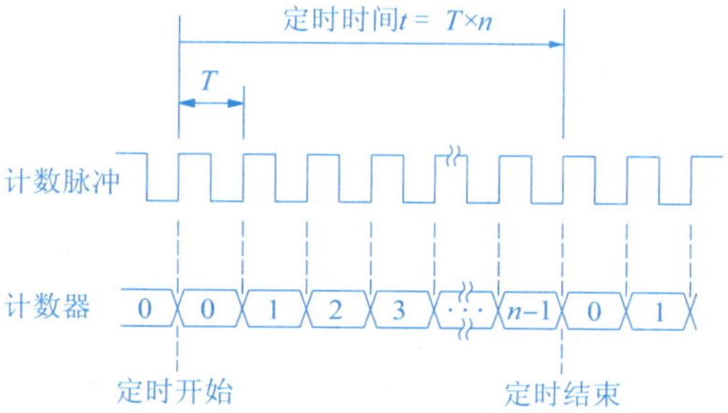

图 6-1 定时器定时示意

6.1.1 定时时间与定时精度

对于具体的微处理器,计数器的大小是固定的,即计数器的最大计数数值 N_{max} 是固定的,若已知计数脉冲的周期 T,则定时器的最长定时时间 t_{max} 为

$$t_{max} = T \times (N_{max} + 1) \tag{6-2}$$

式中:计数器从 0 开始计数,N_{max} 是最大计数数值,则实际计数数值为 $N_{max}+1$。

【示例 6-1】假设计数器为 16 位寄存器,计数脉冲频率为 72 MHz,试分析该定时器的最长定时时间。

分析:

(1)16 位寄存器可存储的最大数值 N_{max} 为

$$N_{max}=2^{16}-1=65\ 535$$

即最大计数数值为 65 535。

（2）计数脉冲的周期 T 为

$$T=\frac{1}{f}=\frac{1}{72\times10^{6}}=\frac{1}{72}\ \mu s$$

则最长定时时间为

$$t=T\times(N_{max}+1)=\frac{65\ 536}{72}\approx 910\ \mu s=0.91\ ms$$

为满足多种工程需要或提高最长定时时间，定时器一般设置有分频器，对计数器的时钟频率进行分频，延长计数脉冲的周期 T，从而提高最长许可定时时间。二分频定时器定时示意图如图 6-2 所示。

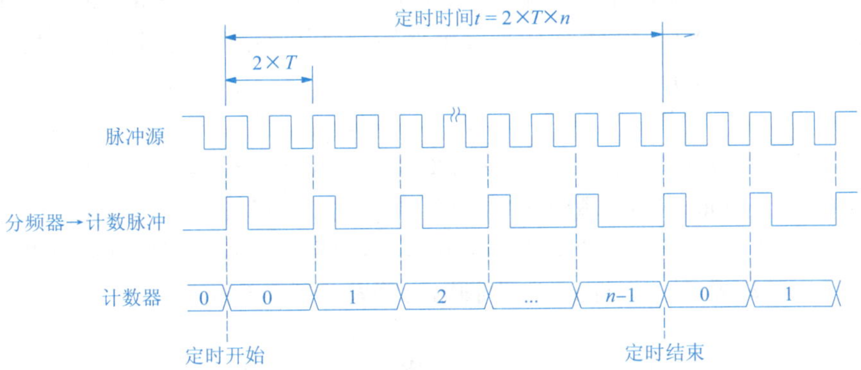

图 6-2　二分频定时器定时示意

分频后，定时器的最长定时时间 t_{max} 与分频系数 p 之间的关系为

$$t_{max}=T\times(N_{max}+1)\times(p+1) \tag{6-3}$$

式中：分频系数 p 为 0、1、2、…，若不分频，则 $p=0$；若二分频，则 $p=1$。

计数脉冲的频率 f_{in} 与分频后的脉冲频率 f_{psc} 之间的关系为

$$f_{in}=\frac{f_{psc}}{p+1} \tag{6-4}$$

调整分频系数可以改变定时器的最长定时时间，但也会降低定时器的定时精度。所谓定时精度，是指能够定时的最小单位（或称分辨率），常采用时钟周期表示。

【示例 6-2】若计数脉冲的频率为 72 MHz，分频系数为 8，试分析该定时器的分辨率？

分析：

分频后的时钟周期 T 为

$$T=\frac{p+1}{f}=\frac{8+1}{72\times10^{6}}=0.125\ \mu s$$

则该定时器的分辨率为 0.125 μs。

在实际工程中，最长定时时间与定时精度无法同时兼顾。若提高最长定时时间，则会降低定时精度；反之，若提高定时精度，则会降低最长定时时间。实际应用中，一般在满足最大定时时间的前提下，取最小分频系数。

在实际应用中，分频系数确定后，用户可以通过调整一个计数阈值来灵活调整定时时间，即计数器计数到该阈值时，则定时时间达到。STM32 芯片的该阈值存储在自动重新加载寄存器(Auto-Reload Register，ARR)中，后续章节将该阈值称为自动重载值。

> **提示：**
> 定时精度的影响因素较多，主要取决于底层操作系统和时钟硬件，分频系数只是影响定时精度的因素之一。如晶振自身的制造精度、外部干扰等均会影响脉冲周期 T 的精度，从而影响定时精度。

6.1.2 定时器的功能

定时(计数)是定时器的基本功能，多用于定时延时、看门狗(Watchdog)、系统定时器等。当定时器增加必要的寄存器、比较器等硬件后，可以实现输出比较、输入捕获、编码器接口、定时器同步或级联等诸多功能。

1. 输出比较

若定时器增加捕获/比较寄存器(Capture/Compare Register，CCR)，实时比较 CCR 存储的数值与计数器(Counter，CNT)数值的大小关系，并依此控制管脚的输出信号。

若设定当 $CNT < CCR$ 时，管脚输出高电平；当 $CNT \geqslant CCR$ 时，管脚输出低电平；当 $CNT = ARR$ 时，CNT 清零重新计数，则管脚输出结果如图 6-3 所示。

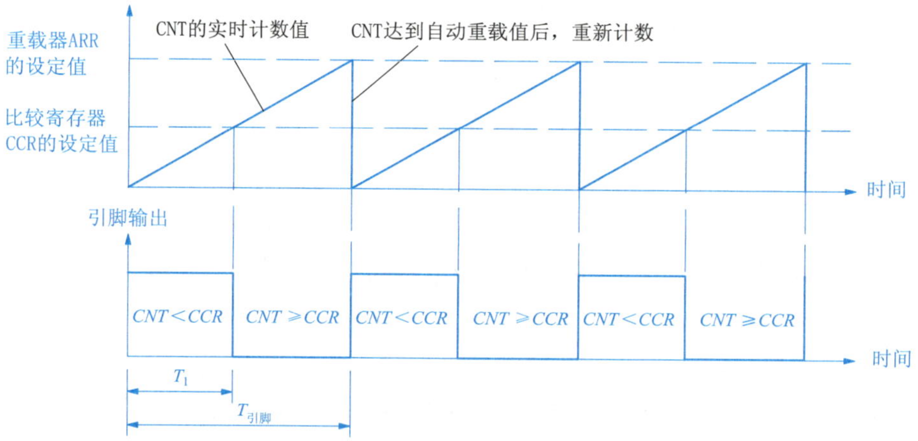

图 6-3 输出比较示例

由图 6-3 可见，管脚输出信号的周期 $T_{引脚}$ 由 ARR 值决定，即

$$T_{引脚} = T_{psc} \times (ARR + 1), f_{引脚} = \frac{f_{psc}}{ARR + 1} \tag{6-5}$$

在一个脉冲循环内，通电时间的真实时间称为脉冲宽度，通电时间占总时间的比例称为占空比 η。调节 CCR 预设值，可改变管脚输出高电平的时间，这种脉冲宽度可调的信号称为 PWM 信号。

在比较输出模式下，若按图 6-3 所示的管脚输出约定，则占空比 η 为

$$\eta = \frac{T_1}{T_{引脚}} = \frac{T_{psc} \times (CCR+1)}{T_{psc} \times (ARR+1)} = \frac{CCR+1}{ARR+1} \tag{6-6}$$

提示：

脉冲宽度调制（Pulse Width Modulation，PWM）简称脉宽调制。在工程中，常使用 PWM 信号控制电压的有效值，依此控制电机转速、LED 亮度等，如图 6-4 所示。

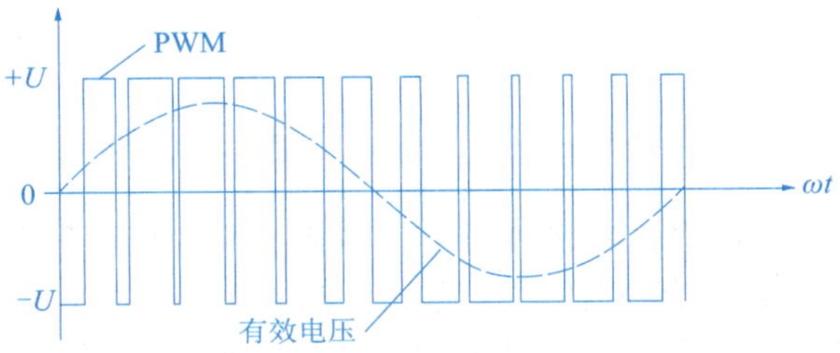

图 6-4　PWM 与电压有效值关系示意

2. 输入捕获

输入捕获是通过捕获管脚输入信号的跳变沿（上升沿、下降沿或者双边沿），利用定时器的计数（计时）功能，测量输入信号的频率、脉宽或占空比等信息。

例如，捕获通道若设置为捕获上升沿，第 1 次检测到输入信号上升沿时，捕获/比较寄存器（CCR）获取 CNT 的计数值，记为 N_{CCR}，如图 6-5 所示；再次捕获到输入信号上升沿时，CNT 的计数值记为 N_{CNT}，则输入信号的周期 T 与频率 f 分别为

$$T = (N_{CNT} - N_{CCR}) \times T_{psc} = \frac{N_{CNT} - N_{CCR}}{f_{psc}} \tag{6-7}$$

$$f = \frac{f_{psc}}{N_{CNT} - N_{CCR}} \tag{6-8}$$

式中：T_{psc} 与 f_{psc} 分别为计数脉冲的周期和频率。

上述的脉冲测量方法，在 1 个输入周期内计数器有自动重载的可能，如图 6-5 所示。此时，测量数据处理较为烦琐。

因此，常采用“清零-重新计数”的方式测量输入脉冲，即检测到有效边沿时，CCR 获取 CNT 数值后，将 CNT 中的数据清零并重新计数，如图 6-6 所示（图中同样假设上升沿有效）。此时，有

$$\begin{cases} T_{引脚} = \dfrac{N_{CCR}+1}{f_{psc}} \\ f_{引脚} = \dfrac{f_{psc}}{N_{CCR}+1} \end{cases} \tag{6-9}$$

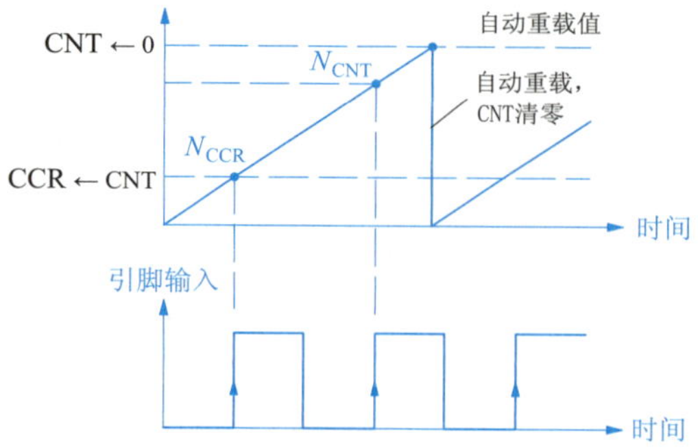

图 6-5　输入捕获测量脉冲（不清零）示意

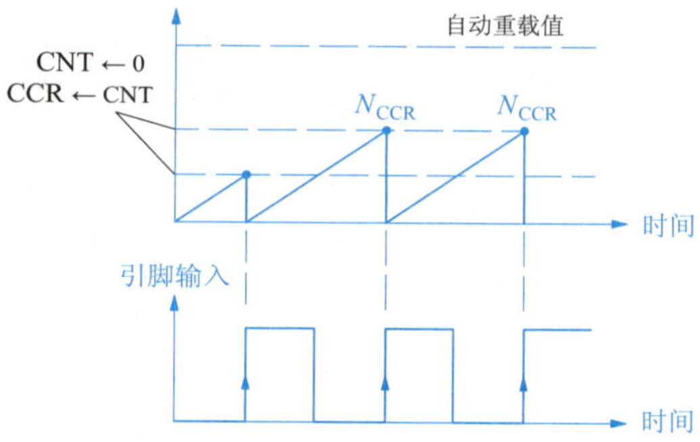

图 6-6　输入捕获测量脉冲（清零）示意

需要注意的是，定时器开始计数的时刻可能不是输入脉冲周期的起始点，所以第 1 次捕获到有效边沿信号时，CNT 的计数值偏小，无法用于准确计算输入脉冲的相关参数。

在实际应用中，当输入信号的周期长于定时器设定的定时时间时，在一个输入周期内，计数器会产生溢出事件，计数会清零并重新计数。采用以下策略可实现长周期输入信号的测量，如图 6-7 所示。

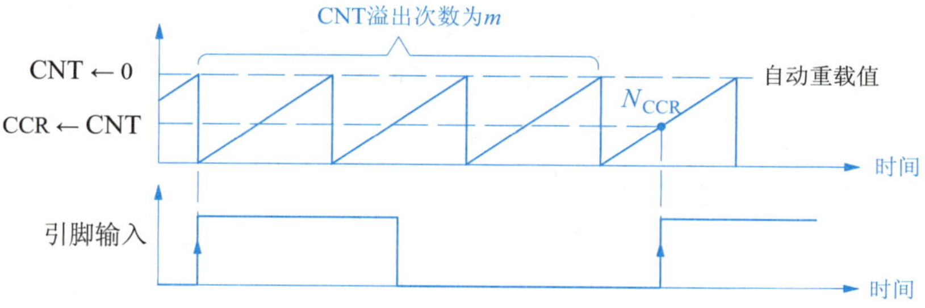

图 6-7　输入捕获测量长周期脉冲示意

（1）检测到有效边沿信号时，CCR 获取 CNT 数值，CCR 的数据记为 N_{CCR}。

（2）若计数器溢出，计算溢出次数，溢出次数记为 m。

则长周期输入脉冲的周期与频率分别为

$$\begin{cases} T = \dfrac{m \times (N_{ARR}+1) + N_{CCR}+1}{f_{psc}} \\ f = \dfrac{f_{psc}}{m \times (N_{ARR}+1) + N_{CCR}+1} \end{cases} \quad (6\text{-}10)$$

3. 编码器接口

编码器是工程使用极为广泛的转速或角度测量传感器，STM32 芯片提供了编码器接口，用于接收编码器的输出信息，并检测旋转运动的转向和转速等参数。

1）编码器简介

编码器的种类较多，旋转运动的编码实现方式也各不相同，但各类型编码器的基本原理基本相同。下面仅介绍增量式编码器的基本原理，其他内容在此不再论述。

编码器由码盘、光源和光敏元件以及转换电路组成，如图 6-8 所示。其中，码盘圆周上

均匀雕刻着 m 条刻缝，且码盘固定安装于旋转轴上，与轴同步旋转；码盘的一侧装有光源元件，另一侧对称安装有光敏元件。

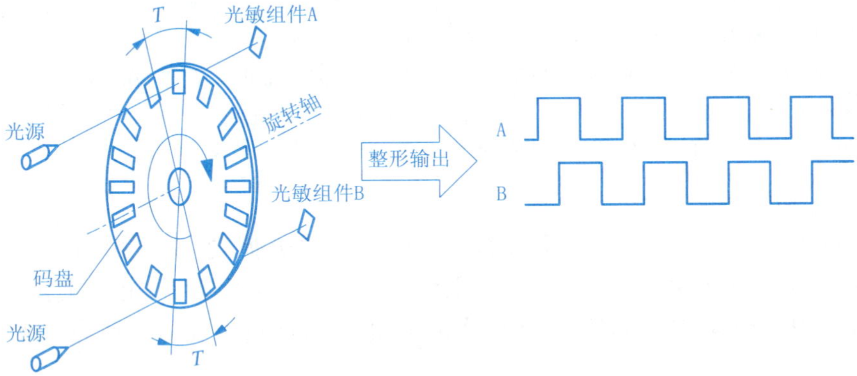

图 6-8　编码器原理图

当码盘上的刻缝旋转到光源与光敏组件的连线上时，光线通过该条刻缝照射到光敏元件上，光敏元件导通，输出高电平；反之，当光线被码盘遮挡时，光敏元件截止，输出低电平。在码盘旋转过程中，光敏元件将输出周期变化的脉冲波，脉冲的频率 f、周期 T 与旋转速度 ω 存在以下关系：

$$\begin{cases} f=\dfrac{\omega\times m}{60} \\ T=\dfrac{60}{\omega\times m} \end{cases} \tag{6-11}$$

式中：m 为码盘刻缝的条数。

由式（6-11）可知，测量获得光敏组件的输出信号频率后，可换算求得旋转运动的转速；统计光敏组件的输出脉冲数，可换算出旋转运动的旋转角度。但是一套光敏组件无法判别旋转方向（正转或翻转），因此编码器一般设置两套光敏组件 A 和 B，且光敏组件 A 和 B 在相位上错位 $T/4$。

如图 6-8 所示，码盘顺时针旋转（定义为正转）时，光敏组件 A 的光线已处于刻缝中间位置，而光敏组件 B 才刚进入刻缝区间。当码盘顺时针旋转时，脉冲 B 与脉冲 A 相比，在相位上延迟 $T/4$；反之，当码盘逆时针旋转（定义为翻转）时，脉冲 A 相对于脉冲 B 在相位上延迟 $T/4$，如图 6-9 所示。

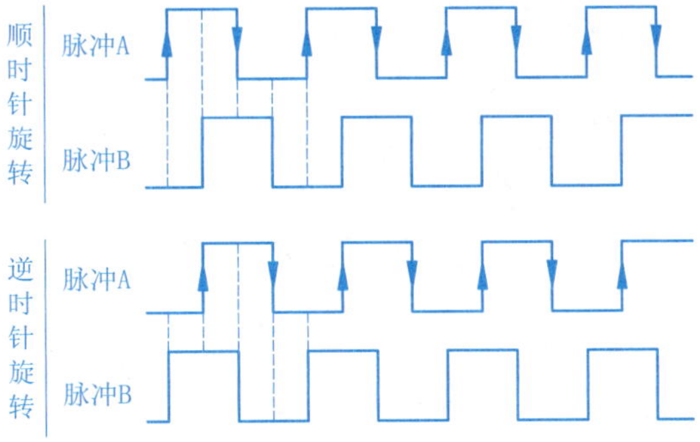

图 6-9　码盘转向与脉冲 A、B 的相位关系

可见，通过检测脉冲 A 和脉冲 B 的相位关系，即可判别旋转运动的旋转方向。

提示：

周期相同的脉冲 A 和脉冲 B 之间的相位延迟关系具有普适的边沿跳变特点，通过这种边沿跳变特点可快速判定两者之间的延迟关系：

（1）脉冲 A 超前脉冲 B 1/4 周期时，脉冲 A 的上升沿到达时，脉冲 B 必定是低电平，脉冲 A 的下降沿到达时，脉冲 B 必定是高电平，即“A 上 B 低或 A 下 B 高，A 在前”；

（2）脉冲 A 延迟脉冲 B 1/4 周期时，则有“A 上 B 高或 A 下 B 低，A 在后”。

2）编码器接口功能

所谓编码器接口，就是综合应用定时器的计数、定时功能，通过检测编码器的输出脉冲 A 或 B 的脉冲数（即编码器转过的角度），间接计算脉冲的频率、转速，并识别转向。

若综合应用脉冲 A 和 B 的信息，还可实现倍频、相位测量以及防抖动等功能。

Ⅰ. 倍频功能

脉冲 A 和 B 设置为双向触发（上升沿和下降沿均有效），此时编码器转过 1 条刻缝时，计数器计数 4 次，如图 6-10 所示。

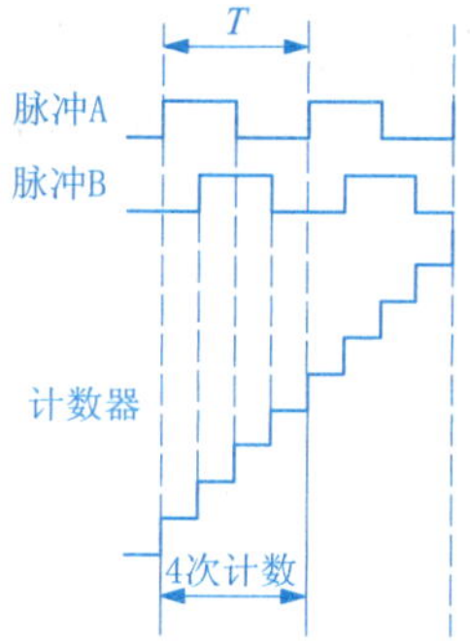

图 6-10　双向触发的脉冲计数示意

此时，编码器只要旋转 360°/(m×4)，计数器即计数 1 次，相当于编码器可以检测的最小角度缩小为 1/4，从而提高了编码器的检测精度，也实现了脉冲频率的倍频功能。

Ⅱ. 防抖动功能

旋转运动在换向时，其速度较慢，甚至接近于零。由于振动、干扰等因素，运动部件在换向时会产生忽正忽翻转动的状态，这种忽正忽反往返摆动的现象就是旋转的抖动，如图 6-11 所示。

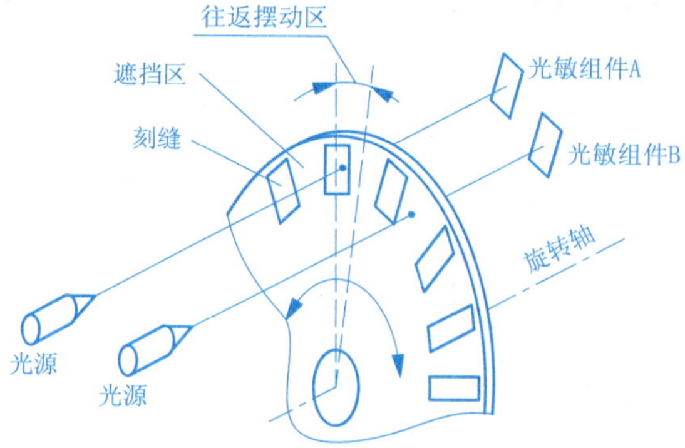

图 6-11　编码器旋转抖动示意

当旋转运动抖动时，光敏组件会在刻缝与遮挡区之间来回转动，从而产生错误的脉冲信号，如图 6-12 所示。

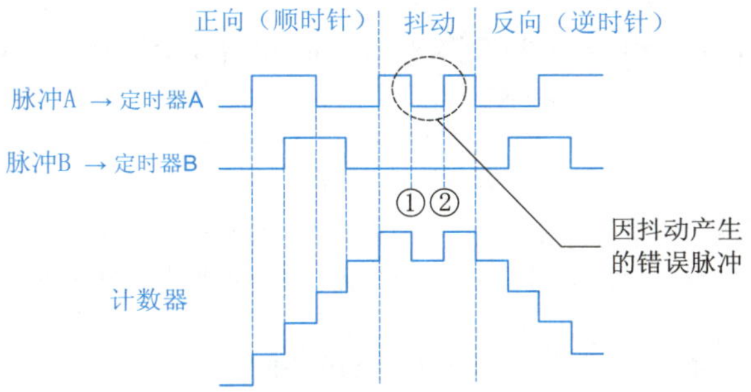

图 6-12　双向计数和防抖动示意

若脉冲 A 信号先到达，说明编码器顺时针旋转，约定计数器做递增计数，也就是检测到有效跳变沿，计数器加 1；若脉冲 B 信号先到达，说明编码器逆时针旋转，约定计数器做递减计数。

根据两个脉冲延迟关系的跳变特点，脉冲 A 在①处为下降沿，且脉冲 B 为低电平，说明脉冲 A 迟于脉冲 B 到达，则计数器做递减计数；同理可知，在②处脉冲 A 早于脉冲 B 到达，则计数器做递增计数。可见，这种双向计数模式可以消除因抖动引入错误脉冲的影响。

双向计数模式的递增或递减计数方式与编码器的转向具有一一对应关系，可根据计数方式快速判定编码器的转向，也可对脉冲 A 和脉冲 B 之间的相位先后关系进行测量。

4. 定时器同步或级联

所谓定时器同步或级联，是指两个定时器 A 和 B 从内部连接在一起，定时器 A 控制定时器 B 的计数复位、启动、停止等操作，或为定时器 B 提供时钟。在级联体系中，处于主动地位或作为时钟源的定时器（如定时器 A），其工作模式称为主模式；而定时器 B 的工作模式称为从模式，如图 6-13 所示。

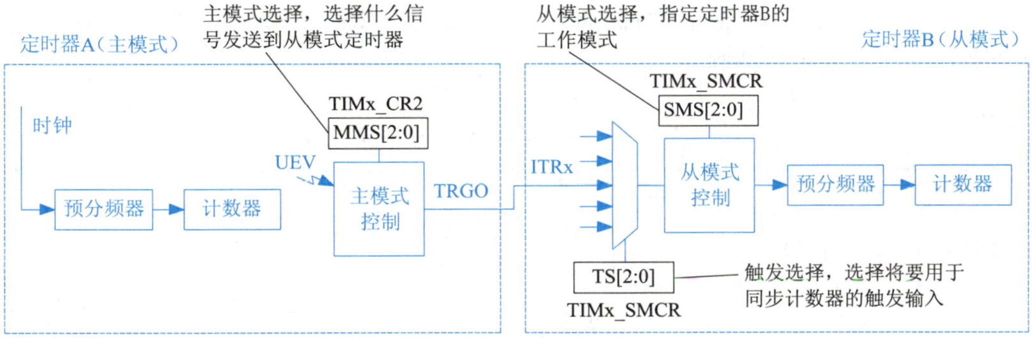

图 6-13　主/从定时器示例

定时器控制寄存器 2（TIMx_CR2）的主模式选择数据位 MMS[2：0]用于选择主模式下将要发送到从模式定时器以实现同步的信息，如定时器 A 的复位信号、使能信号、更新信号等。

从模式选择数据位 SMS[2:0]用于指定定时器 B 的工作模式，可使其工作于编码器模式、复位模式、门控模式、触发模式等。

触发选择数据位 TS[2:0]用于选择将要用于同步计数器的触发输入信号，如图 6-13 选择的是 ITRx 信号。

提示：

1. 复位模式，指当所选输入信号产生变化时，从模式定时器 B 的计数器及其预分频器重新初始化。
2. 门控模式，指使用所选输入的电平（高电平或低电平）使能定时器 B 的计数器，类似于控制电路中的启动开关。
3. 触发模式，指当发生某一事件时，启动定时器 B 的计数器。
4. 外部时钟模式，指由所选输入信号作为计数器的计数时钟。

5. 其他功能简介

为了满足工业电机的驱动需要，部分定时器还设置了互补输出、死区控制、刹车输入等其他功能。

（1）互补输出是指两个管脚输出相反的电平，一般用来驱动 H 桥电路。

（2）死区控制是指当输入变化时，输出无任何反应，该阶段称为死区。例如，电机控制，当施加于电机上的电压（电流）小于某数值时，虽然输入在改变，但电机不转动。

（3）刹车输入是指当电机出现故障时，强制关闭输出，防止电机损坏。

6.1.3 定时器的类型

工程项目可能需使用较多的定时器，且多数情况仅使用定时器的基本功能或其他部分功能。另外，定时器的功能越多，其硬件越复杂，成本越高，耗能越多。

因此，STM32 芯片为了满足工程应用的不同需求，同时降低成本和功耗，内嵌了基本定时器、通用定时器、高级定时器等三类 14 个定时器，见表 6-1。其中，基本定时器的功能最为简单，仅设置了定时中断等功能；通用定时器在基本定时器的基础上增加了输入捕获与输出比较等功能；高级定时器在通用定时器的基础上增加了重复计数、刹车（断路）等功能，这些功能主要用于工业电机的控制。

表 6-1 定时器分类

类型	编号	总线	功能
高级定时器	TIM1、TIM8	APB2	具有通用定时器的全部功能，并额外具有重复计数、死区生成、互补输出、刹车输入等功能
通用定时器	TIM2~TIM5、TIM9~TIM14	APB1	具有基本定时器的全部功能，并额外具有内外时钟源选择、输入捕获、输出比较、编码器接口、主从触发模式等功能
基本定时器	TIM6、TIM7	APB1	拥有定时中断、主模式触发 DAC 等功能

6.2　基本定时器

基本定时器的结构较为简单，仅有基本定时、驱动数模转换器（DAC）两个功能。本节主要介绍基本定时功能，驱动 DAC 功能将在第 7 章介绍。

6.2.1　工作原理

基本定时器由时钟源、时基单元等部分构成，如图 6-14 所示。时基单元是定时器的控制核心，由预分频器（PSC）、计数器（CNT）、自动重载寄存器（ARR）构成，负责时钟脉冲的分频、计数、计数值的重载、溢出判断、输出控制（触发信号）等。

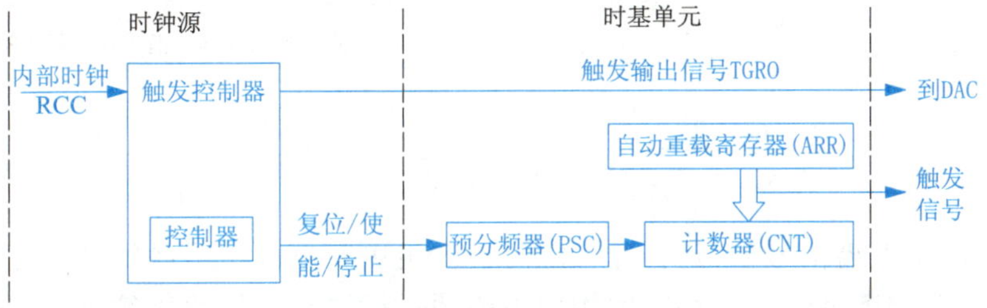

图 6-14　基本定时器框图

PSC、CNT 和 ARR 三个寄存器是定时器重要的寄存器，三者协同工作实现定时器的计数和定时功能，其作用及最大数值见表 6-2。

表 6-2　定时器相关寄存器列表

序号	寄存器名称	寄存器值	描述	大小	设定值范围
1	预分频器（PSC）	PSC[15:0]	时钟脉冲的分频系数	16 位	0 ~ 65 535
2	自动重载寄存器（ARR）	ARR[15:0]	计数目标值	16 位	0 ~ 65 535
3	计数器（CNT）	CNT[15:0]	实时计数数值	16 位	0 ~ 65 535

基本定时器的时钟只能选择内部时钟，且用户无法更改。

由图 2-6 可知，TIM6 和 TIM7 挂载在 APB1 上；又由图 2-26 可知，APBx 的时钟来自分频后的 AHB 时钟，此分频系数记为 p。依据官方参考手册关于时钟树的描述：如果 $p = 1$，则挂载在 APB1 上的外设时钟频率等于 APB1 时钟频率，否则为 APB1 时钟频率的 2 倍。

【示例 6-3】若系统时钟 SYSCLK 的频率为 168 MHz，AHB 的频率为 168 MHz，APB1 的分频系数若设置为 4，则 APB1 的频率为 42 MHz，试分析定时器的时钟频率。

分析：由于 APB1 的分频系数 $p = 4$，不为 1，则定时器时钟频率应是 APB1 频率的 2 倍，故定时器的时钟频率为 $42 \times 2 = 84$ MHz。

在计数模式下，计数器根据分频后的计数脉冲实时计数，当实时计数的数值 CNT 等于

计数目标值 *ARR* 时，定时器产生溢出。此时，定时器根据用户的设置可以触发一个更新事件(Update Event，UEV)，从而触发相应的中断或其他事件，如图 6-15 所示。

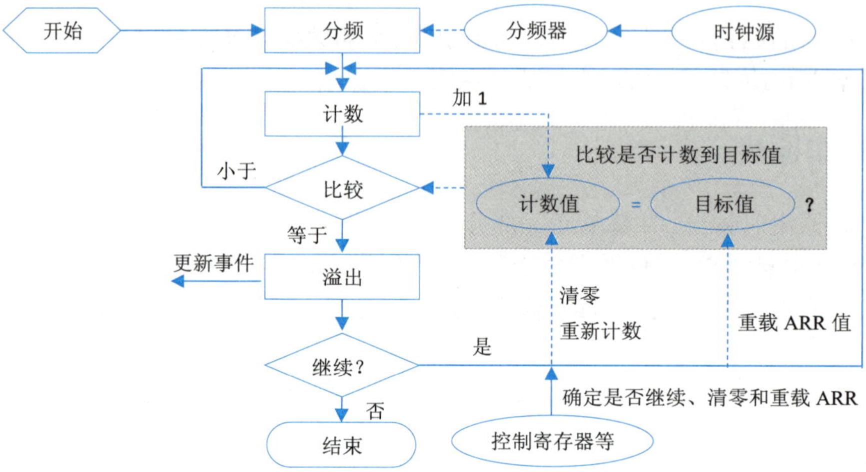

图 6-15　基本定时器工作流程

当计数器产生上溢信号后，是否允许定时器产生更新事件、是否将计数器清零后循环继续计数、是否重新加载 ARR 等，均是由用户事前通过设置相关初始化参数确定的。

6.2.2　应用解析

在实际工程中，定时不是目的，而是为了按照一定时间间隔或时间点启动某项任务，如刷新屏幕、实时调度任务或定时 LED 等。应用基本定时器前，首先需要明确两个关键问题：定时时间如何确定；到达定时时间后如何触发(启动)后续工作。

1. 定时时间确定

定时时间 t 是根据时钟源的时钟频率 f_{in}，由用户可编程设置的预分频系数 p 和自动重载值 N 确定的，由第 6.1.1 节分析可知：

$$t=\frac{p+1}{f_{in}}\times N=T_{in}\times(p+1)\times N \qquad (6\text{-}12)$$

【示例 6-4】定时器 TIM7 的时钟频率为 84 MHz，若需设定定时周期为 20 ms，试分析预分频系数和重载值应如何设置。

解：令预分频系数为 p、重载值为 N，则定时周期 T 为

$$T=T_{in}\times(p+1)\times N=\frac{p+1}{f_{in}}\times N$$

式中：T_{in} 和 f_{in} 分别为时钟周期和时钟频率。

将定时周期 20 ms 及时钟频率 84 MHz 代入上式，可得

$$20=\frac{1}{84\times10^3}\times(p+1)\times N \Rightarrow (p+1)\times N=20\times84\times10^3$$

只需选择满足上式的预分频系数 p 和重载值 N，即可将定时周期设定为 20 ms。

若考虑后续调整的便捷性，可将预分频后的时钟周期设置为 1 μs，即

$$\frac{p+1}{f_{\text{in}}}=1\ \mu s \Rightarrow \frac{p+1}{84}=1\ \mu s$$

此时，预分频系数 p 设定为 83，重载值 N 设定为 20 000，定时周期为 20 ms。

2. 更新事件触发

基本定时器定时时间到达（计数器上溢）后，若使能更新事件（UEV），则将产生 1 个 UEV 脉冲信号。UEV 信号可触发中断，也可触发 DMA 数据传输。若与其他定时器组成级联体系，还可为从模式定时器提供触发信号（Trigger Output，TRGO），如图 6-16 所示。

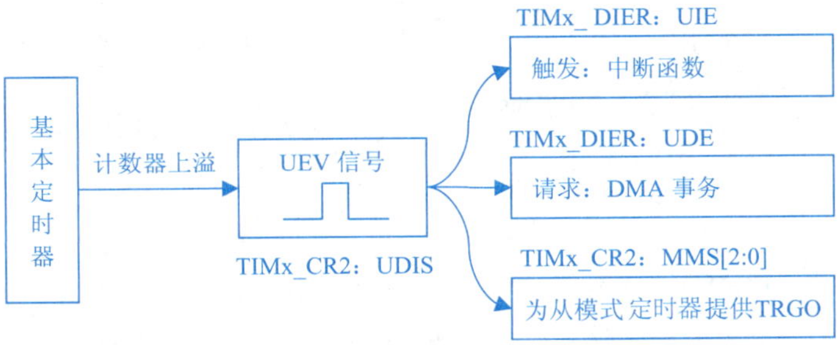

图 6-16　基本定时器可触发的更新事件

基本定时器除 PSC、CNT 和 ARR 三个寄存器外，还有用于保存用户设置参数和定时器工作过程参数的 2 个控制寄存器（CR）、1 个中断使能寄存器（DMA/Interrupt Enable Register，DIER）、1 个事件生成寄存器（Event Generation Register，EGR）和 1 个状态寄存器，如图 6-17 和表 6-3 所示。

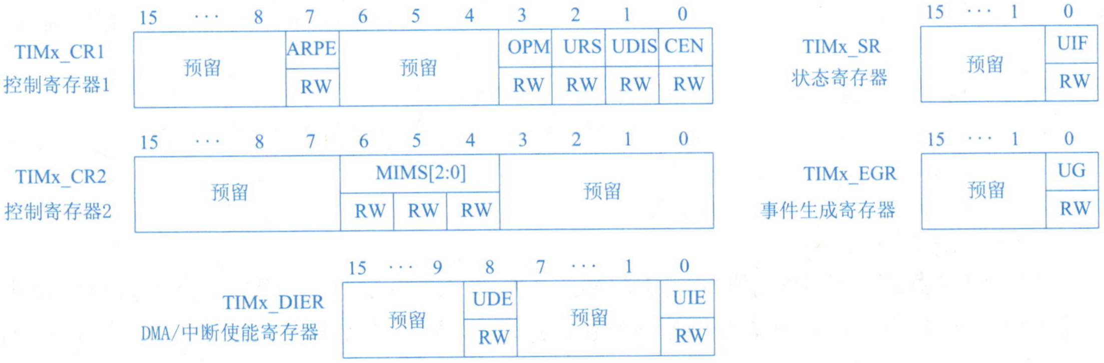

图 6-17　基本定时器的控制和中断使能寄存器

表 6-3　基本定时器相关寄存器

寄存器	位	位名	别名	设定值及其含义
TIMx_CR1	7	自动重载预加载使能 (Auto-Reload Preload Enable)	ARPE	0:TIMx_ARR 寄存器不进行缓冲 1:TIMx_ARR 寄存器进行缓冲
	3	单脉冲模式 (One-Pulse Mode)	OPM	0:计数器在发生更新事件时不会停止计数 1:计数器在发生下一更新事件时,停止计数,并将 CEN 位清零
	2	更新请求源(Update Request Source)	URS	0:所有以下事件都会生成更新中断或 DMA 请求 — 计数器上溢/下溢 — 将 UG 位置 1 — 通过从模式控制器生成的更新事件 1:只有计数器上溢/下溢会生成更新中断或 DMA 请求
	1	更新事件禁止(Update Disable)	UDIS	0:使能 UEV 1:禁止 UEV,不会生成更新事件,各影子寄存器的值保持不变
	0	计数器使能(Counter Enable)	CEN	0:禁止计数器 1:使能计数器
TIMx_CR2	6:4	主模式选择(Master Mode Selection)	MMS	000:复位,UG 位用作触发输出(TRGO) 001:使能,计数器使能信号 CNT_EN 用作触发输出(TRGO) 010:更新,选择更新事件作为触发输出(TRGO)
TIMx_DIER	8	更新 DMA 请求使能(Update DMA request Enable)	UDE	0:禁止更新 DMA 请求 1:使能更新 DMA 请求
	0	更新中断使能(Update Interrupt Enable)	UIE	0:禁止更新中断 1:使能更新中断
TIMx_SR	0	更新中断标志(Update Interrupt Flag)	UIF	0:未发生更新 1:更新中断挂起 该位在以下情况下更新寄存器时由硬件置 1: — 上溢或下溢并且当 CR1 寄存器中 UDIS=0 时; — 当由于 URS = 0 且 UDIS = 0,而通过软件使用 EGR 中的 UG 位重新初始化 CNT 时
TIMx_EGR	0	更新生成(Update Generation)	UG	0:不执行任何操作 1:重新初始化定时器计数器,并生成寄存器更新事件 注意,预分频器计数器也将清零(但预分频比不受影响)

1)中断触发设置

基本定时器若触发中断,需使能更新事件 UDIS,置位 UIE 位;计数器上溢时,将触发定时器中断, UIF 被硬件自动置位,则该中断被挂起,随后进入中断函数执行相关任务,如图 6-18 所示。

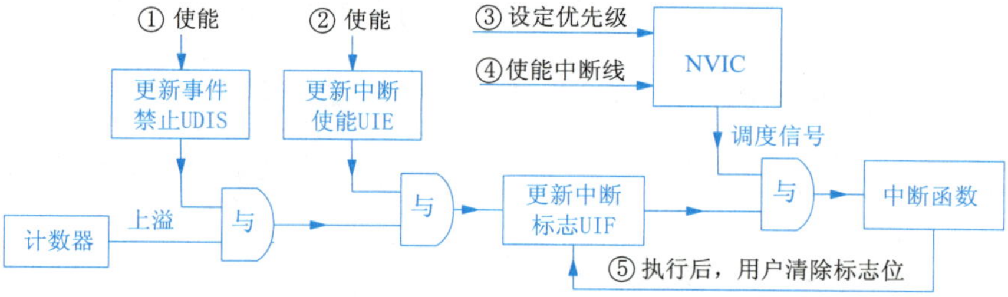

图 6-18　基本定时器中断触发设置及触发过程

需要注意的是，中断挂起后，TIM 中断请求自动提交给 NVIC，NVIC 将根据优先级调度中断函数；执行后，用户必须复位 UIF 位，否则该中断会重复执行。

2）DMA 触发设置

基本定时器若触发 DMA 事务，需使能更新事件 UDIS，置位 UDE 位，并配置 DMA（具体配置步骤查阅用户参考手册）。当计数器上溢时，将触发 DMA 事务的请求，UIF 被硬件自动置位，该请求由 DMA 负责进行具体的传输事务，如图 6-19 所示。

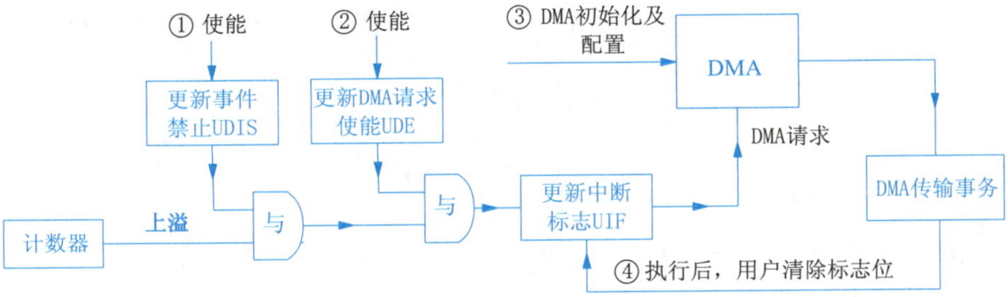

图 6-19　基本定时器 DMA 触发设置及触发过程

DMA 事务执行后，同样需要用户复位 UIF 位，否则该传输事务会重复执行。

3）级联体系 TRGO 触发设置

基本定时器若作为级联体系的主模式 TIM 为从模式 TIM 提供触发信号，需根据需要设置 MMS[2：0]，即选择主模式 TIM 的复位信号、使能信号或更新信号作为从模式的触发信号。

6.3　通用定时器

通用定时器结构

6.3.1　类型及构成

与基本定时器相比，通用定时器除定时这一基本功能外，还增加了输入捕获、输出比较等辅助功能；在结构上，通用定时器为了实现这些辅助功能，增设了用于外部信号输入和支撑捕获及比较功能的独立通道（官方手册中标记为 TIMx_CHx），如图 6-20 所示。独立通道可设置为输入模式，用于输入捕获；也可设置为输出模式，用于输出比较。

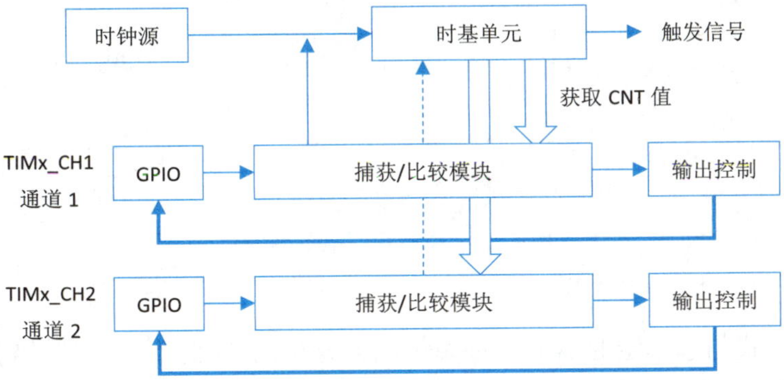

图 6-20　具有 2 个独立通道的通用定时器示意

F407 芯片有 10 个通用定时器，其功能略有差异。依据功能的差异，通用定时器可分为两个子类别，即 TIM2~TIM5 等 4 个定时器拥有 4 个独立通道，具有编码器接口功能；TIM9~TIM14 等 6 个定时器不支持编码器接口，见表 6-4。

表 6-4　通用定时器的细化分类

类型	定时器	功能及其差异
通用定时器分组 1	TIM2~TIM5	1.16 位预分频器、16 位自动重载器，其中 TIM3 和 TIM4 为 16 位计数器，TIM2 和 TIM5 为 32 位计数器； 2. 拥有 4 个独立通道； 3. 支持定位用增量（正交）编码器和霍尔传感器电路
通用定时器分组 2	TIM9、TIM12	1.16 位计数器、16 位预分频器、16 位自动重载器； 2. 拥有 2 个独立通道； 3. 不支持编码器接口
	TIM10、TIM11、TIM13 和 TIM14	1.16 位计数器、16 位预分频器、16 位自动重载器； 2. 拥有 1 个独立通道； 3. 不支持编码器接口

6.3.2　时钟源

与基本定时器不同，通用定时器的时钟源可选的种类较多，既可以选用内部时钟，也可以选择其他定时器的输出信号（如定时器的级联），还可以选用外部输入管脚（External Input Pin，TIx）或外部触发输入（External Trigger Input，ETR）信号，如图 6-21 所示。

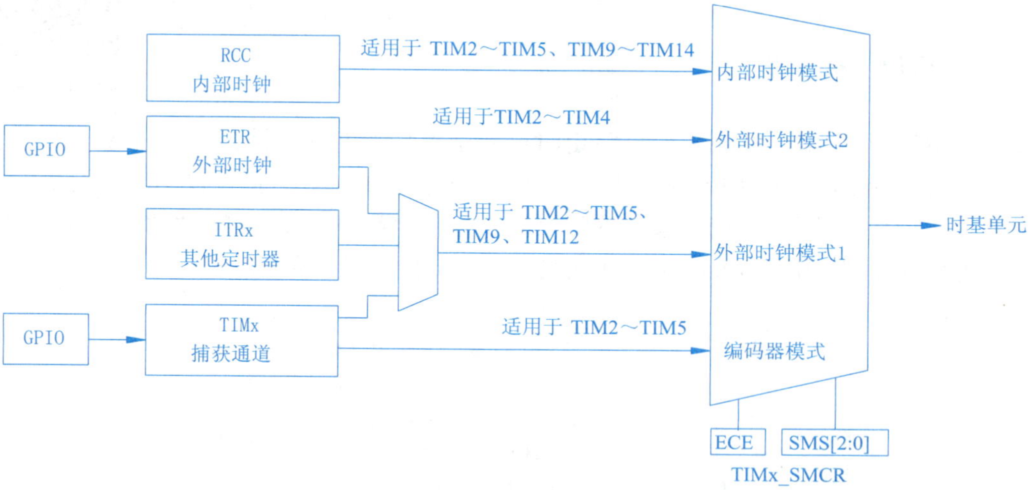

图 6-21　通用定时器的时钟源

1. 时钟模式

内部时钟模式与基本定时器的时钟源使用方式相同，在此不再赘述。将 SMS[2：0]设为“000”，即可选择内部时钟模式。

外部时钟模式 2 通过外部管脚（GPIO 的复用功能 TIMx_ETR）输入时钟信号。

外部时钟模式 1 既可选择其他定时器的输出信号 ITRx 作为时钟源，也可以选择外部输入通道（TIMx_CH1、TIMx_CH2）的输入信号作为时钟源。

编码器模式是一种特殊的时钟源模式，它通过 TIMx_CH1 和 TIMx_CH2 通道输入编码器脉冲信号作为时钟源，这种模式一般用于电机等设备的速度测量和转向监测。

在实际应用中，不管是外部触发通道 TIMx_ETR，还是外部输入独立通道 TIMx_CHy（y =1 或 2），这些通道输入的信号均可能存在窄波（即高频）干扰信号，或波形不规整现象。为了向定时器提供干净的脉冲信号，这些通道一般设有滤波器、边沿检测器、预分频器，对输入信号进行必要的预处理。

2. 外部时钟模式 1

将 TIMx_SMCR（Slave Mode Control Register）的 ECE 位设为 1，可将时钟源设置为外部时钟模式 2。

在该模式下，计数器可在外部触发输入 ETR 出现上升沿或下降沿时计数。外部触发输入通道由极性选择器、预分频器以及输入滤波器等组成，如图 6-22 所示。

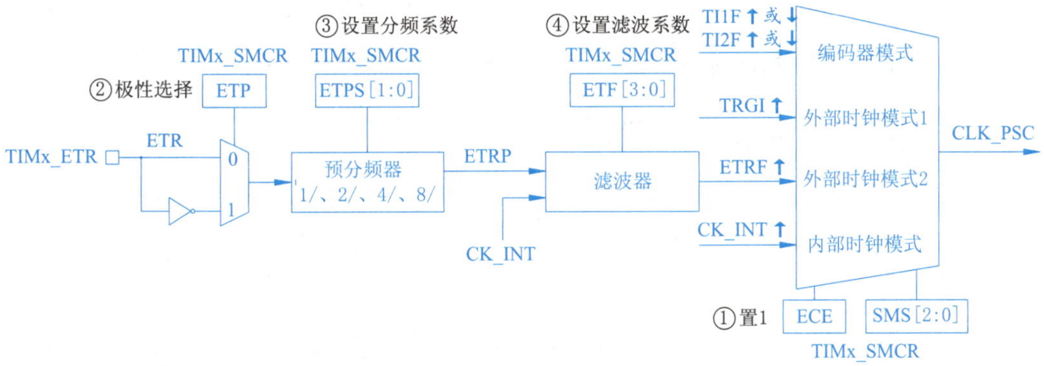

图 6-22　ETR 通道的构成

极性选择器，设置 ETP 参数可选择是将 ETR 信号还是 ETR 反相信号（即 $\overline{\text{ETR}}$ 信号）用于触发操作。

预分频器，外部触发信号 ETRP 频率不得超过 CK_INT 频率的 1/4。若外部触发信号 ETR 频率较高，可通过使能预分频器来降低 ETRP 频率；预分频器的分频系数可设为 1、2、4 或 8。

滤波器，滤波系数 ETF[3: 0]可定义 ETRP 信号的采样频率和适用于 ETRP 的数字滤波器滤波时间。数字滤波器由事件计数器组成，每 N 个事件视为一个有效边沿。例如，当 N=2 时，两个 ETRP 上升沿信号产生 1 个 ETRF 信号。

ETF[3:0]的部分系数及其含义如下。

0000：无滤波器，按 f_{DTS} 频率进行采样（f_{DTS} 为 CK_CNT 时钟频率）。

0001：$f_{\text{SAMPLING}}=f_{\text{CK\_INT}}$，$N$=2。

0010：$f_{\text{SAMPLING}}=f_{\text{CK\_INT}}$，$N$=4。

0011：$f_{\text{SAMPLING}}=f_{\text{CK\_INT}}$，$N$=8。

0100：$f_{SAMPLING}=f_{DTS}/2, N=6$。

0101：$f_{SAMPLING}=f_{DTS}/2, N=8$。

……

拓展：

1. ETR 可作为外部时钟模式 2 的触发信号，也可设置为外部时钟模式 1 的触发信号。

2. ETR 信号以及下面所讲的 TI 信号均是计数器计数的触发信号，而计数时钟是内部时钟 CK_INT 或经分频的内部时钟 CK_CNT，即当外部触发信号有效时，以计数时钟频率对其采样。这也是要求 ETRP 频率不得超过 CK_INT 频率的 1/4 的原因所在。

提示：采样定理要求采样频率应大于信号最高频率的 2 倍，在应用中一般选择采样频率为信号最高频率的 2.56~4 倍。

3. 外部时钟模式 2

当 TIMx_SMCR 中的 SMS[2：0]=111 时，可将 TI 通道选择为外部时钟模式 1。TI 通道由滤波器、边沿检测器等组成，如图 6-23 所示。

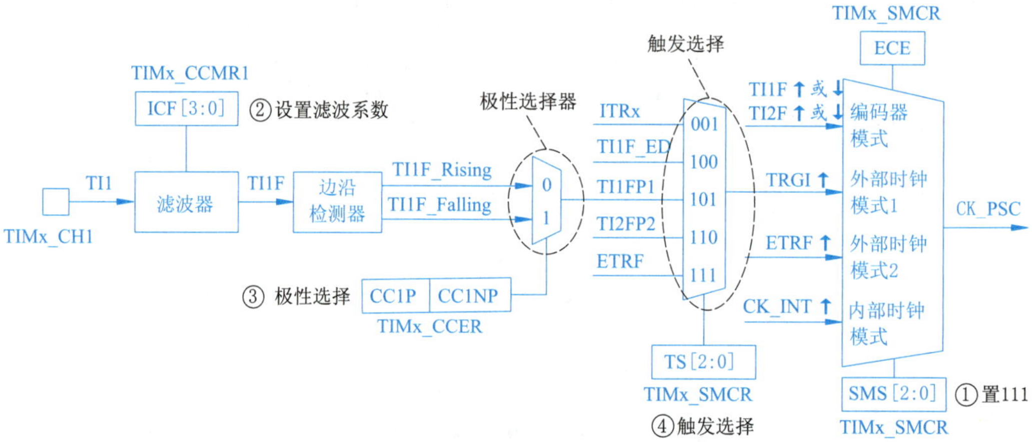

图 6-23　TIMx_CH1(TI1)通道示意

TI 通道滤波器与 ETR 通道滤波器的功能和设置方法类似；边沿检测器用于检测 TI1F 脉冲的上升沿和下降沿信号。

极性选择由捕获/比较使能寄存器 TIM1_CCER(Capture/Compare Enable Register)的 CC1P(Capture/Compare 1 Output Polarity)和 CC1NP(Capture/Compare 1 Complementary Output Polarity)数据位共同决定，见表 6-5。

表 6-5　TI 通道极性选择

CC1NP	CC1P	描述
0	0	未反相/上升沿触发
0	1	反相/下降沿触发
1	0	预留，未使用
1	1	未反相/上升沿和下降沿均触发

注：表中所述的反相或未反相是指 CH1 和 CH2 通道的电压相位是否反相；若 TI 通道设置为输出通道，则 CC1NP 必须设置为 0。

触发选择位 TS[2:0]设定为 101,即可选择滤波后的 TI1FP1 信号作为外部时钟模式 1 的触发信号。

6.3.3　常用功能实现

输入捕获和输出比较是通用定时器的两个重要功能,如 PWM 波生成、编码器检测等工程应用均是基于输入捕获和输出比较功能实现的。在硬件上,捕获/比较模块通过 TIMx_CH 通道接收外部信号,或向外部输出控制信号。每个捕获/比较通道均由以下 3 部分构成:

(1)1 个捕获/比较寄存器(包括 1 个影子寄存器);

(2)1 个捕获输入通道段(数字滤波、多路复用和预分频器);

(3)1 个输出通道段(比较器和输出控制)。

1. 输入通道段

输入通道段对相应的 TIx 输入进行采样,生成滤波后的信号 TIxF,然后经具有极性选择功能的边沿检测器生成 TIxFPx 信号,该信号可用作从模式控制器的触发输入,也可用作捕获命令,如图 6-24 所示。

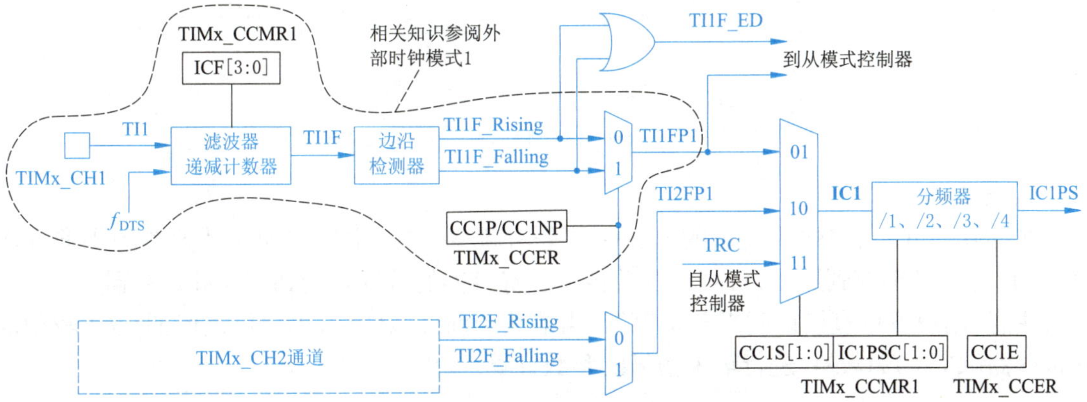

图 6-24　TIMx_CH1(TI1)输入通道段

捕获/比较模式寄存器 TIMx_CCMR1(Capture/Compare Mode Register 1)的通道选择数据位 CC1S(Capture/Compare 1 Selection)负责定义通道方向(输入/输出)或所使用的输入,见表 6-6。

表 6-6　数据位 CC1S 的含义

CC1S[1:0]	描述	备注
00	CC1 通道配置为输出	1. CC1 表示捕获/比较通道 1 2. TRC 为内部触发信号
01	CC1 通道配置为输入,IC1 映射到 TI1 上	
10	CC1 通道配置为输入,IC1 映射到 TI2 上	
11	CC1 通道配置为输入,IC1 映射到 TRC 上	

初始化滤波系数、极性选择参数、模式及分频系数后,将使能位 CC1E 设为 1 使能捕获,

此时 ICxPS 信号才可进入捕获控制器。

2. 捕获/比较模块主电路

捕获/比较模块有 1 个预加载寄存器和 1 个影子寄存器，如图 6-25 所示。

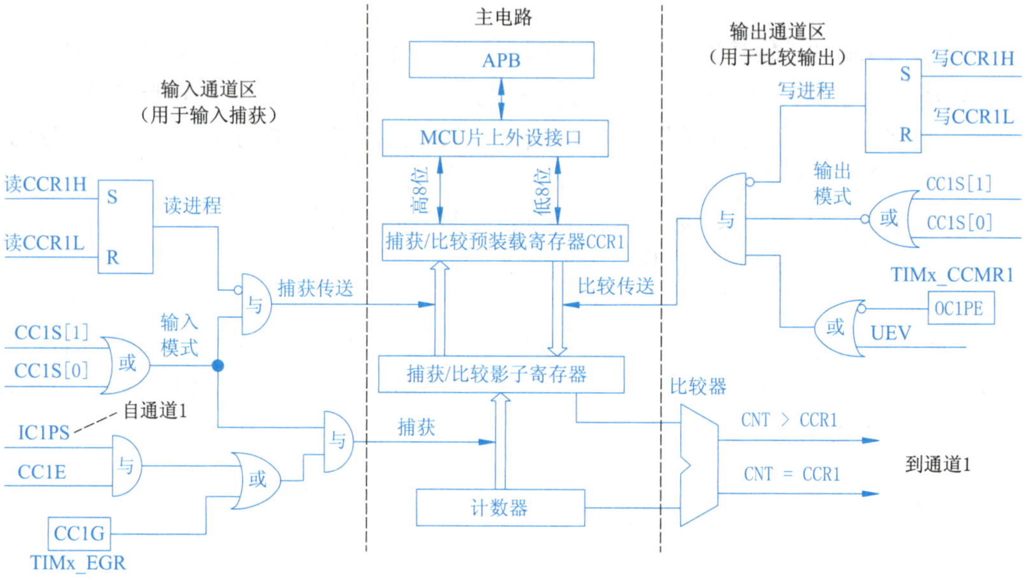

图 6-25　TIMx_CH1(TI1)输入通道段通道 1 主电路

1)捕获模式

在捕获模式下，当输入通道的 ICxPS 信号有跳变沿时，主电路捕获计数器的当前计数值 CNT，并将其锁存到影子寄存器，然后将影子寄存器的数据复制到预加载寄存器。

注意：用户不可直接访问影子寄存器；当捕获当前计数值后，用户可读取捕获/比较预加载寄存器(CCR)的数值，进行输入信号的参数计算。

> **思考：**
>
> 结合图 6-25 和表 6-6，分析捕获/比较模块主电路是如何选通输入模式或输出模式的。输出通道和输入通道是否可以同时选通？

2)比较模式

在比较模式下，预加载寄存器(CCR)的内容将复制到影子寄存器，然后影子寄存器的数据与计数器的数据进行比较，其比较结果用于控制输出通道的输出信号。

3. 输出通道段

CCxS[1：0]设为 00，即可将通道设置为输出模式，此时用于比较输出模式。根据需要设置合适的模式选择与极性选择参数并使能后，可根据比较结果和所选模式输出相应信号，如图 6-26 所示。通道 x 输出比较模式选择 OCxM[2：0]的含义见表 6-7。

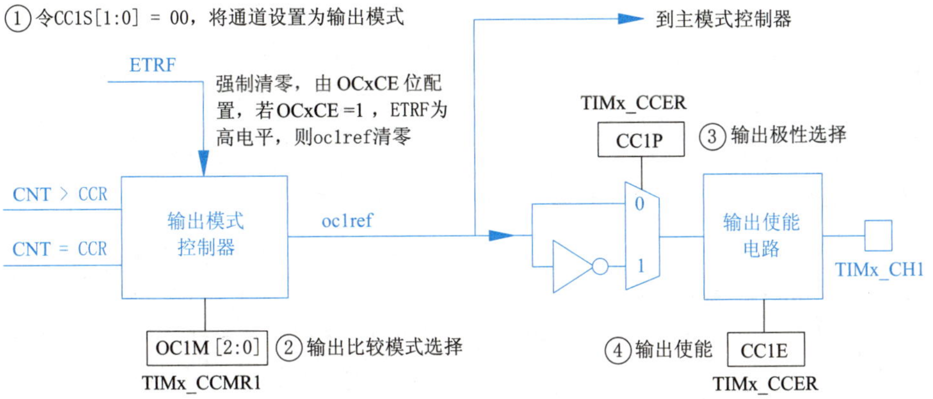

图 6-26　TIMx_CH1(TI1)输出通道段

表 6-7　通道 x 输出比较模式选择 OCxM[2:0]的含义

CCxM[2:0]	描述	CCxM[2:0]	描述
000	冻结，ocxref 保持不变	100	强制 ocxref = 0
001	CNT=CCR 时，ocxref = 1	101	强制 ocxref = 1
010	CNT=CCR 时，ocxref = 0	110	设置为 PWM 模式 1
011	CNT=CCR 时，ocxref 翻转	111	设置为 PWM 模式 2

若 CCxM[2:0]设置为 110 或 111，可将通道设置为 PWM 模式 1 或 PWM 模式 2，模式 1 和模式 2 的区别如表 6-8、图 6-27 和图 6-28 所示。

表 6-8　PWM1 与 PWM2 的区别

计数模式	比较	PWM 模式 1 输出	PWM 模式 2 输出
递增计数模式	CNT < CCR	1	0
	CNT ≥ CCR	0	1
递减计数模式	CNT > CCR	0	1
	CNT ≤ CCR	1	0

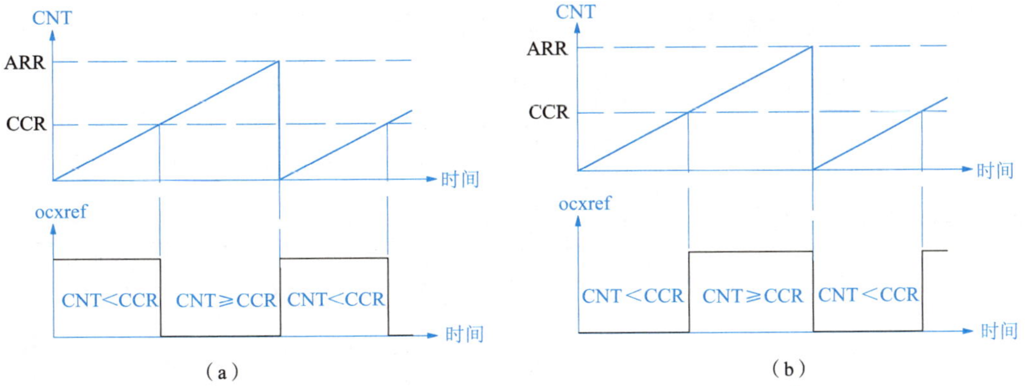

图 6-27　递增计数模式下 PWM1 和 PWM2 的 ocxref 信号

(a)PWM1 的 ocxref 信号　(b)PWM2 的 ocxref 信号

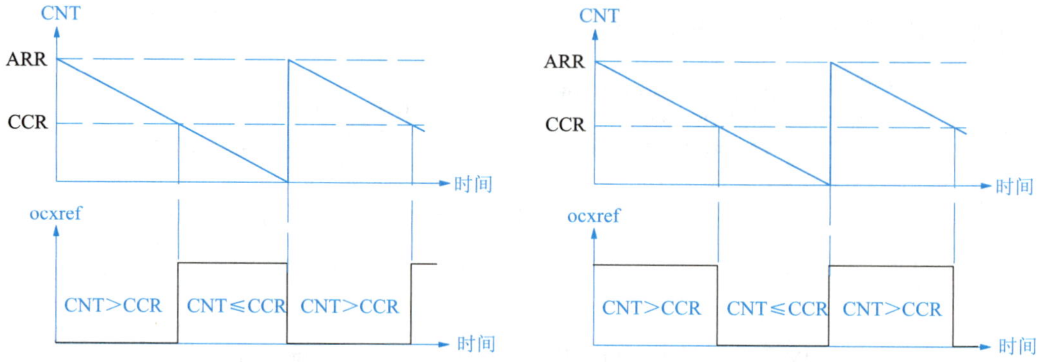

（a）　　（b）

图 6-28　递减计数模式下 PWM1 和 PWM2 的 ocxref 信号

（a）PWM1 的 ocxref 信号　（b）PWM2 的 ocxref 信号

注意：在 PWM 模式 1 或 PWM 模式 2 下，仅当比较结果发生改变或输出比较模式由冻结模式切换到 PWM 模式时，ocxref 电平才会更改。

4. PWM 输入模式

PWM 输入模式是专门用于测量 PMW 脉宽、频率和占空比等参数的一种特殊输入模式，其实现步骤与输入捕获模式基本相同，区别在于 PWM 输入模式的一个 TIx 通道连接两个捕获/比较模块，且连接到捕获/比较模块的两个输入信号极性设置为相反。

【示例 6-5】将 TI1 设置为 PWM 输入模式，捕获管脚输入信号的脉宽和周期。

分析：

TI1 通道的输入信号需连接到 CCR1 和 CCR2 两个捕获/比较模块，约定 TI1FP1 信号取上升沿有效，TI1FP2 信号取下降沿有效，如图 6-29 中细实线所示线路；若使用 TI2 通道，其线路如图 6-29 中虚线所示。

选择一个输入信号，如 TI1FP1 作为定时器的触发输入，并将从模式控制器配置为复位模式，即当 TI1 出现上升沿信号时，定时器复位。

运行后，该定时器的 CNT、CCR1 和 CCR2 的时序如图 6-30 所示。

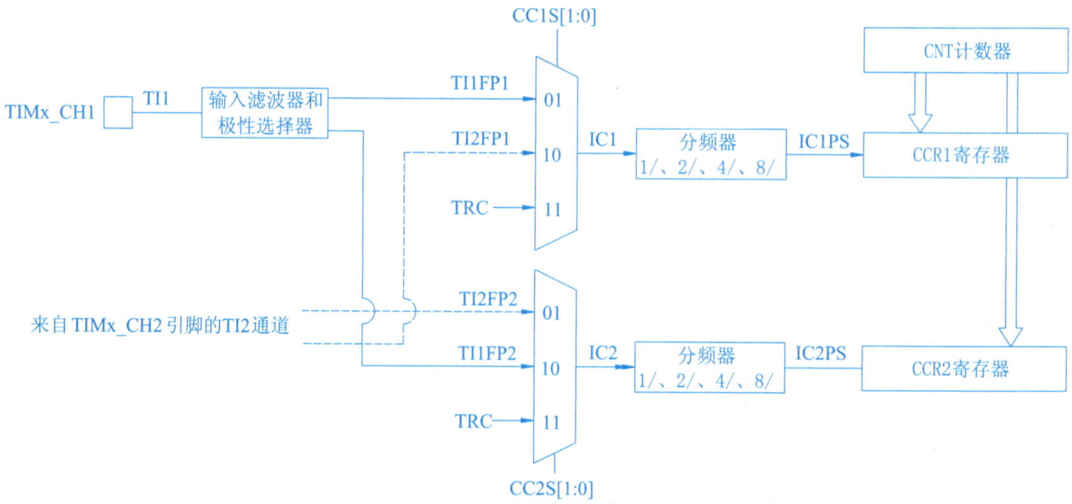

图 6-29　TI1 通道的 PWM 输入模式示意

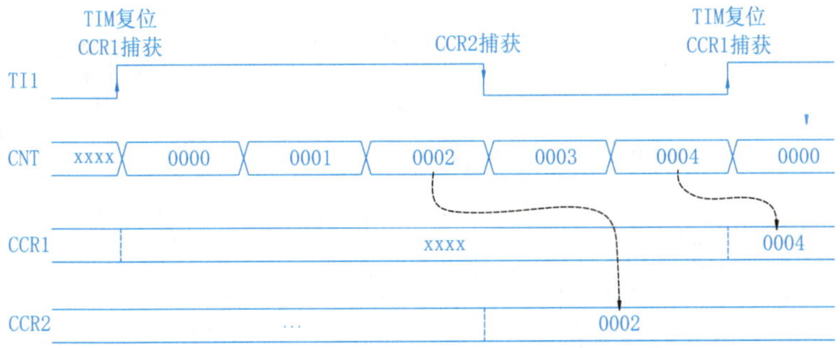

图 6-30　TI1 通道的 PWM 输入时序关系示意

可见，CCR2 存储的数值是输入信号的脉宽，而 CCR1 存储的数值是输入信号的周期（频率）。

使用两个捕获/比较模块 CCR 的 PWM 输入模式，输入信号的参数测量方法简单，且有利于用户的后续处理。

综上可见，PWM 输入模式是输入捕获模式的一个特例，其实现步骤与输入捕获模式基本相同，仅存在以下不同之处：

（1）两个 ICx 信号被映射至同一个 TIx 输入；

（2）两个 ICx 信号在边沿处有效，但极性相反；

（3）选择两个 TIxFP 信号之一作为触发输入，并将从模式控制器配置为复位模式。

提示：

PWM 输入模式只能成组使用，即 CCR1 和 CCR2 为一组，CCR3 和 CCR4 为一组。另外，若使用某定时器的 PWM 输入模式，前提是该定时器至少有 2 个及以上独立通道 TI，否则该定时器不具有此项功能。

5. PWM 输出模式

PWM 模式是基于输出比较功能，可生成 PWM 信号的一种特殊输出模式。在 PWM 模式下，TIMx_CHx 管脚输出生成的 PWM 信号的频率由 TIMx_ARR 寄存器值决定，其占空比则由 TIMx_CCRx 寄存器值决定。其他信息可参考本节“3. 输出通道段”，在此不再赘述。

6. 编码器模式

编码器模式本质上使用两个定时器，一个定时器的时钟源设置为编码器模式，该定时器的两个 TIx 通道接收编码器的两个脉冲信号，并连接到时钟源的编码器接口，计数器 CNT 累计编码器的脉冲数，如图 6-31 所示。

在编码器模式设置时，用户需将 CCxS[1：0]设为 01，将 TIxFPx 映射到 TIx 通道；并设置 SMS[2：0]选择在 TI1FP1 边沿计数、在 TI2FP2 边沿计数，或在 TI1FP1 和 TI2FP2 边沿均计数；同时，还可根据需要设置极性选择参数（CCxP 和 CCxNP）、滤波参数（CCxF）。参数设置后，将计数器使能参数 CEN 置 1 即可启动计数。

编码器模式

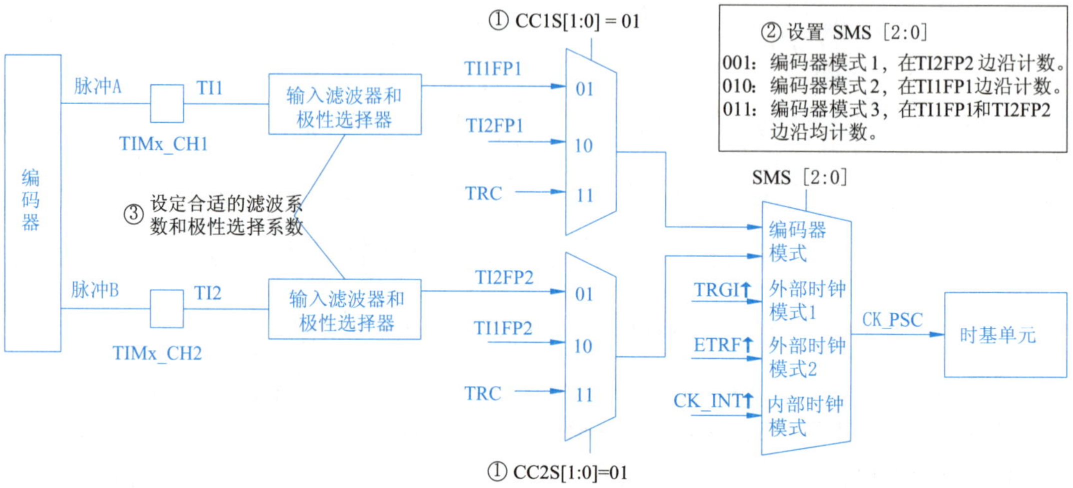

图 6-31　编码器模式

【示例 6-6】若某定时器设置为编码器模式，滤波系数设置为不滤波，选择在 TI1FP1 和 TI2FP2 边沿均计数，即 SMS[1:0]=011，TP1FP1 的极性不反相，其计数结果如图 6-32 所示。

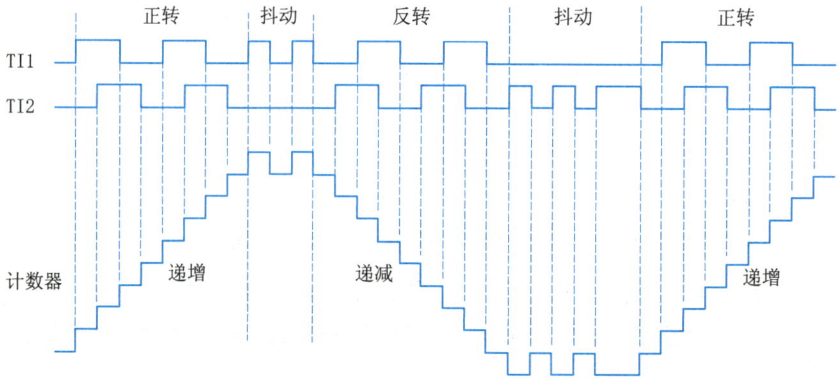

图 6-32　编码器接口模式下的计数器工作示例

可见，编码器接口模式相当于带有方向选择的外部时钟，计数器会根据编码器的速度和方向自动分析并修改计数方向（递增还是递减）。此时，计数器仅捕获编码器当前位置的相关信息，无法分析确定与时间有关的动态参数（如速度、加速度等）。因此，需要将另一个定时器配置为捕获模式，用于测量第一个定时器的两个编码器事件之间的周期，从而可求得编码器的动态信息（如转速）。

6.4　定时器应用及编程

为介绍定时器的应用思路及编程方法，本节以实验 4 为例进行分析和讲解。

【实验 4】定时器 TIM7 控制 LED(PB2),定时器 TIM4 生成 PWM 信号,要求如下:

(1)复位后,LED(PB2)每 0.5 s 闪烁一次;

(2)TIM4 生成的 PWM 信号由 TIM4_CH1 通道输出,PWM 信号频率为 10 Hz,初始占空比为 35%;

(3)按键 Key(PA1)控制 PWM 的脉宽,每按一次占空比增加 5%,若增加到 95%,再次按下按键时,占空比重新调整为 35%;

(4)PWM 波的驱动(显示)对象可根据实际自行设定,如示波器、直流电机(含电调)等。

分析:

(1)TIM7 为基本定时器,根据时钟周期 T 设置自动重载值 ARR,使其定时时间为 0.5 s;使能更新中断(即 UIE 设为 1);定时 0.5 s 后,触发 TIM7 中断,在中断函数中编程实现对 LED 的闪烁控制,如图 6-33 所示。

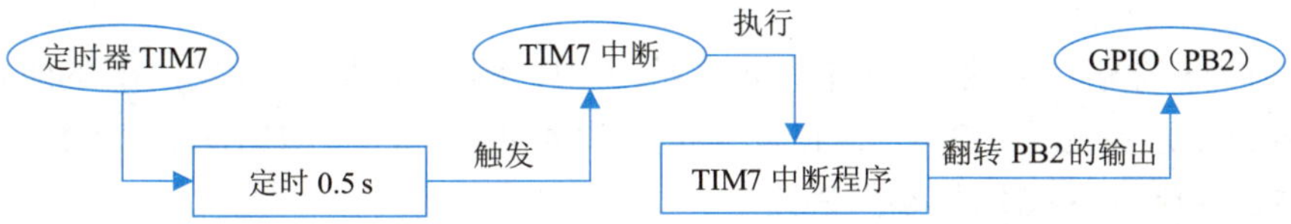

图 6-33　LED 的控制逻辑

(2)TIM4 是通用定时器,若采用 TIM4_CH1 通道输出 PWM 波,查询数据手册可知 TIM4_CH1 是 PB6 管脚的复用功能;将 TIM4 设置为递增计数、PWM1 模式,根据所要求的信号频率、占空比核算 CCR 和 ARR 的初始值并初始化;在按键 Key(PA1)的中断函数中编码实现 CCR 的调整,按下按键 1 次使其占空比增加 5%,如图 6-34 所示。

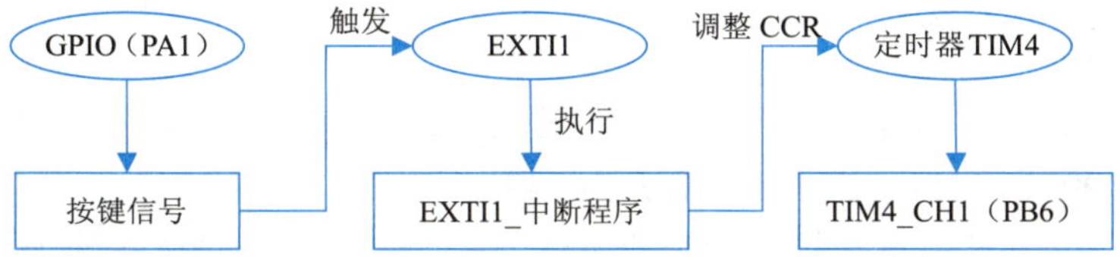

图 6-34　PWM 的脉宽调整实现思路

6.4.1　电路设计

由实验要求可知,PB2 接 LED,PA1 接按键,基本定时器 TIM7 控制 LED(PB2),TIM4_CH1 通道输出 PWM 信号,实验电路如图 6-35 所示。

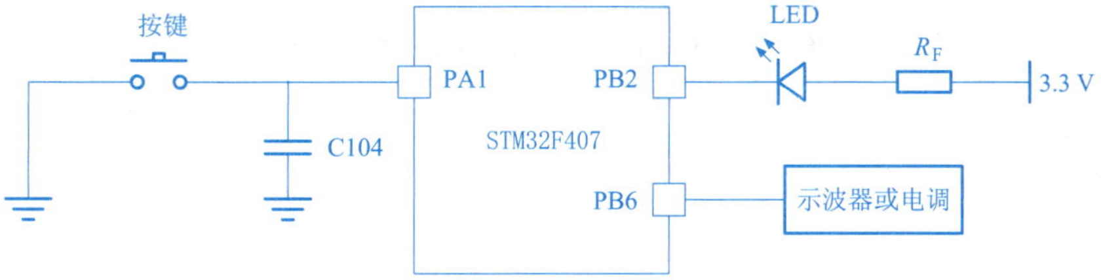

图 6-35　实验电路

6.4.2 初始化参数确定

假设实验装置的系统时钟为 168 MHz，AHB 时钟设置为 168 MHz，APB1 的分频系数为 4。由于 TIM7 和 TIM4 均挂载在 APB1 上，由“6.2.1 工作原理”所述的定时器内部时钟的相关内容可知，TIM7 和 TIM4 的内部时钟均为 84 MHz。

1. 定时器 TIM7 的初始化参数确定

定时器 TIM7 的定时时间 t 为 0.5 s，则定时器的初始化参数可按下式确定：

$$t=\frac{(p+1)\times(n+1)}{f_{\text{int}}} \tag{6-13}$$

式中：p 为定时器的分频系数；n 为自动重载器（ARR）的设定值；f_{int} 为定时器的时钟源频率。

可设定分频系数 p 为 8 399，ARR 设定值 n 为 4 999，此时定时时间 t 为 0.5 s。

2. 定时器 TIM4 的初始化参数确定

通用定时器 TIM4 输出的 PWM 信号频率 f 为 10 Hz，初始占空比 η 为 35%，则 TIMx_ARR 数值 n 决定 PWM 脉冲的频率 f，TIMx_CCRx 数值 k 决定脉冲的占空比 η，其关系如下：

$$\begin{cases} f=\dfrac{f_{\text{int}}}{(p+1)\times(n+1)} \\ \eta=\dfrac{k+1}{n+1}\times 100\% \end{cases} \tag{6-14}$$

将 $f_{\text{int}}=84$ MHz，$f=10$ Hz，$\eta=35\%$代入式（6-14），可设定分频系数 p 为 8 399，TIMx_ARR 数值 n 为 999，则 TIMx_CCRx 数值 k 为 349。

按下按键 1 次，脉冲占空比增加 5%，即 TIMx_CCRx 的设定值 k 每次增加 50。

6.4.3 库文件解析

标准库提供的 stm32f4xx_tim 用于管理和使用定时器的类文件（简称 TIM 文件）。该文件包含所有类型定时器（基本、通用和高级）的常用操作方法以及用于初始化的结构体。

1. 初始化结构体

TIM 文件提供了 4 个初始化结构体，用于定时器的初始化设置，见表 6-9。

表 6-9 stm32f4xx_tim.h 定义的结构体

序号	结构体名称	描述
1	TIM_TimeBaseInitTypeDef	时基初始化结构体，用于定时器的基础参数设置，包括定时器的 ARR 和 PSC 数值、计数模式等
2	TIM_OCInitTypeDef	输出比较初始化结构体，用于完成指定定时器输出通道初始化配置；高级定时器有 4 个定时器通道，使用时必须单独设置
3	TIM_ICInitTypeDef	输入捕获初始化结构体，用于完成定时器输入通道初始化配置

续表

序号	结构体名称	描述
4	TIM_BDTRInitTypeDef	断路和死区初始化结构体，用于断路和死区参数的设置，为高级定时器专用，用于配置断路时通道输出状态以及死区时间

1）时基初始化结构体

时基初始化结构体定义了预分频系数、自动重载值、定时周期、时钟分频和重复计数次数等 5 个初始化参数。

```
typedef struct
{   uint16_t TIM_Prescaler;            /*!< 预分频器的分频系数设置 */
    uint16_t TIM_CounterMode;          /*!< 计数模式设置，可设置为向上（递增）计数、向下（递减）计
                                          数、中心对齐（先递增再递减）等三种计数模式 */
    uint32_t TIM_Period;               /*!< 定时器周期设置，即自动重载寄存器（ARR）设定，可设置范围
                                          必为 0 ~ 65 535 */
    uint16_t TIM_ClockDivision;        /*!< 时钟分频，设置 CK_INT 频率与死区发生器以及数字滤波器
                                          采样时钟频率分频比，可以选择 1、2、4 分频 */
    uint8_t TIM_RepetitionCounter;     /*!< 重复计数设置，最大可设置为 255，只用于高级定时器 */
} TIM_TimeBaseInitTypeDef;
```

重复计数次数仅适用于高级定时器，基本定时器不用设置。

2）输出比较初始化结构体

输出比较初始化结构体定义了输出模式、输出脉冲宽度、输出极性以及输出使能等 8 个初始化参数，其中比较互补输出极性等 3 个参数仅适用于高级定时器。

```
typedef struct
{ uint16_t TIM_OCMode;              /*!< 比较输出模式，共有冻结、强制输出低电平或高电平等
                                       八种模式，PWM1 和 PWM2 模式应用广泛*/
  uint16_t TIM_OutputState;         /*!< 比较输出使能，决定最终的输出比较信号 OCx 是否通过外部
                                       管脚输出 */
  uint16_t TIM_OutputNState;        /*!< 比较互补输出使能，决定 OCx 的互补信号 OCxN 是否通过外
                                       部管脚输出 */
  uint32_t TIM_Pulse;               /*!<比较输出脉冲宽度，即比较寄存器 CCR 的值，决定脉冲宽度，
                                       可设置范围为 0 ~ 65 535 */
  uint16_t TIM_OCPolarity;          /*!<比较输出极性，可选 OCx 为高电平有效或低电平有效  */
  uint16_t TIM_OCNPolarity;         /*!<比较互补输出极性，可选 OCxN 为高电平有效或低电平有效，
                                       仅适用于 TIM1 和 TIM8 */
  uint16_t TIM_OCIdleState;         /*!<空闲状态时通道输出电平设置，可选输出 1 或输出 0，仅适用
                                       于 TIM1 和 TIM8 */
  uint16_t TIM_OCNIdleState;        /*!<空闲状态时互补通道输出电平设置，仅适用于 TIM1 和 TIM8*/
} TIM_OCInitTypeDef;
```

说明：上述的 OCx 和 OCxN 是指 TI 通道的互补输出信号。

3)输入捕获初始化结构体

输入捕获初始化结构体定义了捕获通道选择、输入通道选择、边沿触发选择、输入捕获通道预分频系数、滤波器设置等 5 个初始化参数。

```
typedef struct
{
    uint16_t TIM_Channel;       /*!< 捕获通道 ICx 选择,如 TIM_Channel_1 等通道 */
    uint16_t TIM_ICPolarity;    /*!< 输入捕获边沿触发选择,可选上升沿触发、下降沿触发或边沿跳
                                   变触发 */
    uint16_t TIM_ICSelection;   /*!< 输入通道选择,捕获通道 ICx 的信号可来自三个输入通道,具体
                                   见图 6-22 */
    uint16_t TIM_ICPrescaler;   /*!< 输入捕获通道预分频器,可设置 1、2、4、8 分频*/
    uint16_t TIM_ICFilter;      /*!< 输入捕获滤波器设置,可选设置 0 ~ 15;一般不使用滤波,常设
                                   为 0 */
} TIM_ICInitTypeDef;
```

4)断路和死区初始化结构体

断路和死区初始化结构体仅适用于高级定时器的初始化,在此不再赘述。

2. TIM 库函数

TIM 文件给出了时基管理、输出捕获管理、输入比较管理、时钟管理、同步管理、高级定时器特殊功能、中断/DMA/状态管理等 7 类常用库函数,以及接口与重映射等 2 类专用库函数。表 6-10 仅给出部分常用函数,其他库函数自行查阅 stm32f4xx_tim 文件。

表 6-10　stm32f4xx_tim 文件的部分函数

序号	函数	描述
1	void TIM_TimeBaseInit(TIM_TypeDef* TIMx, TIM_TimeBaseInitTypeDef* TIM_TimeBaseInitStruct)	定时器的时基单元参数初始化函数
2	void TIM_ITConfig(TIM_TypeDef* TIMx, uint16_t TIM_IT, FunctionalState NewState);	启用或禁用指定的 TIM 中断
3	void TIM_ClearFlag(TIM_TypeDef* TIMx, uint16_t TIM_FLAG)	清除 TIMx 的挂起标志
4	void TIM_Cmd(TIM_TypeDef* TIMx, FunctionalState NewState)	启用或禁用指定的 TIM 外围设备
5	Void TIM_ClearITPendingBit(TIM_TypeDef* TIMx, uint16_t TIM_IT)	清除 TIMx 的中断挂起位
6	void TIM_OC1Init(TIM_TypeDef* TIMx, TIM_OCInitTypeDef* TIM_OCInitStruct)	根据 TIM_OCInitStruct 中指定的参数初始化 TIMx_CH1
7	void TIM_OC1PreloadConfig(TIM_TypeDef* TIMx, uint16_t TIM_OCPreload)	启用或禁用 CCR1 上的 TIMx 外围预加载寄存器
8	void TIM_ARRPreloadConfig(TIM_TypeDef* TIMx, FunctionalState NewState)	启用或禁用 ARR 上的 TIMx 外围预加载寄存器
9	void TIM_SetCompare1(TIM_TypeDef* TIMx, uint32_t Compare1)	设置 TIMx_CCR1 寄存器值
10	void TIM_CtrlPWMOutputs(TIM_TypeDef* TIMx, FunctionalState NewState)	启用或禁用 TIM 外围设备主输出

说明：

（1）TIM_ClearFlag( )函数可以清除指定定时器的指定标志位，如 TIM 更新标志、捕获比较器 x 的标志、TIM 触发器标志等。

（2）输出使能可以在 TIM_OCxInit( )函数的初始化参数中设定，若在应用中需要使能或失能 TIMx 的输出，可调用 TIM_CtrlPWMOutputs( )函数使能（失能）输出。

（3）TIM_OC1Init( )、TIM_OC1PreloadConfig( )等函数均为设置 TIMx 定时器的第 1 个 TI 通道（TIMx_CH1）的函数；TIM 文件也提供了其他通道的这些函数，其名称类似，区别是将 1 变为 2、3 或 4。

6.4.4　编程及解析

1. 总体设计

该实验的主要功能有两项：一是 LED 的闪烁控制；二是 PWM 信号生成、脉宽调节及其输出。其外围设备有按键、LED、PWM 接收设备等三类，根据第 5 章所述的子模块划分思路，可将实验项目设计为 key、led_btim、pwmgen 三个文件，如图 6-36 所示。

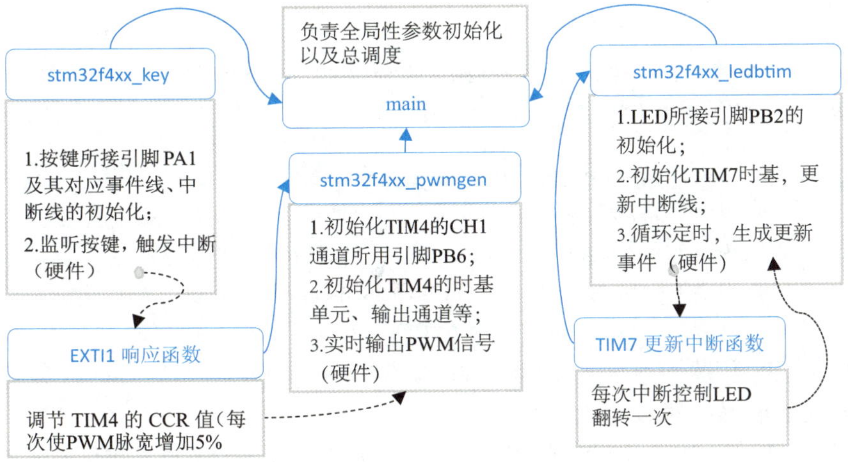

图 6-36　TI1 通道的 PWM 输入模式示意

按键（PA1）对应的外部中断响应函数负责调节 TIM4 的 CCR 值，与 pwmgen 模块关系密切，故将其配置在 stm32f4xx_pwmgen 文件中。TIM7 更新中断控制 LED 的闪烁，故配置于 stm32f4xx_ledbtim 文件中。

该实验使用了 TIM、EXTI、NVIC、SYSCFG、GPIO、RCC 等多个片上外设，项目配置时需包含上述片上外设库文件。

2. 编程与调试

工程建立、配置、程序编写与调试不再赘述，下面仅给出部分参考代码。

1）时基单元初始化及启动

时基单元初始化主要负责自动重载值、预分频系数、计数模式等参数的设置，初始化后需使能更新中断。

```
/******定时器 TIM7 的时基单元初始化设置——参考代码******************************/
TIM_TimeBaseInitTypeDef   TIM_T7IntDef;

TIM_T7IntDef.TIM_Period = TIM7_ARR; //设置自动装载周期的值
TIM_T7IntDef.TIM_Prescaler =TIM7_PSC; //设置预分频系数
TIM_T7IntDef.TIM_CounterMode = TIM_CounterMode_Up; //时钟设置为向上计数模式
TIM_TimeBaseInit(TIM7,&TIM_T7IntDef); //调用 TIM_TimeBaseInit( )函数完成初始化
TIM_ClearFlag(TIM7,TIM_FLAG_Update); //清除 TIMx 更新状态位
TIM_ITConfig(TIM7,TIM_IT_Update,ENABLE);//打开 TIM7 中断
TIM_Cmd(TIM7,ENABLE); //使能 TIM7
```

定时器 TIM4 的时基单元初始化设置与 TIM7 类似，在此不再给出。

需要注意的是，由于实验使用了 TIM4 的 PWM 输出功能，在初始化时基单元后，不要立即启动，需要在完成输出比较等其他功能的初始化工作后，再调用 TIM_Cmd( )函数启动定时器 TIM4。

2)更新中断设置

定时器 TIM7 的更新中断属于内部中断，查询参考手册可知，TIM7 的中断通道(号)为 TIM7_IRQn。编程时，只需在 NVIC 中配置中断通道、优先级和使能即可。

```
/******定时器 TIM7 的溢出中断设置——参考代码******************************************/
NVIC_InitTypeDef   NVIC_Tim7Init;

NVIC_Tim7Init.NVIC_IRQChannel = TIM7_IRQn;//指定终端通道
NVIC_Tim7Init.NVIC_IRQChannelPreemptionPriority = 1;//配置抢占式中断优先级
NVIC_Tim7Init.NVIC_IRQChannelSubPriority = 1;//配置响应式中断优先级
NVIC_Tim7Init.NVIC_IRQChannelCmd = ENABLE;//设置成使能中断

NVIC_Init(&NVIC_Tim7Init);
```

3)PWM 输出初始化设置参考代码

参考前面时基单元初始化设置的参考代码完成定时器 TIM4 时基单元初始化后，还需配置 TIM4 的输出比较功能。

```
/******定时器 TIM4 的 PWM 生成初始化设置——参考代码********************************/
TIM_OCInitTypeDef TIM_OCInitS;

TIM_OCInitS.TIM_OCMode = TIM_OCMode_PWM1;//输出比较模式设置为 PWM 调制模式 1
TIM_OCInitS.TIM_OutputState = TIM_OutputState_Enable; //使能比较输出
TIM_OCInitS.TIM_OCPolarity = TIM_OCPolarity_Low; //设置输出的极性为低
TIM_OCInitS.TIM_Pulse=TIM4_CCR1; //设置 CCR1 的初始值
TIM_OC1Init(TIM4, &TIM_OCInitS);//调用 TIM_OC1Init 函数完成初始化

TIM_OC1PreloadConfig(TIM4, TIM_OCPreload_Enable); //使能 CCR 预加载寄存器
TIM_ARRPreloadConfig(TIM4, ENABLE);// 使能ARR 预加载寄存器
```

```
TIM_Cmd(TIM4, ENABLE);//使能(启动)TIM4
```

4)PWM 脉宽调制

PWM 脉宽调制由按键所用管脚 PA1 对应的外部中断 EXTI1 响应函数负责，将 PA1 管脚和 EXTI1 中断配置后，需要在 EXTI1 的响应函数 EXTI1_IRQHandler( )中编程调整 TIM4_CCR1 寄存器的值，实现 PWM 脉宽调制。

```
/******按键所用管脚 PA1 的中断响应函数——参考代码*************************************/
void EXTI1_IRQHandler(void)
{
    //n16_NewCCR 保存 CCR1 新设置值
    n16_NewCCR+=(uint16_t)(TIM4_ARR*0.05);
    //判断 CRR1 新设置值是否超过 ARR 的 95%
    if(n16_NewCCR>(uint16_t)(TIM4_ARR*0.95))
    {
        n16_NewCCR =(uint16_t)(TIM4_ARR*0.35);
    }
    //调用 TIM_SetCompare1( )函数设置 CCR1 新值
    TIM_SetCompare1(TIM4,n16_NewCCR);
    //清除 EXTI_Line1 的挂起，等待下一次中断请求
    EXTI->PR = EXTI_Line1;
}
```

定时器实验指导书下载

定时器实验示例代码下载

6.5 小结

定时器是计算机系统的重要部件，也是工程上经常使用的片上外设之一。其基本原理以频率恒定且已知的计数脉冲为参照，通过对计数脉冲的统计实现定时功能。计数和定时是其基本功能。

为了实现计数和定时功能，在硬件上设置了由分频器(PSC)、计数器(CNT)、自动重载器(ARR)组成的时基单元，时基单元是定时器的核心和基础。在时基单元的基础上增设捕获/比较寄存器(CCR)后，在时基单元计数的同时，实时对比当前计数值与 CCR 数值的关系，可实现输入捕获和输出比较功能。定时器的 PWM 模式、编码器模式等其他功能均是在定时器的计数(定时)、输入捕获和输出比较等功能的基础上拓展而来的。

STM32F407 芯片为了尽可能满足一般工业需求，并降低成本，提供了 TIM1 和 TIM8 等 2 个高级定时器，TIM2~TIM5、TIM9~TIM14 等 10 个通用定时器，TIM6 和 TIM7 等 2 个基

本定时器。

在工程上，很少单独使用定时器，其多与中断、通用输入/输出等其他外设配合使用，如定时控制、生成 PWM 控制电机、利用编码器测速等。

思考题

6.1　什么是定时器？定时器有哪些功能？

6.2　什么是最长定时时间？其与工程项目上的定时时间有什么区别？影响最长定时时间的因素有哪些？

6.3　时基单元由哪些器件构成？这些器件起什么作用？

6.4　通用定时器有哪些时钟模式？其中外部时钟模式 2 的时钟源由什么输入通道提供？

6.5　在工程项目上，应如何选择定时器的时钟源？

6.6　芯片的系统时钟一般设置为 168 MHz，若将系统时钟设置为其他频率，如 84 MHz，对挂载在 APB1 和 APB2 上的定时器内部时钟有无影响？若有，简要阐述原因。

6.7　假设系统时钟为 168 MHz，现需要利用 TIM9 生成 PWM 信号，其频率为 20 kHz，信号的初始占空比为 25%，试确定 TIM9 定时器的分频系数、自动重载器初始设置值、捕获/比较寄存器初始设置值。

6.8　在第 6.7 题中，若设置脉宽调制功能，假设每次调整时占空比调整幅度为 5%，分析应调整什么参数，以及如何调整可以实现该功能。

6.9　PWM 输入模式是输入捕获模式的一种特例，其实现步骤与输入捕获模式基本相同，但也有差异，简述两者的不同之处。

6.10　若 F407 芯片的某通用定时器设置为外部时钟模式 2，在该模式下计数器可在外部触发输入通道 ETR 出现上升沿或下降沿时计数，说明用户一般需初始化设置哪些参数。设置时，对 ETPS 参数有何要求？

6.11　若 F407 的定时器 TIM7 的时钟频率为 84 MHz，现要求将其定时时间 t 设置为 0.5 s，简要说明需要设置哪些参数以及如何设置。

6.12　若 F407 的定时器 TIM4 的时钟频率为 84 MHz，现要求 TIM4 的输出频率 f 为 10 Hz，初始占空比 η 为 35%的 PWM 信号，简要说明需要设置哪些参数以及如何设置。

第 7 章 DMA、ADC/DAC 及其应用

在工业应用中，模拟信号广泛存在。计算机只能处理数字信号，若处理模拟信号，必须将模拟信号转换成数字信号。模数转换器（Analog-to-Digital Converter，ADC）类似于连接外部设备与计算机的“翻译官”，直接接收外部设备的模拟信号，并将其转换为数字信号。直接存储器访问（Direct Memory Access，DMA）控制器是协助 CPU 进行高速数据传输的协处理器，采用 DMA 传输模数转换后的数据，可以节省 CPU 资源，提高计算机系统的效率。

7.1 DMA 简介

计算机系统的 CPU 具有转移数据、计算、控制程序转移等多种功能，系统运行的核心器件就是 CPU，CPU 无时无刻不在处理事务。为减轻 CPU 的工作负担，直接存储器访问（DMA）应运而生。顾名思义，DMA 是在不需任何 CPU 操作的情况下直接进行存储器的访问，也就是为外设和存储器之间或者存储器和存储器之间提供高速的数据传输服务。

7.1.1 数据传输基础

不管是 DMA 数据传输，还是其他方式的数据传输，其本质都是数据由一个地方传递到另一个地方。若要准确传输数据，就需事前确定数据传输的源地址、目标地址和所传输的数据等三个要素，否则数据传输将无法完成，如图 7-1 所示。

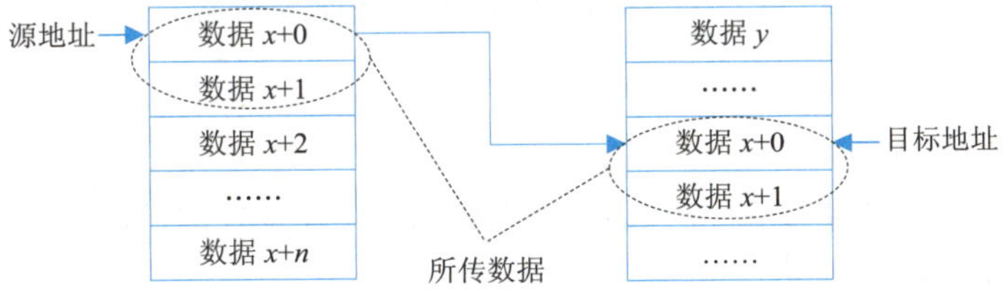

图 7-1 数据传输示意

为了方便用户通过编程设置“源”或“目标”的地址，F407 芯片设置了 3 个 32 位的寄存器，即外设地址寄存器（Peripheral Address Register，PAR）、存储器 0 地址寄存器（Memory 0 Address Register，M0AR）、存储器 1 地址寄存器（M1AR）。

具体由哪一个寄存器保存“源”或“目标”的地址，由数据传输方向决定。F407 的 DMA 数据传输方向有以下三种：

（1）外设到存储器的数据传输，记为 P2M 模式；

（2）存储器到外设的数据传输，记为 M2P 模式；

（3）存储器到存储器的数据传输，记为 M2M 模式。

P2M 模式由 PAR 存储源地址，M0AR 存储目标地址；M2P 模式由 M0AR 存储源地址，PAR 存储目标地址；M2M 模式由 M0AR 存储源地址，M1AR 存储目标地址。

提示：

F407 芯片 DMA 数据传输的“源”和“目标”可在芯片的整个存储区域寻址，即寻址范围为 0x0000 0000 ～ 0xFFFF FFFF 的 4 GB 区域。

内部耦合存储器 CCM（64 KB，0x1000 0000 ～ 0x1000 FFFF）只能由内核访问，DMA 无权访问，后续应用时需要注意。

所传输的数据大小 ds 由数据宽度 w 和数据量 n 决定，即

$$ds = w \times n \tag{7-1}$$

1. 数据宽度

所谓数据宽度，是指从端口发送或从端口接收的数据的位数。F407 芯片 DMA 数据传输可以设为 8 位、16 位或 32 位三种数据传输宽度。

在实际数据传输中，源地址的数据宽度和目标地址的数据宽度可能不一致。例如，某源地址需要传输 4 个 16 位的数据到目标地址，而目标地址只能接收 32 位的数据，则可以将 4 个 16 位数据重新组合成 2 个 32 位数据。

为了解决源和目标的数据宽度不一致问题，F407 芯片 DMA 控制器可分别编程设置源和目标的数据宽度，并借助 DMA 的缓冲区解决该问题，即源以设定的数据宽度发送数据，暂存于数据缓冲区 FIFO（First Input First Output）中，然后按设定的目标接收数据宽度重新组合后，再传输给目标并保存，如图 7-2 所示。

图 7-2　数据宽度不一致问题解决示意

2. 数据量

数据量是指传输多少项数据，DMA 的数据传输可通过两种方式控制数据量。

（1）数据量未知，此时 DMA 持续传输数据，直到结束数据传输时，才可确定所传输的实际数据量，如图 7-3（a）所示。

（2）数据量已知，此时 DMA 将所需传输的数据量存储于 NDTR（Number of Data Register）中，每传输一次数据后，NDTR 的数值减 1，当递减到 0 时停止数据的传输，如图 7-3（b）所示。

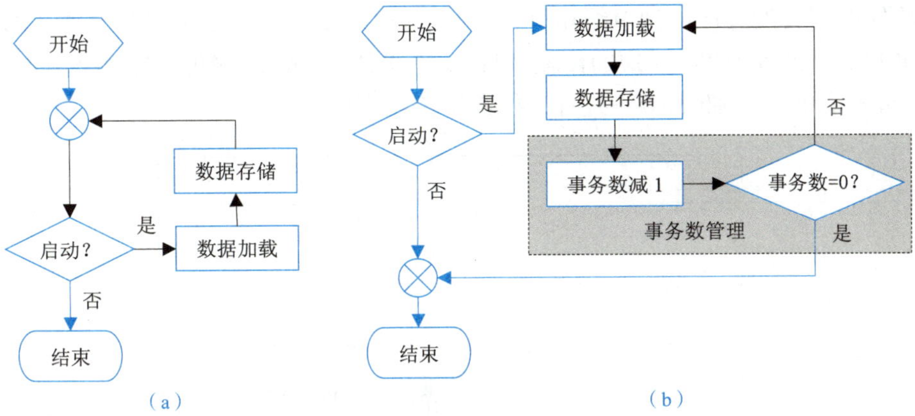

图 7-3　DMA 事务操作流程示意

(a)数据量未知情况下的数据传输　(b)数据量已知情况下的数据传输

由以上论述可知，数据的传输有三步操作流程，即数据加载、数据存储、数据量管理等。

> **提示：**
>
> STM32F407 芯片的 NDTR 是 32 位的，但是只使用了 16 位来保存传输数据的数量，用户可以设置的数据量最大为 65 535。

7.1.2　F407 DMA 概述

F407 芯片有 2 个基于双 AHB 主总线架构的 DMA 控制器(DMA1 和 DMA2)，两个 DMA 控制器均设有两个 AHB 主端口，即外设端口和存储器端口，如图 7-4 所示。

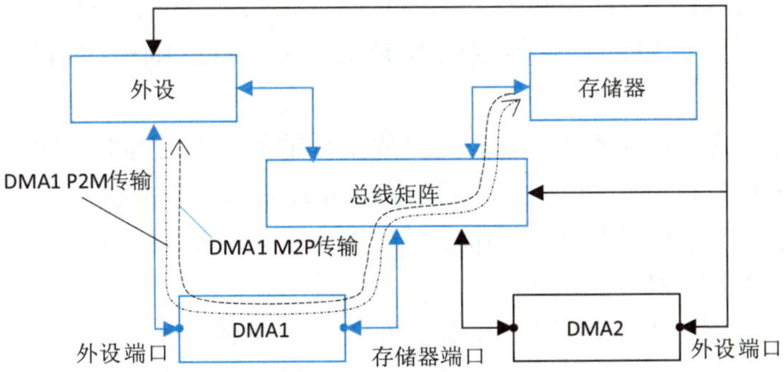

图 7-4　F407 芯片 DMA1 数据传输硬件线路

P2M、M2P 和 M2M 三种方向的数据传输是通过外设端口、存储器端口实现的，且数据只能单向传输。

【示例 7-1】结合图 7-4 分析 DMA1 控制器的数据传输线路。

分析：DMA1 的数据传输可从外设到存储器(P2M)，如图 7-4 中的点画线所示，也可从存储器到外设(M2P)，如图 7-4 中的虚线所示，但是在同一次数据传输中，两种传输不能同时存在。

数据的传输需要硬件的支持，DMA1 控制器的外设端口与 DMA2 控制器的情况不同，

DMA1 的外设端口没有连接到总线矩阵(图 7-4),故外设端口无法访问存储器。因此,在硬件上,DMA1 不具备 M2M 模式的传输条件,只有 P2M 和 M2P 两种传输模式;而 DMA2 具备 M2M 模式的硬件基础(图 7-5),有三种数据传输方向。

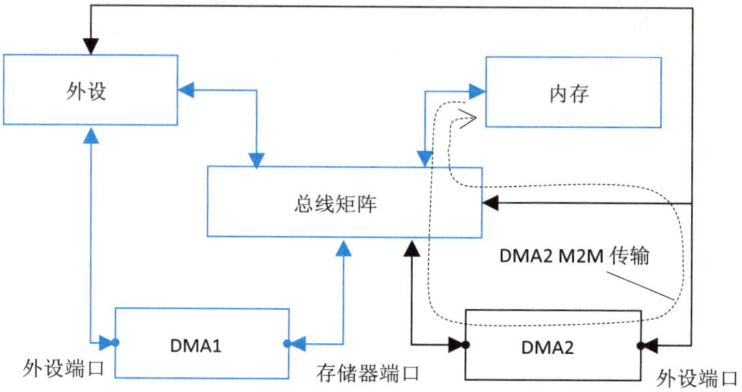

图 7-5　F407 芯片 DMA2 M2M 数据传输硬件线路

7.2　DMA 基本工作原理

DMA 的数据传输和管理由 DMA 控制器负责。DMA 控制器由数据流、仲裁器、FIFO 缓存器、端口和通道等组成,按照功能其内部结构可分为 DMA 请求管理和数据传输管理两个单元,如图 7-6 所示。其中,DMA 请求管理单元负责通道的接入管理,请求信号的接收及其仲裁;数据传输管理单元(图 7-6 中阴影部分)负责数据接收、缓存、传送等工作。

所谓数据流,是指数据传输的一条链路,DMA 有 8 条独立的数据流,每条数据流每次传输的数据量最大可达 65 535,如果传输的数据宽度是 16 位,则一次可以传输 256 KB 大小的数据。

FIFO 缓存器为先进先出缓存器,用来在源数据传输到目标之前临时存储数据。每条数据流都有一个独立的 FIFO,大小为 4 个字(32 位 ×4),如图 7-7 所示。

FIFO 缓存器有一个用户可配置的阈值(可配置为 1/4、1/2、3/4 或满),用来决定缓存器何时接收或何时发送数据。

在 P2M 模式下,阈值决定何时将缓存器中的数据发送到存储器。

在 M2P 模式下,阈值决定何时将存储器内的数据发送到缓存器。

DMA 结构

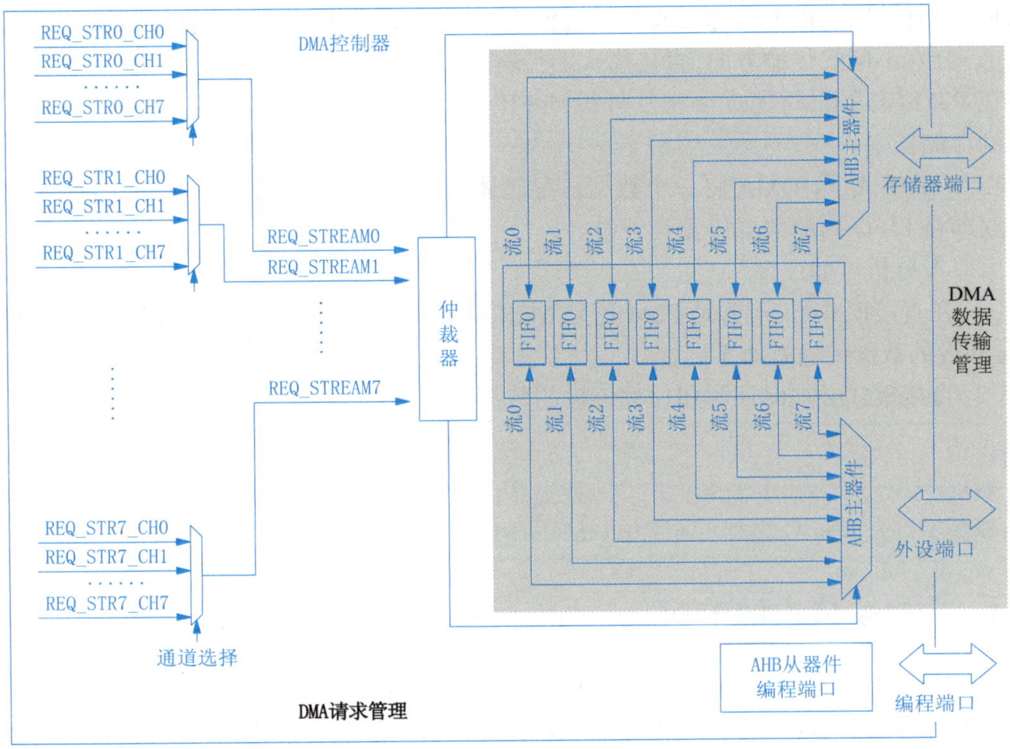

图 7-6　DMA 内部结构框图

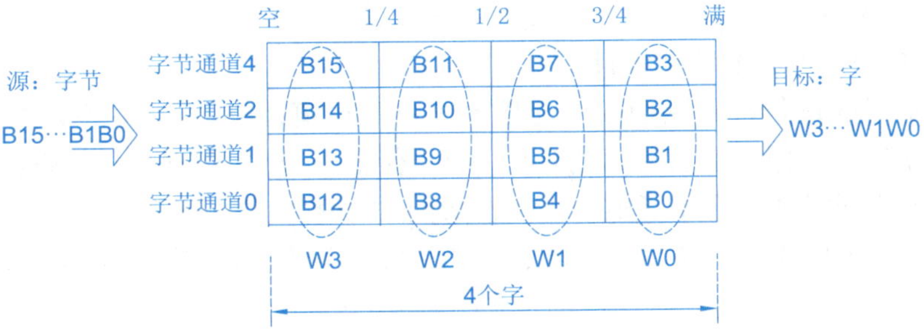

图 7-7　源以字节为单位发送数据，目标以字为单位接收数据

【示例 7-2】若 DMA 的 FIFO 缓冲区阈值设置为 1/4，缓冲区按以下原则接收或发送数据。

（1）当从外设向存储器传输数据（P2M）时，缓冲区内的数据量达到 1/4 时，会将缓冲区的数据发送到目标地址。

（2）当从存储器向外设传输数据（M2P）时，缓冲区内的数据量小于或等于缓冲区容量的 1/4 时，会使用存储器内的数据填充缓冲区。

可见，正是由于缓冲区的阈值控制，才使源和目标所传数据的宽度不一致问题的解决成为现实。如图 7-7 所示，源以字节为单位向缓冲区发送数据，随后缓冲区以字为单位向目标传递数据，从而起到缓冲和封装作用。

使用 FIFO 阈值控制的传输方式称为 FIFO 模式。在默认情况下，FIFO 不使用 FIFO 的阈值控制，而是以直接传输方式进行数据传输，这种数据传输方式称为直接传输（或称直接模式）。针对不同的传输方向，直接模式的传输过程略有不同。

在 P2M 模式下，每完成一次从外设到 FIFO 的数据传输后，相应的数据会立即移出并保存到存储器中。

在 M2P 模式下，DMA 将一个数据从存储器预加载到 FIFO，外设一旦触发 DMA 请求，则会立即将 FIFO 内的数据传输到外设。

由以上分析可如：

（1）在直接模式下，不管是 P2M 还是 M2P，DMA 请求都会立即启动对存储器的数据传输，对外设的数据传输有所不同；

（2）直接模式必须保证源和目标传输的数据宽度相等。

提示：

STM32F407 芯片的用户参考手册将不同数据传输行为或过程均称为“模式”，极易混淆。为了便于读者理解，后续介绍的部分数据传输行为或过程将不加“模式”进行修饰。

7.2.1 DMA 请求的响应

F407 芯片的通用与高级定时器、ADC、SPI、UART、I²C、I²S、DCMI 等片上外设以及存储器等设备都可以向 DMA 申请数据传输。若这些设备均配置一条独立的数据流，那么 DMA 内部电路将会极其复杂，既不利于成本控制，也不利于芯片的功耗控制。

为了简化并共享使用内部电路，降低功耗，高效响应不同设备的 DMA 请求，F407 采用以下两条措施解决该问题。

1. 多通道共用数据流的硬件设计

DMA 控制器的每条数据流最多可连接 8 个可选通道，各通道接收不同的 DMA 请求，即多个通道共用 1 条数据流，如图 7-8 所示。数据传输时，每条数据流只能选择可选通道中的一个通道，不能同时选择多个通道。DMA 请求的这种“共用”设置是由硬件决定的，用户无法修改。为了便于用户了解“共用”情况，官方参考手册给出了 DMA 请求映射表，见表 7-1 和表 7-2。

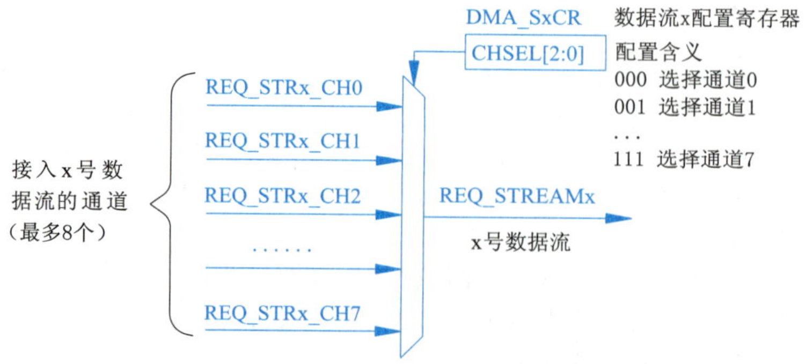

图 7-8 多通道共用数据流示意

表 7-1　DMA1 的请求映射表

请求	流 0	流 1	流 2	流 3	流 4	流 5	流 6	流 7
通道 0	SPI3_RX	—	SPI3_RX	SPI2_RX	SPI2_TX	SPI3_TX	—	SPI3_TX
通道 1	I2C1_RX	—	TIM7_UP	—	TIM7_UP	I2C1_RX	I2C1_TX	I2C1_TX
通道 2	TIM4_CH1	—	I2S3_EXT_RX	TIM4_CH2	I2S2_EXT_TX	I2S3_EXT_TX	TIM4_UP	TIM4_CH3
通道 3	I2S3_EXT_RX	TIM2_UP TIM2_CH3	I2C3_RX	I2S2_EXT_RX	I2C3_TX	TIM2_CH1	TIM2_CH2 TIM2_CH4	TIM2_UP TIM2_CH4
通道 4	UART5_RX	USART3_RX	UART4_RX	USART3_TX	UART4_TX	USART2_RX	USART2_TX	UART5_TX
通道 5	—	—	TIM3_CH4 TIM3_UP	—	TIM3_CH1 TIM3_TRIG	TIM3_CH2	—	TIM3_CH3
通道 6	TIM5_CH3 TIM5_UP	TIM5_CH4 TIM5_TRIG	TIM5_CH1	TIM5_CH4 TIM5_TRIG	TIM5_CH2	—	TIM5_UP	—
通道 7	—	TIM6_UP	I2C2_RX	I2C2_RX	USART3_TX	DAC1	DAC2	I2C2_TX

表 7-2　DMA2 的请求映射表

请求	流 0	流 1	流 2	流 3	流 4	流 5	流 6	流 7
通道 0	ADC1	—	TIM8_CH1 TIM8_CH2 TIM8_CH3	—	ADC1	TIM1_CH1 TIM1_CH2 TIM1_CH3	—	—
通道 1	—	DCMI	ADC2	ADC2	—	SPI6_TX	SPI6_RX	DCMI
通道 2	ADC3	ADC3	—	SPI5_RX	SPI5_TX	CRYP_OUT	CRYP_IN	HASH_IN
通道 3	SPI1_RX	—	SPI1_RX	SPI1_TX	—	SPI1_TX	—	—
通道 4	SPI4_RX	SPI4_TX	USART1_RX	SDIO	—	USART1_RX	SDIO	USART1_TX
通道 5	—	USART6_RX	USART6_RX	SPI4_RX	SPI4_TX	—	USART6_TX	USART6_TX
通道 6	TIM1_TRIG	TIM1_CH1	TIM1_CH2	TIM1_CH1	TIM1_CH4 TIM1_TRIG TIM1_COM	TIM1_UP	TIM1_CH3	—
通道 7	—	TIM8_UP	TIM8_CH1	TIM8_CH2	TIM8_CH3	—	SPI5_TX	TIM8_CH4 TIM8_TRIG TIM8_COM

【示例 7-3】若某工程项目需设置 SPI3_RX、TIM7_UP、TIM4_CH1 三个 DMA 请求，由表 7-1 可知：

（1）SPI3_RX 可通过通道 0 配置为数据流 0 和数据流 2；

（2）TIM7_UP 可通过通道 1 配置为数据流 2 和数据流 4；

（3）TIM4_CH1 可通过通道 2 配置为数据流 0。

由于同一条数据流只能选择一个通道，因此可将 SPI3_RX 配置为数据流 2 的通道 0，TIM7_UP 配置为数据流 4 的通道 1，TIM4_CH1 配置为数据流 0 的通道 2。

提示：

1. 不同型号的 STM32 芯片，其 DMA 请求映射情况不同，表 7-1 和表 7-2 仅适用于 STM32F407 芯片。

2. SPI3_RX 表示片上外设串行通信接口 SPI3 的 RX（Receive）管脚申请 DMA 接收数据的请求；TIM7_UP 表示片上外设定时器 7 更新事件发生时，请求 DMA 数据传输；TIM4_CH1 表示定时器 TIM4 的 CH1 通道，请求 DMA 负责该通道的数据传输。

2. 基于优先级仲裁并依次执行

如果多条 DMA 数据流同时申请数据传输，DMA 仲裁器根据数据流的优先级级别判定优先执行哪一条数据流的数据传输。芯片厂家对优先级的级别和执行原则有如下规定。

（1）软件优先级，每条数据流可以配置为低、中、高、超高等 4 个级别中的一种，级别高的数据流优先执行。这种优先级用户可以通过编程在 DMA_SxCR 寄存器中配置，因此称为软件优先级。

（2）硬件优先级，若两条及以上的数据流优先级相同，编号低的数据流优先执行，如数据流 3 和数据流 5 同时申请，则数据流 3 优先执行。这种优先级编号的高低是由硬件决定的，因此称为硬件优先级。

7.2.2 数据传输行为

DMA 为满足不同传输方向以及各设备间的数据传输需要，还设置了指针是否递增、是否使用双缓冲等不同的传输行为。

1. 指针递增

DMA 的外设端口和存储器端口各有一个指针递增参数，可以单独设置是否启用。如果启用指针递增，则每传输一次后，相应端口的数据传输地址递增，指向下一个地址，下次 DMA 传输会使用这个新地址来发送或接收数据。

【示例 7-4】如某项目接收外部传感器的检测数据，并通过 DMA 将传感器的检测数据保存在存储器中，以便后续处理。

解析：该数据传输是 P2M（外设→存储器）模式，且传感器的检测数据量未知，需将存储器端口设置为指针递增，用于保存传感器检测数据；而外设端口的地址是固定的，应设置为指针固定。此时，DMA 会实时采集传感器的检测数据，并从指定的初始地址处依次将数据保存于存储器中，如图 7-9 所示。

2. 循环模式

循环模式是指传输行为是重复循环执行。在循环模式下，当传输的数据量 NDTR 递减为 0 后，外设端口和存储器端口的数据传输地址以及 NDTR 中的值会自动加载初始值，随后开始新一轮的循环传输。

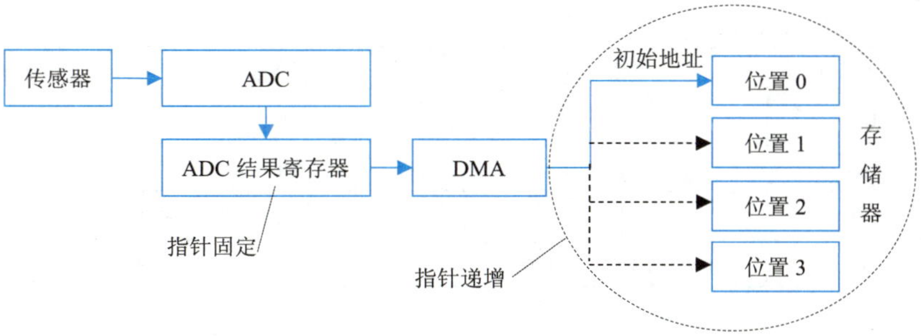

图 7-9　传感器数据的 DMA 传输示意

3. 单次传输和突发传输

根据一次 DMA 请求执行的数据传输次数，数据传输行为可分为单次传输和突发传输两种。

单次传输是指每次 DMA 请求产生一次数据传输，所传输的数据宽度可以是字节、半字和字。此处的一次数据传输可以理解为一个节拍。

突发传输是指每次 DMA 请求可产生 4 个、8 个或 16 个节拍的数据传输，期间不被中断。用户可编程设置突发传输的节拍。

突发传输需要 FIFO 缓存区的协助，在设置数据大小（即数据宽度 w）、FIFO 阈值和突发大小（即突发的节拍数 b）时需要注意以下问题。

（1）突发大小与数据大小的乘积不得超过 FIFO 大小，即

$$w \times b \leqslant 4\text{字} \tag{7-2}$$

（2）在设置 FIFO 阈值和节拍时，还必须保证 FIFO 阈值指向的内容必须与整数个存储器突发传输完全匹配，否则将发生 FIFO 错误，并自动禁止数据流。

$$w_f = b \times w_m \times x \tag{7-3}$$

式中：x 为整数；w_f 是 FIFIO 阈值所限定的缓存大小；FIFO 阈值与允许的节拍见表 7-3。

可见，所设置的参数若满足式（7-3），则一定也满足式（7-2）。

表 7-3　FIFO 阈值配置与节拍的关系

w_m	FIFO 阈值	节拍 = 4	节拍 = 8	节拍 = 16
字节	1/4	4 个节拍 1 次突发	禁止	禁止
	1/2	4 个节拍 2 次突发	8 个节拍 1 次突发	禁止
	3/4	4 个节拍 3 次突发	禁止	禁止
	满	4 个节拍 4 次突发	8 个节拍 2 次突发	16 个节拍 1 次突发
半字	1/4	禁止	禁止	禁止
	1/2	4 个节拍 1 次突发	禁止	禁止
	3/4	禁止	禁止	禁止
	满	4 个节拍 2 次突发	8 个节拍 1 次突发	禁止

续表

w_m	FIFO 阈值	节拍 = 4	节拍 = 8	节拍 = 16
字	1/4	禁止	禁止	禁止
	1/2	禁止	禁止	禁止
	3/4	禁止	禁止	禁止
	满	4 个节拍 1 次突发	禁止	禁止

【示例 7-5】存储器数据传输宽度为半字，若 FIFO 分别设置为 1/4、1/2、3/4 和 1，试分析可能设置的节拍数。

解析：已知 FIFO 缓存大小为 32×4 bits，存储器的数据传输宽度为半字，即为 16 bits。

令 FIFO 阈值为 y，由式（7-3）可知：

$$32\times4\times y=b\times16\times x$$

则

$$b=\frac{32\times4\times y}{16\times x}=\frac{8\times y}{x} \tag{7-4}$$

由式（7-4）可知，若 y=1/4，即使节拍 b 取最小值 4，也无法保证 x 取整数，则禁止突发；若 y=1/2，则 b 只可设置为 4，此时可保证 x=1；若 y=3/4，无法保证 x 取整数，则禁止突发；若 y=1，则 b 可设置为 4 或 8，此时可保证 x 取整数。

综上所述，当 FIFO 阈值设置为 1/2 时，可设置 4 节拍突发；当设置为 1 时，既可设置 4 节拍突发，也可设置 8 节拍突发；其他情况则不可设置为突发模式。

（3）在循环模式下，如果存储器配置为突发模式，必须遵循下列规则：

$$n=b\times\frac{w_m}{w_p}\times x \tag{7-5}$$

式中：n 为传输的数据量；w_m 为存储器的数据传输宽度；w_p 为外设的数据传输宽度；x 为整数，即数据量 n 应为突发节拍数 ×（存储器的数据宽度/外设的数据宽度）的整数倍。

由于在直接模式下 FIFO 不暂存数据，接收数据后会立即传输，因此直接模式不支持突发传输。

4. 双缓冲模式

借助存储器的两个存储器指针（M0AR 和 M1AR），以双缓冲区方式传输数据。在此模式下，每次事务结束时，DMA 控制器都从一个存储器目标交换到另一个存储器目标。这种处理方法可以使软件在处理一个存储器区域的同时，DMA 传输还可以填充或使用第二个存储器区域，如图 7-10 所示。

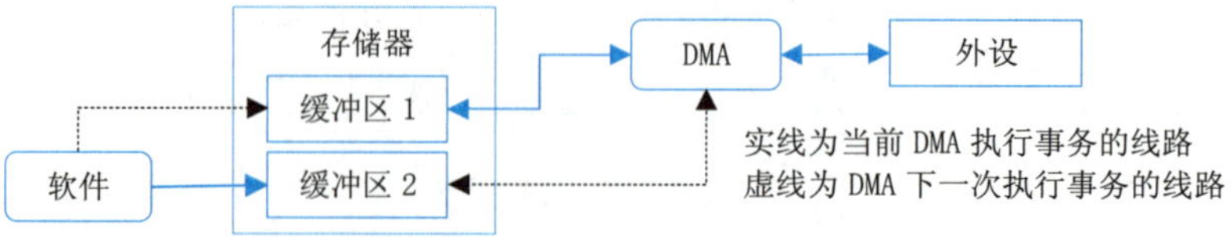

图 7-10　双缓冲模式示意

双缓冲区本质上是存储器的两个存储区，但是在 M2M 模式下这两个存储区只能分别作为源地址和目标地址，无法实现双缓冲，见表 7-4。

表 7-4　双缓冲模式下的源和目标地址

传输方向	源地址	目标地址	备注
外设→存储器（P2M）	PAR	M0AR、M1AR	目标为双地址
存储器→外设（M2P）	M0AR、M1AR	PAR	源为双地址
存储器→存储器（M2M）	不允许		—

7.3　DMA 库函数解析

CMSIS 标准库定义了 stm32f4xx_dma 类文件（简称 DMA 文件），该文件用于 DMA 的初始化配置以及 DMA 数据传输管理。

7.3.1　初始化结构体

DMA 文件为用户初始化 DMA 提供了名为“DMA_InitTypeDef”的初始化结构体。在该结构体中可以设置数据通道、传输方向、工作模式、源和目标的数据宽度、数据流优先级、FIFO 阈值级别等。

```
typedef struct
{
    uint32_t  DMA_Channel;              //设置数据通道
    uint32_t  DMA_PeripheralBaseAddr;   //设置数据流的外设基地址
    uint32_t  DMA_Memory0BaseAddr;      //设置数据流的内存 0 基地址
    uint32_t  DMA_DIR;                  //指定数据传输方向
    uint32_t  DMA_BufferSize;           //指定流的缓冲区大小
    uint32_t  DMA_PeripheralInc;        //指定外设地址指针是否递增
    uint32_t  DMA_MemoryInc;            //指定内存地址指针是否递增
    uint32_t  DMA_PeripheralDataSize;   //指定外设的数据宽度
    uint32_t  DMA_MemoryDataSize;       //指定内存的数据宽度
    uint32_t  DMA_Mode;                 //指定数据流操作模式，此处是指正常模式还是循环模式
    uint32_t  DMA_Priority;             //指定 DMA 数据流的优先级
    uint32_t  DMA_FIFOMode;             //指定 FIFO 工作于 FIFO 模式还是直接传输模式
                                        //注意内存到内存只能是直接传输模式
    uint32_t DMA_FIFOThreshold;         //指定 FIFO 阈值级别，直接模式无须配置该参数
    uint32_t DMA_MemoryBurst;           //配置内存突发传输，注意只有在指针递增条件下才可突发传输
    uint32_t DMA_PeripheralBurst;       //配置外设突发传输
}DMA_InitTypeDef;
```

7.3.2 DMA 库函数

DMA 文件提供了初始化、数据流使能、双缓冲启停、传输数据设置、状态查询等常用库函数。表 7-5 给出了 DMA 常用库函数,其他库函数查阅 stm32f4xx_dma.c 文件。

表 7-5 stm32f4xx_dma 定义的库函数

序号	函数	描述
1	void DMA_DeInit(DMA_Stream_TypeDef* DMAy_Streamx)	将 DMAy 的数据流 x 寄存器初始化为其默认值
2	void DMA_Init(DMA_Stream_TypeDef* DMAy_Streamx, DMA_InitTypeDef* DMA_InitStruct)	根据 DMA_InitStruct 结构中的指定参数初始化 DMAy 的数据流 x
3	void DMA_StructInit(DMA_InitTypeDef* DMA_InitStruct)	用默认值填充初始化结构体 DMA_InitStruct 的每个成员
4	Void DMA_Cmd(DMA_Stream_TypeDef* DMAy_Streamx, FunctionalState NewState)	启用或禁用指定的 DMAy 的数据流 x
5	void DMA_PeriphIncOffsetSizeConfig(DMA_Stream_TypeDef* DMAy_Streamx, uint32_t DMA_Pincos)	配置外围地址的偏置方式
6	void DMA_FlowControllerConfig(DMA_Stream_TypeDef* DMAy_Streamx, uint32_t DMA_FlowCtrl)	当 DMAy Streamx 被禁用时,为下一个事务(外设或内存)配置流量控制器
7	void DMA_SetCurrDataCounter(DMA_Stream_TypeDef* DMAy_Streamx, uint16_t Counter)	写入要在 DMAy Streamx 上传输的数据单元数
8	uint16_t DMA_GetCurrDataCounter(DMA_Stream_TypeDef* DMAy_Streamx)	返回当前 DMAy Streamx 传输中剩余的数据单元数
9	void DMA_DoubleBufferModeConfig(DMA_Stream_TypeDef* DMAy_Streamx, uint32_t emory1BaseAddr, uint32_t DMA_CurrentMemory)	当 DMAy Streamx 被禁用时,配置双缓冲模式和当前内存目标
10	void DMA_DoubleBufferModeCmd(DMA_Stream_TypeDef* DMAy_Streamx, FunctionalState NewState)	启用或禁用所选 DMA 流的双缓冲模式
11	void DMA_MemoryTargetConfig(DMA_Stream_TypeDef* DMAy_Streamx, uint32_t MemoryBaseAddr, uint32_t DMA_MemoryTarget)	为双缓冲模式的下一次缓冲区传输配置内存地址
12	uint32_t DMA_GetCurrentMemoryTarget(DMA_Stream_TypeDef* DMAy_Streamx)	返回双缓冲区传输使用的当前内存目标
13	FunctionalState DMA_GetCmdStatus(DMA_Stream_TypeDef* DMAy_Streamx)	返回指定 DMAy Streamx 的 EN 位的状态
14	uint32_t DMA_GetFIFOStatus(DMA_Stream_TypeDef* DMAy_Streamx)	返回当前 DMAy Streamx FIFO 填充水平
15	FlagStatus DMA_GetFlagStatus(DMA_Stream_TypeDef* DMAy_Streamx, uint32_t DMA_FLAG)	检查是否设置指定的 DMAy Streamx 标志
16	void DMA_ClearFlag(DMA_Stream_TypeDef* DMAy_Streamx, uint32_t DMA_FLAG)	清除 DMAy Streamx 的挂起标志

续表

序号	函数	描述
17	void　DMA_ITConfig(DMA_Stream_TypeDef* DMAy_Streamx, uint32_t DMA_IT, FunctionalState NewState)	启用或禁用指定的 DMAy Streamx 中断
18	ITStatus　DMA_GetITStatus(DMA_Stream_TypeDef* DMAy_Streamx, uint32_t DMA_IT)	检查指定的 DMAy Streamx 中断是否已发生
19	void　DMA_ClearITPendingBit(DMA_Stream_TypeDef* MAy_Streamx, uint32_t DMA_IT)	清除 DMAy Streamx 的中断挂起位

7.3.3　DMA 应用与编程

使用 CMSIS 库函数配置和管理 DMA 的数据传输，一般需进行使能 DMA 时钟、初始化 DMA 配置、使能外设的 DMA 发送、使能 DMA 数据流等四项操作。

1. 使能 DMA 时钟

DMA 挂载在 AHB1 上，在配置和使用 DMA 前需要使能 DMA 时钟。使能 DMA2 时钟的示例代码如下。

```
RCC_AHB1PeriphClockCmd( RCC_AHB1Periph_DMA2, ENABLE) ;    // 使能 DMA2 时钟
```

2. 初始化 DMA 配置

DMA 数据流的初始化参数可以通过 DMA_Init( )函数进行设置。如使用 DMA2 传输 ADC1 的转换数据，选择通道 0、数据流 4、单次传输，参考代码如下。

```
DMA_InitTypeDef    DMA2_InitS;                                   // 声明初始化结构体类型的变量
/* 配置 DMA Stream */
DMA2_InitS.DMA_Channel = DMA_Channel_0;                          // 选择通道 0
DMA2_InitS.DMA_PeripheralBaseAddr = ADC1_DR_ADDRESS;             // 设置外设地址 0x4001204C
DMA2_InitS.DMA_Memory0BaseAddr = mar;                            // 设置 DMA 存储器 0 地址
DMA2_InitS.DMA_DIR = DMA_DIR_MemoryToPeripheral;                 // 设置传输方向:存储器→外设
DMA2_InitS.DMA_BufferSize = ndtr;                                // 设置数据的传输量
DMA2_InitS.DMA_PeripheralInc = DMA_PeripheralInc_Disable;        // 设置外设指针为非增量模式
DMA2_InitS.DMA_MemoryInc = DMA_MemoryInc_Enable;                 // 设置存储器指针为增量模式
DMA2_InitS.DMA_PeripheralDataSize = DMA_PeripheralDataSize_Byte;   // 设置外设数据长度:8 位
DMA2_InitS.DMA_MemoryDataSize = DMA_MemoryDataSize_Byte;         // 设置存储器数据长度:8 位
DMA2_InitS.DMA_Mode = DMA_Mode_Normal;                           // 选用普通传输模式
DMA2_InitS.DMA_Priority = DMA_Priority_Medium;                   // 设置数据流为中等优先级
DMA2_InitS.DMA_FIFOMode = DMA_FIFOMode_Disable;                  // 失能 FIFO 模式
DMA2_InitS.DMA_FIFOThreshold = DMA_FIFOThreshold_Full;           // 设置 FIFO 阈值为满
DMA2_InitS.DMA_MemoryBurst = DMA_MemoryBurst_Single;   // 设置为单次传输模式
DMA2_InitS.DMA_PeripheralBurst = DMA_PeripheralBurst_Single; // 外设突发单次传输
DMA_Init(DMA_Stream4, &DMA2_InitS);                              // 初始化 DMA Stream 4
```

3. 使能外设的 DMA 发送

配置 DMA 后,需启动 DMA 请求功能。不同外设的 DMA 请求使能函数名称相似,一般形式为 void XXX_DMACmd( ),其中 XXX 表示外部设备的简写,如 void ADC_DMACmd( )。

> **提示:**
> 在 CMSIS 函数库中,外设的 DMA 使能函数一般在外设的类文件中定义。

4. 使能 DMA 数据流,启动传输

使用 DMA 的数据流使能函数 void DMA_Cmd( ),启动 DMA 的数据传输。如 DMA2 的数据流 4 使能示例代码如下。

```
DMA_Cmd(DMA2_Stream4,ENABLE);   //使能 DMA2 的数据流 4
```

通过以上四步设置,即可启动一次 ADC1 数据的 DMA 传输。

7.4 ADC 工作原理

模拟信号是一种幅值、频率或相位随时间连续变化的信号。模拟信号以连续的方式表示,包含无穷多个可能的幅值,如图 7-11(a)所示。模拟信号可以通过模拟电路进行处理和操作。数字信号是一种离散的、非连续的信号,它以二进制编码的形式来表示信息。数字信号以一系列离散样本的形式存在,每个样本都有固定的幅值和时间间隔,如图 7-11(b)所示。数字信号可通过数字电路进行处理和操作。

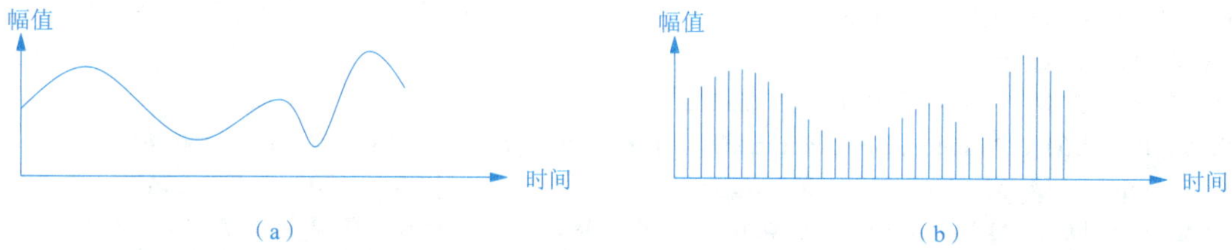

图 7-11 模拟与数字信号示意图

(a)模拟信号 (b)数字信号

ADC 的作用是将连续的模拟信号转换为离散的数字信号,为计算机等数字系统提供数据预处理,现已广泛应用于压力、温度等传感器的模拟数据转换。DAC 的数据转换过程与 ADC 相反,它是将数字信号转换为模拟信号,常用于音频输出等场合。从本质上来讲,ADC 和 DAC 是模拟信号与数字信号之间转换的桥梁,是计算机系统中不可缺少的接口电路。

7.4.1 模数转换基础

ADC 信号转换一般要经过采样、保持、量化和编码四个步骤,如图 7-12 所示。

1. 采样与保持

采样是将时间上连续变化的信号转换为时间上离散的信号,也就是将时间上连续变化的模拟量转换为一系列等间隔的脉冲模拟信号。脉冲的幅度取决于输入模拟量，脉冲的频率取决于采样触发信号的频率（即采样频率）。

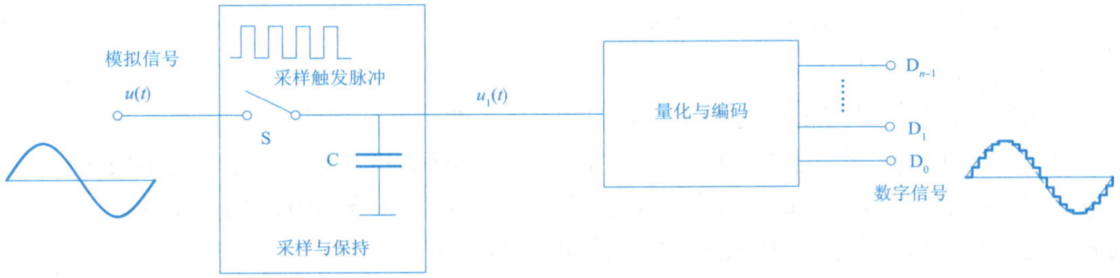

图 7-12　ADC 信号转换示意

采样频率 f_c 的取值必须遵循采样定理，即当采样频率大于模拟信号中最高频率成分频率的 2 倍时，采样值才能不失真地反映原来的模拟信号，即

$$f_c \geqslant f_{max} \times 2 \tag{7-6}$$

式中：f_{max} 为模拟信号中最高频率成分的频率。

采样所获得的信号依然是模拟量。采样脉冲的采样时间一般极为短暂，在下一个采样脉冲到来之前，需暂时保持所采样的数值，为后续的量化转换做准备。如图 7-12 所示，采样后的电平保存在电容 C 中。

2. 量化与编码

假设存在某模拟信号 u，其定义域为 $[0,u_r]$，若使用 n 位数字量表示该模拟信号，首先需将定义域 $[0,u_r]$ 划分为 2^n 个等分区域（图 7-13），令等分间隔为 δ，则有

$$\delta = \frac{u_r}{2^n} \tag{7-7}$$

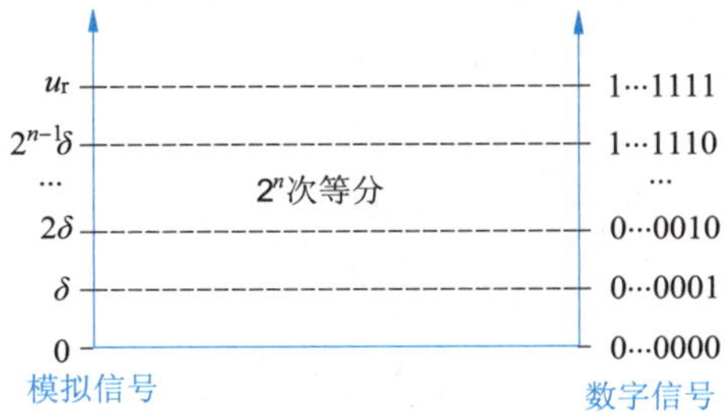

图 7-13　模拟信号等分示意

对于任一模拟信号 u，若使用 n 位数字量表示，多数情况只能近似表达。这是因为模拟信号有无限种可能的取值，而 n 位数字量仅有 2^n 个可能的数值。因此，只能将某模拟信号转化为与之接近的离散信号（即数字量），这个过程称为量化。

量化处理时，可采用四舍五入法、只舍不入法等不同的方法。四舍五入法按式（7-8）量

化，只舍不入法按式(7-9)量化。

$$\begin{cases} n\delta \leqslant u < (n+0.5)\delta\text{时} & u \Rightarrow n \\ (n+0.5)n\delta \leqslant u < (n+1)\delta\text{时} & u \Rightarrow n+1 \end{cases} \tag{7-8}$$

$$n\delta \leqslant u < (n+1)\delta\text{时} \quad u \Rightarrow n \tag{7-9}$$

式中：符号“⇒”表示量化为。

在 ADC 采样信号的量化过程中，等分间隔 δ 是两个量化电平之间的差值，称为量化单位。由式(7-7)可知，数字量的位数越多，量化等级越多，δ 就越小。量化单位也称为分辨率，它是数字信号可以表示的最小模拟量。当量程一定时，分辨率的大小是由数字信号的位数 n 决定的。所以工程上也常采用数字信号的位数 n 表示分辨率。

ADC 允许输入的最大模拟信号 u_r 称为量程。

【示例 7-6】假设 ADC 的量程为 3.3 V，分辨率的位数为 3。

解析：分辨率位数为 3，即采用 3 位数字量表示模拟信号，且该数字量有 0~7 等 8 个数值，则量化单位为

$$\delta = \frac{3.3}{8} = 0.412\ 5\ \text{V}$$

若采用只舍不入法量化，则 ADC 的采样值与量化后数字信号的映射关系如图 7-14 所示。

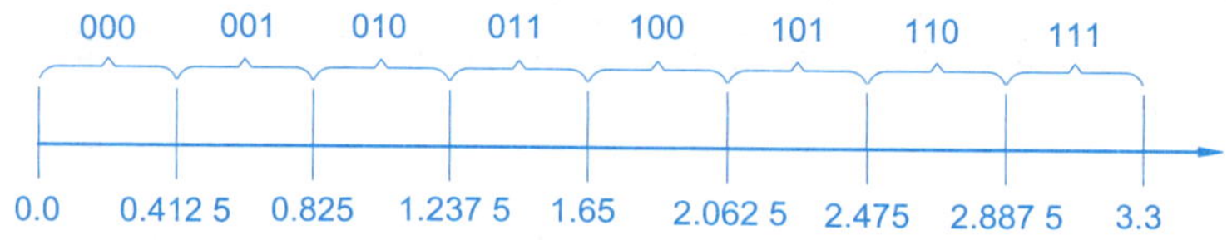

图 7-14　量程为 3.3 V、分辨率为 3 位的量化映射关系

此时，若采样值 $u = 0.31$ V，则量化后的数字信号 q=000；若 $u = 0.535$ V，q=001；若 $u = 1.3$ V，q=011。

模拟脉冲信号的量化实现方法有多种，较为常用的是逐次比较型量化，其基本原理是通过逐步逼近输入信号的值来确定量化结果。8 位 ADC 逐次比较型量化的硬件实现示意电路如图 7-15 所示。

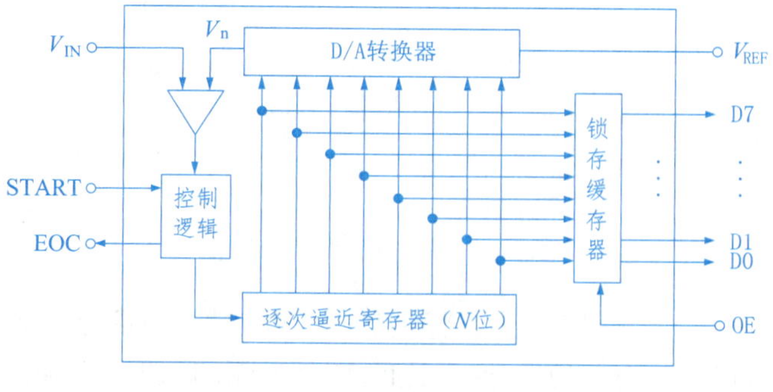

图 7-15　8 位 ADC 逐次比较型量化的硬件实现示意电路

逐次比较型量化过程如下(以 8 位 ADC 为例)。

（1）初始化，将逐次逼近寄存器的各位清零。

（2）比较量化第 7 位。

①将逐次逼近寄存器的第 7 位置 1，送入 D/A 转换器。

②由于第 7 位表示数字量 1000 0000（十进制数为 128），则 D/A 转换器生成大小为 $128\times\delta$ V 的模拟量 V_n，并送入比较器。

③比较第 7 位，若此时模拟量 $V_{in}>V_n$，则该位保留，即 D7 = 1；否则，清除该位，即 D7 = 0。

（3）依照（2）的类似方法，依次比较量化第 6 位到第 0 位。注意，比较第 6 位时，应保持第 7 位的比较结果，如第 6 位的比较结果也为 1，则是将“1100 0000”转化为模拟量电压 V_n。

（4）编码输出，将量化结果按照 D7D6…D0 的编码方式输出。

7.4.2　ADC 结构及原理

在工业应用中，有些系统有大量的外部器件，需要使用 ADC 进行模数转换，如温度传感器、压力传感器等。有些外部器件仅间隔性使用 ADC，有些器件只是在开机时或某一时刻偶尔使用一次 ADC，还有些器件一旦发出请求则必须实时处理该器件的 ADC 事务。为满足不同场景下的应用需求，F407 芯片在兼顾成本和性能的基础上，采用多通道共同的转换硬件、多模式可组合的转换行为等措施，满足不同场景下的多种应用需求。

1. 多通道共用的转换硬件

来自外部器件或片上外设的模拟信号到 ADC 的传输路径，称为通道。通过模拟复用器可将多条通道连接到同一个 ADC，并分时轮换使用该 ADC，从而极大地提高单个 ADC 的使用率。这种设计使芯片只要配置有限个 ADC 即可满足数量众多的 ADC 转换需求，芯片无须配置更多的 ADC，内部电路更为简化。

F407 芯片配置有 3 个 ADC，各 ADC 最多有 19 条通道，可接收 16 个外部设备、3 个内部器件（片上温度传感器、参考电压源、备份电压源）的模拟信号并进行 ADC 转换，如图 7-16 所示。

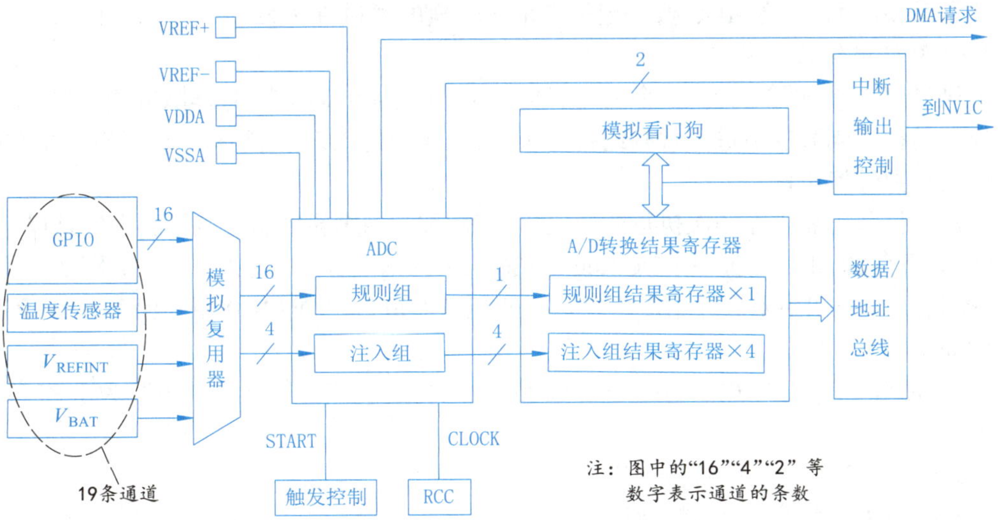

图 7-16　F407 芯片配置 ADC 结构简图

在硬件上，各 ADC 的各通道传输路径已固化，通过哪个 GPIO 管脚或内部路径接收模拟信号用户不可更改，见表 7-6。例如，ADC1、ADC2、ADC3 的通道 0 经 PA0 管脚接收外部器件的模拟信号；内部温度传感器经通道 16 将所测温度的模拟数值传送到 ADC1；通道 17 和 18 分别接收内部参考电压和备份电压的模拟数值。

表 7-6　ADC 通道与 GPIO 管脚、内部器件的映射关系

通道	ADC1	ADC2	ADC3	通道	ADC1	ADC2	ADC3
0	PA0			10	PC0		
1	PA1			11	PC1		
2	PA2			12	PC2		
3	PA3			13	PC3		
4	PA4		(PF6)	14	PC4		(PF4)
5	PA5		(PF7)	15	PC5		(PF5)
6	PA6		(PF8)	16	内部温度传感器	(VSS)	
7	PA7		(PF9)	17	VERF	(VSS)	
8	PB0		(PF10)	18	VBAT	(VSS)	
9	PB1		(PF3)				

注：表中括号内的管脚适用于 100 个管脚以上的芯片，对于仅有 100 个管脚的 F407VET6 芯片，ADC3 的通道 4~9、通道 14~15 不可用；本表仅适用于 F407 芯片。

在后续应用中，用户必须将外部模拟器件连接到表 7-6 所示的有效 GPIO 管脚上；由于各 ADC 的通道号与 GPIO 管脚是一一对应固定的，编程时只需指定该 GPIO 管脚所对应的通道号即可，无须再明确通道连接的 GPIO 管脚。

需要注意的是，ADC 在某一时刻只能连接一个通道。为了规范不同通道共享使用 ADC，芯片厂家将 19 条通道划分为规则组和注入组两类组别，同时为每组设置一个转换序列。所谓转换序列，是指 ADC 按一定规则依次转换的通道排队表。

1）规则转换组及其序列

规则转换组最多可配置 16 个通道，即最多允许 16 个通道同时排队并请求使用 ADC 进行模数转换。当某通道进入规则组排队表后，ADC 按照该通道的排队先后顺序依次执行队列中的模数转换申请。

申请按排队先后顺序依次执行的通道排队表，称为规则转换组。该排队表信息保存于 3 个 32 位的寄存器 ADC_SQRx（ADC Regular Sequence Register，x=1、2、3）中，如图 7-17 所示。其中，控制位 L[3：0]用来保存用户需要转换的规则通道数，SQx[4：0]用于保存 ADC 第 x 次转换的通道号。

需要注意的是，L[3：0]控制位是从 0000 开始计数的，实际转换的通道数为 1＋L[3：0]，如下所示：

L[3:0]=0000，表示 1 个转换通道；

L[3:0]=0001，表示 2 个转换通道；

……

L[3:0]=1111，表示 16 个转换通道。

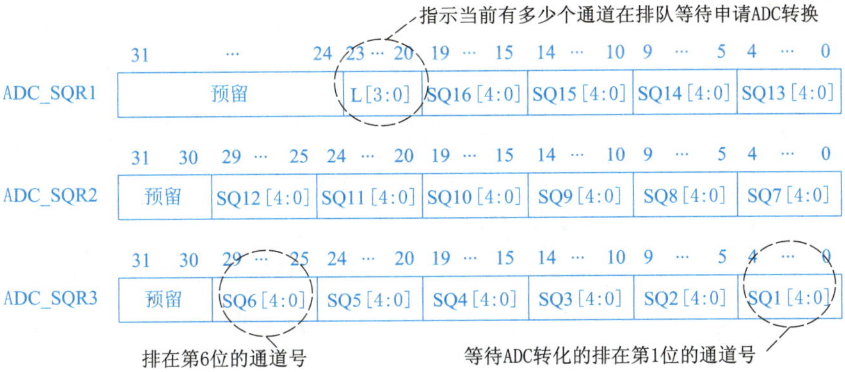

图 7-17　规则序列寄存器组

【示例 7-7】某工程项目使用 ADC1_IN0、ADC1_IN5、ADC1_IN7 等 3 个通道，要求转换顺序为 ADC1_IN5→ADC1_IN0→ADC1_IN7，分析如何设置 L[3:0]和 SQx[4:0]。

分析：

（1）3 个通道需转换，则 L[3: 0]设为 0010。此时 ADC 仅查询 SQ1[4: 0]、SQ2[4: 0]和 SQ3[4: 0]等 3 个转换通道的保存位，其余保存位 ADC 将忽略不再查询。

（2）因第 1 次转换 5 号通道，则 SQ1[4: 0] = 00101；同理，将 SQ2[4: 0]、SQ3[4: 0]分别设为 00000、00111，其余通道的保存位 SQx 无须关注。

综上所述，L[3:0] = 0010，SQ1[4:0] = 00101，SQ2[4:0] = 00000，SQ3[4:0] = 00111。

规则组的转换结果保存于寄存器 ADC_DR（ADC Regular Data Register）中。如图 7-18 所示，该组仅有 1 个用于保存结果的寄存器，若规则组内有多个通道等待转换，建议使用 DMA 及时将转换后的数据转移到其他位置保存，以免被后续的转换结果覆盖。

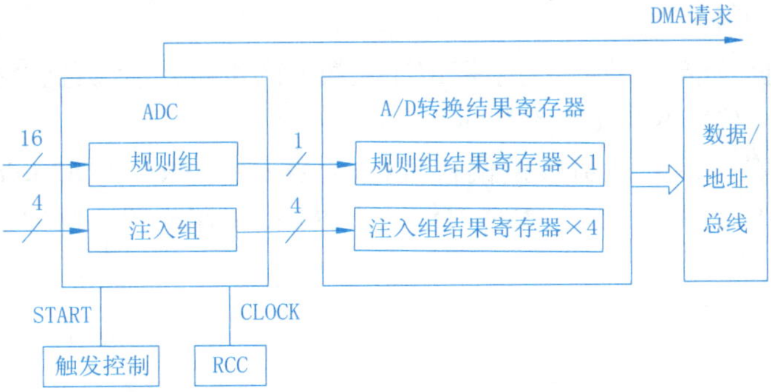

图 7-18　ADC 转换组及其转换结果寄存器

2）注入转换组及其序列

注入转换组最多可配置 4 个通道，注入组的通道可打断规则组通道的转换而优先执行，即注入组通道被转换后，规则组通道才得以继续转换。可见，注入组的通道拥有转换优先权，但是注入转换组内的各通道之间按照先后顺序依次执行。

注入组的排队信息保存于 1 个 32 位的寄存器 ADC_JSQR（ADC Injected Sequence Register）中，如图 7-19 所示。

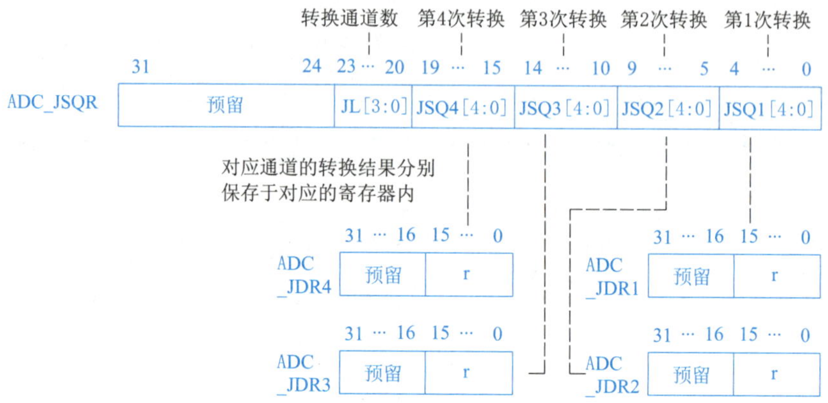

图 7-19　注入序列寄存器及其转换结果寄存器

注入转换组的寄存器同样由控制位和通道保存位组成，控制位 JL[3：0]用来保存用户需要转换的注入通道数，JSQx[4：0]用于保存 ADC 第 x 次转换的通道号。各位的设置规则和规则组类似，区别是注入组寄存器最多只能保存 4 个通道的转换申请。

与规则组的另一个不同之处是，注入组有 4 个保存转换结果的寄存器 ADC_JDRx（ADC Injected Data Register，x=1、2、3、4），分别存储注入序列 1~4 保存位对应通道的转换结果，如图 7-19 所示。

3）转换结果的存储格式

规则数据寄存器 ADC_DR 保存的是转换结果的原始数据；而注入数据寄存器 ADC_JDR 保存的是转换结果 R_t 与一个偏置量 d_{of} 的差值 d_{jd}，即

$$d_{jd} = R_t - d_{of} \qquad (7\text{-}10)$$

可见，注入数据可能为负值。为了标识注入数据的符号，注入数据至少需要 1 个标识正负的符号位，该符号位用 SEXT 字符表示。

偏移量 d_{of} 保存于注入通道数据偏移寄存器 ADC_JOFRx（ADC Injected Channel Data Offset Register，x=1、2、3、4）中。ADC_JOFRx 是 32 位寄存器，但仅有 12 位有效，如图 7-20 所示。

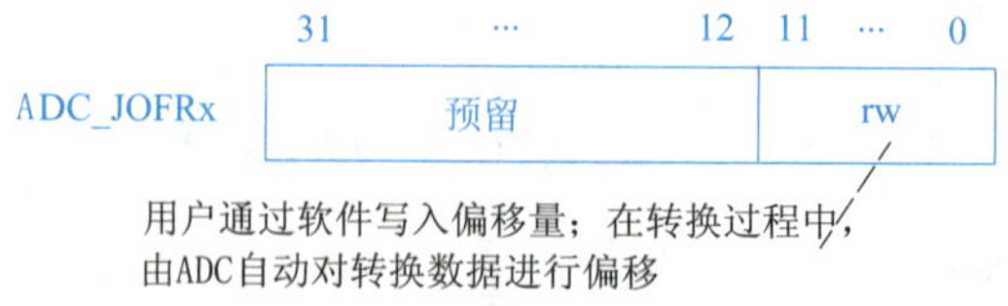

图 7-20　注入通道数据偏移寄存器

F407 芯片的 ADC 是一个 12 位的转换器，即所转换的结果是一个 12 位数字值。由图

7-19 可知，规则数据寄存器和注入数据寄存器均是 16 位有效。16 位的存储区保存 12 位数据，有右对齐和左对齐两种存储方式。

右对齐存储方式如图 7-21 所示。对于规则数据，存储区左侧多余的 4 个数字位用 0 补齐；而对于注入数据，则用 SEXT 符号补全。

	15	14	13	12	11	10	9 … 3	2	1	0
注入组	SEXT	SEXT	SEXT	SEXT	D11	D10	…	D2	D1	D0
规则组	0	0	0	0	D11	D10	…	D2	D1	D0

图 7-21　右对齐存储示意

左对齐存储方式如图 7-22 所示。注入数据有 12 位的转换数据和 1 个符号位，右侧未用的 3 位用 SEXT 符号补全；对于规则数据，存储区右侧未用的 4 位用 0 补齐。

	15	14	13	12 … 6	5	4	3	2	1	0
注入组	SEXT	D11	D10	…	D2	D1	D0	SEXT	SEXT	SEXT

	15	14	13 … 7	6	5	4	3	2	1	0
规则组	D11	D10	…	D2	D1	D0	0	0	0	0

图 7-22　左对齐存储示意

2. 多模式可组合的转换行为

ADC 转换时，面向单个通道可设置为单次转换或连续转换，面向由多个转换组成的转换组（规则组或注入组）可设置为扫描转换或非扫描转换。

1）单次/连续转换

所谓单次转换是指一次数据转换结束后，ADC 发出转换结束信号 EOC，转换结束。若要进行下一次数据转换，需要有新的触发信号，否则不能连续进行转换，如图 7-23（a）所示。

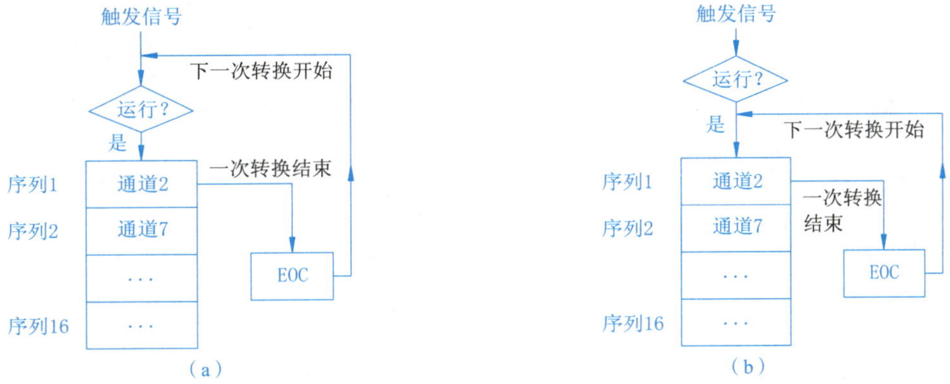

图 7-23　ADC 单次转换与连续转换示意

（a）单次转换　（b）连续转换

所谓连续转换是指一次数据转换结束后，ADC 发出 EOC 信号但不停止转换，而是进入下一次数据转换，连续转换只需要一次触发即可持续进行转换。

注意：连续转换仅适用于规则序列。若要实现注入序列的连续转换，需要将注入序列设置为自动注入，自动注入将在后续的“4)注入通道管理”中讲解。

2)扫描/非扫描转换

若在一次转换中，按转换组内的顺序依次进行多个通道的信号转换，这种转换模式称为扫描模式，如图 7-24 所示。非扫描模式是指在每次转换中只转换序列表的第 1 个通道，不再扫描转换其他通道，如图 7-23 所示。

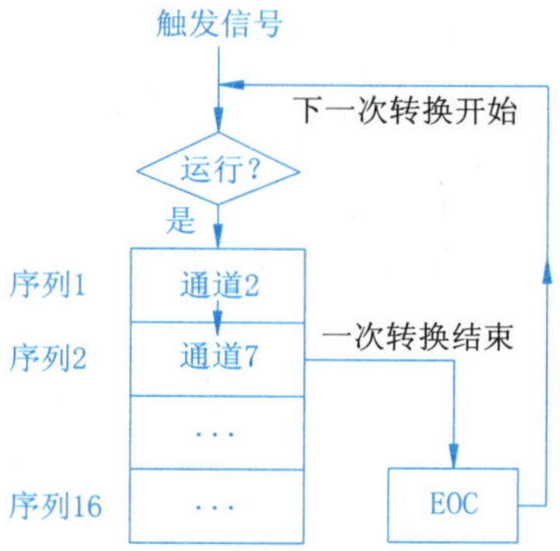

图 7-24　两通道规则序列“单次+扫描”转换示意

综上所述，单次/连续转换类似于播放软件是否循环播放，单次为不循环播放，连续为循环播放；扫描/非扫描转换类似于是否启用播放列表，扫描类似于启用播放列表，并依次按播放列表播放，而非扫描类似于不启用播放列表。

3)组合转换行为

在实际工程项目中，多数转换是组合行为，如图 7-24 所示的单次+扫描转换、图 7-23(a)所示的单次+非扫描转换、图 7-25(a)所示的连续+扫描转换以及图 7-25(b)所示的连续+非扫描转换等。

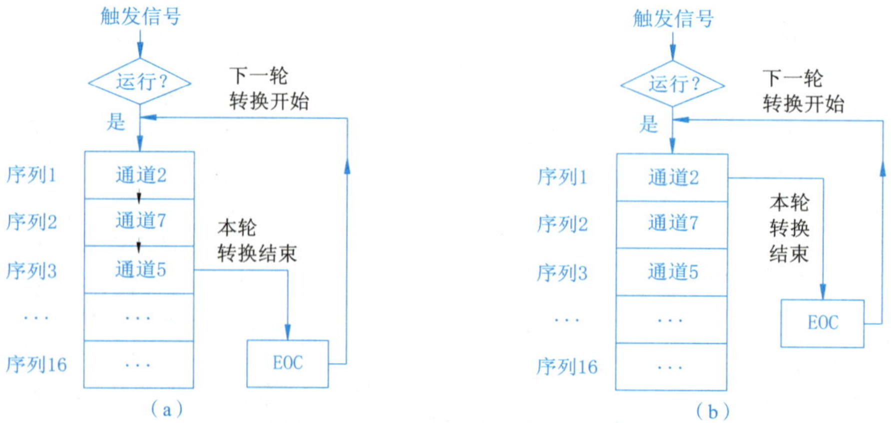

图 7-25　连续+扫描/非扫描转换示意

(a)连续+扫描转换　(b)连续+非扫描转换

4)注入通道管理

注入序列的触发(启动)有触发注入和自动注入两种方式。

所谓触发注入,是指注入序列的通道需有触发信号时才可启动转换。若在规则序列转换期间出现注入序列触发信号,则规则序列将暂停转换,注入序列进入单次+扫描模式转换;注入序列转换后,规则序列从上次中断处恢复转换,如图 7-26 所示。

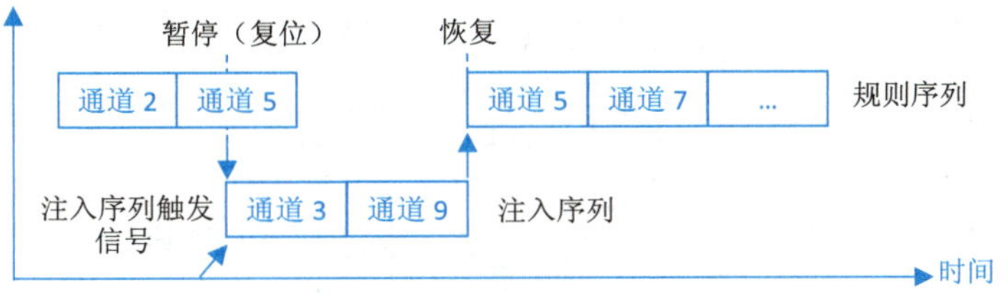

图 7-26　触发注入示意

所谓自动注入,是指 ADC 转换规则序列后,将自动转入注入序列的转换。只有将注入序列设置为自动注入,才可实现注入序列的连续转换。

3. 采样模式——连续/不连续

ADC 的采样阶段有连续采样和不连续采样两种模式。在默认情况下,规则序列和注入序列均连续采样,此时 ADC 将自动连续采样,无须用户设置。

在不连续采样模式下,每次触发信号出现时,将进行一次采样和转换,规则组与注入组的采样行为有所差异。规则组在每次触发时最多可对 8 个通道进行采样和转换,且每次触发采样的通道数 $n(n \leqslant 8)$用户可编程设置,但是注入组每次触发只能采样(转换)1 个通道。

【示例 7-8】设某 ADC 的规则组需转换通道序号为 0、1、2、3、6、7、9、10,且设置为不连续采样,规则组每次触发不连续采样的通道数 n 设为 3,试分析该 ADC 规则组的采样行为。

分析:根据规则组不连续采样规则,每次触发可采样(转换)规则组的 n 个通道,即

第 1 次触发,采样并转换通道 0、1、2;

第 2 次触发,采样并转换通道 3、6、7;

第 3 次触发,采样并转换通道 9、10,生成 EOC 信号;

第 4 次触发,采样并转换通道 0、1、2,进入下一轮采样和转换。

【示例 7-9】设某 ADC 的注入组需转换通道序号为 1、2、3,且设置为不连续采样,试分析该 ADC 注入组的采样行为。

分析:根据注入组不连续采样规则,每次触发可采样(转换)注入组的 1 个通道,即

第 1 次触发,采样并转换通道 1;

第 2 次触发,采样并转换通道 2;

第 3 次触发,采样并转换通道 3,生成 EOC 和 JEOC 信号;

第 4 次触发,采样并转换通道 1,进入下一轮采样和转换。

4. 转换触发

ADC 的触发信号类似于器件的启动信号,只有接收到触发信号才开始采样或转换。ADC 的触发信号可以来自外部,也可以来自内部定时器,还可以使用软件触发。ADC 可使

用的触发信号见表 7-7。

表 7-7　触发信号选择

规则通道的触发信号				注入通道的触发信号			
序号	触发源	类型	XTSEL[3:0]	序号	触发源	类型	JXTSEL[3:0]
1	TIM1_CH1 事件	片上定时器的内部信号	0000	1	TIM1_CH4 事件	片上定时器的内部信号	0000
2	TIM1_CH2 事件		0001	2	TIM1_TRGO 事件		0001
3	TIM1_CH3 事件		0010	3	TIM2_CH1 事件		0010
4	TIM2_CH2 事件		0011	4	TIM2_TRGO 事件		0011
5	TIM2_CH3 事件		0100	5	TIM3_CH2 事件		0100
6	TIM2_CH4 事件		0101	6	TIM3_CH4 事件		0101
7	TIM2_TRGO 事件		0110	7	TIM4_CH1 事件		0110
8	TIM3_CH1 事件		0111	8	TIM4_CH2 事件		0111
9	TIM3_TRGO 事件		1000	9	TIM4_CH3 事件		1000
10	TIM4_CH4 事件		1001	10	TIM4_TRGO 事件		1001
11	TIM5_CH1 事件		1010	11	TIM5_CH4 事件		1010
12	TIM5_CH2 事件		1011	12	TIM5_TRGO 事件		1011
13	TIM5_CH3 事件		1100	13	TIM8_CH2 事件		1100
14	TIM8_CH1 事件		1101	14	TIM8_CH3 事件		1101
15	TIM8_TRGO 事件		1110	15	TIM8_CH4 事件		1110
16	EXTI 线 11	外部管脚	1111	16	EXTI 线 15	外部管脚	1111

说明：

（1）XTSEL[3:0]和 JXTSEL[3:0]是 ADC 控制寄存器 ADC_CR2（ADC Control Register 2）的触发信号设置位；

（2）使用外部触发信号时，只有上升沿可以启动转换。

5. 时钟、采样/转换时间

ADC 的工作时钟取自 APB2 时钟，经 ADC 分频器分频后为 ADC 提供工作时钟 ADCCLK，如图 7-27 所示。ADC 对输入电压进行采样所用的时间称为采样时间。采样时间最短为 3 个 ADCCLK 周期，用户也可设置采样时间，但只能设置为 3、15、28、56、84、112、144 或 480 个 ADCCLK 周期等 8 种采样时间。在工程应用中，采样时间常采用默认值 3。

提示：

1. 每个通道可以使用不同的采样时间进行采样。
2. 在采样周期期间，通道选择位必须保持不变，不能更改正转换的通道。

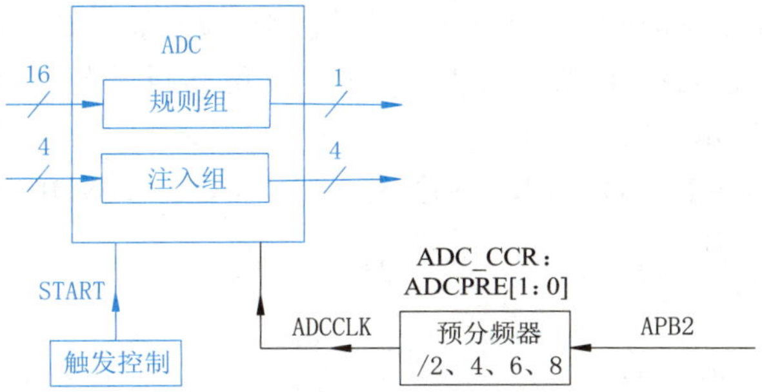

图 7-27　ADC 时钟示意

采样后，数据的量化和编码同样需要时间。如前所述，STM32 的 ADC 是基于逐级比较型方法进行量化的，每比较量化 1 个数字位，至少需要 1 个 ADCCLK 周期。12 位的 ADC 转换器，其转换时间为 12 个 ADCCLK 周期。

令 ADC 转换一次数据所需的总时间（采样时间和量化编码时间之和）为 T_{conv}，即

$$T_{conv} = 采样时间 + 量化编码时间 = 采样时间 + 12 个周期$$

【示例 7-10】设 ADCCLK = 30 MHz，采样时间设置为 3 个周期，若分辨率设置为 12 位，试分析 ADC 转换总时间 T_{conv}。

分析：采样时间设为 3 个周期，12 位分辨率所需量化时间为 12 个周期，则

$$T_{conv} = 3+12 = 15个周期 = \frac{15}{30\times10^6} = 0.5\ \mu s$$

可见，该 ADC 的转换总时间 T_{conv} 为 0.5 μs。

综上分析可知，提高转换速度的方法有两种：一是提高工作时钟 ADCCLK 的频率；二是降低 ADC 分辨率。STM32F407 芯片的 ADC 可设置为 12 位、10 位、8 位或 6 位等四种分辨率：

12 位分辨率对应 3 + 12 = 15 个 ADCCLK 周期；

10 位分辨率对应 3 + 10 = 13 个 ADCCLK 周期；

8 位分辨率对应 3 + 8 = 11 个 ADCCLK 周期；

6 位分辨率对应 3 + 6 = 9 个 ADCCLK 周期。

6. 模拟看门狗

模拟看门狗是 ADC 的一种特殊功能，可检测所选通道的模拟电压是否在设定的阈值范围内，若不在设定的阈值范围内，将对应的状态数据位置 1，此时系统软件或用户程序可进行必要的保护处理，如关机或进入节能待机模式等，如图 7-28 所示。

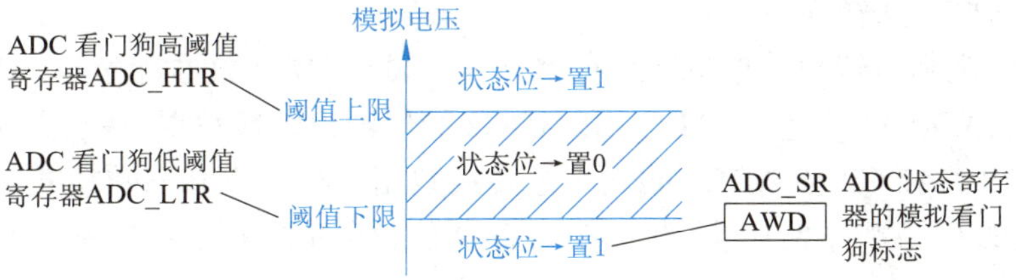

图 7-28　模拟看门狗监控示意

模拟看门狗(Analog Watchdog, AWD)的阈值上限和下限存储于看门狗高阈值和低阈值寄存器(ADC_HTR 和 ADC_LTR)中,用户可根据实际自行设置。AWD 监测结果存储于 ADC 状态寄存器 ADC_SR 的模拟狗标志位。

模拟看门狗可通过设置 ADC_CR1 寄存器的 AWDSGL、AWDEN 和 JAWDEN 位确定模拟狗所选通道,见表 7-8。

表 7-8 模拟狗通道选择

模拟狗保护的通道	ADC_CR1 寄存器控制位		
	AWDSGL	AWDEN	JAWDEN
无	x	0	0
所有注入通道	0	0	1
所有规则通道	0	1	0
所有规则通道和注入通道	0	1	1
单个注入通道	1	0	0
单个规则通道	1	1	0
单个规则通道和注入通道	1	1	1

注:(1)表中“x”表示该值可为任何值,对设置无影响。

(2)AWDSGL(Enable the watchdog on a single channel in scan mode)是指在扫描模式下使能单一通道上的看门狗; AWDEN(Analog watchdog enable on regular channels)是指使能规则通道上的模拟看门狗; JAWDEN(Analog watchdog enable on injected channels)是指使能注入通道上的模拟看门狗。

7.4.3 多重 ADC 模式

F407 芯片的 3 个 ADC 转换器可工作于独立模式下,即每个 ADC 的转换启动均需要单独的触发信号;也可使用 1 个触发信号来启动多个 ADC 按照一定规则进行数据转换,这种 ADC 启动控制模式称为多重模式,其有双重模式(ADC1 和 ADC2)和三重模式(ADC1、ADC2 和 ADC3)。

在多重模式下, ADC1 称为主器件, ADC1 的转换称为主转换; ADC2 和 ADC3 称为从器件,其转换称为从转换。通过 ADC1 主器件到 ADC2 或 ADC3 从器件的交替触发或同时触发来启动转换,如图 7-29 所示。

需要注意的是,多重模式必须设置为仅主器件触发而禁止从器件触发,以防止出现意外触发而启动不需要的从转换。

多重模式的规则组转换数据也同步存储于 ADC 通用规则数据寄存器(ADC_CDR)中。在双重模式下, ADC_CDR 包含 ADC1 和 ADC2 的规则组转换数据;在三重模式下, ADC_CDR 包含 ADC1、ADC2 和 ADC3 的规则组转换数据。在双重和三重模式下,规则组转换数据按照所选的存储顺序使用全部 32 个寄存器位,存储顺序可参考用户手册,在此不再赘述。

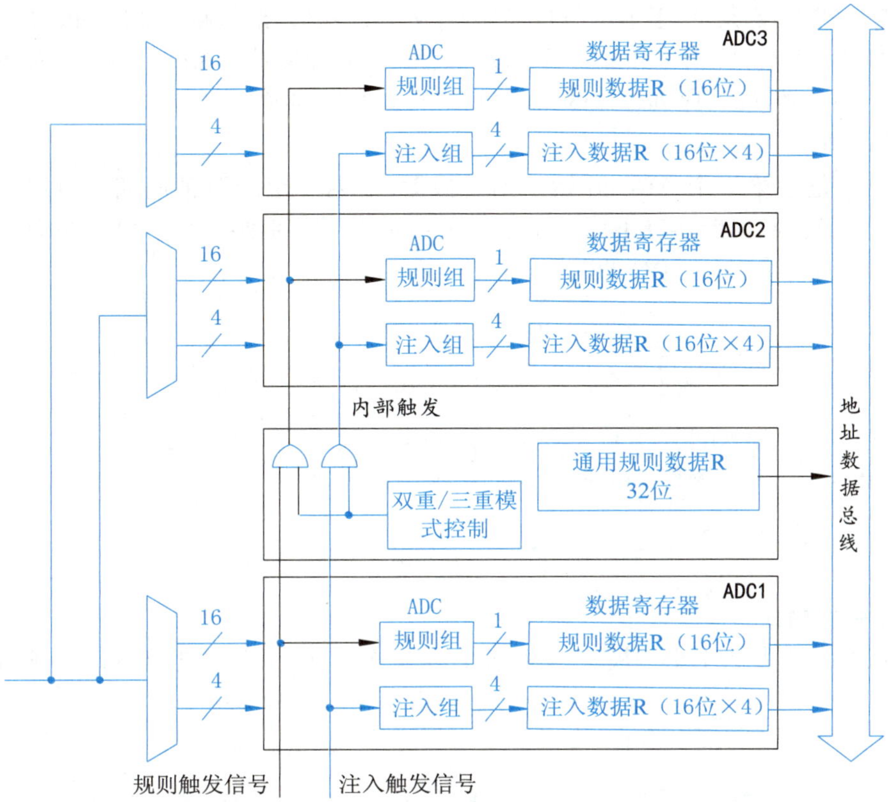

图 7-29　多重 ADC 模式框图

【思考】在多重模式下，规则组转换数据同步存储于通用规则数据寄存器中，试分析这种设计有哪些有益之处。

提示：

若在多重模式下规则组转换数据只存储在各自的规则数据寄存器中，在传输这些转换数据时需要多次定位，数据传输步骤多、速度慢！

在使用两个及以上 ADC 时，用户可以设置多个 ADC 同时执行数据转换或者交替进行数据转换。用户根据需要可设置为注入同时模式、规则同时模式、交替模式或交替触发模式等多种组合方式。

1. 同时模式

所谓注入/规则同时模式，是指多个 ADC 的注入组或规则组同时开始进行数据转换。注入同时模式如图 7-30 所示，规则同时模式与注入同时模式类似。

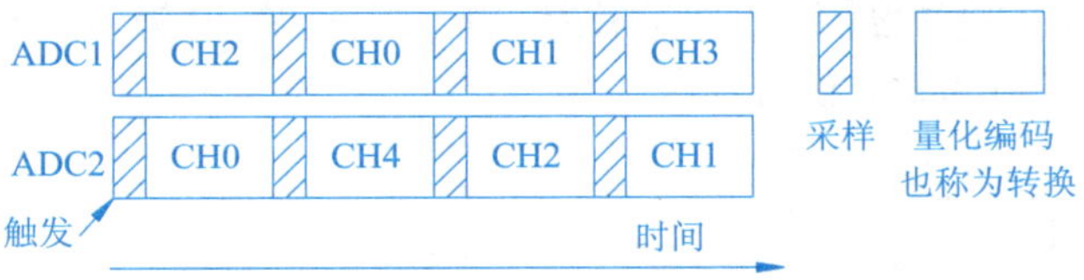

图 7-30　双重 ADC 的注入同时模式示意

在同时模式下，必须使用同一长度的转换序列，或者必须确保触发之间的间隔长于 2 个序列（双重 ADC 模式）/3 个序列（三重 ADC 模式）中的较长转换时间；否则，当序列较长的 ADC 完成上一次转换时，序列较短的 ADC 可能重新开始转换。

2. 交替模式

交替模式是指第 1 个 ADC 开始数据转换后，延迟一定的时钟周期后再启动第 2 个 ADC 开始数据转换，如图 7-30 所示；若是三重 ADC 模式，启动第 2 个 ADC 并延迟一定的时钟周期后再启动第 3 个 ADC 的数据转换。

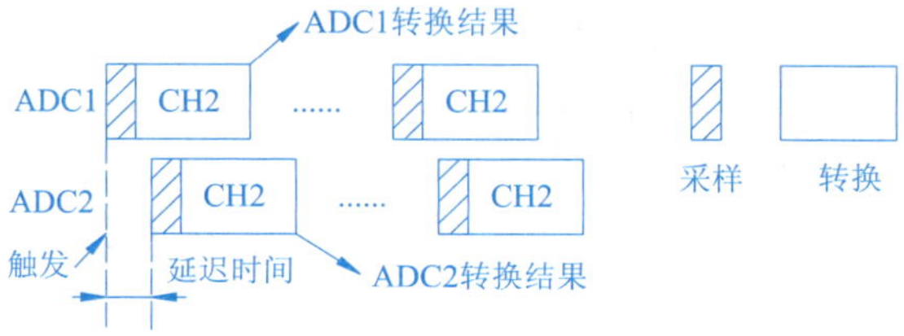

图 7-31　双重 ADC 的规则交替模式示意

3. 交替触发模式

交替触发模式类似于交替模式，其区别在于每个 ADC 开始数据转换时必须有独立的触发信号。

> **提示：**
>
> 1. 交替模式和交替触发模式通常针对同一个通道使用两个及以上 ADC 进行分时处理，也就是由两个 ADC 对同一个信号进行转换处理。当一个 ADC 在采样时，另一个 ADC 在进行数据转换。
> 2. 交替模式适用于规则组。
> 3. 由于两个或三个 ADC 不能同时对同一个通道采样，在一般情况下延迟时间至少为采样时间+2 个 ADC 时钟周期。

在多重 ADC 模式下，也可组成混合模式，如可以中断规则组的同时转换，然后启动注入组的同时转换；也可以中断规则组的同时转换，然后开始注入组的交替触发转换。

7.4.4　ADC 内部通道及其应用

内部温度传感器的检测数据、参考电压 V_{REFINT}、备份电压 V_{BAT} 分别连接到 ADC1 的通道 16、17 和 18，且只在 ADC1 上有效。

1. 片上温度传感器通道

STM32F407 芯片内置有温度传感器，用于测量 CPU 及其周围的温度 T。该温度传感器与 ADC1_IN16 通道相连接，ADC1 将该传感器输出的电压信号转换为数字值。

内部温度传感器支持的温度测量范围为−40~125 ℃，精度为 ±1.5 ℃左右。数据转换后，可通过下式计算当前的实际温度 T：

$$T=\frac{V_{sense}-V_{25}}{\mathrm{Avg\_Slope}}+25 \tag{7-11}$$

式中：V_{25} 是 V_{sense} 在 25 ℃时的检测数值；Avg_Slope 是温度 T 与 V_{sense} 曲线的平均斜率（单位

为 mV/℃或 μV/℃）；V_{sense} 是 ADC 转换后的数据。查询 F407 数据手册可知，V_{25} 和 Avg_Slope 的典型值分别为 0.76 V 和 2.5 mV/℃。

【示例 7-11】某 F407 芯片工作电压为 3.3 V，利用 ADC1 通道 16 测量芯片内部温度，假设 ADC1 分辨率为 12 位，且通道 16 转换后的数据为 x，试计算此时的实际温度。

分析：由量化精度、量程及分辨率的内在关系可知，

$$\delta = \frac{u_r}{2^n} = \frac{3.3}{2^{12}} = \frac{3.3}{4\ 096} = 0.805\ 7\ \text{mV}$$

若温度传感器的检测电压转换数值为 x，则实际检测电压为

$$V_{sense} = \delta \times x = 0.805\ 7 \times x\ \text{mV}$$

将 V_{sense} 代入式（7-11），可得

$$T = \frac{0.805\ 7 \times x - 760}{2.5} + 25 = 322.28 \times x - 279$$

综上，此时芯片内部实际温度为（0.322 28 × δ − 279）℃。

2. V_{REFINT}、V_{BAT} 通道

ADC1 通道 17 和 18 分别用于测量 ADC 参考电压和系统备份电池电压，可供系统程序通过模拟看门狗自我监控或用户程序使用。

需要注意的是，由于 V_{BAT} 可能高于 V_{DDA}，VBAT 管脚需要内部连接到桥接分配器，以确保 ADC 正确运行。STM32F40xx 芯片是将 $V_{BAT}/2$ 连接到 ADC1_IN18 通道，即连接到通道 18 的电压为备份电压的一半。

7.4.5　ADC 外接电路

ADC 的典型外接电路如图 7-32 所示。其中，V_{AIN} 为传感器的模拟输出信号；$C_{parasitic}$ 是 PCB 电容（取决于焊接和 PCB 布线质量）以及焊盘电容（约 5 pF），该电容不宜过高，否则会降低转换精度，要解决这一问题，应降低 ADC 的时钟频率 f_{ADC}；R_{AIN} 是限流电阻，若该值过大，则采样电流过小，在设定的采样时间内将难以采取正确的输入电压，致使采样误差变大。因此，若保持误差低于 1/4 量化单位 δ，R_{AIN} 的最大取值应按式（7-12）计算：

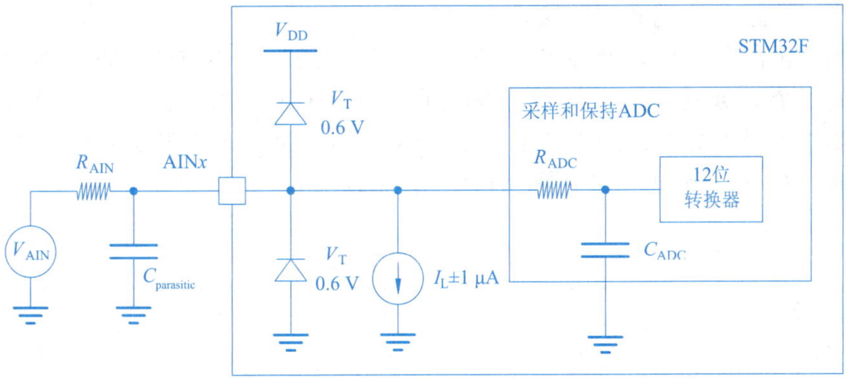

图 7-32　ADC 的典型外接电路

$$R_{AIN} = \frac{k - 0.5}{f_{ADC} \times C_{ADC} \times \ln\left(2^{N+2}\right)} - R_{ADC} \tag{7-12}$$

式中：k 为用户定义的采样周期数；N 为 ADC 的分辨率，如 12 位 ADC，N 为 12；R_{ADC} 为 ADC 的内部电阻，查询数据手册可知其最大可取 6 kΩ；C_{ADC} 为 ADC 内部采样保持电容，取 4 pF；f_{ADC} 为 ADC 的时钟频率。

ADC 的正模拟参考电压 V_{REF+} 可连接到模拟电压 V_{DDA} 的输入端，也可外接到其他电源上，模拟电源地和负参考电压直接接地即可，如图 7-33 所示。去耦电容应尽可能靠近芯片，其中 10 nF 电容应选用（优质）陶瓷电容。

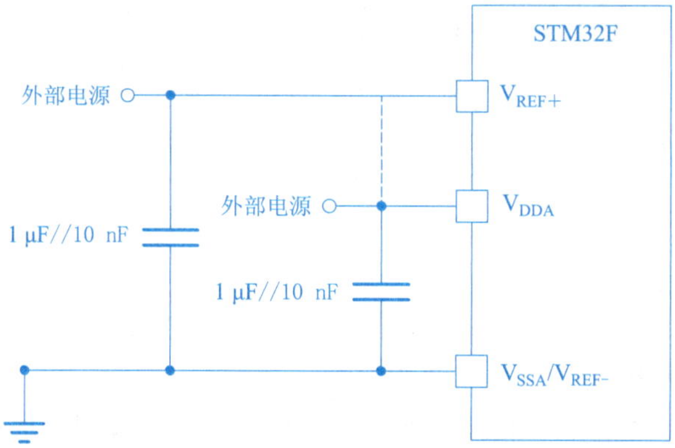

图 7-33　ADC 外部电源示意

模拟参考电压 V_{REF} 为逐次比较型量化提供的比较标准电压，参考电压的稳定性会影响转换精度。若提高转换精度，可为 ADC 提供更为稳定的参考电压。

需要注意的是，参考电压必须符合 ADC 的工作要求，其取值范围应为 $1.8\ V \leqslant V_{REF+} \leqslant V_{DDA}$。

7.5　ADC 库函数解析

CMSIS 标准库中的 stm32f4xx_adc 类文件（简称 ADC 文件）提供了若干结构体和库函数，用于配置、管理 ADC 的数据转换。

由前面的章节分析可知，库文件本质上是一系列读写内核或外设寄存器的函数集合，F407 芯片的每个 ADC 均有 23 个 32 位的寄存器，其中 20 个寄存器用于保存 ADC 初始化参数、状态数据和转换数据，ADC_CSR、ADC_CCR 和 ADC_CDR 等 3 个寄存器用于保存多重模式、时钟选择、采样延迟等通用参数或数据，见表 7-9。

表 7-9　ADC 寄存器列表

序号	寄存器	描述	序号	寄存器	描述
1	ADC_SR	ADC 状态寄存器	8	ADC_JSQR	ADC 注入序列寄存器
2	ADC_CR1~2	ADC 控制寄存器	9	ADC_JDR1~4	ADC 注入数据寄存器
3	ADC_SMPR1~2	ADC 采样时间寄存器	10	ADC_DR	ADC 规则数据寄存器
4	ADC_JOFR1~4	ADC 注入通道数据偏移寄存器	11	ADC_CSR	ADC 通用状态寄存器

续表

序号	寄存器	描述	序号	寄存器	描述
5	ADC_HTR	ADC 看门狗高阈值寄存器	12	ADC_CCR	ADC 通用控制寄存器
6	ADC_LTR	ADC 看门狗低阈值寄存器	13	ADC_CDR	ADC 通用规则数据寄存器
7	ADC_SQR1~3	ADC 规则序列寄存器			

7.5.1　初始化结构体

为了方便用户初始化 ADC，ADC 文件定义了两个初始化结构体：一个用于 ADC 基本参数的设置，名为“ADC_InitTypeDef”；另一个用于 ADC 通用参数的初始化，名为“ADC_CommonInitTypeDef”。

1. ADC 初始化结构体

ADC 初始化结构体可以为 ADC 设置分辨率、是否启动扫描模式、触发信号选择、数据对齐方式、规则转换序列的转换个数等。

```
typedef struct
{
    uint32_t  ADC_Resolution;                   //设置 ADC 的分辨率
    FunctionalState  ADC_ScanConvMode;          //指定转换是扫描模式还是非扫描模式
    FunctionalState  ADC_ContinuousConvMode;    //指定转换是连续模式还是单次模式
    uint32_t  ADC_ExternalTrigConvEdge;         //选择外部触发器边缘，并启用常规组的触发器
    uint32_t  ADC_ExternalTrigConv;             //选择用于触发常规组转换开始的外部事件
    uint32_t  ADC_DataAlign;                    //指定 ADC 数据对齐是左对齐还是右对齐
    uint8_t  ADC_NbrOfConversion;               //设置规则转换序列的转换个数
}ADC_InitTypeDef;
```

2. ADC 通用初始化结构体

ADC 通用初始化结构体可以设定 ADC 是独立模式还是多重模式，设定 ADC 的时钟频率以及两个采样阶段之间的延迟等。

```
typedef struct
{
    uint32_t  ADC_Mode;                 //将 ADC 配置为以独立模式或多重模式操作
    uint32_t  ADC_Prescaler;            //选择 ADC 的时钟频率分频系数
    uint32_t  ADC_DMAAccessMode;        //为多重 ADC 模式配置直接访问内存模式
    uint32_t  ADC_TwoSamplingDelay;     //配置两个采样阶段之间的延迟
}ADC_CommonInitTypeDef;
```

7.5.2　ADC 库函数

ADC 文件定义了默认状态重置函数，提供了初始化和配置功能，模拟看门狗配置功能，温度传感器、V_{refint} 和 V_{BAT} 管理功能，规则通道配置功能，规则通道 DMA 配置功能，注入通

道配置功能,中断和标识管理功能等。

1. ADC 初始化/启动函数及其应用

ADC 文件有五个初始化相关函数,且初始化工作较为特殊,需利用基础参数和通用参数两个初始化结构体初始化 ADC 的基础参数和通用参数,随后调用 ADC_Cmd( )函数启动 ADC,如图 7-34 所示。

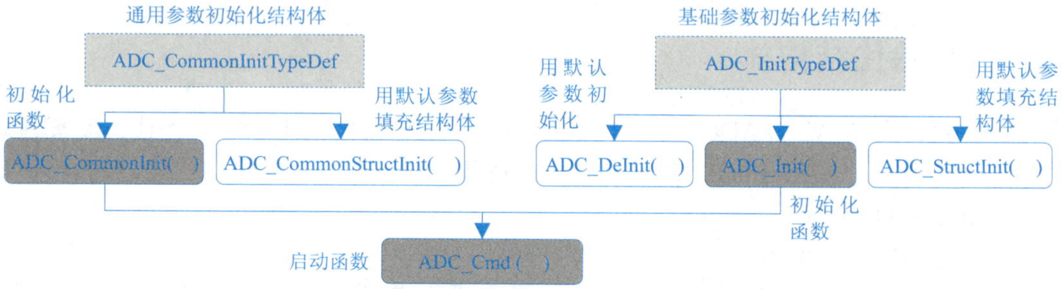

图 7-34 ADC 初始化库函数

CMSIS 库文件一般提供以默认参数初始化片上外设的相关函数。所谓默认参数,是指芯片出厂时的初始参数,以默认参数初始化片上外设类似于恢复出厂设置。库文件一般提供有两类函数,即名为 PPP_DeInt( )的初始化函数,以及名为 PPP_ StructInit( )的初始化结构体填充函数。例如,图 7-34 中的 ADC_CommonStructInit( )函数的功能是以通用默认参数填充通用参数初始化结构体。

库函数的形参及其含义参阅 CMSIS 库文件源代码,在此不再赘述。

2. ADC 转换组配置、触发与结果访问函数及其应用

初始化并启动后, ADC 已处于待命状态。此时规则组和注入组为空序列,需用户编程配置,指定拟使用的 ADC、拟转换的通道及其在组内的位置和采样周期。如果选用了不连续采样(默认为连续采样),用户还可设置一次触发采样的通道数。随后给定一个触发信号,即可进行转换。转换结束后即可读取转换结果,如图 7-35 所示。图 7-35 给出了规则组配置相关函数,注入组也有类似的函数。

为了方便用户编程设置 ADC,库文件还提供了具有设置(更改)转换行为等功能的相关函数。例如,禁用或启动 ADC 连续转换的函数 ADC_ContinuousModeCmd( ),禁止或允许 ADC 一次转换后发出结束信号的函数 ADC_EOCOnEachRegularChannelCmd( )等。

3. 其他函数

ADC 库文件也提供了模拟狗通道配置、阈值设置及启动函数,内部温度传感器、V_{BAT} 监测转换启动函数,DMA 配置及中断管理函数等,具体查阅 CMSIS 库文件。

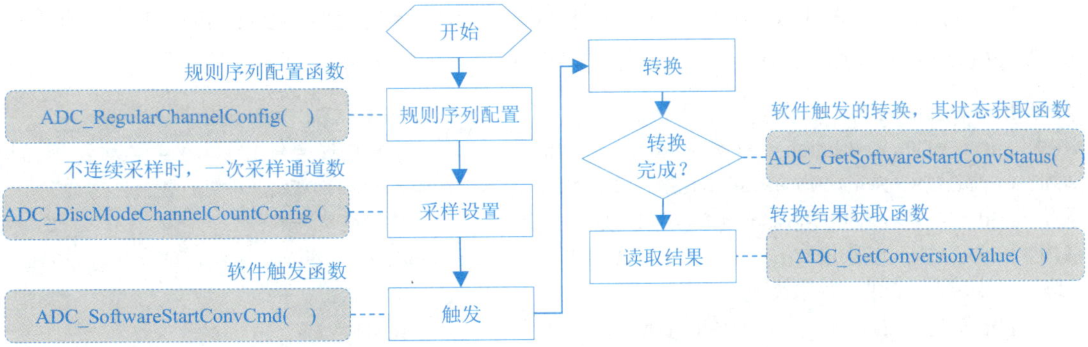

图 7-35 规则序列配置、触发及结果读取流程图

7.5.3 ADC 应用及编程

ADC 外部信号输入管脚是 GPIO 的复用功能管脚。使用 ADC 时,应先将外部通道对应的 GPIO 管脚设置为模拟输入,再设置操作 ADC。

1. 确定 ADC 通道号

由第 7.4.2 节分析可知,外接器件只能通过表 7-6 所示的对应关系将 GPIO 管脚连接到 ADC,且一旦选定 GPIO 管脚,则该外部器件对应的 ADC 通道号即可确定。该通道号是配置规则组或注入组必需的参数。

例如,某外部传感器连接到 PA0,查表 7-6 可知,该传感器对应 0 号通道。

2. 使能时钟

ADC 挂载在 APB2 上,GPIO 挂载在 AHB1 上。例如,若使用 ADC1 通道 11 转换数据,由表 7-6 可知该通道的复用管脚为 PC1,则时钟的使能示例代码如下。

```
RCC_AHB1PeriphClockCmd(RCC_AHB1Periph_GPIOC, ENABLE);    //使能 GPIOC 时钟
RCC_APB2PeriphClockCmd(RCC_APB2Periph_ADC1, ENABLE);     //使能 ADC1 时钟
```

3. 配置 ADC 通用寄存器参数

调用 ADC_CommonInit( )函数初始化通用控制寄存器(CCR)。例如,若设置某个 ADC 为独立模式,两个采样阶段之间延迟 5 个时钟周期, ADC 预分频器为四分频、禁用 DMA,其参考代码如下。

```
ADC_CommonInitTypeDef ADC_CmnInitS;                       // 声明通用初始化结构体变量
ADC_CmnInitS.ADC_Mode = ADC_Mode_Independent;             // 设置为独立模式
ADC_CmnInitS.ADC_TwoSamplingDelay = ADC_TwoSamplingDelay_5Cycles;  //设置延迟 5 个时钟周期
ADC_CmnInitS.ADC_DMAAccessMode = ADC_DMAAccessMode_Disabled;  // 失能 DMA
ADC_CmnInitS.ADC_Prescaler = ADC_Prescaler_Div4;          // 设置为四分频
ADC_CommonInit(&ADC_CmnInitS);                            // 初始化
```

4. 初始化 ADC 基础参数

ADC 分辨率、转换行为、触发方式、数据存储格式、规则序列的转换通道数等基础参数可使用 ADC_Init( )函数进行设置。

例如，若ADC1采用12位分辨率，工作模式为单次转换、软件触发，转换1个通道的模拟数据，数据以右对齐方式存储，其示例代码如下。

```
ADC_InitTypeDef ADC_InitStr;                                    //声明ADC初始化结构体变量
ADC_InitStr.ADC_Resolution = ADC_Resolution_12b;                //设置分辨率为12位
ADC_InitStr.ADC_ScanConvMode = DISABLE;                         //禁用扫描模式
ADC_InitStr.ADC_ContinuousConvMode = DISABLE;                   //禁用连续转换
ADC_InitStr.ADC_ExternalTrigConvEdge = ADC_ExternalTrigConvEdge_None;
//禁止触发检测，使用软件触发
ADC_InitStr.ADC_DataAlign = ADC_DataAlign_Right;                //数据右对齐
ADC_InitStr.ADC_NbrOfConversion = 1;                            //规则序列中的转换个数设置为1
ADC_Init(ADC1, & ADC_InitStr);                                  //ADC初始化
```

5. 启动ADC

ADC初始化后，即可使用ADC_Cmd( )函数启动ADC，其示例代码如下。

```
ADC_Cmd(ADC1, ENABLE);                              //开启ADC1转换器
```

注意：ADC启动后处于待命状态，且规则组和注入组此时尚未配置，均为空序列。

6. 读取ADC转换数值

若拟对某个通道进行数据转换，需调用ADC_RegularChannelConfig( )函数（规则组配置函数）或ADC_InjectedChannelConfig( )函数（注入组配置函数）配置ADC通道。读取转换结果后，可借助转换状态、转换结果读取函数读取转换结果。

例如，将ADC1通道11配置在规则组中，且规则组内只有该通道需转换，采样周期设置为144个时钟周期，实时读取ADC1的转换结果，其示例代码如下。

```
//配置ADC1规则组序列，将通道11配置在规则组内第1位，采样周期为114个时钟周期
ADC_RegularChannelConfig(ADC1, ADC_Channel_11, 1, ADC_SampleTime_144Cycles );

uint16_t   adc_Value;            //声明用于保存转换结果的变量
ADC_SoftwareStartConvCmd(ADC1);                          //使能ADC1软件触发
while(!ADC_GetFlagStatus(ADC1, ADC_FLAG_EOC ));   //等待转换结束
adc Value=ADC_GetConversionValue(ADC1);     //获取最近一次ADC1规则组的转换结果
……                                       //后续处理
```

【思考】在上述示例代码的规则通道配置函数中，参数“1”代表什么含义，该参数是否可随意设置？

提示：

通道在规则序列中有先后顺序，参数“1”是指该通道在规则序列的第1位。由于规则序列最多可设置16个通道，因此该参数不可随意设置，不得大于16。

7.6 ADC、DMA实验及编程

本节以实验5为例，验证DMA、ADC的应用思路和编程方法。

【实验 5】 以电位器等器件模拟外部传感器，该电位器最高电压为 3.3 V，连接到 PA0 管脚，利用 ADC1 检测 PA0 管脚上的电压 V_M，同时监测芯片内部温度，要求如下：

（1）ADC1 设置为 12 位分辨率、软件触发、单次转换，采样周期设置为 144 个时钟周期；

（2）复位后，ADC1 转换 1 次通道 0 输入的模拟电压以及内部温度传感器所测温度；

（3）ADC1 检测的 PA0 管脚电压、内部温度传感器检测的温度在 LED 上显示；

（4）LED 程序无须编写，从示例程序移植即可。

分析：

（1）通道确定，查询手册可知，PA0 连接 ADC1 的通道 0，内部温度传感器连接在通道 16。

（2）整体分析，利用 ADC1 转换两个通道，可触发两次单次转换，依次转换通道 0 和通道 16；也可将 ADC1 配置为扫描转换模式，一次触发即可转换两个通道。因为规则组只有 1 个转换结果寄存器，若采用扫描方式，必须启动 ADC 的 DMA 数据管理，否则规则组序列 1 的转换结果会被序列 2 覆盖，无法获取序列 1 的转换结果。

本章实验的参考电路可参照图 7-32，将图中的 AINx 修改为 PA0 管脚即可。工程搭建及编程不再赘述，给定的示例代码包含单次转换和扫描转换两种实现方法，具体可下载自行查阅，其中 LED 相关代码可直接移植使用。

ADC 实验指导书下载

ADC 实验示例代码下载

7.7 小结

DMA 可以在不需要任何 CPU 操作的情况下，用于外设与存储器之间以及存储器与存储器之间的高速数据传输。F407 芯片有两个 DMA 控制器，总共有 16 条数据流（每个控制器 8 条），每个 DMA 控制器都用于管理一个或多个外设的存储器访问请求。每条数据流总共可以有多达 8 个通道（或称请求），每个通道都有一个仲裁器，用于处理 DMA 请求的优先级。

每条数据流有单独的四级 32 位先进先出存储器缓冲区（FIFO），可用于 FIFO 模式或直接模式。在 FIFO 模式下，可通过软件将阈值级别选取为 FIFO 大小的 1/4、1/2、3/4 或满。通过硬件可以将每条数据流配置为支持外设到存储器、存储器到外设和存储器到存储器传输的常规通道以及支持存储器双缓冲区通道。

8 条数据流中的每一条都连接到专用硬件 DMA 通道（请求），DMA 数据流请求之间的优先级可用软件编程（4 个级别，即非常高、高、中、低）。在软件优先级相同的情况下，可以通过硬件决定优先级。可供每条数据流选择的通道请求多达 8 个，此选择可由软件配置，允许几个外设启动 DMA 请求。

要传输的数据项的数目可以由 DMA 控制器或外设管理：DMA 流控制器要传输的数据项的数目是 1 到 65 535，可用软件编程；外设流控制器要传输的数据项的数目未知，并由源或目标外设控制，这些外设通过硬件发出传输结束的信号。

独立的源和目标传输宽度（字节、半字、字）不相等时，DMA 自动封装/解封必要的传输数据来优化带宽。这个特性仅在 FIFO 模式下可用于对源和目标的增量或非增量寻址。

支持 4 个、8 个和 16 个节拍的增量突发传输。突发增量的大小可由软件配置，通常等于外设 FIFO 大小的一半。

每条数据流都支持循环缓冲区管理。

ADC 是数模转换器，STM32F407 芯片有 3 个 ADC，可测量来自 16 个外部源、2 个内部源和 VBAT 通道的信号。这些通道的 A/D 转换可在单次、连续、扫描或不连续采样模式下进行。ADC 的结果存储在一个左对齐或右对齐的 16 位数据寄存器中。每个 ADC 可配置 12 位、10 位、8 位或 6 位分辨率，并可独立设置各通道的采样时间。

思考题

7.1 STM32F407 的 DMA 有三种数据传输方向，配置了外设地址寄存器（PAR）、存储器 0 和 1 的地址寄存器（M0AR 和 M1AR）等 2 个寄存器用来存储源和目标的地址，简要说明每种传输方向的源和目标地址分别存储在哪个寄存器中。

7.2 简要说明 STM32F407 芯片的 DMA 有几种传输数据宽度，当源和目标的数据宽度不一致时，STM32F407 芯片是如何解决的。

7.3 对于 STM32F407 芯片的 DMA，简要说明传输数据量的含义以及数据量是如何控制的。

7.4 STM32F407 芯片的 DMA 请求较多，为了简化内部电路、降低功耗、高效响应不同设备的 DMA 请求，STM32 芯片采取哪些措施解决该问题？

7.5 STM32F407 芯片的 DMA 突发传输需要 FIFO 缓存区的协助，在设置数据大小（即数据宽度 w）、FIFO 阈值和突发大小（即突发的节拍数 b）时需要注意哪些问题？

7.6 简要说明使用 CMSIS 库函数配置和管理 DMA 的数据传输时需要完成哪些工作。

7.7 STM32F407 芯片的 ADC 完成一次信号转换包括哪些过程？

7.8 假设 ADC 转换器的量程为 3.3 V，采用 6 位数字量保存转换后的数字信号，计算 ADC 的量化单位，若某一时刻模拟输入电压为 1.71 V，此时 ADC 的量化值是多少？

7.9 STM32F407 芯片的 ADC 有单次转换和连续转换两种模式，说明这两种模式的含义以及两者之间的区别。

7.10 若 STM32F407 芯片的 ADC 分辨率为 12 位，说明注入组转换的结果数据有效位数为什么。

7.11 若使 ADC 的数据转换误差小于 1/4 量化单位 δ，则对外接电路的限流电阻 R_{AIN} 有何限制，为什么？

第 8 章

串行通信及其应用

随着信息技术、计算机技术的发展，控制系统日益复杂，设备之间的信息交互广泛存在，如无人机飞控系统与遥控接收机之间的信息交互。为了提高芯片的应用普适性，STM32 提供了 I²C、SPI 及 UART 等常见的通信接口，用以实现外设与处理器之间的信息交互。本章主要介绍通信的基本概念及基本原理，STM32 的 I²C、SPI 和 USART（UART）通信原理、通信实现思路及编程方法。

8.1　通信概述

1. 通信的基本概念

通信是指计算机之间或计算机与其他设备之间进行的信息交互，通信系统一般由信息发送设备、信息传输媒介、信息接收设备等三个要素构成，这三个要素也称为信源、信道和信宿，且信道是信源和信宿之间的通信线路，如图 8-1 所示。

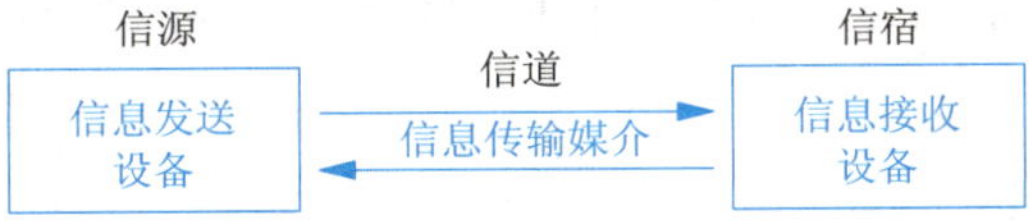

图 8-1　通信示意

若要正常进行信息的交互，通信双方必须遵循事前约定的规则，也就是人们常说的通信协议。这些规则一般包括物理连接方式、数据传输速率、数据帧结构、差错控制和流量控制等。当前，通信种类较多，如 HTTP 协议、FTP 协议、UDP 协议、PPI 协议，以及微处理器常用的 SPI 协议、I²C 协议、USART 协议、Modbus 通信协议、CAN 通信协议等。不同的通信协议对通信规则的约定范围和约定内容不同，但都包含语法、语义和时序等三个基本要素。

1）语法

语法主要约定数据传输的格式、编码和信号等级（电平的高低）等，以确保发送方和接收方都能正确地解释所交互的数据内容。

2）语义

语义是指数据的意义，即通信内容、控制信息如何表示，以确保通信双方在数据传输过程中能够理解对方的意图。

3)时序

时序也称为定时规则,主要约定数据何时传输以及传输速率等,以确保通信的有效性和流畅性。

通信协议是通信双方必须具有的共同语言,约定交流什么、怎样交流及何时交流,也是保证通信的各环节正常运作的软件基础;而通信系统三要素(信源、信道和信宿)是保证通信完成的硬件基础。

2. 通信的分类

不同通信方式的特点不同。根据不同的通信特点,通信有多种分类方法,下面仅介绍几种常见的分类方法,如图 8-2 所示。

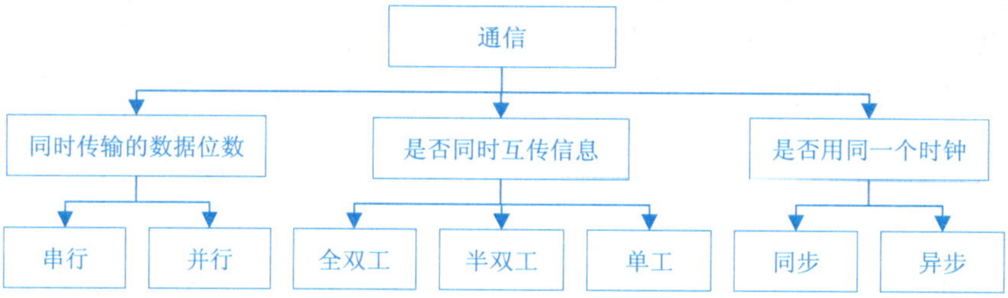

图 8-2　通信的分类

1)并行与串行通信

按照同时传输的数据位数,通信可分为并行通信与串行通信。

串行通信是信源与信宿之间的数据一位一位逐个传输,一般采用单根或 2 根数据信号线,类似于单人通道。

并行通信是信源与信宿之间的多位数据同时传输,如 8 根数据线可同时传输 8 位数据,类似于并排多人通道。

2)双工与单工通信

按照设备之间是否可以同时互传信息,通信可分为全双工通信、半双工通信和单工通信。

全双工通信是在同一时刻,设备之间可以同时收发数据,其特点是双向、同时。

半双工通信是设备之间可以双向收发数据,但是同一端不能在同一时刻既收数据又发数据,其特点是双向、不同时。

单工通信是在任何时刻,数据都只能单向流通,也就是信息发送设备只能发送而不能接收信息,反之信息接收设备只能接收信息。

3)同步与异步通信

按照信源与信宿是否使用统一的时钟信号,通信可分为同步通信和异步通信。

同步通信是收发双方之间至少有一根时钟信号线,双方将在统一规定的时钟信号的上升沿或者下降沿对数据进行采样,如图 8-3 所示。

异步通信是不使用时钟信号同步数据,一般以数据帧的格式传输数据,有时候还需约定收发双方的传输速率。

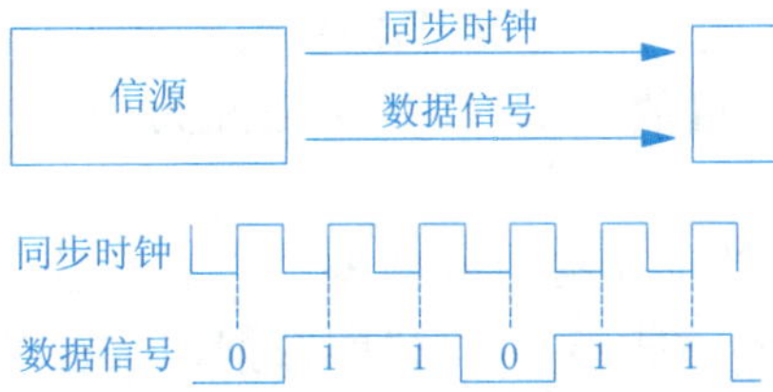

图 8-3　同步通信示意(上升沿采集数据)

3. 波特率

异步通信时,通信双方没有同步通信时钟。通信双方若要正常通信,必须事前约定数据传输速度,否则极易造成通信数据丢失。数据传输速度通常采用波特率表示。

波特率是指单位时间内传输的码元符号个数, 1 波特率表示每秒传输 1 个码元符号,单位为 baud。

不同的调制方式, 1 个码元符号可以负载多个数据位信息。比特率同样是表示数据传输速度的参数,而且极易与波特率混淆。比特率是指单位时间内通过信道传输的信息量(二进制位数),单位为每秒的比特数 bit/s(bps)。

拓展:

常用的信息调制方式有两相调制、四相调制、八相调制等。例如:

1. 若采用两相调制,0 V 表示“0”,3 V 表示“1”,此时 1 个码元表示 1 个数字位;
2. 若采用四相调制,0 V 表示“00”、2 V 表示“01”,4 V 表示“10”,6 V 表示“11”;

……

一个固定时长的波形信号(如 0 V、3 V)就是码元。由上可见,两相调制时有 2 个码元,每个码元负载(代表)1 个数据位;四相调制时有 4 个码元,每个码元负载 2 个数据位;依此类推 N 相调制时有 N 个码元,每个码元负载 $\log_2 N$ 个数据位。

波特率与比特率之间的关系为

$$I = S \cdot \log^2 N \tag{8-1}$$

式中:I 为信息传输率(比特率);S 为波特率;N 为每个码元承载的信息量(位数)。

不特殊说明时,通信一般采用两相调制方式,此时波特率与比特率相等,均表示每秒传输二进制数据的位数。

在实际通信中,经常使用的波特率有 9 600 Bd、19 200 Bd、38 400 Bd、57 600 Bd 和 115 200 Bd 等。

4. 数据校验

通信数据在传输过程中由于干扰部分数据会发生改变,致使传输错误。为校验传输数据是否有误,通信系统常用的数据校验方法有奇偶校验、循环码校验等。

1)奇偶校验

奇偶校验(Parity Check, PC)是一种数据校验方法,它根据所传输的二进制数据中“1”的个数是奇数还是偶数来校验数据传输是否正确。若采用奇数个“1”校验,称为奇校验;反之,则称为偶校验。

奇偶校验的基本思路如下:

（1）通信双方事前约定校验方式（奇校验或偶校验）；

（2）发送机利用校验位将所传输数据中"1"的个数配为奇数个（奇校验）或偶数个（偶校验），配齐后发送给接收机；

（3）接收机接收数据后，分析验证所接收的数据是否有奇数个"1"（奇校验）或偶数个"1"（偶校验），若"1"的个数与校验方式不符，则说明数据传输有误。

【示例 8-1】如果某通信的数据长度为 9 位，事前约定为"奇校验"，当前设备 A 要向设备 B 传输的数据假设为"0010 1010"。

分析：所需传输的数据有 3 个位置为"1"，即"1"的个数为奇数，此时校验位应设置为"0"，以保证设备 A 向设备 B 传输的 9 位数据中"1"的个数为奇数，即设备 A →设备 B 的数据"0010 1010 0"。

设备 B 接收数据后，分析所接收的数据，若设备 B 所接收的数据中"1"的个数不是奇数，则说明数据传输肯定有误；若是奇数，则说明数据传输可能无误。

由上可见，奇偶校验可检验数据传输的部分错误，但无法确保数据传输无误。

2）循环码校验

循环冗余校验（Cyclic Redundancy Check，CRC）码简称循环码，它是一种能力较强的检错、纠错码。

循环码校验的基本思路是将拟传送的信息 M（X）表示为一个多项式 L，用 L 除以一个预先确定的除数 G，得到的余式就是所需的循环冗余校验码；然后将校验码添加到 L 后面发送，接收方接收后，若数据传输无错则应可被 G 整除，否则传输有错。

5. 常用串行通信接口

为了使不同厂家制造的不同设备之间实现通信，国际性组织或企业、单位对通信接口的电气特性、通信协议等方面进行了统一约定，从而形成了各种通信接口标准，如 USB、RS232、RS485 以及 I^2C、SPI 和 USART（或 UART）等。

通信接口不仅约定了接口样式，还包括通信线的布局及通信协议。因此，通信接口确定后，需要根据通信接口标准和要求搭建通信线路，编写通信程序，否则将无法完成通信。

8.2 I^2C 通信

I^2C（Inter-Integrated Circuit）是同步串行通信接口，它通过两根连线实现设备之间的双向数据传输，具有接线少、控制简单、硬件实现简单、器件封装形式少、通信速率较高、可扩展性强等特点，在各类集成芯片内已被广泛应用。

8.2.1 I^2C 简介

I^2C 总线的串行数据（Serial Data，SDA）线用于数据的双向传输，串行时钟（Serial Clock，SCL）线提供时钟信号，用于提供数据收发的同步时钟。通过 SDA 和 SCL 两根连线可以搭建多机系统和外设拓展系统，如图 8-4 所示。

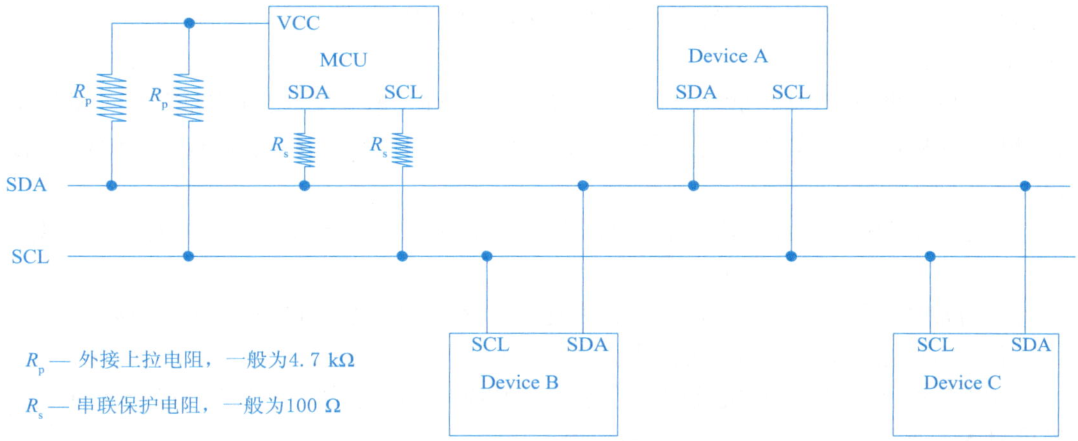

图 8-4　I²C 总线系统的典型架构与电气接线图

数据传输时，发起数据传送并产生时钟信号的设备称为主机，被主机寻址的设备称为从机。按数据流向区分，发送数据到总线的设备称为发送机，从总线接收数据的设备称为接收机。在 I²C 架构中，主机和从机都可以发送数据，也可以接收数据，即主机或从机在某一时刻可能是发送机，在另一时刻又可能是接收机。

若有 2 个及 2 个以上的设备同时发起数据传送请求，只允许其中一个设备获得总线的控制权而成为主机，这种判决过程称为仲裁。

8.2.2　I²C 数据传输

1. I²C 通信过程

I²C 通信过程大体可分为通信起始、数据传送和通信停止三个阶段，如图 8-5 所示。

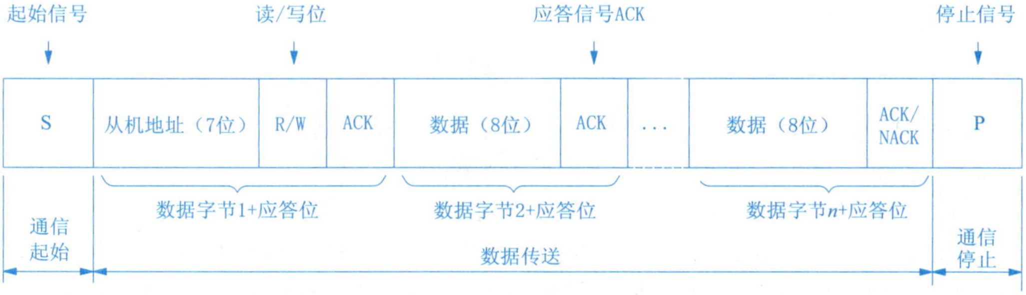

图 8-5　I²C 通信过程与构成示意

I²C 总线是按字节进行通信的，即主机与从机每次交互 1 个字节的数据，字节数据交互后，接收机必须向发送机回应一个应答信号（1 位数据），可见 I²C 总线交互 1 个字节的数据需要 9 个数据位的信息，典型通信过程如下。

（1）主机启动通信，即主机向总线发送起始信号，从机接收到主机的启动信号后处于静默监听状态。

（2）主机呼叫从机，主机发送的第 1 个字节的数据是从机地址和“读/写位”信息，即确定与谁通信以及如何通信；也就是主机确定与哪一个从机通信，主机是向从机写数据，还是读从机的数据。

（3）被呼从机应答，从机收到从机地址信息后，与自我地址比对，确定是否被主机呼叫，若被呼叫，从机向总线发送应答信号 ACK，则此时主机与从机已建起通信，具有总线控制权。

（4）传送 1 个字节，通信建立后，根据读/写位信息，主机与从机之间进行数据信息的交互：

①若“读/写位”为“0”，则主机向从机发送 1 个字节的数据，即主机向从机写数据；

②若“读/写位”为“1”，则从机向主机发送 1 个字节的数据，即主机从从机读数据。

（5）信息接收应答，接收机接收 1 个字节的数据后，向发送机发送应答信号 ACK 或非应答信号 NACK。

（6）其他字节交互，重复步骤（4）和（5），主机与从机继续进行数据的交互。

（7）主机停止通信，当数据交互完成后，主机向从机发送通信停止信号，主机和从机释放对总线的控制权，通信结束。

2. 信号约定及通信特点

I²C 对重要信号以及数据交换格式进行了约定（通信协议），如图 8-6 所示。通信中有起始信号、应答信号（ACK）、非应答信号（NACK）、停止信号等 4 种特别信号。

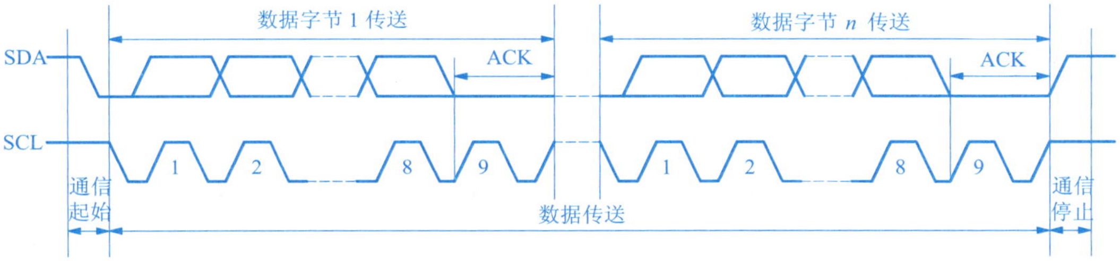

图 8-6 I²C 通信协议

（1）起始信号，SCL 为高电平，SDA 由高电平跳变为低电平。

（2）停止信号，SCL 为高电平，SDA 由低电平跳变为高电平。

（3）应答信号（ACK），在 SCL 的 1 个脉冲周期内，SDA 保持低电平。

（4）非应答信号（NACK），在 SCL 的 1 个脉冲周期内，SDA 保持高电平；当主机读从机的数据时，读取最后 1 个字节的数据后，主机必须向从机发送 NACK 信号，告知从机结束通信，释放总线控制权。

I²C 通信建立后，数据的交互有以下三个重要特点。

（1）脉冲数据一对一。在 SCL 的 1 个时钟周期内，通信双方通过 SDA 线交互 1 个数据位，即 1 个脉冲周期对应 1 个通信数据位。

（2）数据高稳低变。SDA 数据只能在 SCL 时钟信号的低电平期间进行跳变；SCL 处于高电平时，SDA 必须保持稳定。

（3）“8+1”数据交互。通信双方以字节为单元交互信息，1 个字节（8 位）的数据交互后，需要接收机回复发送机应答信号（1 位数据）。

3. 实际通信解析

在实际通信中，主机可以读从机的数据，也可向从机写数据，还可进行读写复合通信。不同通信方式都要遵循上述的通信协议，但通信过程也存在差异，如图 8-7 所示。

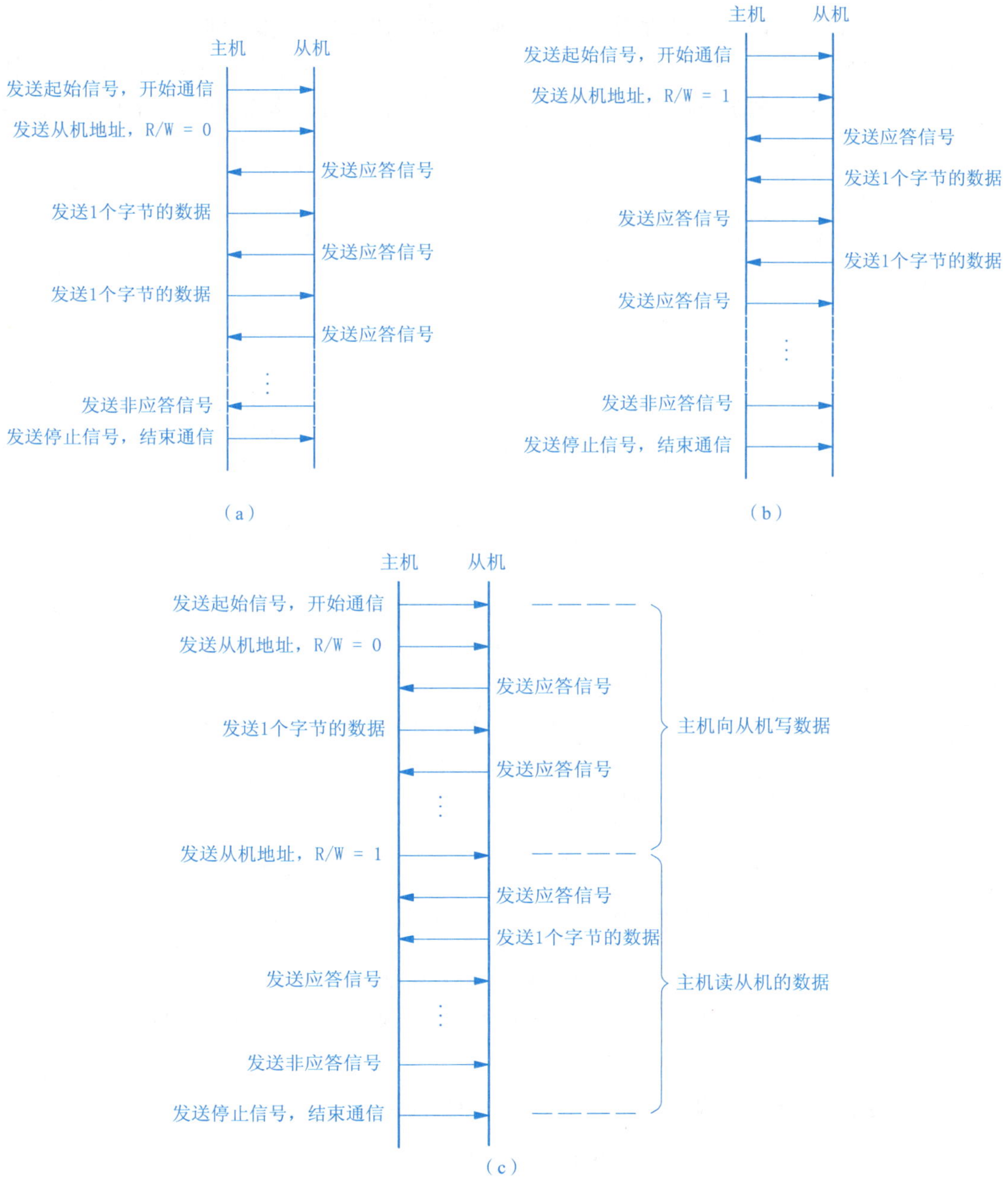

图 8-7　I²C 通信协议

（a）主机向从机写数据　（b）主机读从机的数据　（c）主机与从机的读写复合通信

8.2.3 I²C 控制器

STM32F407 芯片提供了 3 个 I²C 片上外设，这些 I²C 可以在主模式或从模式下工作，支持 7/10 位寻址模式和 7 位双寻址模式（从模式下），支持标准模式（最高 100 kHz）和快速模式（最高 400 kHz），且内置了硬件循环冗余检验（CRC）码生成/校验功能。

I²C 片上外设也称为 I²C 接口总线或 I²C 控制器。I²C 控制器专门负责 I²C 通信协议的实现，由通信管脚、时钟控制逻辑、数据控制逻辑、整体控制逻辑等 4 部分组成，如图 8-8 所示。

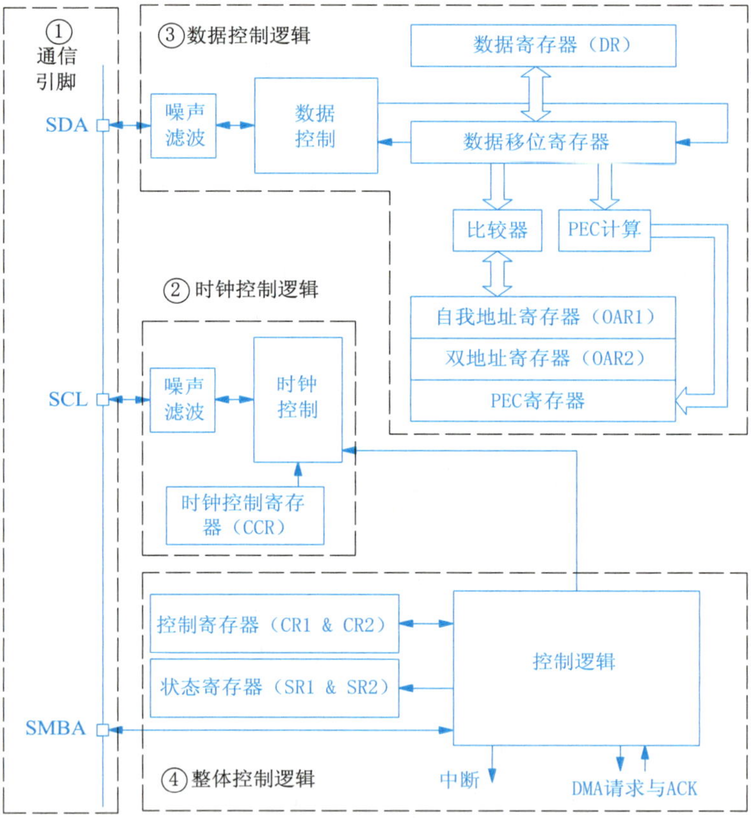

图 8-8 I²C 控制器（摘自 STM32F407 参考手册）

注：SMBA 是 SMBus 模式下用于警告的可选信号，如果 SMBus 已禁止，则此信号不使用。

1. 通信管脚

I²C 的 SDA 和 SCL 管脚与 GPIO 管脚的复用映射关系见表 8-1。

表 8-1 I²C 管脚映射

管脚	I²C1		I²C2	I²C3
I²C_SCL	PB6	PB8（备用）	PB10	PA8
I²C_SDA	PB7	PB9（备用）	PB11	PC9

I^2C1 有两种管脚映射，即 I^2C1 可以通过 PB6 和 PB7 管脚通信，也可以通过 PB8 和 PB9 管脚通信。

使用 GPIO 的复用功能时，必须调用 stm32f4xx_gpio 类文件中的 GPIO_PinAFConfig( ) 函数来指定 I^2C 使用的 GPIO 管脚。例如，I^2C1 若使用 PB8 和 PB9 管脚通信，其示例代码如下。

```
GPIO_PinAFConfig(GPIOB,GPIO_PinSource8,GPIO_AF_I2C1);        // PB8 复用为 I²C1
GPIO_PinAFConfig(GPIOB,GPIO_PinSource9,GPIO_AF_I2C1);        // PB9 复用为 I²C1
```

指定 I^2C 使用的 GPIO 管脚后，初始化 GPIOx 管脚时还需设置相应的管脚为复用功能模式，其示例代码如下。

```
GPIO_InitTypeDef   GPIO_InitStr;                        // 声明 GPIO 初始化变量
GPIO_InitStr.GPIO_Mode = GPIO_Mode_AF;                  // 复用功能
GPIO_InitStr.GPIO_OType = GPIO_OType_OD;                // 输出方式，切记 I²C 必须设为开漏
GPIO_InitStr.GPIO_Speed = GPIO_Speed_100 MHz;           // 管脚速率
GPIO_InitStr.GPIO_PuPd = GPIO_PuPd_NOPULL;              // 管脚浮空，切记 I²C 必须设为浮空
GPIO_InitStr.GPIO_Pin = GPIO_Pin_8 | GPIO_Pin_9;        // 管脚编号
GPIO_Init(GPIOx, &GPIO_InitStr);                        // 初始化 SCL 所用 GPIOx 管脚
```

2. 时钟控制逻辑

时钟控制逻辑负责配置 SCL 管脚的时钟频率和时钟的滤波系数。I^2C 挂接在 APB1 上，APB1 的时钟是 I^2C 的时钟源。I^2C 通信可分为标准模式和快速模式，模式不同 SCL 时钟信号的占空比(T_{low}/T_{high})不同，对 APB1 的时钟频率 f_{PCLK1} 要求也不同，具体见表 8-2。

表 8-2　SCL 时钟特点及对总线时钟的要求

模式	SCL 信号占空比	f_{PCLK1}	备注
标准模式	1	≥2 MHz	—
快速模式	2	≥4 MHz	f_{PCLK1} 必须是 10 MHz 的倍数才能实现最高 400 kHz 的 I^2C 快速模式时钟
	16/9		

明确 I^2C 通信模式(是快速模式还是标准模式)后，SCL 时钟信号的高电平时间 T_{high} 和低电平时间 T_{low} 由 I²C_CCR 寄存器的 CCR 值决定。

(1)标准模式：

$$\begin{cases} T_{high} = CCR \times T_{PCLK1} \\ T_{low} = CCR \times T_{PCLK1} \end{cases} \tag{8-2}$$

式中：T_{PCLK1} 为 APB1 的时钟信号脉冲周期。

(2)快速模式：

若占空比为 2，则有

$$\begin{cases} T_{high} = 1 \times CCR \times T_{PCLK1} \\ T_{low} = 2 \times CCR \times T_{PCLK1} \end{cases} \tag{8-3}$$

若占空比为16/9，则有

$$\begin{cases}T_{high}=9\times CCR\times T_{PCLK1}\\T_{low}=16\times CCR\times T_{PCLK1}\end{cases} \tag{8-4}$$

【示例 8-2】如果 APB1 的时钟频率为 8 MHz，可知 T_{PCLK1}=125 ns，要求在标准模式下生成 100 kHz 的 SCL 信号，则 SCL 信号的高电平周期为

$$T_{high}=\frac{1}{2\times f_{SCL}}=\frac{1}{2\times100\times10^3}=0.5\times10^{-5}\text{s}$$

CCR 的数值应设置为

$$CCR=\frac{T_{high}}{T_{PCLK1}}=T_{high}\times f_{PCK1}=0.5\times10^{-5}\times8\times10^6=40$$

可见，CCR 实现了对总线时钟的分频，因此也可将 CCR 值看作 SCL 信号的分频系数。

3. 数据控制逻辑

数据控制逻辑负责使 I²C 按照 I²C 通信协议产生通信信号，收发并保存通信数据以及进行 PEC(Packet Error Checking)等。

4. 整体控制逻辑

整体控制逻辑根据 I²C 的工作状态，负责状态寄存器 I²C_SR 相应状态标识位的调整，以及 I²C 中断信号的产生、DMA 请求等。

I²C 控制器内部设置了 9 个 16 位的寄存器，其中数据移位寄存器负责一位一位接收或发送数据，它是由控制器自行管理的特殊寄存器，其他寄存器的作用见表 8-3。

表 8-3　I²C 寄存器

序号	寄存器	描述	序号	寄存器	描述
1	控制寄存器 CR1	产生开始、结束、应答等信号的使能控制	6	状态寄存器 SR1	存储超时、PEC 结果、溢出、应答、仲裁、结束位等事件的状态
2	控制寄存器 CR2	配置时钟频率、中断和 DMA 的使能	7	状态寄存器 SR2	存储数据包错误校验结果、MSL(主/从模式)、BUSY(总线忙碌)的状态信息
3	自有地址寄存器 OAR1	存储 I²C 片上外设的地址	8	时钟控制寄存器 CCR	存储时钟设置参数
4	双地址寄存器 OAR2	存储 I²C 片上外设的地址	9	上升时间寄存器 TRISE	存储快速/标准模式下的最长上升时间，6 位有效
5	数据寄存器 DR	存储通信数据			

I²C 寄存器各数据位的意义及其读写注意事项参考 STM32F407 参考手册，在此不再赘述。

5. 主模式传输时序

在主模式下，I²C 控制器会启动数据传输，并负责生成时钟信号。串行数据传输始终在出现起始位时开始，在出现停止位时结束。

1)发送数据传输序列

在数据发送的各阶段结束后，会触发相应的事件，如图 8-9 所示。例如，当主机发送起

始信号后，会触发 EV5 事件，此时状态寄存器 SR1 的起始位 SB 为 1，随后控制器将地址写入数据寄存器 DR，写入后将 SB 位清零。

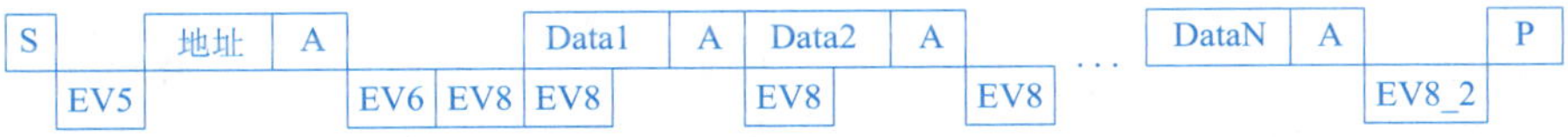

图 8-9　7 位主发送器传输序列

在 10 位寻址模式中，I²C 作为主发送器，不同传输阶段触发的事件有所不同。当主机发送地址头序列后，会触发 EV9 事件，如图 8-10 所示。

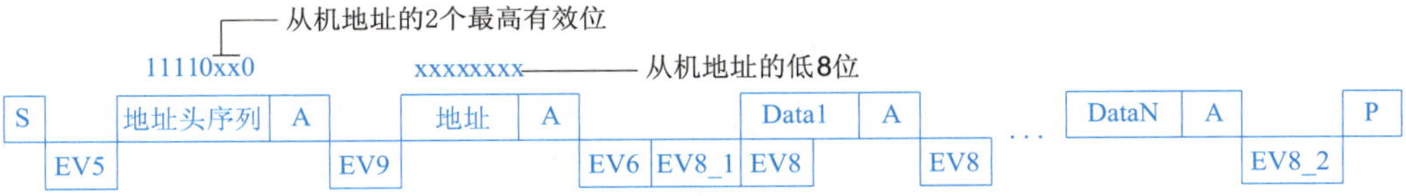

图 8-10　10 位主发送器传输序列

提示：

10 位寻址模式是指从机地址采用 10 位二进制数表示。在此模式下，地址头序列为“11110xx0”，其中 xx 是从机地址的 2 个最高有效位，图 8-10 所示的“地址”是 10 位从机地址中的低 8 位。

不同事件与状态寄存器（SR）标识位的映射关系见表 8-4。用户编程时，可通过检测相应的事件判断数据传输的阶段工作是否完成。

表 8-4　不同事件与状态寄存器（SR）标识位的映射关系

事件	SR 相应的标识位	事件	SR 相应的标识位
EV5	发送起始位（主模式）SB =1	EV8_1	数据寄存器为空标识位 TxE = 1
EV6	地址已发送（主模式）/地址匹配（从模式）位 ADDR = 1	EV8_2	数据寄存器为空标识位 TxE = 1 字节传输完成位 BTF = 1
EV8	数据寄存器为空标识位 TxE = 1	EV9	发送 10 位头序列（主模式）完成标识位 ADD10 =1

2）接收数据传输序列

在主机模式下，I²C 接收数据时的传输时序如图 8-11 所示。

I²C 控制器配置为从机时，数据传输时序与主模式类似，但略有差异，具体时序在此不再赘述。

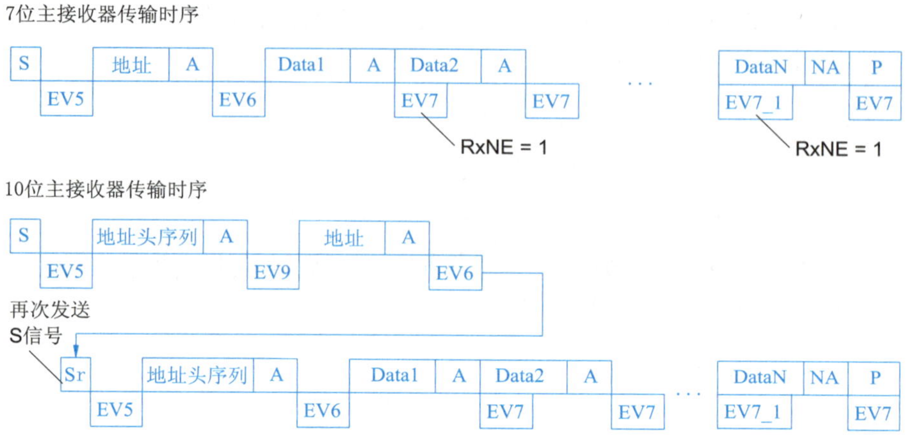

图 8-11　主接收器传输序列

8.2.4　I²C 应用及编程

作为片上外设，I²C 同样需要进行初始化才能正常使用。标准库中的外设类文件(stm32f4xx_i2c)封装了快捷设置和管理 I²C 外设控制器的结构体、通用方法。

1. 初始化结构体

stm32f4xx_i2c.h 文件定义了名为 I²C_InitTypeDef 的初始化结构体,该结构体将用户需设置的参数封装,包括时钟频率、模式、设备自身地址等,示例代码如下。

```
/************** @brief  I2C Init structure definition  ************/
typedef struct
{
  uint32_t I2C_ClockSpeed;          /*!< 指定时钟频率,必须低于 400 MHz */
  uint16_t I2C_Mode;                /*!< 指定 I²C 的工作模式 */
  uint16_t I2C_DutyCycle;           /*!< 指定 I²C 快速模式的占空比 */
  uint16_t I2C_OwnAddress1;         /*!< 指定设备自身地址 */
  uint16_t I2C_Ack;                 /*!< 使能或禁用应答 */
  uint16_t I2C_AcknowledgedAddress; /*!< 指定是 7 位地址还是 10 位地址 */
}I2C_InitTypeDef;
```

1)I²C_ClockSpeed

I²C_ClockSpeed 是 I²C SCL 的时钟频率。F407 的 I²C 有标准和快速两种工作模式,标准模式的频率为 100/400 kHz,快速模式的频率为 400 kHz。

2)I²C_Mode

I²C_Mode 参数是 I² C 的工作模式,可设置为 I²C 模式或 SMBUS 模式,在一般情况下多设置为 I²C 模式。

3)I²C_DutyCycle

I²C_DutyCycle 是 I²C 的 SCL 线时钟的占空比(即低电平时间与高电平时间之比),可设置为 9/16 或 2,在一般情况下占空比对通信影响不大。

4）I^{2}C_OwnAddress1

I^{2}C_OwnAddress1 是 I^{2}C 设备的地址，可设置为 7 位地址或 10 位地址。

5）I^{2}C_Ack

I^{2}C_Ack 主要配置 I^{2}C 的应答位，可设置为应答或非应答，在多数情况下设置为应答。

6）I^{2}C_AcknowledgedAddress

I^{2}C_AcknowledgedAddress 配置 I^{2}C 的寻址模式，根据实际可配置为 7 位地址或 10 位地址。该参数需要根据实际连接到 I^{2}C 总线上设备的地址进行选择，而且该参数对 I^{2}C_OwnAddress1 参数也有影响，只有将该参数设置为 10 位地址模式时，I^{2}C_OwnAddress1 才支持 10 位地址。

2. 重要函数

为了方便用户初始化和使用 I^{2}C 片上外设，stm32f4xx_i2c 文件提供了 I^{2}C 初始化、起始和停止信号产生、地址和数据读写函数，也定义了 PEC 管理类函数、DMA 传送管理函数、中断与事件管理函数等。

初始化、I^{2}C 使能等函数较为常用，具体见表 8-5。

表 8-5　CMSIS 标准库中的 I^{2}C 常用函数

序号	函数	描述
1	void　I2C_DeInit(I2C_TypeDef* I2Cx)	将 I^{2}Cx 外围寄存器初始化为其默认重置值
2	void　I2C_Init(I2C_TypeDef* I2Cx, I2C_InitTypeDef* I2C_InitStruct)	根据 I^{2}C_InitStruct 指定的参数初始化 I^{2}Cx
3	void　I2C_StructInit(I2C_InitTypeDef*I2C_InitStruct)	将初始化结构体设置为默认值
4	void　I2C_Cmd(I2C_TypeDef* I2Cx, FunctionalState NewState)	使能或失能 I^{2}Cx
5	void　I2C_AnalogFilterCmd(I2C_TypeDef* I2Cx, FunctionalState NewState)	启用或禁用 I^{2}C 外围设备的模拟滤波器
6	void　I2C_GenerateSTART(I2C_TypeDef* I2Cx, FunctionalState NewState)	生成 I^{2}Cx 通信的启动（起始）信号
7	void　I2C_GenerateSTOP(I2C_TypeDef* I2Cx, FunctionalState NewState)	生成 I^{2}Cx 通信的停止（起始）信号
8	void　I2C_Send7bitAddress(I2C_TypeDef* I2Cx, uint8_t Address, uint8_t　I2C_Direction)	发送地址字节，选择从属设备
9	void　I2C_AcknowledgeConfig(I2C_TypeDef* I2Cx, FunctionalState NewState)	启用或禁用指定的 I^{2}C 确认功能
10	Void　I2C_OwnAddress2Config(I2C_TypeDef* I2Cx, uint8_t Address)	配置指定的 I^{2}C 自身地址 2
11	void　I2C_DualAddressCmd(I2C_TypeDef* I2Cx, FunctionalState NewState)	启用或禁用指定的 I^{2}C 双寻址模式
12	void　I2C_GeneralCallCmd(I2C_TypeDef* I2Cx, FunctionalState NewState)	启用或禁用指定的 I^{2}C 通用调用功能
13	void　I2C_SendData(I2C_TypeDef* I2Cx, uint8_t Data)	通过 I^{2}Cx 外围设备发送数据字节
14	uint8_t　I2C_ReceiveData(I2C_TypeDef* I2Cx)	返回 I^{2}Cx 外围设备最近接收的数据
15	uint16_t　I2C_ReadRegister(I2C_TypeDef* I2Cx, uint8_t I2C_Register)	读取指定的 I^{2}C 寄存器并返回其值

3. I²C 的应用配置

若使用 I²C 通信，用户需要完成以下配置。

（1）使能 I²C 时钟及所用管脚的 GPIO 时钟。例如，I²C2 控制器的管脚为 PB10 和 PB11，时钟使能示例代码如下。

```
RCC_APB1PeriphClockCmd(RCC_APB1Periph_I2C2, ENABLE);        //使能 I²C2 时钟
RCC_AHB1PeriphClockCmd(RCC_AHB1Periph_GPIOB, ENABLE);      //使能 I²C2 所用管脚的时钟
```

（2）GPIO 管脚初始化，将 I²C 控制器的复用 GPIO 管脚连接到 I²C 控制器上，并完成初始化，示例代码见第 8.2.3 节。

（3）I²C 控制器初始化，如将 I²C1 设定为 I²C 模式、占空比为 2、7 位寻址等，示例代码如下。

```
I2C_InitTypeDef   I2C_InitStr;                     //声明 I²C 初始化结构体类型的变量
I2C_InitStr.I2C_Ack = I2C_Ack_Enable ;             //使能 I²C 应答
I2C_InitStr.I2C_AcknowledgedAddress = I2C_AcknowledgedAddress_7 bit ; //设置地址为 7 位模式
I2C_InitStr.I2C_ClockSpeed = 100000;                  //设定时钟频率为 100 kHz，必须低于 400 kHz
I2C_InitStr.I2C_DutyCycle = I2C_DutyCycle_2 ;         //设置时钟信号占空比为 2
I2C_InitStr.I2C_Mode = I2C_Mode_I2C ;                 //设置为 I²C 模式
I2C_InitStr.I2C_OwnAddress1 = 0x00;                   //设置为 I²C 地址，在主模式下该地址不起作用
I2C_Init(I2C1, & I2C_InitStr);

I2 C_Cmd(I2C1,ENABLE);                         //使能 I²C1
```

初始化并使能 I²C 后，即可根据数据传输时序调用相关函数完成数据的传输。

（4）I²C 发送数据，即 I²C 作为主机向从机写数据。只要调用库函数生成如图 8-9 或图 8-10 所示的数据传输序列，即可完成数据的发送。若 I²C1 设为 7 位寻址主模式，向从机 LED 发送 2 个字节的数据（0x00 和 0x1A），从机 LED 的地址为 0x78，其示例代码如下。

```
I2C_GenerateSTART(I2C1, ENABLE);                  //生成并发送起始信号 S
waitEvent(I2C1, I2C_EVENT_MASTER_MODE_SELECT);    // 等待 EV5

I2C_Send7bitAddress(I2C1, 0x78, I2C_Direction_Transmitter);      //发送从机地址，方向为发送
waitEvent (I2C1, I2C_EVENT_MASTER_TRANSMITTER_MODE_SELECTED);    // 等待 EV6

I2C_SendData(I2C1, 0x00);          //发送第 1 个数据（0x00）
waitEvent (I2C1, I2C_EVENT_MASTER_BYTE_TRANSMITTED);             // 等待 EV8

I2C_SendData(I2C1, 0x1A);          //发送第 2 个数据（0x1A）
waitEvent (I2C1, I2C_EVENT_MASTER_BYTE_TRANSMITTED);           // 等待 EV8-2

I2C_GenerateSTOP(I2C1, ENABLE);  // 生成并发送停止信号 P

//检测事件发生函数
void waitEvent(I2C_TypeDef* I2Cx, uint32_t I2C_EVENT)
```

```
{
    uint32_t Timeout;
    Timeout = 2000;            // 设定超时计数时间
    // 切记:使用 I2C_GetFlagStatus(   )函数获取相关标识位的值,并依此判断事件的发生,会出现死循环。这是因为 I2C_CheckEvent( )函数不仅检测此事件标识位的值,还检测其他相关标识位,可确保事件的发生
    while (I2C_CheckEvent(I2Cx, I2C_EVENT) != SUCCESS)   // 循环检测指定事件是否发生
    {
        Timeout --;            // 等待时,while 每循环 1 次,计数值减 1
        if (Timeout == 0)   // 自减到 0 后,等待超时
        {
            /*可在此处添加超时错误处理代码*/
            break;   // 若在规定的时间内未检测到相关事件发生,则跳出循环,不再等待
        }   // if_end
    } // while_end
}
```

(5)I²C 接收数据，I²C 控制器作为主机要读取(接收)从机的数据,首先需通知从机,即 I²C 将要读取从机的数据,读取什么数据或读取什么地方的数据;然后从机按照主机的读取要求将数据依次发送给主机。可见，I²C 控制器接收数据的过程可分为通知和接收两个阶段,如图 8-12 所示。

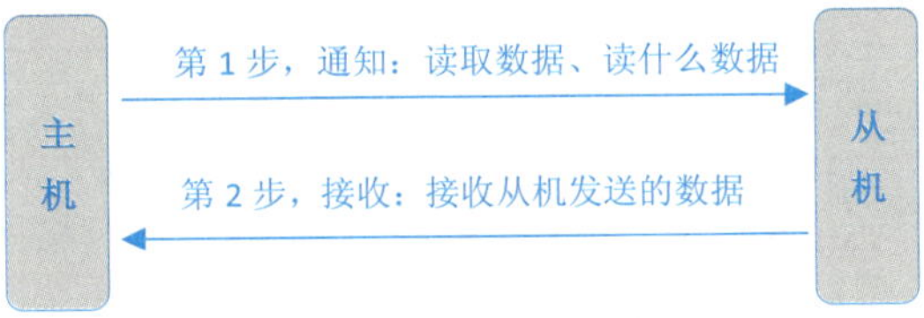

图 8-12　主接收器接收数据阶段

假设 I²C1 配置为 7 位寻址主模式,从机地址为 slav_Addr,拟读取从机位于 regAddress 位置的数据,其示例代码如下。

```
uint8_t recData;      // 接收数据的缓存
I2C_GenerateSTART(I2C1, ENABLE);                          // 生成并发送起始信号 S
waitEvent(I2C2, I2C_EVENT_MASTER_MODE_SELECT);            // 等待 EV5

I2C_Send7bitAddress(I2C1, slav_Addr, I2C_Direction_ Transmitter);   // 发送从机地址,方向为发送
waitEvent(I2C1, I2C_EVENT_SLAVE_ TRANSMITTER _ADDRESS_MATCHED);   // 等待 EV6

I2C_SendData(I2C2, regAddress);                           // 发送拟读取从机的数据所在地址
waitEvent(I2C1, I2C_EVENT_MASTER_BYTE_TRANSMITTED); // 等待 EV8_2

I2C_GenerateSTART(I2C1, ENABLE);                          // 重新生成并发送起始信号 S
waitEvent(I2C1, I2C_EVENT_MASTER_MODE_SELECT);            // 等待 EV5
```

```
I2C_Send7bitAddress(I2C1, slav_Addr, I2C_Direction_Receiver);          // 发送从机地址，方向为接收
waitEvent(I2C1, I2C_EVENT_MASTER_RECEIVER_MODE_SELECTED);  // 等待 EV6

I2C_AcknowledgeConfig(I2C1, DISABLE);                 // 在接收最后一个字节之前提前将应答失能
I2C_GenerateSTOP(I2C1, ENABLE);                       // 在接收最后一个字节之前提前申请停止信号 P
waitEvent(I2C1, I2C_EVENT_MASTER_BYTE_RECEIVED);      // 等待 EV7

Data = I2C_ReceiveData(I2C1);                         // 接收数据寄存器
I2C_AcknowledgeConfig(I2C1, ENABLE);                  // 将应答恢复为使能
```

8.3 SPI 通信

串行外设接口(Serial Peripheral Interface， SPI)是一种高速、全双工、同步通信总线；该总线的通信使用 4 根线，所用芯片管脚较少，而且可节省 PCB 布局空间。因此，越来越多的芯片集成了这种通信总线。

8.3.1 SPI 简介

SPI 通信是一种主从模式的通信，通常有一个主设备和一个或多个从设备，设备之间由 4 根连线实现主机和从机的通信，4 根通信线分别是 MISO、MOSI、SCLK 和 NSS，如图 8-13 所示。

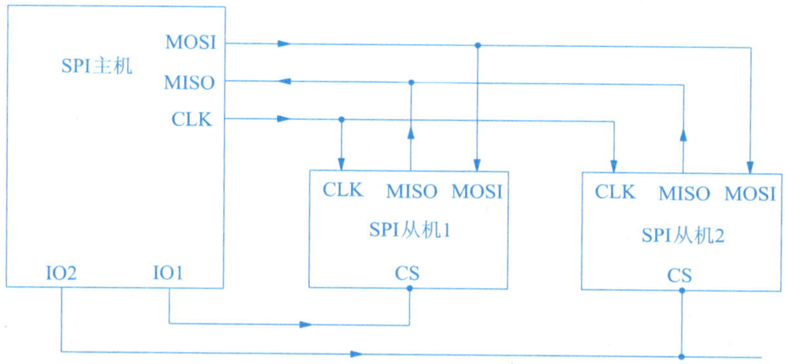

图 8-13　SPI 通信网络典型结构

(1)MISO(Master Input Slave Output)，主机数据输入，从机数据输出。

(2)MOSI(Master Output Slave Input)，主机数据输出，从机数据输入。

(3)SCLK(Serial Clock)，时钟信号，由主机产生。

(4)NSS(Slave Select)，从机选择信号，主机选择与哪一个从机通信的控制信号，该信号也称为片选信号(Chip Select，CS)。

SPI 通信设备有主机和从机之分，主机负责产生时钟信号和片选信号，在通信中处于主导地位。主机的工作模式称为主模式，从机的工作模式则称为从模式。

虽然 SPI 通信总线可以连接多个主机和多个从机，但也有以下限制性规定：

（1）在某一时刻，只允许 1 个主机控制总线；

（2）主机不能同时与多个从机通信，具体与哪个从机通信由 NSS 信号决定。

8.3.2　SPI 通信方式

SPI 通信有 4 种不同的通信方式，不同的从机设备在出厂时可能被设置为某种模式，并且无法更改。SPI 通信的主机和从机必须设置为同一种模式才能进行通信。因此，必须根据通信的要求或从机的出厂设置配置 SPI 主机设备的通信模式。SPI 通信模式是由时钟极性 CPOL 和时钟相位 CPHA 决定的，见表 8-6。

表 8-6　SPI 通信的 4 种模式

模式	CPOL	CPHA	通信空闲时 SCLK 电平	数据采样时刻
0	0	0	低电平	第 1 个边沿
1	0	1	低电平	第 2 个边沿
2	1	0	高电平	第 1 个边沿
3	1	1	高电平	第 2 个边沿

1. 时钟极性 CPOL

时钟极性用来定义 SCLK 时钟线处于空闲状态时的电平。当 CPOL 设为“0”时，SCLK 时钟信号线在空闲状态时为低电平；反之，设为“1”，在空闲状态时其电平为高电平。

2. 时钟相位 CPHA

时钟相位决定总线上数据的采集时序位置。当 CPHA 设置为“0”时，在 SCLK 时钟的第 1 个跳变沿（上升沿或下降沿）采集数据，如图 8-14 所示；反之，若设置为“1”，数据在时钟的第 2 个跳变沿被采集，如图 8-15 所示。

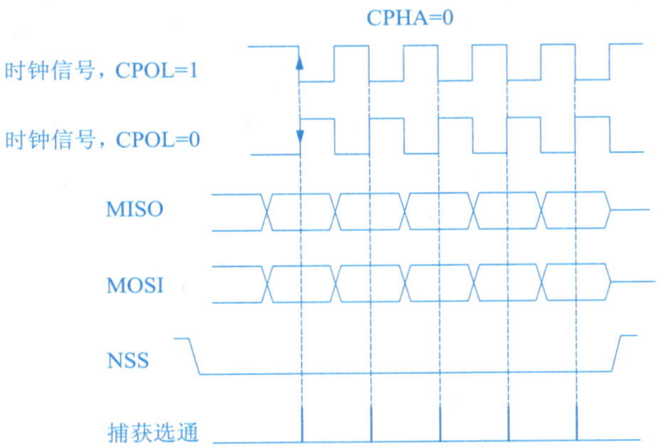

图 8-14　时钟相位设置为“0”时，SPI 的通信时序

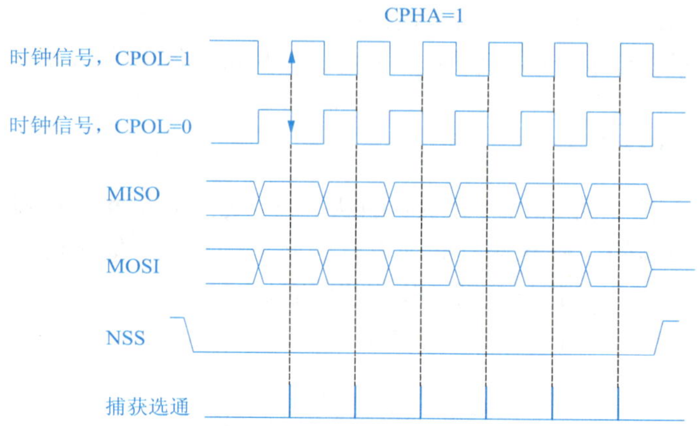

图 8-15　时钟相位设置为“1”时，SPI 的通信时序

8.3.3　SPI 内部结构

STM32F407 芯片内嵌有 3 个 SPI，其内部结构如图 8-16 所示。

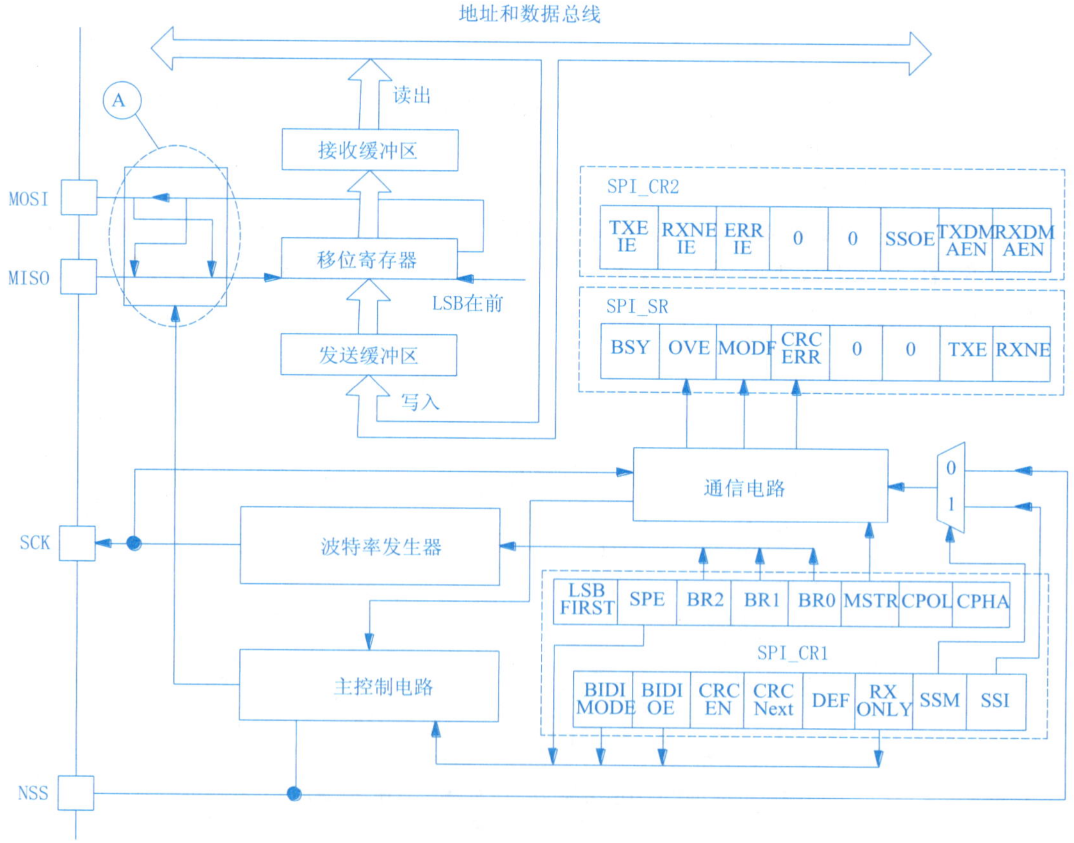

图 8-16　SPI 内部结构

注：图中 A 处所示的电路，芯片厂家的参考手册有误，以该图电路为准

1. SPI 管脚

SPI 控制器的 NSS、CLK、MISO 和 MOSI 与 GPIO 管脚的复用映射关系见表 8-7。

表 8-7　SPI 管脚与 GPIO 管脚的复用映射关系

管脚	SPI1		SPI2		SPI3	
NSS	PA15	PA4	PB12	PB9	PA15	PA4
CLK	PB3	PA5	PB13	PB10	PB3	PC10
MISO	PB4	PA6	PB14	PC2	PB4	PC11
MOSI	PB5	PA7	PB15	PC3	PB5	PC12

由表 8-7 可得以下结论。

（1）每个 SPIx 有两种管脚映射，即 SPI 可通过两组 GPIO 管脚中的任一组进行通信。例如，SPI1 可以通过 PB3、PB4、PB5 管脚通信，也可以通过 PA5、PA6、PA7 管脚通信。

（2）PB3、PB4、PB5 管脚组映射到 2 个 SPI（SPI1、SPI3）。

需要注意的是，PA15、PB3 和 PB4 也是 JTAG 下载接口的管脚，在一般情况下不再将 SPI1 映射到该管脚组上。若将 SPI1 映射到该管脚组上，必须禁用这些管脚的下载功能。

SPI 所用 GPIO 管脚确定后，需调用 GPIO_PinAFConfig( )函数指定 SPI 使用的管脚。

2. 时钟控制逻辑

时钟控制逻辑负责配置 SCK 管脚的时钟频率和 SPI 的通信模式（CPOL 和 CPHA）。

时钟频率是波特率发生器对总线时钟频率 f_{pclk} 分频后的频率。分频系数由 SPI 控制寄存器 CR1 中的波特率控制位 BR[2:0]决定，见表 8-8。

表 8-8　波特率控制位的分频系数设置

BR[2:0]	分频系数	BR[2:0]	分频系数	BR[2:0]	分频系数
000	1/2	011	1/16	110	1/128
001	1/4	100	1/32	111	1/256
010	1/8	101	1/64		

F407 芯片的 3 个 SPI 挂载在不同的总线上，SPI1 挂载在 APB2 上，SPI2 和 SPI3 挂载在 APB1 上。所以，不同 SPI 的总线频率 f_{pclk} 不同。

设置 CPOL 和 CPHA 两个控制位，即可实现四种工作方式。

3. 数据控制逻辑

数据控制逻辑负责内部电路的连接、数据的接收和发送以及数据格式、MSB/LSB 先行控制等。主机模式与从机模式的 SPI 内部电路连接不同。当 SPI_CR1 寄存器的主模式选择控制位 MSRT 设置为 1 时，SPI 处于主机模式，内部电路连接情况如图 8-17 所示。

SPI 主机模式

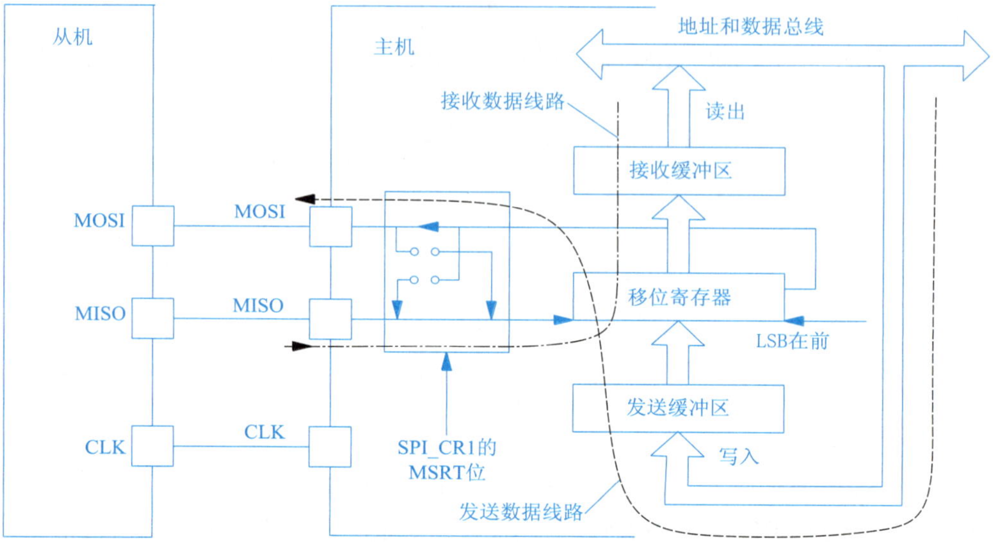

图 8-17　SPI 在主机模式下的数据收发线路

SPI 收发数据均是通过移位寄存器和缓冲区实现的。在主机模式下，MOSI 为发送数据线，MISO 为接收数据线，其流程如下。

1）发送数据

主机获取拟发送的数据，并存入发送缓冲区。发送数据时，移位寄存器以发送缓冲区为数据源，通过 MOSI 线一位一位地向外发送数据。从机的移位寄存器接收数据后，存入接收缓冲区，以供系统或用户使用，如图 8-18 所示。

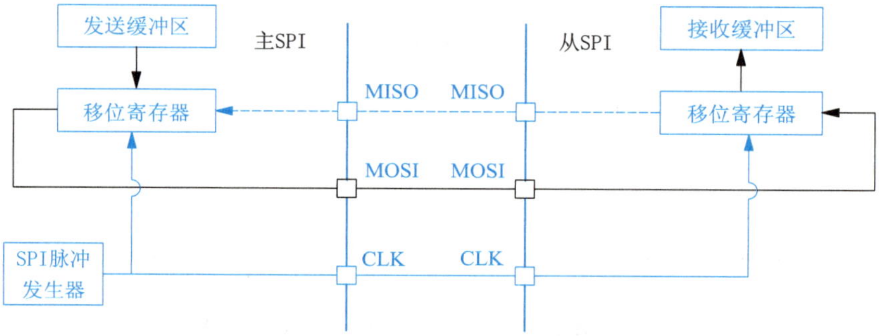

图 8-18　SPI 发送数据（主机模式）

2）接收数据

主机接收数据时，移位寄存器采样获取 MISO 数据线的数据，并一位一位地传输到接收缓冲区，然后总线读取接收缓冲区中的数据，如图 8-19 所示。

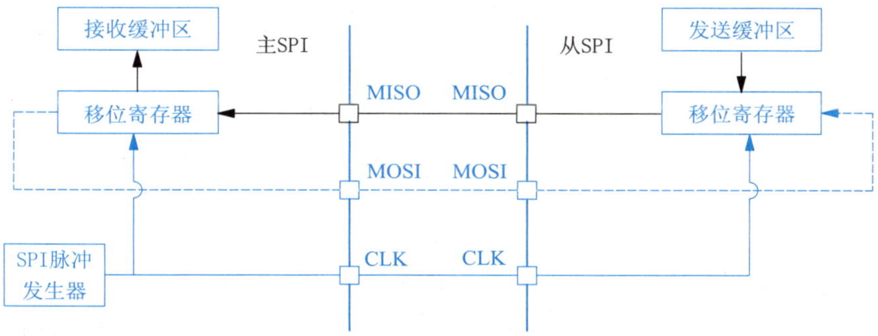

图 8-19 SPI 接收数据(主机模式)

若 SPI 设为从机模式,收发数据的流程与主机模式类似,不同的是内部电路连接不同,如图 8-20 所示。此时,MOSI 是 SPI 的接收数据线,MISO 是发送数据线。

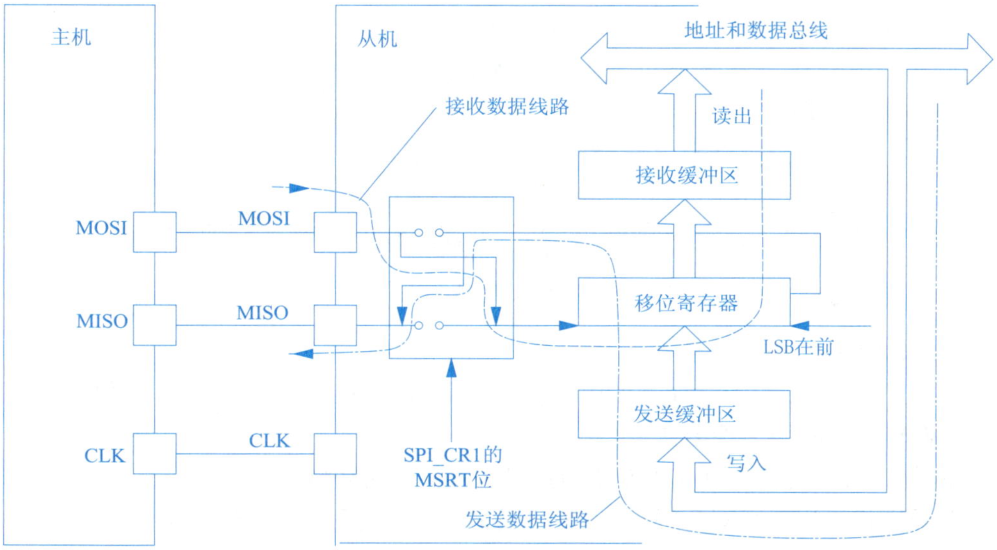

图 8-20 SPI 在从机模式下的数据收发线路

SPI_CR1 寄存器的数据帧格式控制位 DEF 负责控制 SPI 一次接收或发送数据是 8 位还是 16 位。帧格式控制位 LSBFIRST 控制 SPI 的数据是 MSB(最高有效位)先行还是 LSB(最低有效位)先行。

4. 主控逻辑

主控逻辑根据 SPI 的工作状态,负责状态寄存器 SPI_SR 相应状态标识位的调整、SPI 中断信号的产生、DMA 请求以及 NSS 信号的控制等。

5. SPI 中断

SPI 控制器有 6 个中断事件、3 个中断向量,见表 8-9。

表 8-9 SPI 中断

中断事件	中断标志	使能控制位	中断事件	中断标志	使能控制位
发送缓冲区为空	TXE	TXEIE	溢出错误	OVR	ERRIE
接收缓冲区非空	RXNE	RXNEIE	CRC 错误	CRCERR	
主模式故障	MODF	ERRIE	TI 帧格式错误	FRE	

SPI 发生中断事件时，可调用对应的中断程序，进而处理相关事件。例如，当发送缓冲区为空，即 TXE = 1 时，对应的中断程序可启动数据加载，将拟传输的数据加载到发送缓冲区。

6. SPI 通信模式

通过 MISO、MOSI 以及 SCLK 等三条线路，SPI 可进行全双工同步通信，也可配置为两种半双工通信，如图 8-21 所示。

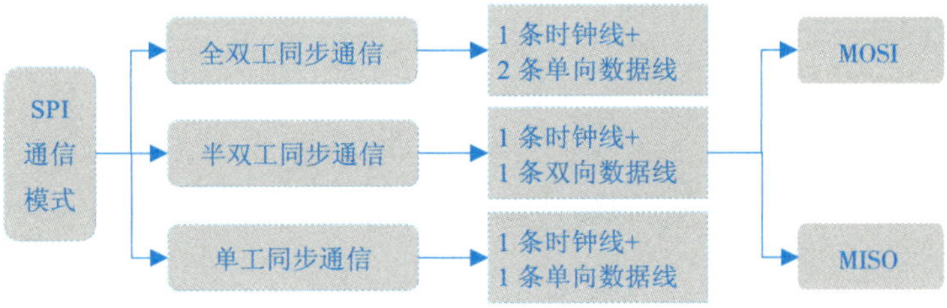

图 8-21 SPI 通信模式

1）1 条时钟线+1 条双向数据线

在此模式下，SCK 用于时钟，MOSI（主模式下）或 MISO（从模式下）用于数据通信。

2）1 条时钟线+1 条单向数据线

在此模式下，应用程序可使用 SPI 的只发送或只接收功能。

只发送模式类似于全双工模式，在发送管脚（主模式下的 MOSI 或从模式下的 MISO）上发送数据，未用管脚可作他用。

在只接收模式下，接收管脚（主模式下的 MISO 或从模式下的 MOSI）用来接收数据，未用管脚也可作他用。

7. SPI 其他功能

SPI 接口提供两个主要功能：支持 SPI 协议或 I^2S（Inter-IC Sound）音频协议。在默认情况下，SPI 结构可实现 SPI 功能，可通过软件将接口从 SPI 切换到 I^2S。

当使能 I^2S 功能（将 SPI_I2SCFGR 寄存器中的 I2SMOD 位置 1）时，SPI 可用作音频 I^2S 接口。此接口使用几乎与 SPI 相同的管脚、标志和中断。

8.3.4 SPI 应用与编程

标准库 stm32f4xx_spi 文件定义了 SPI 接口的初始化结构体，给定了初始化、功能配置、数据读取等常用函数。

1. 初始化结构体

SPI 初始化结构体包含通信模式、数据帧格式、时钟极性、时钟相位、时钟分频系数等 9 个参数，示例代码如下。

```
typedef struct
{
    uint16_t SPI_Direction;          // 设置 SPI 通信模式:双线全双工、双线只接、单线只接
                                     // 或单线只收
    uint16_t SPI_Mode;               // 设置 SPI 的主/从机模式
    uint16_t SPI_DataSize;           // 设置 SPI 的数据帧长度,可选 8 位或 16 位
    uint16_t SPI_CPOL;               // 设置时钟极性 CPOL,可选高电平或低电平
    uint16_t SPI_CPHA;               // 设置时钟相位,可选奇数边沿采样或偶数边沿采样
    uint16_t SPI_NSS;                // 设置 NSS 管脚由 SPI 硬件控制还是软件控制
    uint16_t SPI_BaudRatePrescaler;  // 设置时钟的分频系数
    uint16_t SPI_FirstBit;           // 设置 MSB/LSB 先行
    uint16_t SPI_CRCPolynomial;      // 设置 CRC 校验的表达式
} SPI_InitTypeDef;
```

2. 主要函数

stm32f4xx_spi 类文件提供了 SPI 的初始化、启动、配置 NSS 管脚、接收数据、发送数据、启动 SPI DMA 等函数，见表 8-10。

表 8-10　SPI 常用函数

序号	函数	描述
1	void　SPI_I2S_DeInit(SPI_TypeDef* SPIx)	将 SPI 外围寄存器初始化为其默认重置值
2	void　SPI_Init(SPI_TypeDef* SPIx, SPI_InitTypeDef* SPI_InitStruct)	根据 SPI_InitStruct 指定的参数初始化 SPI
3	void　SPI_StructInit(SPI_InitTypeDef* SPI_InitStruct)	将初始化结构体设置为默认值
4	void　SPI_Cmd(SPI_TypeDef* SPIx, FunctionalState NewState)	使能或失能 SPI
5	void　SPI_DataSizeConfig(SPI_TypeDef* SPIx, uint16_t SPI_DataSize)	配置 SPI 数据传输宽度:8 位或者 16 位
6	void　SPI_BiDirectionalLineConfig(SPI_TypeDef* SPIx, uint16_t SPI_Direction);	为指定的 SPI 选择双向模式下的数据传输方向
7	void　SPI_NSSInternalSoftwareConfig(SPI_TypeDef* SPIx, uint16_t SPI_NSSInternalSoft)	通过软件内部配置所选 SPI 的 NSS 管脚
8	void　SPI_SSOutputCmd(SPI_TypeDef* SPIx, FunctionalState NewState)	启用或禁用所选 SPI 的 NSS 输出
9	void　SPI_TIModeCmd(SPI_TypeDef* SPIx, FunctionalState NewState)	启用或禁用 SPIx DMA 接口
10	void　SPI_I2S_SendData(SPI_TypeDef* SPIx, uint16_t Data)	返回 SPIx 外围设备最近接收的数据
11	uint16_t　SPI_I2S_ReceiveData(SPI_TypeDef* SPIx)	通过 SPIx 外围设备传输数据
12	void　SPI_I2S_DMACmd(SPI_TypeDef* SPIx, uint16_t SPI_I2S_DMAReq, FunctionalState NewState)	启用或禁用 SPIx DMA 接口

3. SPI 配置及应用

如前所述，SPI 可工作于主模式，也可工作于从模式。在不同模式下，SPI 的配置和使用方法略有不同，下面只介绍 SPI 主模式的配置流程和方法。

1）管脚复用功能配置及时钟使能

由第 8.3.3 节所述，确定拟使用的 SPIx 及其所用的管脚，将 SPI 所用管脚配置为复用功能，然后使能 SPI 时钟及所用管脚时钟。

例如，若使用 SPI1，其所用管脚组为 PA4~7。由于 SPI1 挂载在 APB2 上，PA 端口挂载在 AHB1 上则时钟使能示例代码如下。

```
RCC_AHB1PeriphClockCmd(RCC_AHB1Periph_GPIOA, ENABLE);      // 使能 GPIOA 时钟
RCC_APB2PeriphClockCmd(RCC_APB2Periph_SPI1, ENABLE);       // 使能 SPI1 时钟
```

2）初始化 SPI

SPI1 时钟最高可支持 37.5 MHz，SPI2 和 SPI3 最高可支持 21 MHz。初始化时，需确定 SPI 时钟分频系数，然后利用 SPI_InitTypeDef 结构体进行初始化。

假设 SPI1 为主模式、双线全双工通信，收发的数据帧为 8 位，MSB 在前，在第 2 个跳变沿进行数据采样，空闲状态时的电平为高电平。APB2 频率为 84 MHz，为确保 SPI1 时钟低于 37.5 MHz，分频系数应小于 1/4，因此选为 1/8，示例代码如下。

```
SPI_InitTypeDef   SPI_InitStr;                              // 声明 SPI_InitTypeDef 结构体类型的变量

SPI_InitStr.SPI_Direction = SPI_Direction_2Lines_FullDuplex; // 设置为双线全双工通信模式
SPI_InitStr.SPI_Mode = SPI_Mode_Master;                     // 指定为主模式
SPI_InitStr.SPI_DataSize = SPI_DataSize_8b;                 // 设置 SPI 收发数据帧的位数为 8 位
SPI_InitStr.SPI_CPOL = SPI_CPOL_High;                       // 设置空闲状态为高电平
SPI_InitStr.SPI_CPHA = SPI_CPHA_2Edge;                      // 设置在第 2 个跳变沿进行数据采样
SPI_InitStr.SPI_NSS = SPI_NSS_Soft;                         // 设置 NSS 信号由软件控制
SPI_InitStr.SPI_BaudRatePrescaler = SPI_BaudRatePrescaler_8;    // 设置时钟分频系数为 1/8
SPI_InitStr.SPI_FirstBit = SPI_FirstBit_MSB;                    // 数据传输从 MSB 位开始
SPI_InitStr.SPI_CRCPolynomial = 7;                              // CRC 值计算的多项式

SPI_Init(SPI1, &SPI_InitStructure);                             // 初始化外设 SPI1 的寄存器
```

3）使能 SPI

调用 SPI_Cmd( )函数，使能 SPI，示例代码如下。

```
SPI_Cmd(SPI1, ENABLE);                  // 使能 SPI1 外设
```

4）SPI 数据传输

SPI 初始化后，即可调用 SPI_I2S_SendData( )函数发送数据，利用 SPI_I2S_ReceiveData( )函数接收数据，示例代码如下。

```
uint16_t   nSedDate;      // 声明用于存储发送数据的变量,注意发送前需要加载数据
uint16_t   nRecData;    // 声明用于存储接收数据的变量
……
```

```
SPI_I2S_SendData(SPI1, nSedDate);        // 发送数据
……
nRecData = SPI_I2S_ReceiveData(SPI1);    // 接收数据
```

8.4　USART 通信

通用同步/异步收发器（Universal Synchronous/Asynchronous Receiver Transmitters，USART）能够灵活地与外部设备进行全双工数据交换，可满足外部设备对工业标准 NRZ 异步串行数据格式的要求，支持同步单向通信和半双工单线通信，还支持 LIN（局域互联网络）、智能卡协议、IrDA（红外数据协会）SIR ENDEC 规范以及调制解调器操作（CTS/RTS），而且支持多处理器通信。

拓展：

NRZ 是 Non-Return-to-Zero Code 的缩写，意为不归零编码。在 NRZ 编码中，数据被编码为一系列比特，并在每个比特的位置上添加一些冗余比特，以便在接收端能够检测并纠正可能出现的比特误差，从而避免出现不必要的重同步，可提高系统的可靠性。

SIR ENDEC 是 Serial In Serial Out Encoder/Decoder 的缩写，意为串行输入串行输出编码器/解码器。

8.4.1　USART 简介

USART 接口可实现同步/异步双向通信，双向通信至少需要两个管脚，即接收数据的输入管脚（RX）和发送数据的输出管脚（TX），且 TX 与 RX 管脚需交叉连接，如图 8-22 所示。

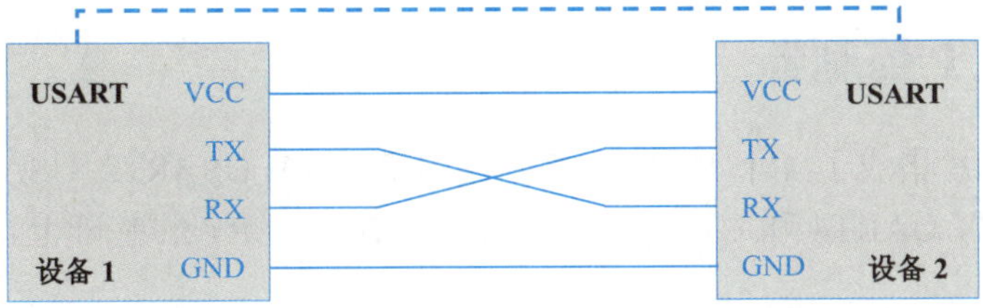

图 8-22　USART 设备连接示意

若通信设备之间的电平标准不一致，需增加电平转换芯片进行电平的转换和匹配。所谓电平标准，是指数据 1 和数据 0 的表达方式，也就是传输线缆中人为规定的电压与数据的对应关系。串口常用的电平标准有 TTL、RS232、RS485 等几种，见表 8-11。

表 8-11　串口常用的电平标准

电平标准	数据 0 电平	数据 1 电平
TTL	0 V	+3.3 V 或+5 V
RS232	+3 ~ +15 V	−15 ~ −3 V
RS485	两线压差−6 ~ −2 V	两线压差+2 ~ +6 V

USART 通信所传输的数据长度可设置为 8 位或者 9 位，数据帧同样由起始位、数据位（8 位或 9 位）、停止位组成，其中数据位中包括 1 个校验位，具有规定如下。

（1）起始位，时钟与数据均为低电平。

（2）停止位，时钟为低电平，数据为高电平。

（3）数据位，数据帧的有效载荷，1 为高电平，0 为低电平，低位先行。数据位同样遵守高稳低变约定，如图 8-23 所示。

（4）校验位，USART 通信采用奇偶校验，根据数据位的实际情况计算奇偶校验位后设置。

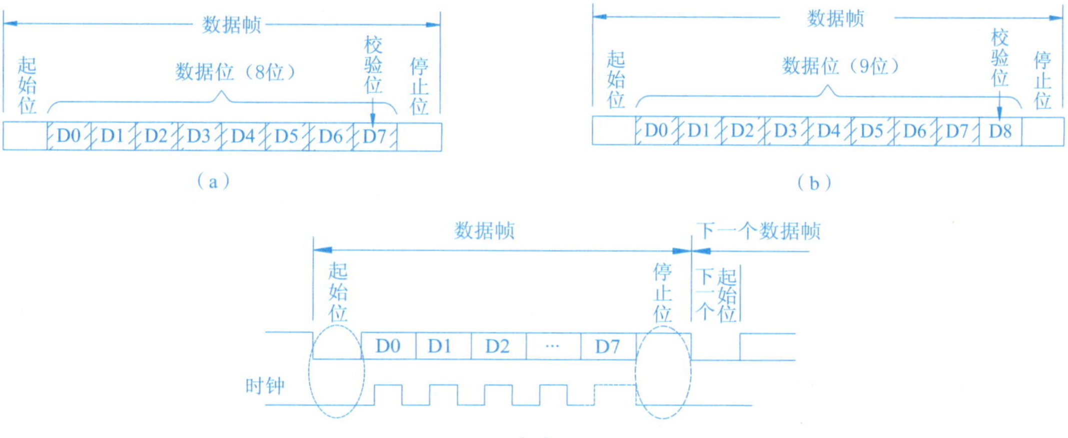

图 8-23　USART 通信的数据帧

（a）8 位数据传输　（b）9 位数据传输　（c）起始位、停止位和数据跳变特征

8.4.2　USART 控制器

F407VET6 芯片集成了 4 个 USART 控制器（USART1、USART2、USART3、USART6）和 2 个 UART 控制器（UART4 和 UART5），UART 是在 USART 的基础上裁剪掉同步通信功能的同步通信接口。

USART 控制器由通信管脚、时钟逻辑③、数据传输逻辑①和控制逻辑②等单元组成，如图 8-24 所示。

1. USART 管脚

USART 控制器的 TX、RX 管脚分别是数据发送和接收管脚，RTS 和 CTS 是硬件流控制管脚，CLK 是时钟输出管脚，各 USART 的管脚映射见表 8-12。

USART 结构

表 8-12　USART（UART）管脚映射

管脚	USART1		USART2		USART3			UART4		UART5	USART6
TX	PA9	PB6	PA2	PD5	PB10	PC10	PD8	PA0	PC10	PC12	PC6
RX	PA10	PB7	PA3	PD6	PB11	PC11	PD9	PA1	PC11	PD2	PC7

续表

管脚	USART1		USART2		USART3			UART4		UART5	USART6
CTS	PA11	—	PA0	PD3	PB13	—	PD11	—	—	—	—
RTS	PA12	—	PA1	PD4	PB14	—	PD12	—	—	—	—
CLK	PA8	—	PA4	PD7	PB12	PC12	PD10	—	—	—	PC8
总线	APB2		APB1								APB2

注：表中管脚与图 8-24 中的同一管脚符号表示有所区别，如 CTS 管脚在图 8-24 中标注为 nCTS；图 8-24 所用符号是官方参考手册结构框图中的符号，表中符号是其他参考资料常用符号。

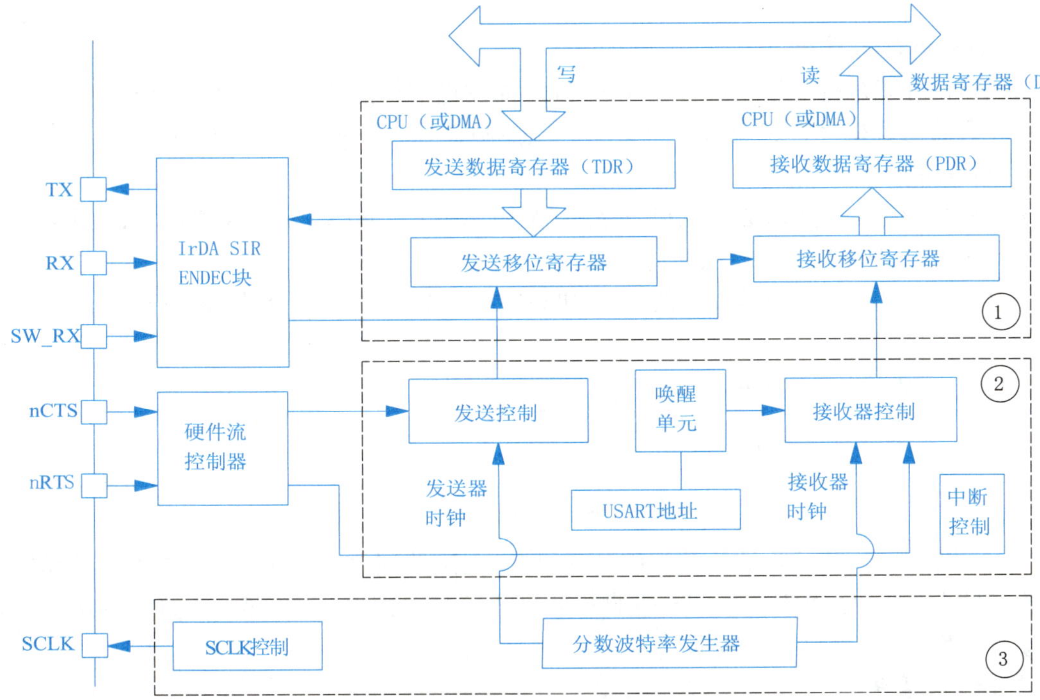

图 8-24　USART 结构示意

1）SW_RX 管脚

SW_RX 管脚是数据接收管脚，属于内部管脚，没有具体外部管脚，仅用于单线和智能卡模式。

例如，USART 设为智能卡或单线半双工模式，此时仅 TX 管脚用于数据的收发，RX 管脚不能再使用。发送数据时，TX 管脚与发送移位寄存器相连；接收数据时，TX 管脚与接收移位寄存器相连，此时内部具有一个 SW_RX 虚拟管脚，如图 8-25 所示。

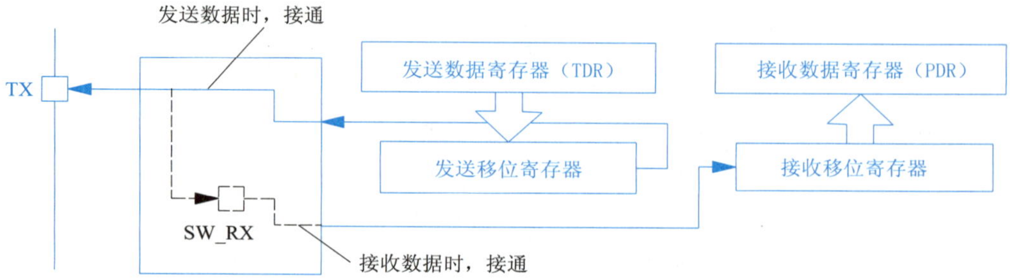

图 8-25　SW_RX 管脚示意

2）RTS 和 CTS 管脚

通信时，可能存在接收端数据缓冲区已满，而发送端依然持续发送数据的现象。若不解决该问题，通信数据丢失现象将不可避免。流控制就是为解决该问题而设计的一种通信数据流控制策略。

nRTS 和 nCTS 是通信数据的硬件流控制管脚，其中 nRTS（Request To Send）意为请求以发送，nCTS（Clear To Send）意为清除以发送，n 表示低电平有效。

在实际应用中，两个通信设备的 RTS 和 CTS 管脚需交叉连接，如图 8-26 所示。

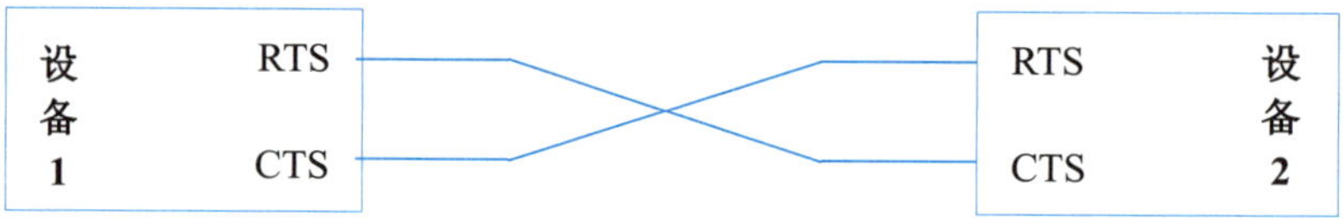

图 8-26　流控制管脚连接示意

使能流控制时，若接收端的数据缓冲区已满，无法处理数据来流，就通过 RTS 管脚发出“不再接收”信号，发送端通过 CTS 管脚接收到该信号时则停止发送数据，直到发送端收到“可以继续发送”信号再发送数据。

3）SCLK 管脚

SCLK 管脚是时钟输出管脚，该管脚仅适用于同步模式。

2. 数据传输

USART 接口的内部数据传输与 SPI 类似，在结构上两者均有移位寄存器、数据寄存器；不同之处是 USART 有 2 个分别用于接收和发送数据的移位寄存器（图 8-24），而 SPI 发送和接收数据共用 1 个移位寄存器。

USART 的数据收发过程也与 SPI 类似，不再赘述。

3. 数据传输控制

数据控制逻辑单元可根据用户要求和通信协议生成通信数据帧（图 8-23），并收发或解析数据帧。为了满足不同的通信需求，USART 控制器采用了过采样、静音模式以及位数可调的停止位等数据传输控制技术。

1）过采样

过采样是指 USART 接收数据后，对接收到的同一个数据位进行重复多次采样。过采样时，采样时钟频率 f_s 一般远大于通信波特率 S。

USART 控制器可通过 USART_CR1 寄存器的过采样模式控制位 OVER8，将其配置为 8 倍（OVER8=1）或 16 倍（OVER8=0）两种过采样模式，即

$$f_s = 8\times S \quad \text{或} \quad 16\times S \tag{8-5}$$

原则上，8 倍或 16 倍的过采样可以对同一个通信数据位采样 8 次或 16 次。在实际应用中，用户可选择“三次采样、多数表决取值”或“中点单次采样取值”方法，实现快速采样。

三次采样、多数表决取值是在接收数据的中心位置连续采样三次，若两次及以上采样值为 1，则判定通信数据位为 1，反之判定为 0。图 8-27 为 16 倍过采样时的三次采样示意图。

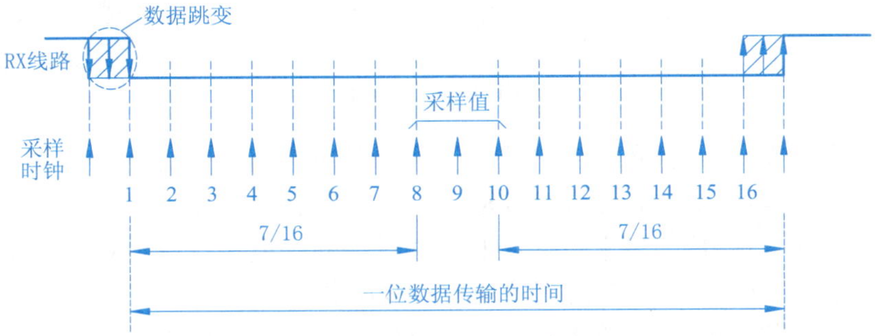

图 8-27　16 倍过采样时的三次采样示意

若选择中点单次采样取值，则只在图 8-27 中采样时钟信号 9 所示的时刻采样一次。

由上可见，三次采样、多数表决取值法可从噪声中提取有效数据，但三次采样降低了接收器对时钟偏差的容差。通信线路中的噪声较小时，一般选择单次采样法。

2）停止位

USART 通信时，可设置为不同的停止位数。在正常模式下，可配置 1 或 2 个停止位，在智能卡模式下可配置 0.5 或 1.5 个停止位。不同位数的停止位时序如图 8-28 所示。

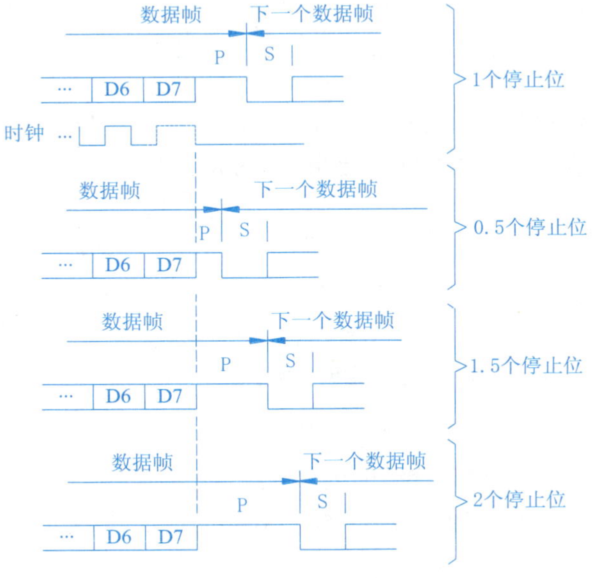

图 8-28　不同停止位设置时的时序图

3)静音模式

在多个 USART 组建的通信网络中,可将其中一个 USART 设为主机,主机的 TX 管脚和其他 USART 的 RX 管脚相连。其他 USART 都是从机,从机 TX 管脚的输出在逻辑上通过“与”运算连接在一起,并与主机的 RX 管脚相连,如图 8-29 所示。

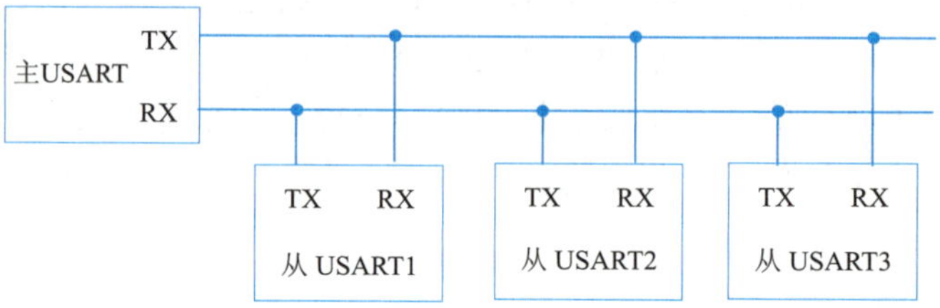

图 8-29　多个 USART 通信网络示意

在多处理器体系中,理想的工作状态是只有预期的消息接收方主动接收完整的消息内容,从而减少因未被寻址的接收器收发数据造成的冗余服务开销。

F407 芯片采用静音功能将未被寻址的器件置于静音模式。若 USART 处于静音模式,则不接收通信线路中的任何消息,并禁止所有接收中断。

为了有序实现静音模式, F407 芯片在 USART_CR1 寄存器中设置了两个控制位,即接收器静音控制位 RWU(Receiver Wakeup)和唤醒方法配置位 WAKE(Wakeup method),其含义见表 8-13。

表 8-13　静音模式的相关控制位的含义

静音控制位 RWU		唤醒方法配置位 WAKE	
设置值	含义	设置值	含义
0	接收器处于活动模式	0	线路空闲唤醒,即当线路出现空闲帧时,USART 退出静音模式
1	接收器处于静音模式	1	地址匹配唤醒,即当检测线路传输的地址与 USART 自身地址一致时,退出静音模式

当 USART 设置为线路空闲唤醒时,若向 RWU 位写入 1,则进入静音模式;若检测到空闲帧,RWU 位由硬件清零,该 USART 被唤醒,如图 8-30 所示。

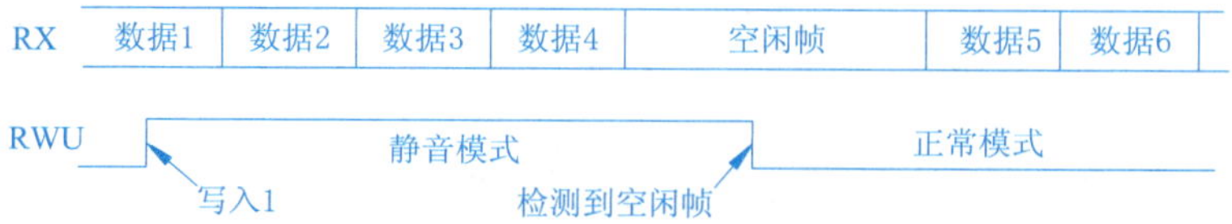

图 8-30　线路空闲唤醒模式下的静音模式

USART 在地址匹配唤醒模式下对通信有以下约定:

(1)若字节的 MSB 为 1,则该字节的内容为地址,否则为通信数据;

(2)在地址字节中,低 4 位数据表示目标接收器的地址,可见地址范围为 0~15。

USART 接收到地址信息时，将此地址与自身地址进行对比，若不一致则进入静音模式，并由硬件将 RWU 位置 1。当 USART 接收到与编程地址匹配的地址字符时，则退出静音模式，然后由硬件将 RWU 位清零，并开始正常接收后续字节，如图 8-31 所示。

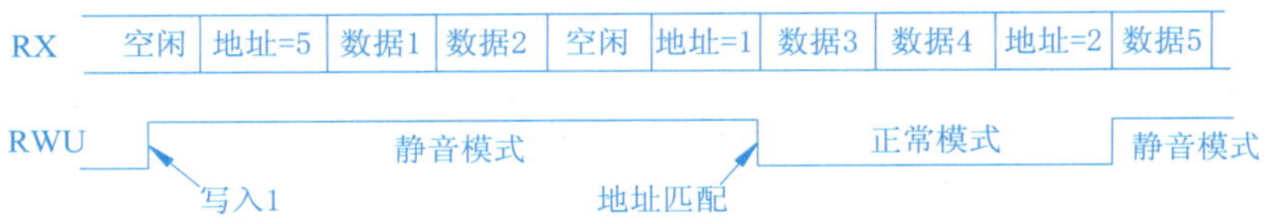

图 8-31　地址匹配唤醒模式下的静音模式（接收器的地址为 1）

4. 分数波特率的生成

USART 接收器和发送器（Rx 和 Tx）具有同样的波特率 S，其数值是由过采样参数、波特率尾数、分数设定值以及所挂载的总线频率决定的，如图 8-32 所示。

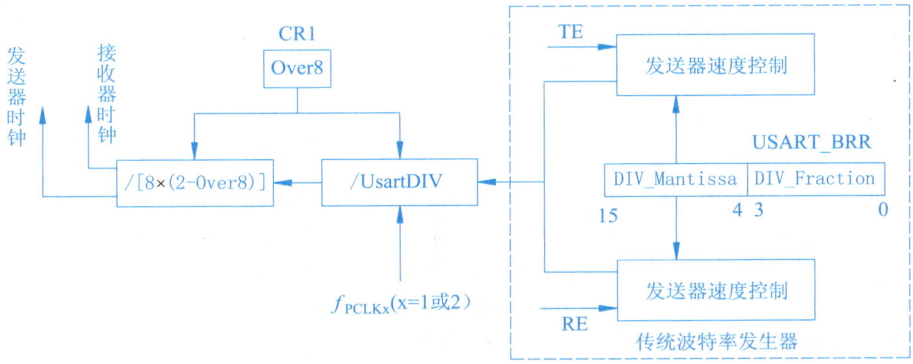

图 8-32　USART 分数波特率生成示意

$$S_{T_x(或R_x)}=\frac{f_{PCLKx}}{8\times(2-Over8)\times UsartDIV} \tag{8-6}$$

式中：Over8 为过采样参数，取 0 或 1；UsartDIV 为用户编程设置的波特率，其尾数（整数部分）和分数（小数部分）均保存在 USART_BRR 寄存器内，尾数 DIV_Mantissa 存储在 BRR[15:4]内，分数 DIV_Fraction 存储在 BRR[3:0]内。

当波特率的尾数和分数设定后，UsartDIV 由下式确定：

$$UsartDIV = DIV\_Mantissa + \frac{DIV\_Fraction}{8\times(2-Over8)} \tag{8-7}$$

【示例 8-3】USART 设置为 16 倍过采样，即 Over8 = 0。

（1）此时，如果 DIV_Mantissa = 0d27、DIV_Fraction = 0d12，确定 UsartDIV 的数值。

解：由题干易知，UsartDIV 的尾数为 0d27，而分数为 12/16 = 0d0.75。

因此，UsartDIV = 0d27.75。

（2）若期望设定 UsartDIV = 0d25.62，应如何设置？

解：DIV_Mantissa = 尾数（0d25.62）= 0d25；

DIV_Fraction = 16 × 0d0.62 = 0d9.92；

由于 BRR[3:0]只能存储整数，且最接近 0d9.92 的整数为 0d10，故将 DIV_Fraction 设为 0d10。
综上所述，DIV_Mantissa = 0x19，DIV_Fraction = 0xA，即 USART_BRR = 0x19 A。
（3）若期望设定 UsartDIV = 0d50.99，应如何设置？
解：DIV_Fraction = 16 × 0d0.99 = 0d15.84，最接近 0d15.84 的整数为 0d16。
但 BRR[3:0]最大可存储的数值为 0d15，若将 0d16 存到 BRR[3:0]内，会发生溢出错误。
因此，分数部分需要进位，即尾数加 1。
所以，DIV_Mantissa = 尾数（0d50.99）+1 = 0d51 = 0x33。
综上所述，USART_BRR = 0x330。

8.4.3 USART 应用及编程

标准库 stm32f4xx_usart 文件定义有 USART 接口的初始化结构体、时钟初始化结构体，并给定了初始化、功能配置、数据读取等常用函数。

1. 初始化结构体

USART 初始化结构体声明了通信波特率、数据位长度、停止位位数、奇偶校验、工作模式、硬件流控制等 6 个参数，示例代码如下。

```
typedef struct
{
    uint32_t USART_BaudRate;          // 通信波特率，9 600 bps、19 200 bps、38 400 bps、57 600 bps 或
                                      // 者 115 200 bps 等；
                                      // 注：用户只需指定通信波特率即可，BRR 寄存器的尾数和分
                                      // 数由 USART_Init( )函数自动计算并完成设置
    uint16_t USART_WordLength;               // 通信数据位长度，8 位或 9 位
    uint16_t USART_StopBits;                 // 停止位的位数，0.5 位、1 位、1.5 位或 2 位
    uint16_t USART_Parity;                   // 奇偶校验模式，无、奇校验或偶校验
    uint16_t USART_Mode;                     // 工作模式，接收、发送或接收+发送模式
    uint16_t USART_HardwareFlowControl;      // 硬件流控制，无、RTS、CTS 或 RTS+CTS 控制
} USART_InitTypeDef;
```

USART 时钟初始化结构体用于同步模式下设置同步时钟 SCLK 的参数。该结构体声明了时钟使能、时钟极性、时钟相位以及是否与上次传输时钟同步等 4 个参数，示例代码如下。

```
typedef struct
{
    uint16_t USART_Clock;       // 使能/失能外围时钟
    uint16_t USART_CPOL;        // 外围时钟极性，高电平或低电平
    uint16_t USART_CPHA;        // 外围时钟相位，第 1 个或第 2 个跳变沿
    uint16_t USART_LastBit;     // 是否与上次传输时钟同步，并在 SCLK 管脚输出
} USART_ClockInitTypeDef;
```

2. 主要函数

stm32f4xx_usart 文件提供的常用函数见表 8-14。

表 8-14　USART 常用函数

序号	函数	描述
1	void　USART_DeInit(USART_TypeDef* USARTx)	将 USART 寄存器初始化为其默认重置值
2	void　USART_Init(USART_TypeDef* USARTx, USART_InitTypeDef* USART_InitStruct)	根据 USART_InitStruct 指定的参数初始化 USART
3	void　USART_StructInit(SPI_InitTypeDef* SPI_InitStruct)	用默认值填充初始化结构体
4	void　USART_Cmd(USART_TypeDef* USARTx, FunctionalState NewState)	使能或失能 USART
5	void　USART_ClockInit(USART_TypeDef* USARTx, USART_ClockInitTypeDef* USART_ClockInitStruct)	根据 USART_ClockInitStruct 指定的参数初始化 USART 外围时钟
6	void　USART_ClockStructInit(USART_ClockInitTypeDef* USART_ClockInitStruct)	用默认值填充外围时钟初始化结构体
7	void　USART_SetPrescaler(USART_TypeDef* USARTx, uint8_t USART_Prescaler)	设置系统时钟预分频系数
8	void　USART_OverSampling8Cmd(USART_TypeDef* USARTx, FunctionalState NewState)	使能或失能 8 倍过采样
9	void　USART_OneBitMethodCmd(USART_TypeDef* USARTx, FunctionalState NewState)	使能或失能中点单次采样取值
10	void　USART_SendData(USART_TypeDef* USARTx, uint16_t Data)	发送数据 Data
11	uint16_t　USART_ReceiveData(USART_TypeDef* USARTx)	接收数据，返回接收值
12	void　USART_SetAddress(USART_TypeDef* USARTx, uint8_t USART_Address)	多主机模式下，设置 USARTx 地址
13	void　USART_WakeUpConfig(USART_TypeDef* USARTx, uint16_t USART_WakeUp)	多主机模式下，静音唤醒配置
14	void USART_ReceiverWakeUpCmd(USART_TypeDef* USARTx, FunctionalState NewState)	多主机模式下，USARTx 静音使能
15	void　USART_ITConfig(USART_TypeDef* USARTx, uint16_t USART_IT, FunctionalState NewState)	配置 USARTx 的中断
16	void　USART_ClearITPendingBit(USART_TypeDef* USARTx, uint16_t USART_IT)	清除 USARTx 的中断挂起

8.5　串行通信实验及编程

本节以实验 6 为例，验证 I^2C、SPI 通信原理以及基于库文件的通信编程思路、方法。

【实验 6】型号为 W25Q128 的存储器存有显示用字库，存放地址为 0x00A00000 ~ 0x01000000，该存储器与 F407 芯片采用 SPI 通信，1.3 寸 4 针 OLED 显示屏与 F407 芯片采用 I^2C 通信，要求如下：

（1）复位后，OLED 显示屏第一行显示“第 8 章实验”，第二行显示“I^2C 通信实验”，第三行显示“SPI 通信实验”；

（2）W25Q128 存储器使用 SPI1 控制器，其管脚连接情况为 SCK→PA5，MISO→PA6，MOSI→PA7，CS→PC13；

（3）OLED 显示屏所用 I²C 管脚自定。

1. 器件分析

W25Q128 存储器是 8 管脚、128 Mbit、支持标准 SPI 通信的串行闪存，其管脚如图 8-33（a）所示，图中“/”表示低电平有效。OLED 显示屏为 4 管脚，支持 I²C 串行通信，如图 8-33（b）所示。

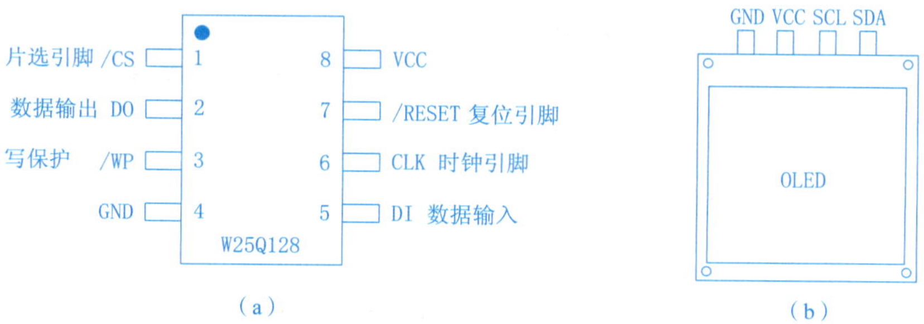

图 8-33　W25Q128 存储器及 OLED 管脚示意

（a）W25Q128 存储器　（b）OLED 显示屏

W25Q128 存储器与 OLED 显示屏的读写指令等信息查阅芯片手册，不再赘述。

2. 管脚确定

W25Q128 存储器所用 SPI 及其管脚已给定；OLED 显示屏采用 I²C 与 F407 芯片通信，根据实验板管脚使用情况，拟使用 I²C1 控制器，通过 PB8、PB9 复用管脚与 F407 芯片通信。

3. 实验电路

根据第 8.2 与 8.3 节所述的通信电路，该实验电路如图 8-34 所示。

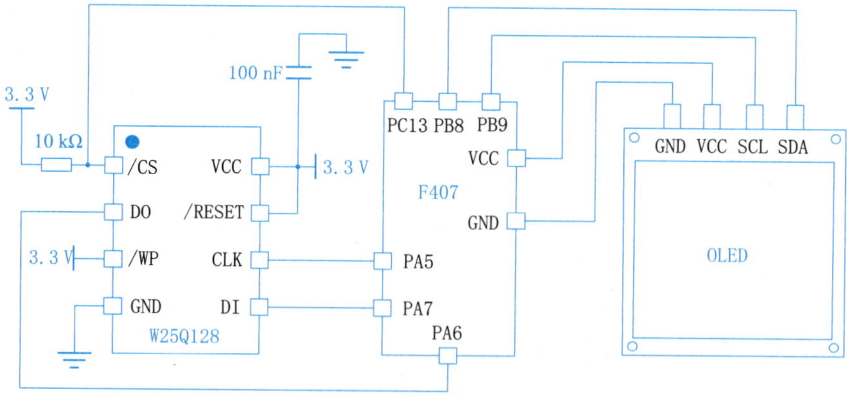

图 8-34　实验电路

该实验的工程搭建及编程不再赘述，可扫码下载并参考示例代码。

串行通信实验
指导书下载

串行通信实验
示例代码下载

8.6　小结

通信是指计算机之间或计算机与其他设备之间进行的信息交互，通信系统一般由信息发送设备、信息传输媒介、信息接收设备等三个要素构成。按照同时传输的数据位数，通信可分为并行通信与串行通信；按照设备之间是否可以同时互传信息，通信可分为全双工、半双工和单工通信。奇偶校验、循环码校验是通信系统常用的数据校验方法。

I^{2}C（内部集成电路）总线接口用作微控制器和 I^{2}C 串行总线之间的接口，提供了多主模式功能，可以控制所有 I^{2}C 总线特定的序列、协议、仲裁和时序，支持标准和快速模式。I^{2}C 也可利用 DMA 功能来减轻 CPU 的工作量。F407 芯片的 I^{2}C 支持双寻址模式，可对 2 个从地址应答。用户可设置为不同标准速度（高达 100 kHz）和快速速度（高达 400 kHz），具有 2 个中断向量。

I^{2}C 通信的数据交互有三个重要特点：脉冲数据一对一、数据高稳低变以及“8+1”数据交互。

SPI（串行外设接口）可与外部器件进行半双工或全双工的同步串行通信；可配置为主模式，从而可为外部从器件提供通信时钟。

F407 芯片的 SPI 可用于多种用途，包括基于三条线的全双工同步传输，基于双线的单工同步传输，其中一条可作为双向数据线。所传输的数据帧格式可选择 8 位或 16 位，具有 8 个主模式波特率预分频器（最大值为 $f_{PCLK}/2$）。

USART 接口可实现同步/异步双向通信，双向通信至少需要两个管脚，即接收数据的输入管脚（RX）和发送数据的输出管脚（TX），且 TX 与 RX 管脚需交叉连接。USART 通信所传输的数据长度可设置为 8 位或者 9 位，数据帧同样由起始位、数据位（8 位或 9 位）、停止位组成。

在多个 USART 组建的通信网络中，可将其中一个 USART 设为主机，主机的 TX 管脚和其他 USART 的 RX 管脚相连。其他 USART 都是从机，从机 TX 管脚的输出在逻辑上通过“与”运算连接在一起，并与主机的 RX 管脚相连。

思考题

8.1　什么是通信？根据通信设备之间是否同时互传信息，通信可分为哪几类？各有什么特点？

8.2　I^{2}C 通信的数据交互有什么特点？

8.3　通信协议一般需要约定哪些内容？

8.4　简述 I^2C 通信的典型过程。

8.5　I^2C 通信协议中有哪几种特殊信号？各有什么特点？

8.6　如果 APB1 的时钟频率为 16 MHz，要求 I^2C 在标准模式下生成 100 kHz 的 SCL 频率，计算时钟控制寄存器参数 CCR。

8.7　SPI 通信总线可以连接多个主机和多个从机，在通信时有哪些限制性规定？

8.8　简述 SPI 通信在主模式下的配置流程。

第 9 章

FSMC 及其应用

STM32 系列芯片内部有一定容量的 SRAM 和 Flash 存储空间。若内部存储空间不足，用户需要扩展外部存储空间。因此，STM32 芯片提供了一种新型的存储器扩展技术 FSMC（Flexible Static Memory Controller，灵活的静态存储器控制器）。FSMC 可根据用户的需要方便地扩展 SRAM、NOR Flash、NAND Flash 等不同类型的大容量静态存储器。

本章主要介绍 FSMC 的基本构成、原理及扩展存储器的实现方法。

9.1 FSMC 概述

嵌入式微处理器（控制器）的品牌和型号不同，可支持扩展的存储器类型也不同。

9.1.1 常见扩展存储器类型

当前，常见的存储器有多种分类方法。按存储介质，存储器可分为光学存储器、磁性存储器、半导体存储器；按数据的存储方式，可分为随机存储器（Random-Access Memory，RAM）和顺序存储器两类；按读写功能的差异，可分为只读存储器（Read-Only Memory，ROM）、随机读写存储器（RAM）；按数据的可保存性，可分为永久记忆存储器和非永久记忆存储器，如图 9-1 所示。

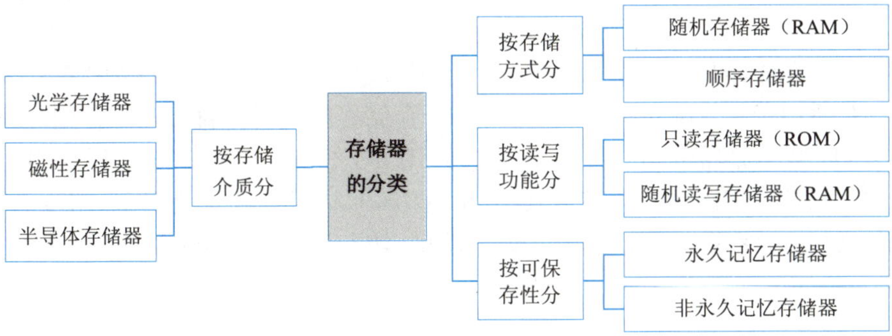

图 9-1　存储器的分类

1. SRAM

静态随机读写存储器（Static Random-Access Memory，SRAM）属于随机存储器。所谓静态，是指这种存储器只要保持通电，所存储的数据即可恒常保持；断电后，SRAM 数据也会丢失，属于非永久记忆存储器。图 9-2 给出了两款常见的扩展 SRAM。

（a）

（b）

图 9-2　两款常见的扩展 SRAM

（a）CYPRESS 256KB SRAM　（b）ISSI 256KB SRAM

SRAM 的读写速度非常快，通常能以 20 ns 或更快的速度工作。正是由于 SRAM 的高速和静态特性，因此其常被用于容量要求较小的高速读写场合，如微控制器的 Cache 缓存器、内部 RAM 或扩展 RAM 等。

2. DRAM

动态随机存储器（Dynamic Random-Access Memory，DARM）是与 SRAM 相对应的一种存储器。因其采用电容电量的多寡来表征并存储数据，故 DRAM 需要定时刷新电路以克服电容漏电问题。同步动态随机存取内存（Synchronous Dynamic Random-Access Memory，SDRAM）是具有同步接口的动态随机存取内存（DRAM）。

与 SRAM 相比，DRAM 具有结构简单、单位体积的密度大、成本低等优点，也有读写速度慢、功耗高等缺点，常用作计算机或手机内存。

3. Flash

快闪存储器（Flash Memory）是一种电子可擦除、寿命长、非易失、允许被多次擦写的存储器，又称为闪存。

闪存结合了 ROM 和 RAM 的长处，不仅具备电子可擦除可编程性能，还可快速读取数据，且数据不会因为断电而丢失。NOR Flash 和 NAND Flash 是当前市场上两种主要的非易失闪存技术。

（1）NOR 型存储器具有独立的地址线和数据线，访问速度快，2~12 MB 的小容量 Flash 多是 NOR 型，适用于频繁随机读写场合，常用于存储程序代码并直接在闪存内运行。

（2）NAND 型存储器的地址线和数据线共用 I/O 线，由于 NAND 管脚复用，其读取速度比 NOR 型慢，但是擦除和写入速度比 NOR 型快，且内部电路更为简单、密度大、体积小、成本低。市场上的大容量 Flash 均采用 NAND 型，如 SSD 卡、U 盘、SD 卡、EMMC 卡、CF 卡等。

9.1.2　存储器的读写过程

多数存储器的存储原理及读写过程相似。下面以 SRAM 为例，介绍存储器相关基础知识。SRAM 一般由地址译码器、存储体、I/O 及读写控制电路组成，如图 9-3 所示。

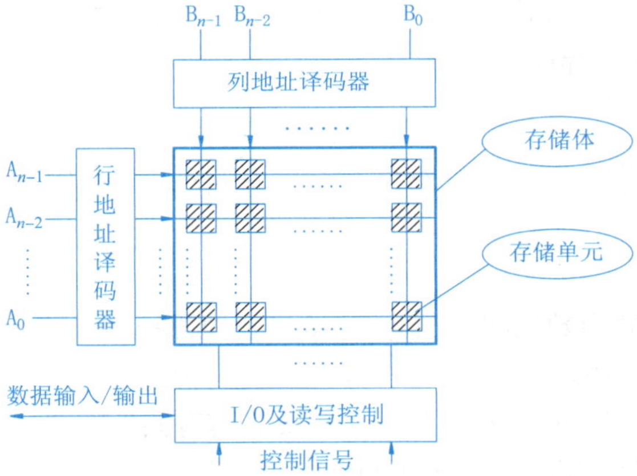

图 9-3　SRAM 结构示意

1. 地址译码器

地址译码器是一种二进制译码器，一般有行地址和列地址 2 个译码器。译码器将地址码翻译成行和列对应的具体地址，然后接通该地址对应的存储单元，并对该单元中的数据进行读写操作。

【示例 9-1】假设有 1 个 10 位地址码存储器，若行地址码 $A_4A_3A_2A_1A_0$ 是 00100，列地址码 $B_4B_3B_2B_1B_0$ 是 00011，此时：

（1）行地址码 B00100 = D4，即所选通的是第 4 行；

（2）列地址码 B00011 = D3，即所选通的是第 3 列。

则此时所选通的是第 4 行、第 3 列所对应的存储单元。

由此可见，可寻址的存储单元总数 U 由地址的位数 n，即地址线的条数决定：

$$U = 2^n \tag{9-1}$$

【示例 9-2】若某存储器的地址线为 26 条，则可寻址的存储单元个数为

$$U = 2^{26} = 2^6 \times 2^{10} \times 2^{10} = 64\ \text{M}$$

可见，26 条地址线的存储器最多可寻址 64 M（$1\text{M}=2^{10}\times2^{10}$），即 67 108 864 个存储单元。

2. 存储体

存储体由大量存储单元组成，它是存放二进制信息的“仓库”。每个存储单元可以存储 1 位二进制数据信息，也可存储多位数据信息。每个存储单元所存储信息的位数称为存储器的位宽。存储器一般以位宽为单位进行读写操作，即每次读取或写入存储器的信息至少是 1 个位宽的信息。位宽一般与存储器的数据线条数相同，如 16 位存储器有 16 条数据线，其位宽为 16 位。

存储器的容量 C 为可寻址的存储单元的个数 U 与存储器的位宽 S 的乘积，即

$$C = U \times S = 2^n \times S\ \text{Mbit} \tag{9-2}$$

【示例 9-3】某存储器的地址线为 26 条，存储单元的位数为 8，则该存储器的容量为

$$C = 8 \times 2^{26} = 8 \times 2^6 \times 2^{10} \times 2^{10} = 512\ \text{Mbit} = 64\ \text{MB}$$

可见，26 条地址线的 8 位存储器容量为 512 Mbit，且该存储器有 8 条数据线。

当前，存储器的位宽有 8 位、16 位、32 位等，其中 16 位和 32 位较为常见，如常用的 Flash、SRAM 一般是 16 位存储器。

> **注意：**
> 容量常用单位 MB 是 Mega Byte/Million Byte（兆字节）的缩写，而单位 Mbit 是 Million bits（兆位）的缩写，两者含义不同。

3. I/O 及读写控制电路

I/O 及读写控制电路由数据线、控制信号接口及内部控制电路构成，负责建立存储器的读写通道，并管理读写操作。

存储器的型号不同，数据线、控制信号接口等管脚有共性特点，也有差异。如 SRAM 一般有一条或若干条数据线和地址线、写入和读取使能控制信号管脚、片选信号管脚等。

【示例 9-4】图 9-4 所示是一款国产的异步 SRAM 芯片，型号为 EMI504WF16VA-10I，试分析该芯片的管脚及其性能特性。

管脚分析：由管脚图可见，该芯片设有 18 个地址管脚、16 个数据管脚、3 个控制管脚、2 个字节选择管脚和若干电源管脚等，见表 9-1。

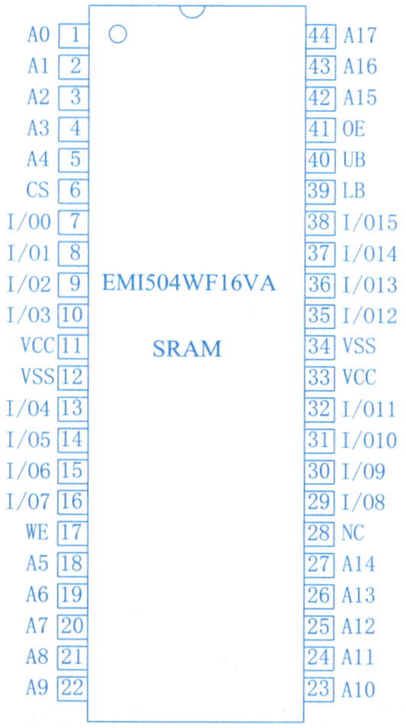

图 9-4　EMI504WF16VA-10I SRAM 管脚

表 9-1　EMI504WF16VA-10I SRAM 管脚介绍

管脚名称	管脚功能
A0~A17	地址输入
I/O0~I/O15	数据输入/输出
$\overline{WE}$	写入使能
$\overline{CS}$	片选管脚
$\overline{OE}$	输出（读取）使能
$\overline{LB}$	低字节选择
$\overline{UB}$	高字节选择
VCC	电源
VSS	地线
NC	悬空管脚

性能分析：该 SRAM 主要特性如下。

（1）容量为 4 Mbit（$16\times2^{18}=2^2\times2^{20}=4$ Mbit）的 16 位存储器。

（2）无 CLK 管脚，可见 SRAM 芯片有内置时钟，无须其他芯片提供时钟，是一种异步存储器。

（3）该芯片设有低字节和高字节选择管脚，具有字节选择功能，也就是当选通某个存储单元（16 位的存储单元）时，可通过字节选择功能只对低 8 位或高 8 位字节进行读写。

（4）片选信号 $\overline{CS}$（Chip Selected）使能，即存储器被选通时，才可被访问。

（5）写入使能信号 $\overline{WE}$（Write Enable）使能时，才可写入数据。

（6）同理，当输出使能信号 $\overline{\text{OM}}$（Output Enable）使能时，方可读取该存储器的数据。

注意，带有上画线的芯片管脚符号是指该信号低电平有效，如片选管脚 $\overline{\text{CS}}$ 处于低电平时有效，即该芯片被选通。

当主控芯片扩展多个存储器时，片选管脚信号决定主控芯片访问哪一个存储器；写入和读取使能管脚决定主控芯片是向该存储器写入信息，还是读取该存储器的信息。

示例 9-4 所示 SRAM 是 16 位存储器，一次可写入或读取 16 位位宽的数据。若主控芯片只读取某个位置的 8 位数据，此时可设置 LB 或 UB 管脚，确定存储器向主控芯片发送低 8 位还是高 8 位。

需要注意的是，有些 SRAM 不具有字节选择功能。

拓展：

近年来，国产芯片发展迅速，相关数据显示我国芯片进口额持续下降，国产化进程也在加快。EMI-504WF16VA SRAM 是一款可替代国外同类产品的国产异步静态存储器。图 9-5 所示是一款国产的 4 MB NOR Flash，其管脚介绍见表 9-2。

由图 9-4 和图 9-5 可知：

（1）不同存储器，管脚标记名称略有不同，例如 EMI504WF16VA 存储器的数据管脚标记为 I/Ox，而 MX29GL320E 的数据管脚标记为 Qx；

（2）不同存储器，管脚种类也略有不同，例如 MX29GL320E 设置有 RESET 硬复位管脚，而 EMI-504WF16VA 没有复位管脚。

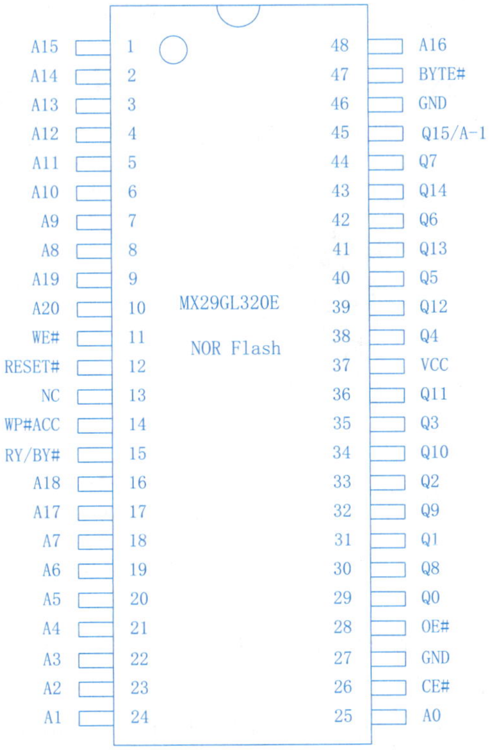

图 9-5　MX29GL320E NOR Flash 管脚

表 9-2　MX29GL320E NOR FLASH 管脚介绍

管脚名称	管脚功能
A0~A20	地址输入
Q0~Q14	数据输入/输出
Q15/A-1	Q15 字模式/LSB 字节模式
CE#	片选管脚
WE#	写入使能
OE#	输出（读取）使能
RESET#	硬复位管脚（低电平有效）
WP#/ACC	硬件写保护/编程加速输入
RY/BY#	读/忙输出
BYTE#	选择 8 位或 16 位模式
VCC	电源
GND	地线
NC	悬空管脚（即内部未连接）

4. 读写过程

存储器的访问（读或写）过程可分为寻址和读写两个基本步骤：一是根据地址线信号确定访问位置；二是在控制电路的控制下完成数据的读写，字节的选择也在该步骤进行，如图 9-6 所示。

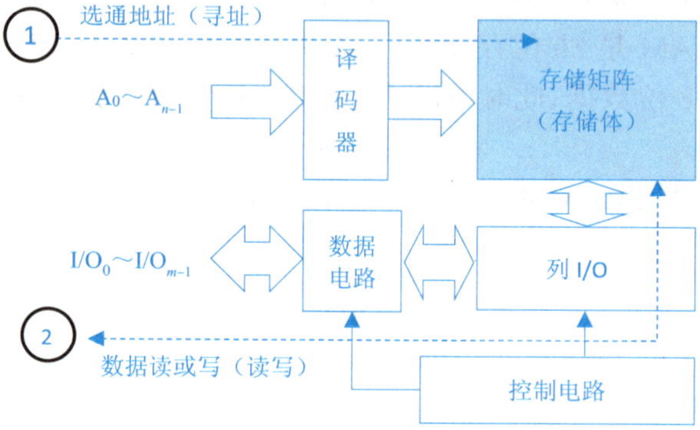

图 9-6　SRAM 读写示意

9.1.3　FSMC 简介

外部存储器扩展后，主控芯片内核或其他主设备读写外部存储器的数据的本质是两者之间的通信。在一般情况下，不同类型的外部存储器读写协议不同，主控芯片访问外部存储器的通信协议也不同。

FSMC 是连接主控芯片内核与外部存储器的一种桥接设备，负责将 STM32 芯片内部的 AHB 数据通信事务转换为外部器件协议，生成满足外部器件的访问时序，并组织和管理数据的读写操作，如图 9-7 所示。

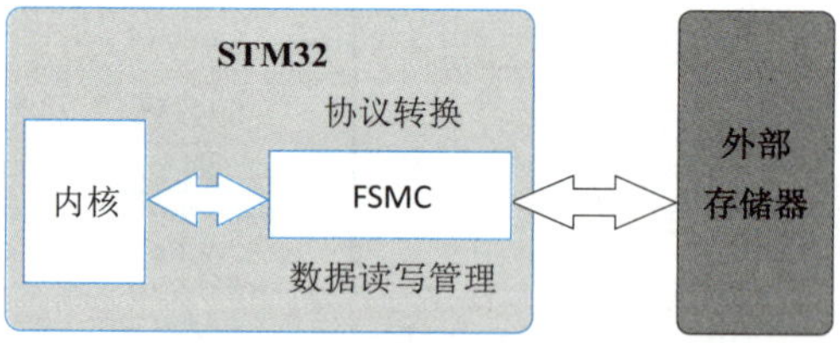

图 9-7　FSMC 的桥接示意

正是由于 FSMC 的存在，用户只需进行必要的初始化，请求读写事务即可，而烦琐的外部器件访问实现由 FSMC 负责完成，其作用类似于“代办员”，使用户不必过多关注底层开发和管理工作，降低控制系统开发难度。

嵌入式处理器的型号不同，其 FSMC 的功能和性能略有不同。F407 系列芯片的 FSMC 可支持 ROM、SRAM、NOR Flash、NAND Flash 等多种类型，以及 8 位或 16 位的同步/异步静态存储器的扩展；还可以和常用的 LCD 控制器实现无缝连接，支持 Intel 8080 和 Motorola 6800 两种接口协议（模式），能够灵活匹配特定的 LCD 接口，如图 9-8 所示。

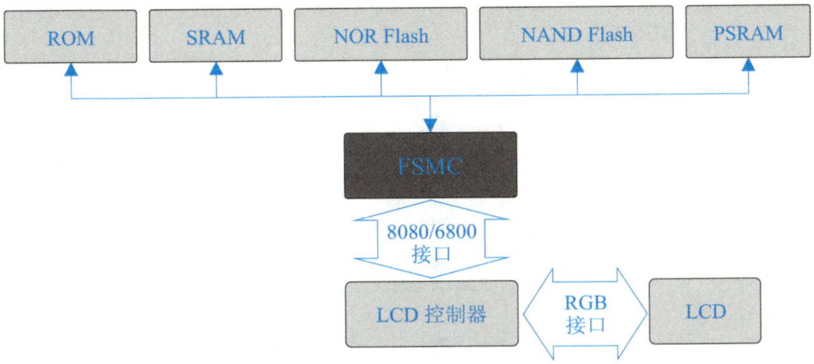

图 9-8 FSMC 控制 LCD 示意

拓展：

1. F407 系列芯片的 FSMC 只支持连接静态存储器，但有些型号的芯片（如 STM32F429）可支持动态存储器的连接。

2. 所有封装形式的 F407 芯片，其 FSMC 都支持 SRAM、NOR Flash、NAND Flash，100 个管脚以上的封装支持 PC 智能卡，LQFP100 封装不支持 PC 智能卡。

可见，芯片选型时必须了解芯片的性能和配置，不能只依靠经验，要具体问题具体分析。

9.2 FSMC 构成及原理

作为桥接设备，FSMC 由 HCLK、AHB 时钟接口（包括 FSMC 配置寄存器）、NOR Flash 和 NAND Flash/PC CARD 存储器控制器、外部器件接口等部件组成，各部件各负其责，协同完成外部存储器的读写操作，如图 9-9 所示。

9.2.1 FSMC 工作原理

1. 外部器件接口

FSMC 为了连接多种类型的存储器，提供了丰富的接口管脚。根据功能，管脚可分为公用信号、NOR/PSRAM 信号、NAND 信号、PC 卡信号等四类接口管脚。

1）公用信号接口

公用信号接口提供了不同类型存储器的地址线、数据线、写入使能、输出使能、等待输入信号等，其中地址线最多 26 条、数据线 16 条。

与外部存储器连接时，FSMC_A[0]连接到存储器的 I/O0（或 Q0）管脚，FSMC_A[1]与 I/O1（或 Q1）连接，依此类推，依次连接。数据线也按此规律连接，控制信号线按对应的功能依次连接即可。

2）其他接口

其他接口分别为 NOR Flash/PSRAM 存储器、NAND Flash 存储器、PC 卡等三类外部器件提供了片选、字节选择、繁忙标识等控制用管脚以及同步模式的时钟信号管脚，如图 9-9 所示。

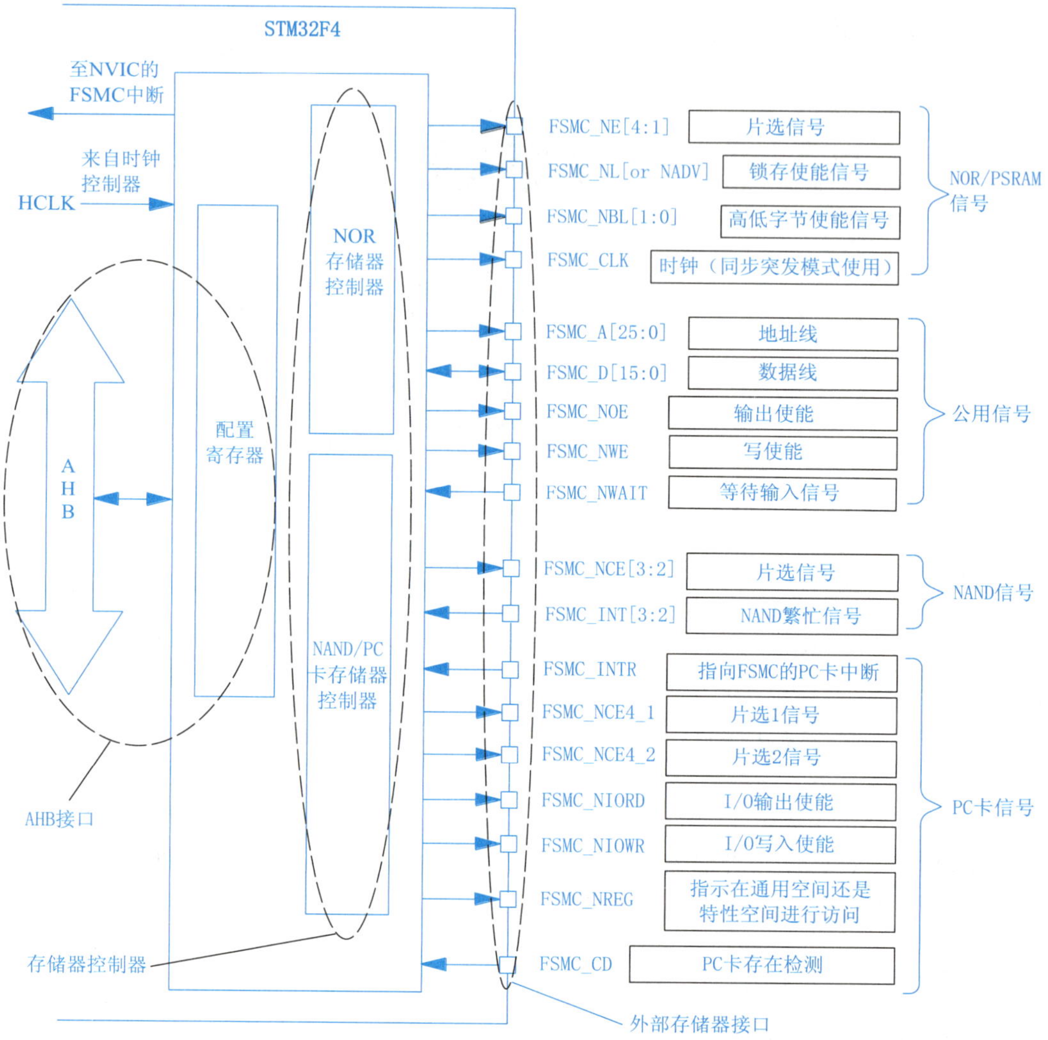

图 9-9　FSMC 构成框图

3)管脚映射

FSMC 同样是复用的 GPIO 管脚，各类外部器件的 FSMC 管脚映射见表 9-3。由于 F407VET6 管脚少，故 FSMC 功能有所限制：

(1)未给 CF、NAND 16 bit 等器件分配足够的 FSMC 复用管脚，如 CF 卡无 FSMC 地址复用管脚；

(2)仅有 1 个片选信号 FSMC_NE1，只能扩展 1 个 NOR 或 SRAM 外部存储器；

(3)连接 NOR/PSRAM 器件的数据线已复用为地址线，FSMC_DA[15：0]既是数据线，也是地址线。

FSMC 结构组成

表 9-3　FSMC 管脚映射（适用于 F407）

GPIO	FSMC				GPIO	FSMC			
	CF	NOR/SRAM/PSRAM	NOR/PSRAM Mux	NAND 16 bit		CF	NOR/SRAM/PSRAM	NOR/PSRAM Mux	NAND 16 bit
PD11	—	A16	A16	CLE	PD14	D0	D0	DA0	D0
PD12	—	A17	A17	ALE	PD15	D1	D1	DA1	D1
PD13	—	A18	A18	—	PD0	D2	D2	DA2	D2
PE3	—	A19	A19	—	PD1	D3	D3	DA3	D3
PE4	—	A20	A20	—	PE7	D4	D4	DA4	D4
PE5	—	A21	A21	—	PE8	D5	D5	DA5	D5
PE6	—	A22	A22	—	PE9	D6	D6	DA6	D6
PE2	—	A23	A23	——	PE10	D7	D7	DA7	D7
PD3	—	CLK	CLK	—	PE11	D8	D8	DA8	D8
PD4	NOE	NOE	NOE	NOE	PE12	D9	D9	DA9	D9
PD5	NWE	NWE	NWE	NWE	PE13	D10	D10	DA10	D10
PD6	NWAIT	NWAIT	NWAIT	NWAIT	PE14	D11	D11	DA11	D11
PD7	—	NE1	NE1	NCE2	PE15	D12	D12	DA12	D12
PE0	—	NBL0	NBL0	—	PD8	D13	D13	DA13	D13
PE1	—	NBL1	NBL1	—	PD9	D14	D14	DA14	D14
PB7	—	NADV	NADV	—	PD10	D15	D15	DA15	D15

2. AHB 接口

CPU 或其他片上外设通过 AHB 从设备接口访问外部器件。这种由 CPU 或其他外设向 AHB 请求并由 AHB 完成的系列工作，称为 AHB 事务。AHB 事务传输数据的大小 W_A 可以是 8 位、16 位或 32 位，而所访问的外部器件的数据宽度 W_E 多是固定值，此时会产生数据宽度不一致问题。AHB 接口基于以下思路解决该问题。

1）$W_A = W_E$

所传输的数据无须处理，可以直接传输。

2）$W_A > W_E$

FSMC 将 AHB 事务分为多个较小的连续存储器访问，以便符合外部数据宽度。

【示例 9-5】假设 AHB 事务是将 32 位数据写入外部器件，外部器件数据宽度为 16 位。可见，AHB 事务的数据宽度大于外部器件的数据宽度，无法直接进行传输。此时，FSMC 将 32 位数据写入事务，然后分为 2 次访问事务完成，即分为高 16 位写入和低 16 位写入。

3）$W_A < W_E$

若外部器件（SRAM、ROM、PSRAM）具有字节选择功能，且可读写，则有以下两种情况，如图 9-10 所示。

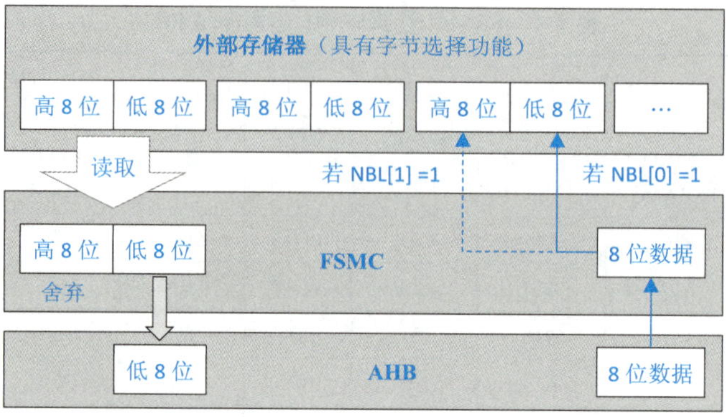

图 9-10 $W_A<W_E$ 时的数据读写示意

（1）写入时，FSMC 利用字节选择功能（即设置 NEL 位）将数据写入正确的位置，如 AHB 事务是 8 位数据，外部器件是 16 位，当 NBL[0] = 1 时，将 8 位数据写入外部器件的低 8 位；当 NBL[1] = 1 时，将 8 位数据写入外部器件的高 8 位。

（2）读取时，FSMC 读取所有字节，并丢弃无用的字节。

若外部器件（SRAM、ROM、PSRAM）不具有字节选择功能，则不允许写入，但可以读取。读取时，FSMC 丢弃无用的信息，将有用的信息传送给内部设备。

综上所述，FSMC 还具有“协调员”的职责，负责将 AHB 事务转换为符合外部器件协议的事务。

3. 存储器控制器

接到 AHB 事务请求后，存储器控制器负责管理外部器件的数据读写。外部器件类型不同，其访问协议不同，且有些协议差异较大。为了使芯片可以连接多种类型的存储器，F407 芯片集成了 NOR 和 NAND 两类控制器。

1）NOR 控制器

NOR 控制器支持 8 位、16 位或 32 位的异步 SRAM 和 ROM，也支持 PSRAM、NOR Flash 的异步或突发模式访问。对于 PSRAM、NOR Flash 存储器，不管存储器的数据线和地址线是否复用，NOR 控制器均支持外部器件的访问。

2）NAND 控制器

NAND 控制器既支持 8 位或 16 位的 NAND Flash 存储器，也支持 16 位的 PC 卡兼容设备。NAND 控制器只支持异步数据传输模式，不支持同步模式。

4. HCLK 时钟

FSMC 外设挂载在 AHB 上，其时钟信号来自 HCLK（最高可达 168 MHz，系统时钟详见图 2-17）。

若 NOR 控制器工作于同步读写，外部器件同步时钟是系统时钟 HCLK 经 FSMC 内部分频器分频后的时钟信号，分频系数可设置为 2、3、16，如图 9-11 所示。

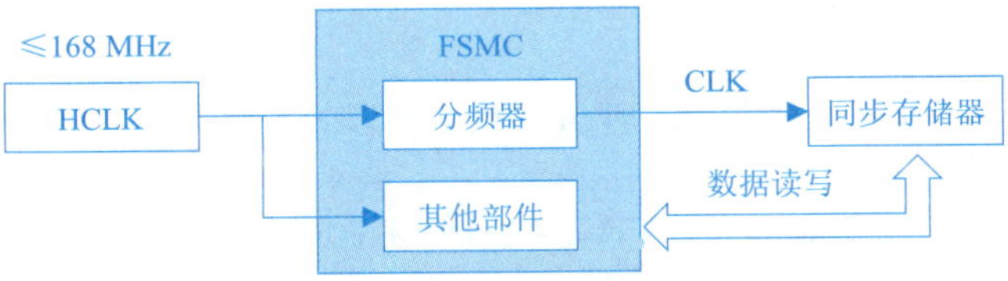

图 9-11　同步时钟示意

若 NOR 控制器工作于异步读写，则不需要同步时钟，此时 FSMC 内部分频器的配置参数不起作用。

9.2.2　外部存储器地址映射

如第 2.2.4 节所述，ARM Contex-M4 内核最大支持 4 GB 存储空间，且地址已做统一约定和分配。FSMC 所扩展的外部存储器的地址是该 4 GB 空间的一部分，已由内核进行统一分配，具体为 0x6000 0000~0x9FFF FFFF，合计 1 GB。

为了扩展不同类型的外部存储器，F407 芯片将该地址区间划分为 4 个大小为 256 MB 的组（Bank1~Bank4），且每组 Bank 区又分为 4 个大小为 64 MB 的子分区，如图 9-12 所示。

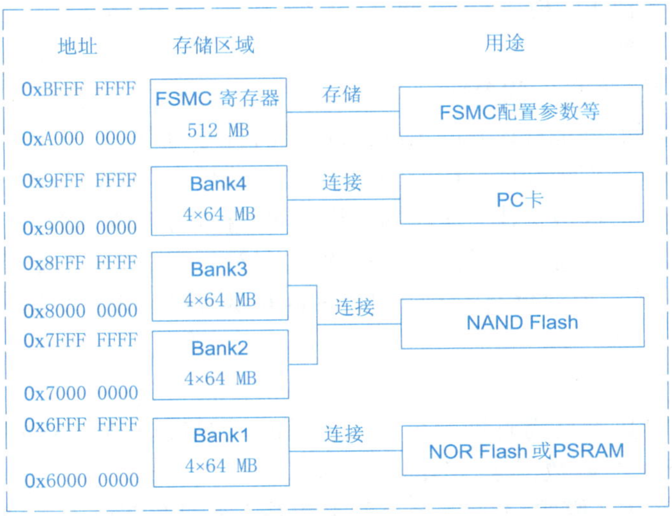

图 9-12　FSMC 存储区域及 FSMC 寄存器地址

（1）第 1 组 Bank 区（4 × 64 MB），由 NOR 存储器控制器管理，允许连接 NOR Flash 或 PSRAM 存储器器件。该区的 4 个子分区拥有独立的片选线 FSMC_NE[4∶1]和控制寄存器，可分别扩展一个独立的存储设备，最多可扩展 4 个。

（2）第 2~4 组 Bank 区，由 NAND/PC 卡控制器管理，且各组分别只有一组控制寄存器，各组只能扩展一个独立的存储器件。其中，第 2 组和第 3 组 Bank 区允许连接扩展 NAND Flash，而第 4 组 Bank 区可连接 PC 卡。

拓展：

芯片所支持的外部存储器扩展的大小和数量需根据地址映射、管脚设置等情况综合分析确定。

例如，F407VET6 为外部存储器预留的地址虽然可扩展 4 个 64 MB 的 NOR Flash 或 SRAM、2 个 256 MB 的 NAND Falsh、1 个 256 MB 的 PC 卡，但是分析 FSMC 管脚可知，该芯片支持扩展的最大容量为 32 MB，且只能扩展 1 个外部器件。

可见，分析问题要避免管中窥豹、以偏概全，要有系统思维，否则难以推论出正确结论。

9.2.3 FSMC 访问模式及设置

FSMC 读写外部器件数据涉及两个关键问题：读写流程和读写时序。

（1）读写流程问题。读写外部器件数据时，需先寻址再读写，且要确保有足够的时间完成读写操作。

（2）读写时序问题。时序的本质是各类信号的时间顺序，且该顺序必须符合通信协议。外部存储器类型不同，协议可能不同，读写时序也不同。若 FSMC 读写时序与外部器件不匹配，极易发生读写错误，甚至无法访问。

为解决上述问题，FSMC 提供了可编程的时间参数，以确保访问流程正确；同时提供了用户可编程选择的多种访问模式（即访问时序模型），以匹配外部器件通信协议。

1. 可编程的时间参数

FSMC 有 5 个可编程的时间参数：

（1）地址设置时间，即地址设置阶段的持续时间，符号为“ADDSET”；

（2）地址保持时间，即地址保持阶段的持续时间，符号为“ADDHLD”；

（3）数据建立时间，即数据建立阶段的持续时间，符号为“DATAST”；

（4）总线周转时间，即总线周转阶段的持续时间，符号为“BUSTURN”；

（5）数据延迟时间（也称数据产生时间），即同步突发模式下产生第一个数据所需的时间，符号为“DATLAT”。

需要注意的是：

（1）这些时间参数均采用时钟的个数来表示时间的长短，如 FSMC 的 HCLK 时钟为 1 MHz，DATAST 设为 1，则数据建立时间为 1 μs；

（2）对于某一种访问模式，上述 5 个时间参数并不需要全部设置，如某一种访问模式可能只需配置 ADDSET、ADDHLD、DATAST 等 3 个时间参数，而与其他参数无关；

（3）上述时间参数由外部存储器的工作性能确定，需要查询外部存储器的数据手册或用户手册确定。

2. 访问模式

FSMC 综合了 SRAM、ROM、PSRAM 和 NOR Flash 等产品的信号特点，定义了模式 1 和 2 两种默认访问模式、模式 A~D 四种扩展访问模式以及管脚复用访问模式等共计 7 种异步访问模式，访问模式也称为时序模型，如图 9-13 所示。

其中，SRAM/CRAM 存储器类型，默认模式为模式 1；NOR 存储器类型，默认模式为模式 2。

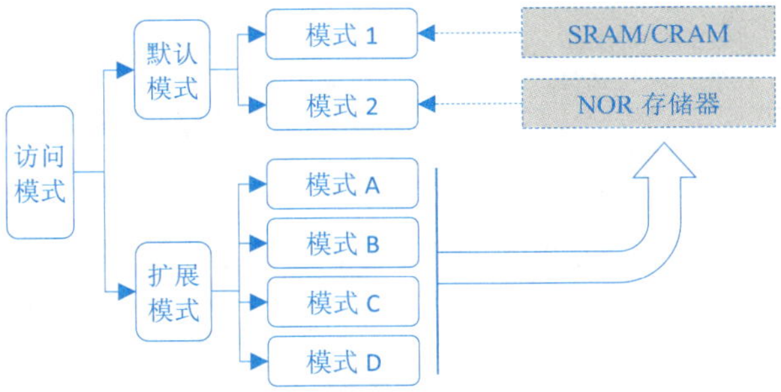

图 9-13　FSMC 访问模式

若两种默认模式均与外部器件的访问协议不匹配，则可使能扩展模式。使能扩展模式后，可以混合使用 A、B、C 和 D 模式进行读写。例如，可以在模式 A 下执行读操作，而在模式 B 下执行写操作。

拓展：

CRAM(Computational Random-Access Memory)是新型计算随机存取存储器，与目前常用的存储技术相比，可将人工智能应用的能源需求降低 99.9%甚至更多。在相关模拟实验中，CRAM 技术具有令人难以置信的 99.96%的节能效果。

访问模式、时间参数设定后，FSMC 将按照设定的时序与外部存储器进行数据交换。图 9-14 和图 9-15 分别是访问模式 1 和 2 的读/写时序。

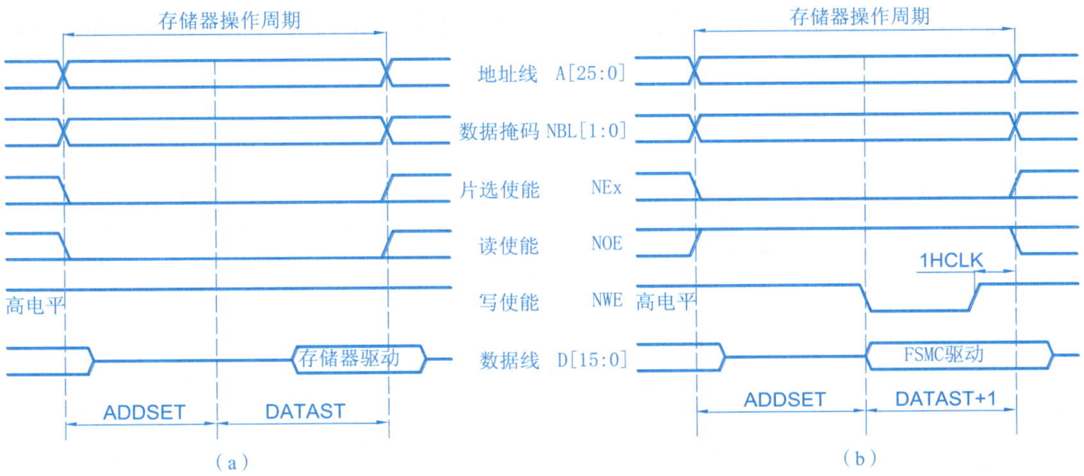

图 9-14　FSMC 访问模式 1 的读/写时序

(a)读时序　(b)写时序

由图 9-14 和图 9-15 可知，不管何种访问模式，也不管是读时序还是写时序，首先都要使能片选信号以及寻址，然后读写数据。

其中，读时序在读取阶段由存储器驱动，即数据信号由外部存储器产生，并传送至 FSMC，FSMC 是被动接收数据的一方；写时序在写入阶段由 FSMC 驱动，即数据信号由 FSMC 产生，并传送至外部存储器，外部存储器是被动接收数据的一方。

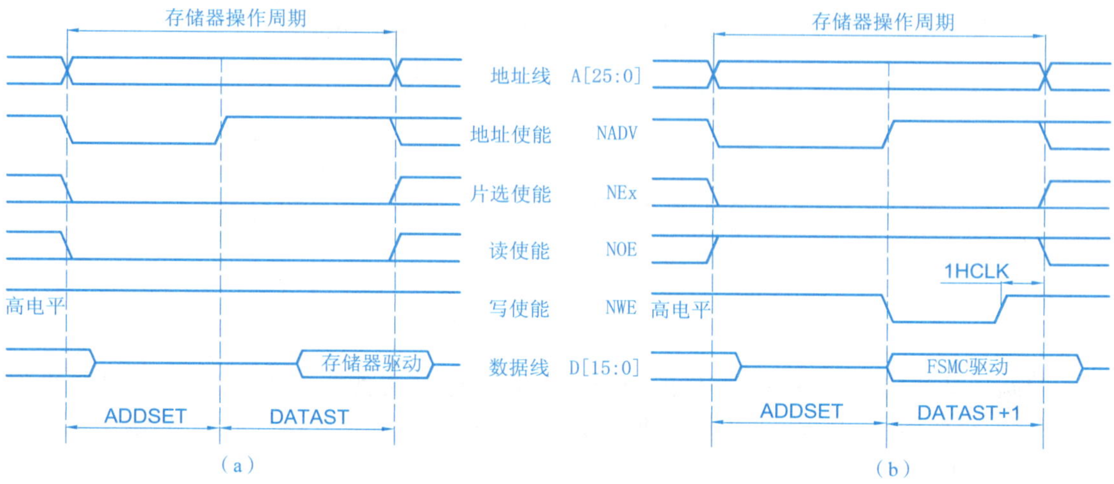

图 9-15 FSMC 模式 2 的读/写时序

(a)读时序 (b)写时序

不同访问模式的主要差异有以下三点。

(1)地址使能 NADV 信号使用与否。例如,模式 2 使用 NADV 信号明确地址线何时传递地址信号,而模式 1 未使用 NADV 信号,仅按约定在 ADDSET 时段内传输地址。

(2)读使能 NOE 信号是否具有选通作用。例如,模式 1、模式 2 读时序中的 NOE 信号均是在操作周期起始即生效(低电平),而模式 A 的读时序则在寻址后才使能 NOE,此时存储器才能明确是读数据还是写数据,即模式 A 读时序的片选过程 NOE 会翻转,如图 9-16 所示。

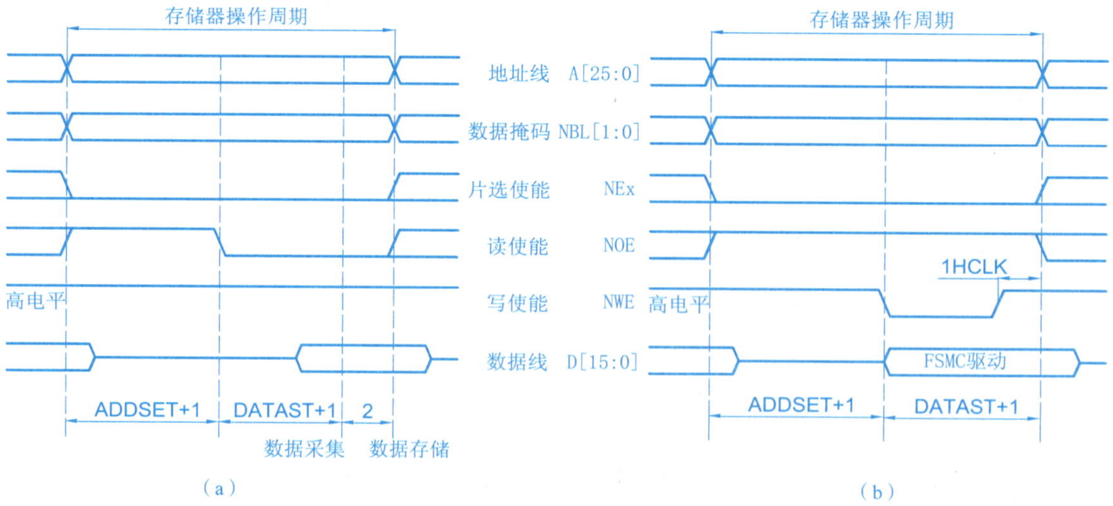

图 9-16 FSMC 模式 A 的读写时序

(a)读时序 (b)写时序

(3)寻址后读写是否延迟。确保寻址完成后,再进行读写,有些模式寻址后将延迟 ADDHLD 时间后再读写,如模式 D 的读写操作,如图 9-17 所示。

不同访问模式在地址建立时间、数据掩码等方面也有差异，在此不再详细论述，其他时序模型也不再赘述。

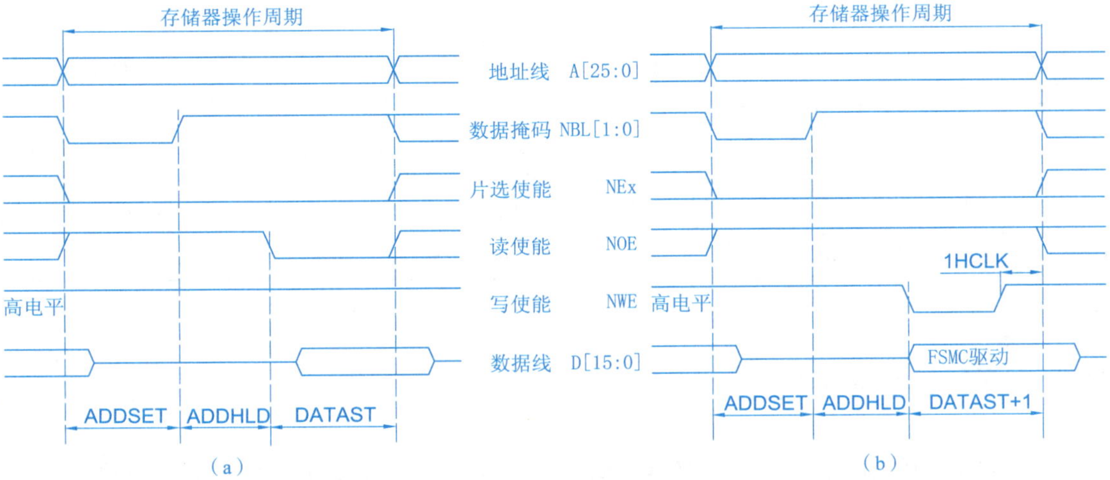

图 9-17　FSMC 模式 D 的读/写时序

(a)读时序　(b)写时序

综上所述，各访问模式适用于不同的外部存储器，有不同的时序特点，见表 9-4。

表 9-4　访问模式的时序特点

访问模式	适用的外部存储器	时序特点
模式 1	SRAM/CRAM	OE 在读时序片选过程中不翻转，有 NBL，无 NADV
模式 A	SRAM/PSRAM(CRAM)	OE 在读时序片选过程中翻转，有 NBL，无 NADV
模式 2/B	NOR Flash	OE 在读时序片选过程中不翻转，无 NBL，有 NADV
模式 C	NOR Flash	OE 在读时序片选过程中不翻转，无 NBL，有 NADV
模式 D	带地址扩展的异步操作	OE 在读时序片选过程中翻转，无 NBL，无 NADV

3. 模式选择及设置

在工程实践中，一旦外部存储器选定，即可根据表 9-5 和表 9-6，并结合所选存储器的类型及特性，选择适用的访问模式，然后查阅所选外部存储器的数据手册或用户手册计算确定需设置的时间参数。

表 9-5　时间参数设置范围

参数(符号)	访问方式	单位	最小	最大
地址设置时间(ADDSET)	异步	HCLK	1	16
地址保持时间(ADDHLD)	异步，复用 I/O	HCLK	2	16
数据建立时间(DATAST)	异步	HCLK	2	256
总线周转时间(BUSTURN)	异步或同步读	HCLK	1	16
数据延迟时间(DATLAT)	同步	CLK	2	17

表 9-6　访问模式适用范围及需设置的时间参数

时序模型		适用范围	需设时间参数
异步	模式 1	SRAM/CRAM	ADDSET、DATAST
	模式 A	SRAM/CRAM OE 选通型时序	
	模式 2 或模式 B	NOR Flash 时序	
	模式 C	NOR Flash OE 选通型时序	
	模式 D	延长地址保持时间的异步时序	ADDSET、DATAST、ADDHLK
	复用模式	管脚复用存储器	
同步突发	读取多个顺序单元的数据	同步存储器	CLKDIV、DATLAT

9.3　FSMC 外接电路

FSMC 管脚的命名与常见存储器管脚的命名有所差异，设计电路时应注意区分。如 FSMC 片选信号管脚符号为 NEL，而 EMI504WF16VA-10I SRAM 对应的管脚为 CS，MX-29GL320E NOR Flash 对应的管脚为 CE。

布线时，应尽量使扩展存储器靠近主控芯片，缩短走线长度；同时，应处理好电磁干扰和电磁兼容问题。

1. 外接存储器的连接

F407VET6 芯片因管脚少，只有地址线和数据线复用一种配置方式。当其外接外部存储器时，有使用地址锁存器和不使用地址锁存器两种连接方式。

地址线与数据线复用时，推荐使用地址锁存器外接存储器，这样有利于区分信号线所传信号是地址信号还是数据信号，如图 9-18 所示。

图 9-18　使用地址锁存器外接存储器示意

不使用地址锁存器时，NADV 信号可用来区分地址与数据，即当 NADV 为低电平时，ADx（x=0，1，2，…，15）为地址信号 Ax；若 NADV 变为高电平，ADx 为数据信号 Dx，如图 9-17 所示的模式 D 时序。

2. 地址锁存器简介

地址锁存器是用来暂时存储和保持地址信息的数字逻辑电路。市场上常见的地址锁存器一般有四类管脚，即输入管脚 Dx、输出管脚 Qx、输出使能管脚 $\overline{OE}$（Output Enable）、锁存使能管脚 $\overline{LE}$（Latch Enable），如图 9-19 所示。

输入管脚与输出管脚是一一对应关系，即管脚 D1 与 Q1、D2 与 Q2 等为一一对应关系。控制信号 $\overline{OE}$ 和 $\overline{LE}$ 低电平有效，见表 9-7。

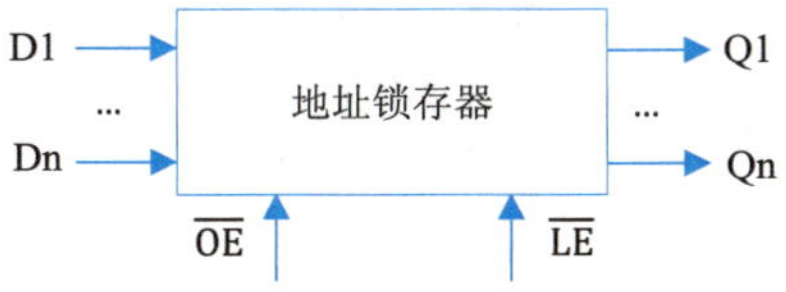

图 9-19　地址锁存器管脚示意

表 9-7　地址锁存器真值表

输入信号			输出信号	备注
$\overline{OE}$	$\overline{LE}$	D	Q	
H	X	X	Z	输出失能，输出为高阻态
L	L	X	不变	锁存功能
L	H	L	L	跟随功能
L	H	H	H	

当 $\overline{OE}$ 为高电平时，锁存器失能，不管 $\overline{LE}$ 和 D 为何种信号，输出信号 Q 均为高阻态；当 $\overline{OE}$ 为低电平时，锁存器有效，此时：

（1）若 $\overline{LE}$ 为高电平，则为跟随功能，即输出信号 Q 随输入信号 D 变化而变化；

（2）若 $\overline{LE}$ 为低电平，则为锁存功能，将 $\overline{LE}$ 转变为低电平最后时刻的输出信号 Q 暂时保存，此后不管输入信号 D 如何变换，输出 Q 保持不变。

综上所述，当 $\overline{OE}=0$、$\overline{LE}=1$ 时，地址线路接通，可传输地址信息；当 $\overline{OE}=1$ 或 $\overline{OE}=0$、$\overline{LE}=0$ 时，数据线路接通，地址线路截止。

3. 外接电路示例

1）外接存储器示例

F407 芯片与 EMI504WF16VA-10I SRAM 存储器的接线电路如图 9-20 所示。

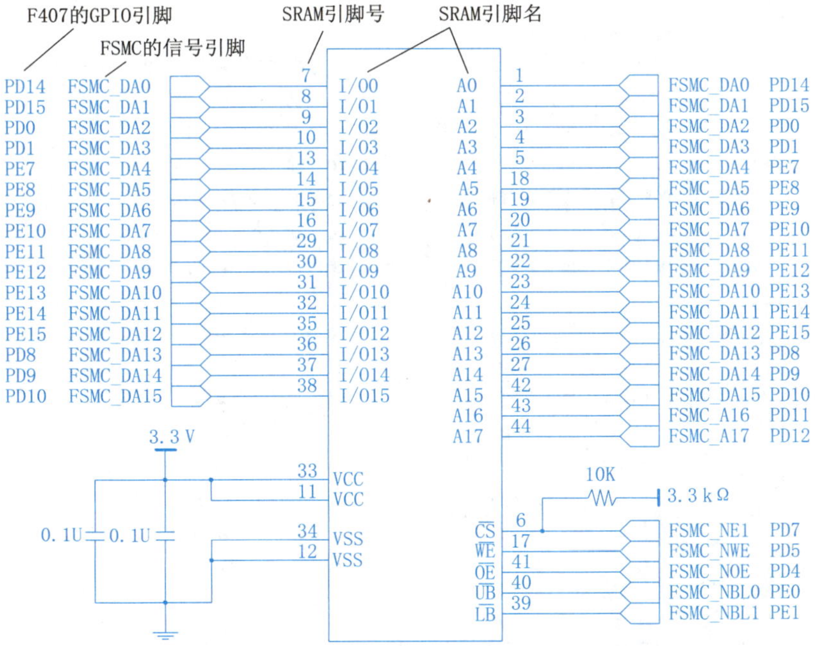

图 9-20　F407 芯片扩展 EMI504WF16VA-10I SRAM 的接线图

【思考】6 号管脚 $\overline{CS}$ 为何连接到 3.3 V 电源管脚？提示：$\overline{CS}$ 管脚低电平有效。

2)外接 TFT-LCD 示例

薄膜晶体管液晶显示器(Thin Film Transistor-Liquid Crystal Display, TFT-LCD)的每一个像素上均设有一个薄膜晶体管,可有效克服非选通时的串扰,图像质量好,如图 9-21 所示。

图 9-21　TFT-LCD 模块

LCD 模块接口一般是 16 位 80 接口,外部管脚多采用 17×2 双排排针形式,如图 9-22 所示。其中,标有“T_”的管脚用于 SPI 通信,标有“LCD_”的管脚及 FMC_Dx 用于 LCD。

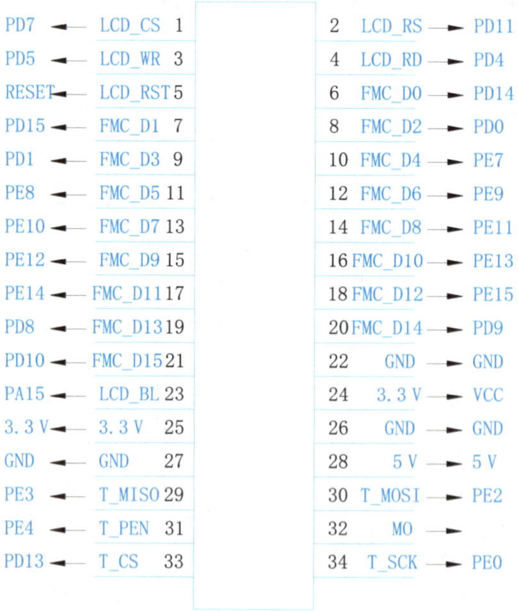

图 9-22　常用实验板双排管脚及 LCD 接线图

TFT-LCD 设备有 RS(命令/数据标志)、D0~D15(双向数据线)、WR(写入数据标志)、RD(读取数据标志)和 CS(片选信号)等管脚。应用 FSMC 连接 TFT-LCD 时,可将 LCD 当作 SRAM 设备使用,操作方法也类似。

与 SRAM 相比，TFT-LCD 无地址信号，但有 RS 信号，可通过 RS 决定传送数据还是传送命令。TFT-LCD 与其他相关信息可扫码下载阅读。

9.4　FSMC 实验及编程

标准库 stm32f4xx_fsmc 文件定义了 NOR 初始化结构体、NOR 时序初始化结构体、NAND 初始化结构体、NAND 时钟初始化结构体，也给出了初始化、配置、数据读写等常用函数。

1. 初始化结构体

NOR 初始化结构体声明了通信波特率、数据宽度、信号极性、突发模式、存储器类型、读写时序等 15 个参数，示例代码如下。

```
typedef struct
{
    uint32_t FSMC_Bank;                 //指定外部存储器地址 Bank 区，见第 9.2.2 节
    uint32_t FSMC_DataAddressMux;       //地址总线与数据总线是否复用
    uint32_t FSMC_MemoryType;           //存储器类型
    uint32_t FSMC_MemoryDataWidth;      //存储器数据宽度
    uint32_t FSMC_BurstAccessMode;      //是否支持突发访问模式，只适用于同步类型的存储器
    uint32_t FSMC_AsynchronousWait;     //是否使能在同步传输时的等待信号
    uint32_t FSMC_WaitSignalPolarity;   //等待信号极性
    uint32_t FSMC_WrapMode;             //是否支持对齐的突发模式
    uint32_t FSMC_WaitSignalActive;     //等待信号在等待前有效还是在等待期间有效
    uint32_t FSMC_WriteOperation;       //写操作使能
    uint32_t FSMC_WaitSignal;           //是否使能等待状态插入
    uint32_t FSMC_ExtendedMode;         //是否使能扩展模式
    uint32_t FSMC_WriteBurst;           //是否使能写突发操作
    //当不使用扩展模式时，配置读写时序，否则用于配置读时序
    FSMC_NORSRAMTimingInitTypeDef* FSMC_ReadWriteTimingStruct;
    //当使用扩展模式时，配置写时序
    FSMC_NORSRAMTimingInitTypeDef* FSMC_WriteTimingStruct;
}FSMC_NORSRAMInitTypeDef;
```

NAND 数据传输行为与 NOR 差异较大，其初始化结构体仅有 9 个参数。其中，波特率、存储器数据宽度、读写时序等 4 个参数与 NOR 相同，示例代码如下。

```
typedef struct
{
    uint32_t FSMC_Bank;                 //指定外部存储器地址 Bank 区，见第 9.2.2 节
    uint32_t FSMC_Waitfeature;          //启用或禁用 NAND 存储体的等待功能
    uint32_t FSMC_MemoryDataWidth;      //存储器数据宽度
    uint32_t FSMC_ECC;                  //启用或禁用 ECC 计算
    uint32_t FSMC_ECCPageSize;          //定义扩展 ECC 的页面大小
    uint32_t FSMC_TCLRSetupTime;        //定义 HCLK 周期数，以配置 CLE 低和 RE 低之间的延迟
```

```
    uint32_t FSMC_TARSetupTime;          //定义 HCLK 周期数,以配置 ALE 低和 RE 低之间的延迟
    FSMC_NAND_PCCARDTimingInitTypeDef* FSMC_CommonSpaceTimingStruct;
    FSMC_NAND_PCCARDTimingInitTypeDef* FSMC_AttributeSpaceTimingStruct;
}FSMC_NANDInitTypeDef;
```

NOR 时序初始化结构体声明了地址建立、地址保持、数据建立、总线转换等 7 个参数，示例代码如下。

```
typedef struct {
    uint32_t FSMC_AddressSetupTime;          //地址建立时间,0~16 个 HCLK
    uint32_t FSMC_AddressHoldTime;           //地址保持时间,0~16 个 HCLK
    uint32_t FSMC_DataSetupTime;             //数据建立时间,0~16 个 HCLK
    uint32_t FSMC_BusTurnAroundDuration;     //总线转换周期,0~16 个 HCLK
    uint32_t FSMC_CLKDivision;               //时钟分频因子,0~16,若是异步存储器,则无效
    uint32_t FSMC_DataLatency;               //数据延迟时间,若是异步存储器,则无效
    uint32_t FSMC_AccessMode;                //设置访问模式
}FSMC_NORSRAMTimingInitTypeDef;
```

NAND 时序初始化结构体仅有地址建立时间、建立等待最短时间、数据保持时间等 4 个参数，示例代码如下。

```
typedef struct {
    uint32_t   FSMC_SetupTime;          //地址建立时间
    uint32_t   FSMC_WaitSetupTime;      //定义 HCLK 周期的最小数量
    uint32_t   FSMC_HoldSetupTime;      //数据保持时间
    uint32_t   FSMC_HiZSetupTime;       //数据总线保持在 HiZ 时间
}FSMC_NAND_PCCARDTimingInitTypeDef;
```

2. 主要函数

stm32f4xx_fsmc 文件提供的常用函数见表 9-8。

表 9-8　FSMC 常用函数

序号	函数	描述
1	void FSMC_NORSRAMDeInit(uint32_t FSMC_Bank)	用默认值填充 NOR 存储体寄存器
2	void FSMC_NORSRAMInit(FSMC_NORSRAMInitTypeDef* FSMC_NORSRAMInitStruct)	使用 NOR 结构体指定的参数初始化 FSMC
3	void FSMC_NORSRAMStructInit(FSMC_NORSRAMInitTypeDef* FSMC_NORSRAMInitStruct)	用默认值填充 NOR 初始化结构体
4	void FSMC_NORSRAMCmd(uint32_t FSMC_Bank, FunctionalState NewState)	使能或失能 FSMC
5	Void FSMC_ITConfig(uint32_t FSMC_Bank, uint32_t FSMC_IT, FunctionalState NewState)	配置 FSMC 中断，并使能或失能
6	FlagStatus FSMC_GetFlagStatus(uint32_t FSMC_Bank, uint32_t FSMC_FLAG)	获得 FSMC 标志状态

续表

序号	函数	描述
7	void FSMC_ClearFlag(uint32_t FSMC_Bank, uint32_t FSMC_FLAG)	清除 FSMC 标志状态
8	ITStatus FSMC_GetITStatus(uint32_t FSMC_Bank, uint32_t FSMC_IT)	获得 FSMC 中断 FSMC_IT 的状态
9	void FSMC_ClearITPendingBit(uint32_t FSMC_Bank, uint32_t FSMC_IT)	清除 FSMC 中断 FSMC_IT 的状态

3. 实验及编程

本节以实验 7 为例，验证 FSMC 数据传输原理以及基于库文件编制 TFT-LCD 显示程序的思路和方法。

【实验 7】F407 芯片连接 TFT-LCD，利用 FSMC 实现 TFT-LCD 的显示控制，显示内容自定。

分析：

（1）电路分析，电路连接如图 9-22 所示，管脚分配见表 9-9。

表 9-9 LCD 管脚、F407 管脚及 FSMC 管脚映射

名称	LCD 管脚	F407 管脚	FSMC	备注
背光控制	BL	PA15	—	
片选信号	LCD_CS	PD7	NEx	
写使能	LCD _WE	PD5	NWR	
命令/数据使能	LCD_RS	PD11	A6	0：写命令 1：写数据
读使能	LCD_RD	PD4	NOE	
数据/地址	D0~D15	PD14、PD15、PD0、PD1、PE7~PE15、PD8~PD10	D0~D15	

（2）地址映射，如前所述 TFT-LCD 可视作特殊 SRAM 类型的外部存储器，依据第 9.2.2 节所述地址映射，SRAM 类型的存储器地址为 Bank1 区。由图 9-22 可知，TFT-LCD 无地址线，故 FSMC_Dx 管脚无须将数据线复用为地址线。

（3）访问模式，LCD 类似于 SRAM，也是经 8080 模块与 FSMC 连接，且 8080 时序类似于 FSMC 的 A 模式时序，因此选用模式 A。

（4）LCD 相关理论知识较多，可自行查阅相关手册学习了解。

FSMC 扩展外部器件，同样使用了 GPIO 的复用功能。因此，FSMC 控制 TFT-LCD 的编程思路如下。

（1）时钟使能，使能本实验所使用 GPIO 的 PA、PD、PE 端口时钟，使能 FSMC 时钟。

```
RCC_AHB3PeriphClockCmd(RCC_AHB3Periph_FSMC, ENABLE);   // 注意 FSMC 挂载在 AHB3 上
RCC_AHB1PeriphClockCmd(RCC_AHB1Periph_GPIOA, ENABLE);   // 使能 GPIOA 时钟
RCC_AHB1PeriphClockCmd(RCC_AHB1Periph_GPIOD, ENABLE);   // 使能 GPIOD 时钟
RCC_AHB1PeriphClockCmd(RCC_AHB1Periph_GPIOE, ENABLE);   // 使能 GPIOE 时钟
```

（2）初始化 GPIO，其中背光控制 BL 所接管脚 PA15 为通用 GPIO，LCD 其他管脚均为 GPIO 的 FSMC 复用功能。

```
GPIO_InitTypeDef   GPIO_InitStr;

/***----------------PA15 管脚用于 LCD 背光控制------------------------------***/
GPIO_InitStr.GPIO_Pin = GPIO_Pin_15;                        // PA15 推挽输出，控制背光
GPIO_InitStr.GPIO_Mode = GPIO_Mode_OUT;                     // 输出模式
GPIO_InitStr.GPIO_OType = GPIO_OType_PP;                    // 推挽输出
GPIO_InitStr.GPIO_Speed = GPIO_Speed_50 MHz;                // 50 MHz
GPIO_InitStr.GPIO_PuPd = GPIO_PuPd_UP;                      // 上拉
GPIO_Init(GPIOA, & GPIO_InitStr);                           // 初始化，推挽输出，控制背光

/***-----LCD 其他管脚均为 GPIO 复用功能，统一设为复用模式、推挽、上拉、高速-------***/
GPIO_InitStr.GPIO_Mode   = GPIO_Mode_AF;          // 复用输出
GPIO_InitStr.GPIO_OType = GPIO_OType_PP;          // 推挽输出
GPIO_InitStr.GPIO_Speed = GPIO_Speed_100 MHz;     // 100 MHz
GPIO_InitStr.GPIO_PuPd   = GPIO_PuPd_UP;          // 上拉

GPIO_InitStr.GPIO_Pin = GPIO_Pin_0 | GPIO_Pin_1 | GPIO_Pin_4 | GPIO_Pin_5 | GPIO_Pin_7 |
GPIO_Pin_8 | GPIO_Pin_9 | GPIO_Pin_11 | GPIO_Pin_14 | GPIO_Pin_15;
GPIO_Init(GPIOD, & GPIO_InitStr);                 // 初始化

GPIO_InitStr.GPIO_Pin = (0X1FF << 7);             // PE7~15    AF OUT
GPIO_Init(GPIOE, &GPIO_InitStr.);                 // 初始化

GPIO_PinAFConfig(GPIOD, GPIO_PinSource0, GPIO_AF_FSMC);    // D2
GPIO_PinAFConfig(GPIOD, GPIO_PinSource1, GPIO_AF_FSMC);    // D3
......//管脚复用配置必须一个管脚一个管脚设置，其他管脚不再赘述
GPIO_PinAFConfig(GPIOD, GPIO_PinSource7, GPIO_AF_FSMC);    // CS
```

（3）初始化 FSMC，读写访问均采用模式 A，读时序的 ADDSET 和 DATAST 分别设为 0x0F 和 0x3C；写时序的 ADDSET 和 DATAST 分别设为 0x09h 和 0x08。

```
FSMC_NORSRAMInitTypeDef   NORSRAMInitStr;                 // NOR 初始化结构体变量
FSMC_NORSRAMTimingInitTypeDef   readTim;                  // 读时序变量，时序初始化结构体类型
FSMC_NORSRAMTimingInitTypeDef   writeTim;                 // 写时序变量，时序初始化结构体类型

/***---------设置读时序，由表 9-6 可知，模式 A 仅需设置 ADDSET、DATAST------------***/
readTim.FSMC_AddressSetupTime = 0x0F;      // 地址建立时间设为 16 个 HCLK
                                           // 1/168 M = 6 ns，为 6 × 16=96 ns
readTim.FSMC_AddressHoldTime = 0x00;    // 地址保持时间，模式 A 未使用
readTim.FSMC_DataSetupTime =  0x3C;        // 数据保存时间为 60 个 HCLK，即 6 × 60 = 360 ns
readTim.FSMC_BusTurnAroundDuration = 0x00;    // 模式 A 未使用
readTim.FSMC_CLKDivision = 0x00;              // 模式 A 未使用
```

```
readTim.FSMC_DataLatency = 0x00;                    // 模式 A 未使用
readTim.FSMC_AccessMode = FSMC_AccessMode_A;        // 设为模式 A

/***---------设置写时序，ADDSET 设为 54 ns，DATAST 设为 48 ns，部分代码省略------------***/
… …
writeTim.FSMC_AccessMode = FSMC_AccessMode_A;       //设置模式 A

/***---------初始化 FSMC------------***/
NORSRAMInitStr.FSMC_Bank = FSMC_Bank1_NORSRAM1;  // 地址设为 Bank1 第 1 子分区
NORSRAMInitStr.FSMC_DataAddressMux = FSMC_DataAddressMux_Disable;   // 不复用数据线
NORSRAMInitStr.FSMC_MemoryType = FSMC_MemoryType_SRAM;              // 类型 SRAM
NORSRAMInitStr.FSMC_MemoryDataWidth = FSMC_MemoryDataWidth_16b;   // 数据宽度为 16 bit
NORSRAMInitStr.FSMC_BurstAccessMode = FSMC_BurstAccessMode_Disable;   // 失能突发模式
NORSRAMInitStr.FSMC_WaitSignalPolarity = FSMC_WaitSignalPolarity_Low;    // 等待极性为低电平
NORSRAMInitStr.FSMC_AsynchronousWait = FSMC_AsynchronousWait_Disable;   // 同步等待失能
NORSRAMInitStr.FSMC_WrapMode = FSMC_WrapMode_Disable;                     // 对齐突发失能
NORSRAMInitStr.FSMC_WaitSignalActive = FSMC_WaitSignalActive_BeforeWaitState; // 等待前有效
NORSRAMInitStr.FSMC_WriteOperation = FSMC_WriteOperation_Enable;          // 存储器写使能
NORSRAMInitStr.FSMC_WaitSignal = FSMC_WaitSignal_Disable;    // 失能存储器等待信号
NORSRAMInitStr.FSMC_ExtendedMode = FSMC_ExtendedMode_Enable;   // 读写使用扩展模式
NORSRAMInitStr.FSMC_WriteBurst = FSMC_WriteBurst_Disable;            // 对齐突发失能
NORSRAMInitStr.FSMC_ReadWriteTimingStruct = &readTim;        // 读时序
NORSRAMInitStr.FSMC_WriteTimingStruct = &writeTim;           // 写时序

FSMC_NORSRAMInit(&NORSRAMInitStr);          // 初始化 FSMC 配置
FSMC_NORSRAMCmd(FSMC_Bank1_NORSRAM1, ENABLE);   // 使能 BANK1
```

（4）FSMC 读写，声明指向存储地址（如 Bank1）的指针后，利用指针即可实现外部存储器的读写。该实验的工程搭建及编程不再赘述，可扫码下载并参考示例代码。

FSMC 实验指导书下载

FSMC 实验示例代码下载

9.5　小结

按存储介质，存储器可分为光学存储器、磁性存储器、半导体存储器；按数据的存储方式，可分为随机存储器（Random-Access Memory，RAM）和顺序存储器；按读写功能的差异，可分为只读存储器（Read-Only Memory，ROM）、随机读写存储器（RAM）；按数据的可保存性，可分为永久记忆存储器和非永久记忆存储器；按断电后数据是否丢失，可分为静态存储器和动态存储器。

SRAM 一般由地址译码器、存储体、I/O 及读写控制电路组成，其读写过程分为寻址和读写两个基本步骤。

FSMC 是连接主控芯片内核与外部存储器的一种桥接设备，负责将 STM32 芯片内部的 AHB 数据通信事务转换为外部器件协议，生成满足外部器件的访问时序，并组织和管理数据的读写操作。F407 的 FSMC 可支持 ROM、SRAM、NOR Flash、NAND Flash 等多种类型，8 位或 16 位的同步/异步静态存储器的扩展；还可以和常用的 LCD 控制器实现无缝连接，支持 Intel 8080 和 Motorola 6800 两种接口协议（模式）。

FSMC 由 AHB 结构、存储控制器、外部器件接口等三部分组成，其中外部器件接口又可分为公用信号、NOR/PSRAM 信号、NAND 信号、PC 卡信号等四类接口管脚；存储控制器负责管理外部器件的数据读写。FSMC 所扩展的外部存储器由内核统一分配和管理，可拓展 1 GB 存储空间。为了扩展不同类型的外部存储器，F407 芯片将该地址区间划分为 4 个大小为 256 MB 的分组（Bank1 ～ Bank4），且每组 Bank 区又分为 4 个大小为 64 MB 的子分区。

FSMC 读写外部器件时，有 5 个可编程的时间参数、模式 1 和 2 两种默认访问模式、模式 A~D 四种扩展访问模式以及管脚复用访问模式等共计 7 种异步访问模式。不同访问模式主要有三点差异：是否使用地址使能 NADV 信号，读使能 NOE 信号是否具有选通作用，寻址后读写是否延迟。

思考题

9.1 SRAM 和 DRAM 分别是指什么类型的存储器？两者有哪些差异？

9.2 NOR Flash 和 NAND Flash 各有什么特点？各常应用于哪些场合？

9.3 简述外部存储器的片选信号管脚、写使能管脚、读使能管脚有什么作用。

9.4 简述外部存储器的一般读写过程。

9.5 FSMC 有什么功能？F407 的 FSMC 支持扩展哪些类型的外部存储器？LQFP100 封装的 F407 芯片不支持哪类外部存储器？

9.6 FSMC 有哪几类管脚？

9.7 若 AHB 的数据宽度小于外部存储器的数据宽度，FSMC 如何保证读写操作？

9.8 外部存储器是用户自行增加的外部器件，其存储区的地址是否可由用户自行确定？若不可以，简要说明原因。

9.9 FSMC 读写操作时，有 5 个可编程的时间参数，请简要说明这些时间参数起什么作用。

9.10 FSMC 的哪些访问模式没有 NBL 信号？哪些访问模式没有 NADV 信号？

9.11 FSMC 的 5 个可编程的时间参数是否在任一种访问模式中均需用户设置？

9.12 LCD 是一种显示器件，为什么可以使用 FSMC 进行控制？使用 FSMC 控制 LCD 有什么优点？

第 10 章 实时操作系统及编程

操作系统（Operating System，OS）是专门用于管理计算机硬件与软件资源的程序，负责调度计算机工作和资源分配，并为用户和其他软件提供接口及运行环境，如华为 HarmonyOS 系统、Windows 系统等。

实时操作系统（Real Time Operating System，RTOS）是一种具有高效实时性、高度可靠性的操作系统，可实时响应并在规定时间内完成关键任务的执行，避免因任务未及时响应而产生严重后果，现已被广泛应用于航空航天、工业控制、医疗设备等领域。

10.1 实时操作系统

实时操作系统是当前应用较为广泛的一种操作系统，其最大的特点是实时性。如果一个任务需要执行，RTOS 会立即执行该任务，不会有较长的等待和延时，也就是"触发条件产生后，系统能快速反应"。工业上，若能达到所需要的"快"就是实时，有些场合的实时可能需要达到微秒级或纳秒级。例如，无人机飞行控制系统检测到障碍物或飞行姿态即将失控时，需要在极短的时间内做出反应，否则无人机将会出现坠机等严重事故。

10.1.1 基本特征

RTOS 善于处理时间敏感性高的任务，具有极高的实时性、可靠性、可确定性以及容错性。

1. 实时性

实时性是指在任何情况下，任务均可按照任务调度算法在规定的时间内得到响应和处理，满足时间约束要求。为了保证系统的实时性，既需要硬件提供高精度的时钟，也需要系统本身具有高精度的计时系统，以确定某个任务或者函数执行的时间。

2. 可靠性

可靠性是指系统在规定条件下和规定时间内完成规定功能的能力，可将故障概率降到可控范围内，否则会造成设备、人身或财产的重大损失。同时，在故障产生时，系统通过特定机制仍能有效执行部分关键任务，最大限度地降低因不可抗拒故障引起的不良影响。

3. 可确定性

可确定性是指 RTOS 的任务可按照预定时间或者时间间隔完成调度和执行。当多个任务竞争使用 CPU 和资源时，RTOS 可采用中断机制或调度算法确保任务的执行。实时性依赖于系统能够准确判断任务的执行时间，包括硬件延迟的确定性和应用程序响应时间的确定性，以保证程序执行时间是有界的，从而保证任务的执行能够满足时间约束。

4. 容错性

容错性是指系统即使出现部分故障或错误，仍能正常运行的能力。容错性与可靠性相辅相成，可靠性是尽力消除潜在的故障，而容错性强调故障发生后也可确保系统正常运行。但是系统运行时错误或故障是不可避免的，所以 RTOS 的容错性更加重要。

综上所述，实时操作系统的任务响应与执行快、响应与执行时间可预测、系统故障率低，且即使有错也可正常运行。

10.1.2 性能衡量指标

当前，RTOS 性能评估常用标准有 Wetstone、Dhrystone、Hartstone 以及 Rhealstone 等。Rhealstone 是目前工业界用于评判 RTOS 性能指标的主要基准之一，它通过测量实时操作系统的 6 个关键时间，并将其加权获得 Rhealstone 数。Rhealstone 数值越小，则系统的实时性越好。上述 6 个关键时间量如下。

（1）任务切换时间，也称为上下文切换时间，是指系统在两个独立的任务之间切换所需要的时间。

（2）抢占时间，指系统从正在执行的低优先级任务转换到高优先级任务，并开始执行所需要的时间。

（3）中断延迟时间，指从接收到中断信号，操作系统做出响应且进入中断服务所需要的时间。

（4）信号量混洗（shuffing）时间，指由于系统多任务执行的互斥原理，在一个任务执行完成后释放信号量到另一个等待该信号量的任务被激活所需要的时间。

（5）死锁移除时间，指系统进入死锁状态到解除死锁顺利执行任务所需要的时间。

（6）数据包吞吐时间，指一个任务将数据传输到另一个任务时，每秒可以传输的字节数。

10.1.3 实时操作系统的分类

若任务在截止时间内未完成，会给系统带来影响。根据对截止时间的刚性要求，RTOS 可分为硬实时操作系统和软实时操作系统。

1. 硬实时操作系统

硬实时操作系统具有刚性的时限，要求所有的任务在任何条件下（即使在最坏的处理负载下）都必须能在规定的时间内完成，任何任务超过其截止时间都会造成系统整体的失败，产生灾难性后果，系统收益为负无穷。例如，导弹控制系统、自动驾驶系统等的操作系统都属于硬实时操作系统。

2. 软实时操作系统

相对于硬实时操作系统，软实时操作系统有一定的“容忍度”。软实时操作系统具有灵活的时限，任务超过其截止时间所造成的后果没有那么严重，可能仅会降低系统的吞吐量，不会产生严重的后果，系统收益也可能为正。

10.2　进程与任务

10.2.1　进程与任务的概念

进程是具有一定独立功能的程序在一个数据集合中依次动态执行的过程，它是系统进行资源分配和调度的基本单位。每个进程具有独立的地址空间，地址空间包括代码区、数据区和堆栈区，进程之间的地址空间是隔离的，互不影响。操作系统通过调度将 CPU 的控制权交给某个进程，使其得以执行。

为了记录和控制进程运行，系统中存放进程的管理和控制信息的数据结构称为进程控制块（Process Control Block，PCB）。PCB 是进程实体的一部分，也是操作系统最重要的记录性数据结构，每一个进程均有一个 PCB。进程创建时，会同时建立 PCB，并伴随进程运行的全过程，直到进程撤销才撤销。

PCB 是进程特性的集中反映，是 OS 对进程进行识别和控制的依据。不同操作系统的 PCB 信息有所差异，但一般都包含描述进程的状态信息和控制信息，如进程标识符 ID、上下文（程序计数器、状态寄存器等参数）、进程的程序和数据地址、调度信息、时间使用信息、通信信息、优先级以及其他信息。

对进程概念的理解可以从以下几个方面考虑。

（1）进程是一个执行的程序，由 OS 控制其状态；

（2）进程结构不仅有对象（代码），还有数据、资源和 PCB，进程的状态包括就绪、运行、阻塞和完成；

（3）进程被操作系统（内核）调度而运行，操作系统根据进程的请求（系统调用）为其提供 CPU 控制权。

若进程 A 正在运行，现需停止进程 A 而运行进程 B，则将进程 A 的上下文保存到进程 A 的 PCB 的指定位置，并停止进程 A，再将进程 B 的上下文从其 PCB 加载到 CPU 寄存器中，开始执行进程 B，这个过程称为上下文切换。上下文切换会启动另一个进程的运行，即使另一个进程占有 CPU，并进入运行状态。

线程是进程中的一个执行单元，负责当前进程中程序的执行，一个进程至少有一个线程。一个进程可以有多个线程，这些线程使用同一地址空间，不独立拥有系统资源。可从以下几个方面理解线程的概念：

（1）线程由可执行的程序组成，它也有状态；

（2）线程的状态信息通过线程状态（就绪、运行、阻塞、完成）、线程结构（包括数据、对象和进程资源的一部分）和线程堆栈表示；

（3）线程是一个轻量级的实体，也是进程中执行运算工作的最小单位，即执行调度的基本单位。

资源分配给进程后，同一个进程中的所有线程共享该进程的所有资源。CPU 被分配给线程，也就是 CPU 中运行的是线程。同一进程内线程的上下文切换比不同进程内线程的上下文切换开销小。

对于 RTOS，线程也称为任务。为了记录和控制任务的运行情况，任务也有控制块，以记录任务的堆栈指针、任务的当前状态、任务的优先级等信息，称为任务控制块（Task Control Block，TCB）。RTOS 的任务有着严格的时间约束，一般也称为实时任务。

可见，进程是系统进行资源分配和调度的基本单位，线程（任务）是进行运算调度的最小单位，线程属于进程，且一个线程只属于一个进程，但一个进程可有多个线程，如图 10-1 所示。

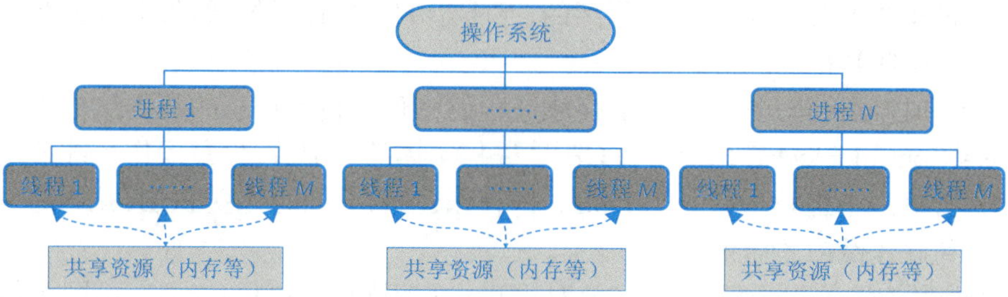

图 10-1　进程与线程示意

10.2.2　实时任务的分类

RTOS 的任务有两种分类方法，第一种是按照派发和到达时间规律分类，第二种是按照任务的时间约束及其失败后的危害严重程度分类。

1. 按派发和到达时间规律分类

按照实时任务的派发和到达时间规律，实时任务可分为周期性任务、非周期性任务和偶发性任务，如图 10-2 所示。

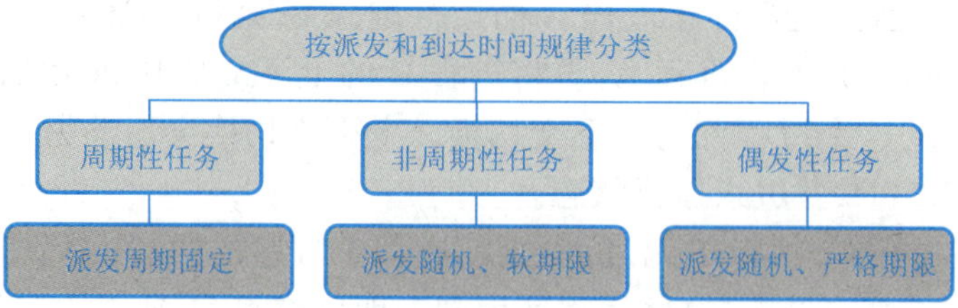

图 10-2　按派发和到达时间规律分类

1）周期性（Periodic）任务

周期性任务按照特定的周期派发、请求并运行，每次请求称为一个任务实例，任何两个相邻的任务实例到达时间的间隔是固定的。

2）非周期性（Aperiodic）任务

在任意随机时间发生并具有软时限的动态任务称为非周期性实时任务。该类任务的派发和到达时间是随机的。

3）偶发性（Sporadic）任务

偶发性任务的派发和到达也是随机的，但具有严格的时限。在实际调度中，偶发性任务通常被当作周期性任务处理，其周期设定为相邻任务实例到达时间的最小时间间隔。

2. 按任务的时间约束分类

按实时任务时间约束的严格程度，实时任务可分为关键性任务和非关键性任务。

1）关键性（Critical）任务

关键性任务要求任务必须在时限内完成，否则后果会很严重，甚至导致整个系统崩溃，如无人机飞行姿态控制等。

2）非关键性（Non-Critical）任务

非关键性任务的执行超过时限对系统的危害程度相对较低，如无人机工作状态指示等。为了保证关键性任务在系统负载急剧增加的时候能正确执行，有时会减少一些非关键性任务所需要的资源，甚至直接抛弃一些非关键性任务。

10.2.3 任务模型

研究实时任务首先要建立实时任务模型，对于一个实时任务，其任务模型可以表示为 $\tau(T,C,\alpha,d,B)$，其中：

T——任务周期，即两个相邻的实时任务实例派发的时间间隔；

C——任务实例在每个周期的执行时间，任务实例的执行时间会影响任务周期，因此 C 通常是指任务的任意实例在最坏情况下的执行时间，即最长的可能执行时间；

α——任务实例派发的绝对时间；

d——任务实例的绝对截止时间；

B——任务的优先级别。

任务模型的各参数之间有如图 10-3 所示的内在约束关系。

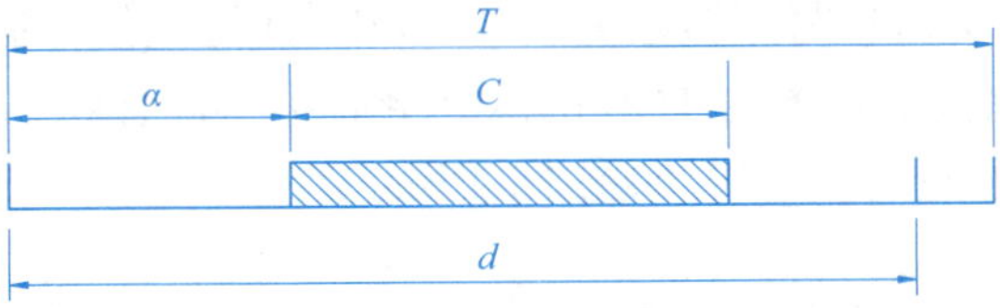

图 10-3 任务模型参数关系

因受系统环境因素影响，任务实例的执行时间是一个波动的数值。为保证系统在极端情况下正确运行，通常以执行时间的最大可能值对系统进行分析计算。实时任务的派发时间与最长执行时间之和不得超过绝对截止时间，即

$$\alpha + C < d \tag{10-1}$$

为了衡量任务实例在其任务周期内 CPU 等资源的有效利用情况，常采用任务利用率进行表征和分析。任务利用率记为 μ，其数值等于任务的执行时间与任务周期的比值，即

$$\mu = \frac{C}{T} \tag{10-2}$$

系统的总利用率 U 是指系统所有实时任务的利用率之和，其数值等于系统处理器用于执行任务的工作时间所占的比值，即

$$U=\sum_{i=1}^{n}\frac{C_i}{T_i} \tag{10-3}$$

任务利用率和系统总利用率均不得超过 1。

【示例 10-1】假设某实时系统有 4 个周期性任务，其周期分别为 4、8、10 和 20，对应的执行时间分别为 1、2、2 和 4，计算各个任务的利用率和系统总利用率。

解析：各个任务的利用率分别为

$$\mu_1=\frac{C_1}{T_1}=\frac{1}{4}=0.25 \qquad \mu_2=\frac{C_2}{T_2}=\frac{2}{8}=0.25$$

$$\mu_3=\frac{C_3}{T_3}=\frac{2}{10}=0.2 \qquad \mu_4=\frac{C_4}{T_4}=\frac{4}{20}=0.2$$

可见，各任务的利用率分别为 0.25、0.25、0.2 和 0.2。

系统总利用率为

$$\begin{aligned}U&=\sum_{i=1}^{4}\frac{C_i}{T_i}\\&=\frac{C_1}{T_1}+\frac{C_2}{T_2}+\frac{C_3}{T_3}+\frac{C_4}{T_4}\\&=\frac{1}{4}+\frac{2}{8}+\frac{2}{10}+\frac{4}{20}=0.9\end{aligned}$$

即该系统的处理器在 90%的时间内处理完各个任务。

10.2.4 实时任务管理

在实时操作系统中，系统内核通过读取任务控制块（TCB）的信息来管理和调度任务。当任务开始执行时，TCB 的上下文部分被写入 CPU 相应的寄存器中；当任务停止执行时，内核将当前任务的上下文信息写到该任务的 TCB 中，并将该任务插入相应的队列中，即将该任务的 TCB 插入存储其他任务的 TCB 的队列链表中；若撤销一个任务，内核删除该任务的 TCB，并释放为其分配的内存空间，如图 10-4 所示。

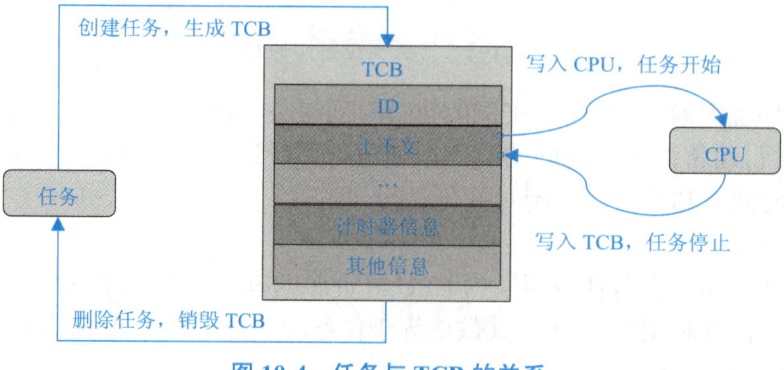

图 10-4 任务与 TCB 的关系

内核是通过任务状态对任务进行调度和管理的，任务有休眠、就绪、运行、挂起（阻塞）等 4 种状态。

（1）休眠。当任务未被初始化或未被创建，或者该任务被删除或者中止执行时，该任务处于休眠状态。处于休眠状态的任务，系统不会分配（创建）TCB。

（2）就绪。任务除没有获得 CPU 控制权外，已满足运行的其他一切条件，内核可以对其进行调度，则该任务处于就绪状态。

（3）运行。任务获得 CPU 控制权并且正在执行，则该任务处于运行状态。

（4）挂起（或阻塞）。在任务执行过程中，由于某些原因无法继续执行被内核挂起，如需要某个输入或者等待某个事件，则调度程序会将该任务置于挂起（或阻塞）状态。

初始时，任务处于休眠状态；任务初始化后，系统为其分配 TCB，该任务可以随时被内核调度执行，则该任务由休眠状态转为就绪状态；若该任务被调度选取，分配到 CPU 中运行，则该任务由就绪状态转为执行状态；若该任务在执行过程中出错或者完成执行，则该任务由执行状态转为休眠状态，系统删除该任务及其 TCB。若该任务在运行过程中被高优先级的任务抢占，则该任务由运行状态转为就绪状态；若该任务因为等待事件或资源而被迫停止执行，则该任务由运行状态转为挂起状态；若处于挂起状态的任务等待的事件或资源到来，则该任务由挂起状态转为就绪状态，如图 10-5 所示。

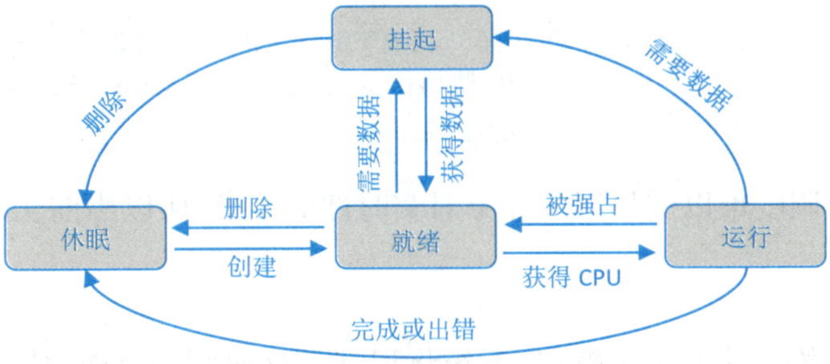

图 10-5　任务状态转换

10.3　实时调度

10.3.1　内核与调度

内核是实时操作系统的核心，负责提供系统调用、任务调度、服务计时以及中断服务等实时操作系统最基本的功能，相当于系统的“大脑”。

在实时操作系统中，一个应用程序可以被分割成若干个任务，这些任务的运行是彼此独立的。为了保证每个任务都可以正常访问 CPU，并在规定时间内顺利完成执行，就需要内核负责对这些任务进行调度。内核不仅要保证 CPU 资源得到有效利用，还需要制定在什么时间执行哪个任务的执行策略。每个任务可根据重要程度给定优先级，系统根据优先级对任务进行激活、运行、挂起等操作。

在实时操作系统中，任务调度十分重要。所谓实时调度，就是内核决定在什么时间执行哪个任务，并保证所有任务或者所有关键性任务能够在规定时间内完成执行。

任务并不是在任何时刻都可调度，即任务有调度点，调度点有以下 5 种情况：

（1）当一个任务从休眠状态切换到就绪状态时；

（2）当一个任务从运行状态切换到挂起状态时；

（3）当一个任务从运行状态切换到就绪状态时；

（4）当一个任务从挂起状态切换到就绪状态时；

（5）当一个任务终止时。

10.3.2 实时调度策略

实时操作系统的调度策略可分为非抢占式调度和抢占式调度。

1. 非抢占式调度

操作系统采用非抢占式调度策略时，系统将某一任务交给 CPU 执行后，该 CPU 会一直执行该任务，直到该任务执行完成，或者发生意外事件而被阻塞并进入休眠或挂起状态，这时才能被调度，也就是只能在调度点（1）、（3）和（4）的情况下调度，而在其他任何情况下不允许任务抢占已经分配用于执行任务的 CPU。

【示例 10-2】先来先服务（First Come First Served，FCFS）是一种典型的非抢占式调度。顾名思义，先来先服务是根据任务到达的次序进行调度，任务就绪后将进入就绪队列，越早就绪的任务在队列中的位置越靠前，先来先服务总是调度处于就绪队列之首的任务。

由于非抢占式调度难以满足紧急任务对实时性的要求，所以当前实时操作系统很少采用这种调度方式。

2. 抢占式调度

操作系统采用抢占式调度策略时，系统将根据某种原则，允许在特定条件下终止 CPU 正在执行的当前任务，然后将 CPU 分配给另一个任务执行，其在 5 种调度点的情况下都可以调度，且其有时间片原则和优先级原则两种抢占方式。

时间片原则是指每个进程所需执行的总时间被分割成若干个时间片，系统按照时间片来执行任务。当一个时间片用完后，便中止该任务的执行，然后重新进行调度，如图 10-6 所示。

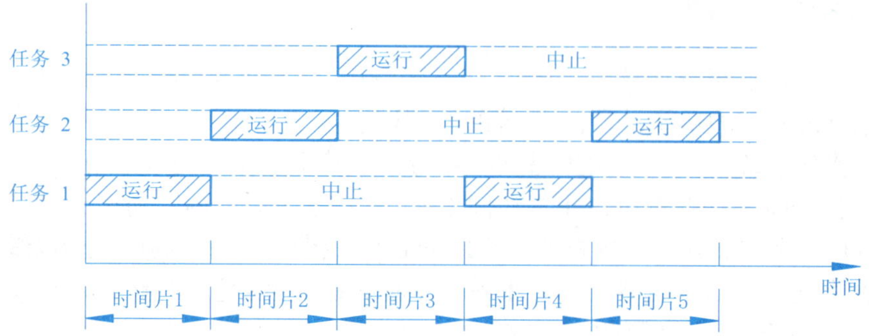

图 10-6　时间片原则的实现示意

优先级原则是指每个任务可根据重要程度被赋予一定的优先级，系统根据优先级选择任务的执行顺序。在任务执行过程中，如果新来任务的优先级比正在执行任务的优先级高，那么系统可中止正在执行的任务，转而执行优先级较高的任务。

【示例 10-3】固定优先级（Fixed Priority，FP）调度策略就属于这种调度方式。在固定优先级调度中，每个任务被赋予一定的优先级，当新任务到达就绪队列时，若该任务比正在执行的任务优先级高，则 CPU 转而执行该任务；否则 CPU 继续执行原来的任务，新任务在就绪队列中等待。

10.3.3　可调度性判定

判断实时操作系统是否满足实时性要求，也就是对系统中的任务可以在任何条件下被调度执行进行可调度性判定。

可调度定理：对于给定的任务集 τ 和调度算法 A，有无穷多个基于 τ 的任务实例可以被 A 调度，即该任务集中的任何任务实例都可以在其截止时间之前完成执行，则称任务集 τ 可以被调度算法 A 调度，这一组任务是可调度的。

可调度性判定原则有两种，即响应时间原则和资源利用率界限原则。

1. 响应时间原则

任务实例的响应时间是指该实例从派发到完成执行的时间。一个任务实例的响应时间 R 为实例派发时间、实例开始执行时间间隔与任务执行时间之和。一个任务实例 τ_i 的最坏响应时间 R_i（Worst Case Response Time，WCRT）是实时操作系统释放所有任务实例的响应时间的最大值，如果任务集 τ 中的所有任务实例 τ_i 都满足其截止时间为其最坏响应时间的上限，即 $R_i \leqslant d_i$，则该系统是可调度的。

【示例 10-4】一个任务实例在 0 时刻派发，该任务实例需 6 个单位的执行时间，其绝对截止时间为 30 时刻。

（1）该任务实例若在 15 时刻开始执行，其响应时间为 0+15 +6 = 21 < 30，由于响应时间是 21，小于截止时间 30，所以该任务实例是可调度的。

（2）该任务实例若在 26 时刻开始执行，其响应时间为 0+26 +6 = 32 > 30，该任务实例在 30 时刻还未完成执行，则该任务实例错失截止时间，那么该任务实例不可被调度。

（3）该任务实例若在 27 时刻完成执行，则其响应时间为 27 时刻。

（4）假设该任务所有实例都能在截止时间之前完成执行，且其中最大值为 28 时刻，则该任务的最坏响应时间为 28 时刻，且不大于其绝对截止时间，那么该任务是可以被调度的。若任务集中的任意一个任务均满足此性质，则该任务集可以被调度。

2. 资源利用率界限原则

设一个系统的资源利用率为非负实数 UB，μ_i 表示任务集 τ 中任务 i 的利用率。若任务集 τ 中所有任务的利用率之和满足下面的不等式：

$$\sum_{i=1}^{m} \mu_i \leqslant UB \tag{10-4}$$

则该系统是可调度的。

【示例 10-5】一个实时系统任务集有 4 个周期任务，系统的资源利用率上界为 1，即 UB=1，各个任务的周期分别为 4、5、10 和 12,对应的执行时间分别为 1、1、2 和 3,任务集是否可调度?

解析:各个任务的利用率分别为

$$\mu_1=\frac{C_1}{T_1}=\frac{1}{4}=0.25 \qquad \mu_2=\frac{C_2}{T_2}=\frac{1}{5}=0.20$$

$$\mu_3=\frac{C_3}{T_3}=\frac{2}{10}=0.20 \qquad \mu_4=\frac{C_4}{T_4}=\frac{3}{12}=0.25$$

则系统总利用率为

$$\begin{aligned}U&=\sum_{i=1}^{4}\frac{C_i}{T_i}\\&=\frac{C_1}{T_1}+\frac{C_2}{T_2}+\frac{C_3}{T_3}+\frac{C_4}{T_4}\\&=0.9\leqslant 1\end{aligned}$$

系统总利用率为 0.9,小于系统利用率上界 1,则该任务集可以被调度。

【示例 10-6】在示例 10-5 中,各任务对应的执行时间若分别为 1、2、2 和 3,该任务集是否可调度?

解析:各个任务的利用率分别为

$$\mu_1=\frac{C_1}{T_1}=\frac{1}{4}=0.25 \qquad \mu_2=\frac{C_2}{T_2}=\frac{2}{5}=0.40$$

$$\mu_3=\frac{C_3}{T_3}=\frac{2}{10}=0.20 \qquad \mu_4=\frac{C_4}{T_4}=\frac{3}{12}=0.25$$

则系统总利用率为

$$U=\sum_{i=1}^{4}\frac{C_i}{T_i}=0.25+0.4+0.2+0.25=1.1\geqslant 1$$

系统总利用率为 1.1,大于系统利用率上界 1,则该任务集不可被调度。

在满足可调度性判定原则的基础上,如何评价一个调度算法性能的好坏?一种方法是通过资源利用率进行性能评估,资源利用率越高的调度算法性能越好。另一种方法是通过接受率进行性能评估,系统随机产生任务集,进行实验和仿真,其中能够被调度的任务集数目与产生任务集总数的比值称为接受率,接受率越高的调度算法性能越好。

【示例 10-7】系统随机产生 10 个任务集,其中 8 个可以被调度算法 1 调度,则接受率为 80%;而调度算法 2 可以调度 7 个任务集,则接受率为 70%。那么,算法 1 比算法 2 的性能好。

10.3.4 常用的调度算法

实时操作系统的调度算法多种多样,本节仅讨论部分经典的调度算法。

1. 单调速率调度算法

单调速率调度(Rate Monotonic Scheduling, RMS)算法是一种静态调度算法,它是为实时操作系统最早开发的调度策略之一,目前仍被广泛采用。

RMS 算法的原理是系统根据任务的周期长短来确定其优先级,周期越短的任务优先级越高,周期越长的任务优先级越低,且系统中所有任务的周期是确定的。在执行调度前,生成调度表并进行可执行性分析,系统总是优先执行周期最短的任务。

基本的 RMS 模型有以下约束:

（1）所有任务都在单个 CPU 上周期性运行；
（2）任务的截止时间就是任务的周期；
（3）任务的执行时间是常数；
（4）忽略上下文切换的时间；
（5）任务之间不存在任何软硬件资源共享；
（6）最高优先级的任务总能抢占其他低优先级任务的执行。

根据上述约束，一个任务的模型可以简化为 $\tau(T_i,C_i,d_i)$。

给定任务集 $\tau=\{\tau_1,\tau_2,\cdots,\tau_n\}$，对于任意一个任务 τ_i，其在最坏情况下的执行时间和任务周期分别为 C_i 和 T_i，任务集 τ 在该系统下满足 RMS 算法调度的充分条件为

$$\sum_{i=1}^{n}\frac{C_i}{T_i}\leqslant n\left(2^{\frac{1}{n}}-1\right)=\delta(n) \qquad (10\text{-}5)$$

若整体任务集的利用率小于或等于 $\delta(n)$，则该任务集满足 RMS。由式（10-5）可知，RMS 算法的性能受任务数的影响较大。

【示例 10-8】一个任务集 τ 有两个实时任务 $\tau_1(50,20,50)$、$\tau_2(100,38,100)$，其中 τ_1 执行时间为 20、周期为 50、截止时间为 50，τ_2 执行时间为 38、周期为 100、截止时间为 100。确定该任务集是否能被 RMS 算法调度。

解答：系统总的利用率为

$$U=\sum_{i=1}^{2}\frac{C_i}{T_i}=\frac{20}{50}+\frac{38}{100}=0.4+0.38=0.78$$

$$\delta(2)=2\times\left(2^{\frac{1}{2}}-1\right)=0.828$$

由于

$$U<\delta(2)$$

因此，该任务集可被 RMS 算法调度。

解析：

该示例的 RMS 算法调度过程如图 10-7 所示。为便于分析，需要构建一个长度为各个任务周期的最小公倍数的时间轴。

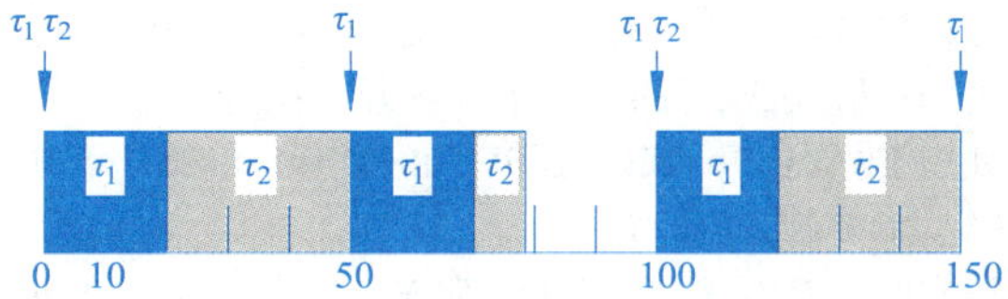

图 10-7　RMS 算法调度过程

在 0 时刻，τ_1 和 τ_2 同时进入就绪队列。根据 RMS 算法，各个任务按优先级由高到低为 τ_1、τ_2，所以 τ_1 的第一个实例被优先执行。

在 20 时刻，τ_1 的第一个实例执行完成，τ_2 的第一个实例开始执行。

在 50 时刻，τ_1 的第二个实例到达，由于其优先级高于 τ_2，τ_1 抢占 CPU 并开始执行。

在 70 时刻，τ_1 的第二个实例执行完成，τ_2 继续执行未完成的第一个实例。

在 78 时刻，τ_2 的第一个实例执行完成。

在 78~100 时刻，由于 τ_1 和 τ_2 的当前周期都已完成，这期间 CPU 不执行 τ_1 和 τ_2，CPU 处于空闲状态。

当到达 100 时刻时，τ_1 和 τ_2 又同时开始新周期。

RMS 算法是一种较为经典的实时调度算法，其原理简单，并且随着系统的工作负载增加，性能下降平缓。但是该算法受任务数量影响较大，随着任务数量增加，该算法的可调度性下降，同时该算法的 CPU 利用率较低，无法满足特定的实时环境要求。

2. 最早截止时间优先调度算法

最早截止时间优先调度（Earliest Deadline First Scheduling，EDFS）算法是一种动态调度算法，既可用于抢占式调度，也可以用于非抢占式调度。其中，抢占式调度用于周期性实时任务，而非抢占式调度用于非周期性实时任务。

EDFS 算法的原理是根据任务的最早截止时间动态地分配优先级。当前未执行或者待执行任务的截止时间越早，则任务的优先级越高，也就会被优先调度。与静态调度算法不同，动态调度任务的优先级是随着时间的改变而改变的。

给定任务集 $\tau=\{\tau_1,\tau_2,\cdots,\tau_n\}$，对于任意一个任务 τ_i，其在最坏情况下的执行时间和任务周期分别为 C_i 和 T_i，任务集 τ 在该系统下满足 EDFS 算法调度的充分条件为

$$\sum_{i=1}^{n}\frac{C_i}{T_i}\leqslant 1 \tag{10-6}$$

即整体任务集的利用率小于或等于 1 时，该任务集满足 EDFS。

【示例 10-9】一个任务集有两个实时任务 τ_1(50，25，50)、τ_2(80，35，80)，其中 τ_1 周期为 50、截止时间为 50、执行时间为 25，τ_2 周期为 80、截止时间为 80、执行时间为 35。确定该任务集是否可以被 EDFS 算法调度。

解答：系统总的利用率为

$$U=\sum_{i=1}^{2}\frac{C_i}{T_i}=\frac{25}{50}+\frac{35}{80}=0.937\,5<1$$

该任务集可以被 EDFS 算法调度。

解析：

该示例的 EDFS 算法调度过程如图 10-8 所示。任务集各个任务周期的最小公倍数是 400。

在 0 时刻，τ_1 和 τ_2 同时进入就绪队列，由于 τ_1 第一个实例的截止时间 50 小于 τ_2 第一个实例的截止时间 80，故 τ_1 的第一个实例被优先执行。

在 25 时刻，τ_1 的第一个实例执行完成，τ_2 的第一个实例开始执行。

在 50 时刻，τ_1 的第二个实例到达，但是其截止时间 100 大于 τ_2 的第一个实例的截止时间 80，故 τ_2 继续执行直到 60 时刻完成，τ_1 的第二个实例开始执行。

τ_2 的第二个实例在 80 时刻到达，并在 85 时刻开始执行。

在 100 时刻，τ_1 的第三个实例到达，由于其截止时间 150 小于 τ_2 的第二个实例的截止时间 160，故 τ_1 抢占 CPU，在 125 时刻执行完成，τ_2 继续执行第二个实例，并在 145 时刻执行完成。

在 145~150 时刻，τ_1 和 τ_2 都没有完成当前周期，因此 CPU 空闲。

在 150 时刻，τ_1 到达，按照最早执行时间优先的原则依次执行，在 150~400 时刻的执行情况如图 10-8 所示。

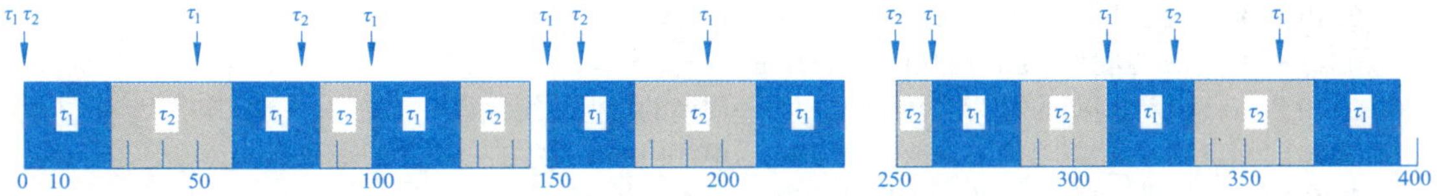

图 10-8　EDFS 算法调度过程

EDFS 算法是一种经典的实时调度算法。该算法较为灵活，受任务数量影响较小，同时该算法的 CPU 利用率高。但是该算法受系统工作负载影响较大，当系统工作负载上升时，该算法性能急剧下降，甚至导致一些关键任务无法按时完成调度。

3. 最低松弛度优先调度算法

最低松弛度优先调度（Least Laxity First Scheduling，LLFS）算法是一种动态调度算法，采用抢占式调度，可用于调度周期性实时任务。其原理是根据任务紧急程度（松弛度）来动态地分配优先级。当前未执行或者待执行任务的紧急程度越高，即松弛度越低，则任务的优先级越高，越会被优先执行。松弛度是描述任务紧急程度的专有名词，其计算公式为

$$L = d - CL - ct \tag{10-7}$$

式中：L 表示松弛度；d 表示任务截止时间；CL 表示任务剩余执行时间；ct 表示当前时间。

也就是说，任务的松弛度越低，代表该任务越紧急，越应该优先调度。

给定任务集 $\tau = \{\tau_1, \tau_2, \cdots, \tau_n\}$，对于任意一个任务 τ_i，其在最坏情况下的执行时间和任务周期分别为 C_i 和 T_i，任务集 τ 在该系统下满足 LLFS 算法调度的充分条件为

$$\sum_{i=1}^{n} \frac{C_i}{T_i} \leqslant 1 \tag{10-8}$$

即整体任务集的利用率小于或等于 1 时，该任务集满足 LLFS。

【示例 10-10】假设一个任务集 τ 有两个实时任务 τ_1(20，10，20)、τ_2(50，25，50)，其中 τ_1 周期为 20、截止时间为 20、执行时间为 10，τ_2 周期为 50、截止时间为 50，执行时间为 25。确定该任务集是否能够被 LLFS 算法调度。

解答：系统总的利用率为

$$U = \sum_{i=1}^{2} \frac{C_i}{T_i} = \frac{10}{20} + \frac{25}{50} = 1 \leqslant 1$$

该任务集可以被 LLFS 算法调度。

解析：

该示例的 LLFS 算法调度过程如图 10-9 所示。任务集各个任务周期的最小公倍数是 100。

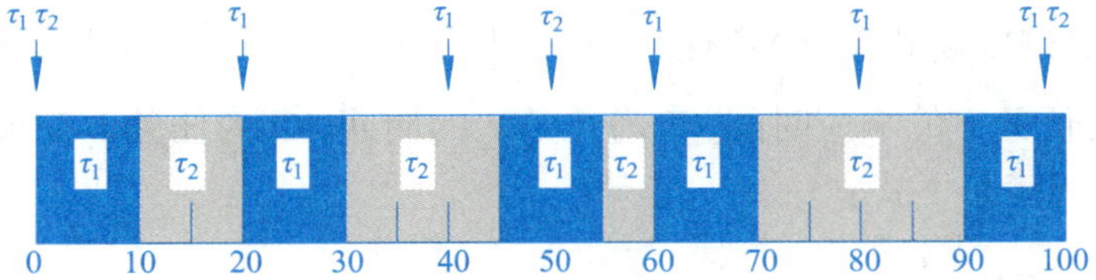

图 10-9　LLFS 算法调度过程

在 0 时刻，τ_1 和 τ_2 同时到达，τ_1 松弛度为 10，τ_2 松弛度为 25，故 τ_1 先执行。

在 10 时刻,τ_1 当前周期的实例执行完成,τ_2 开始执行。
在 20 时刻,τ_1 松弛度为 10,τ_2 松弛度为 15,τ_1 抢占 τ_2。
在 30 时刻,τ_1 第二周期的实例执行完成,τ_2 第一周期的实例继续执行。
在 40 时刻,τ_1 第三周期的实例到达,τ_1 松弛度为 10,τ_2 松弛度为 5,τ_2 抢占 τ_1 而继续执行。
在 45 时刻,τ_1 松弛度为 5,τ_2 第一周期的实例已经执行完成,τ_1 执行。
在 55 时刻,τ_1 尚未进入第四周期,τ_2 松弛度为 20,τ_2 执行。
在 60 时刻,τ_1 第四周期的实例到达,其松弛度为 10,τ_2 松弛度为 15,τ_1 抢占 τ_2。
在 70 时刻,τ_1 尚未进入第五周期,τ_2 第二周期的实例继续执行。
在 80 时刻,τ_1 松弛度为 10,τ_2 松弛度为 10,由于 τ_2 先到达,τ_2 先执行。
在 90 时刻,τ_2 第二周期的实例执行完成,τ_1 第五周期的实例开始执行。

LLFS 算法是一种经典的实时调度算法。与 EDFS 算法相似,该算法也存在着在线开销大等缺点。

10.3.5 响应时间分析方法

响应时间分析(Response Time Analysis, RTA)是实时操作系统中一种重要的设计理念,即通过对系统中各个任务响应时间的分析计算,判断系统的可调度性以及性能指标。通过响应时间分析,计算出 CPU 处于空闲的时间片(slack time),并将这些零散的时间片集中起来重新利用,会大幅提高系统资源利用率。

可通过研究分析系统的调度实例,计算其需求约束函数(Demand Bound Function, DBF)和供给约束函数(Supply Bound Function, SBF),从而得到系统的最坏响应时间,然后将系统的空闲时间片收集起来用于分配给新任务,进而提高系统资源利用率。

需求约束函数表示任务在一定时间内可能产生的最大执行时间需求。例如,对于一个任务 τ,其需求约束函数 DBF(t_1, t_2)表示在[t_1, t_2)时间段内,处理器至少要提供 DBF(t_1, t_2)个时间单位的计算资源来执行任务 τ,否则 τ 有错失截止时间的风险。当任务系统在任意时间段的时间需求量都不超过该时间段的长度时,该系统可调度。

供给约束函数表示处理器在一定时间内能够提供的最大计算资源。例如,供给约束函数 SBF(t_1,t_2)表示在[t_1,t_2)时间段内,处理器至多能够提供 SBF(t_1,t_2)个时间单位的计算资源。如果在该时间段内执行的任务所需要的计算资源总和超过 SBF(t_1, t_2),该系统不可调度。

综上所述,可得

$$\mathrm{SBF}(t_1,t_2) \geqslant \mathrm{DBF}(t_1,t_2) \tag{10-9}$$

DBF 函数和 SBF 函数的关系如图 10-10 所示。

在固定优先级调度模式下,给定任务集 $\tau=\{\tau_1,\tau_2,\cdots,\tau_n\}$,令 $hp(i)$ 为优先级高于任务 τ_i 的任务集合,R_i 为任务 τ_i 的响应时间,T_i 为任务 τ_i 的周期,C_i 为任务 τ_i 在最坏情况下的执行时间,则其响应时间满足下式:

$$R_i = C_i + \sum_{\tau_j \in hp(i)} \left\lceil \frac{R_i}{T_j} \right\rceil C_j \tag{10-10}$$

式中:符号⌈ ⌉为天花板括号,表示对其内部的数字向上取整,如⌈2.3⌉= 3。

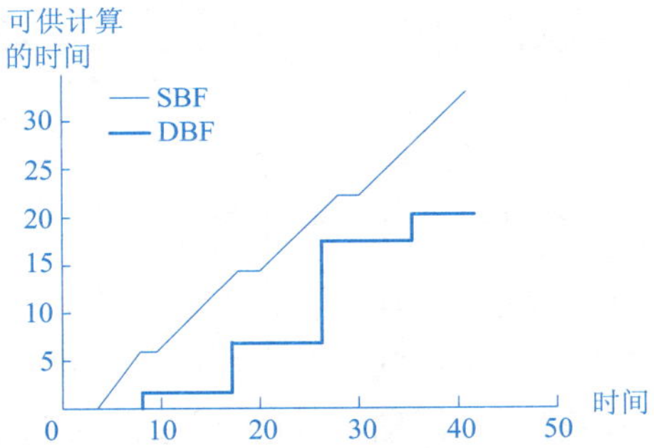

图 10-10 DBF 函数和 SBF 函数的关系

【示例 10-11】一个任务集有 3 个实时任务 $\tau_1(2,1,2,1)$、$\tau_2(10,2,10,2)$、$\tau_3(100,20,100,3)$，其中每个四元组分别表示周期、执行时间、截止时间和优先级，分析任务 τ_3 是否可调度。

解答：对于任务 τ_3，其响应时间的计算公式为

$$R_3 = 20 + \left(\lceil R_3/10 \rceil \times 1 + \lceil R_3/12 \rceil \times 2\right)$$

解方程可得 $R_3 = 29$，即 τ_3 的最坏响应时间为 29，而 τ_3 的周期是 30，最坏响应时间小于周期，因此 τ_3 是可以调度的。

10.4 进程间通信机制

操作系统一般存在多个进程，这些进程之间或存在逻辑关系，或无逻辑关系。无论进程之间是否有逻辑关系，它们由于要共享或竞争系统资源，所以不可避免地会互相发生作用。若进程之间存在某种联系，则称为相关进程；而无任何联系的进程称为无关进程，无关进程相互独立，各自的执行不会影响其他进程的执行。

相关进程之间的关系包括进程间通信、进程同步、进程互斥等。进程间通信是为了传递数据或者控制信息。进程同步是为了保证进程之间的合作，并按照特定的时间和条件定义直接制约关系。进程互斥是为了保证共享资源的访问不会因同时占据共享资源而发生运行结果的逻辑错误。

10.4.1 进程的通信方式

进程（任务）主要通过内存共享和消息传递两种方式进行通信。

1. 内存共享

进程之间存在可直接访问的共享内存空间，不同进程通过对该空间的读写操作实现信息的交换。内存共享最简单的方法就是使用共享数据结构，尤其是多个进程在同一个地址空间时，如图 10-11 所示。共享数据结构的类型可以是全局变量、指针、缓冲区等。若多个进程要进行写操作，应注意互斥保护。

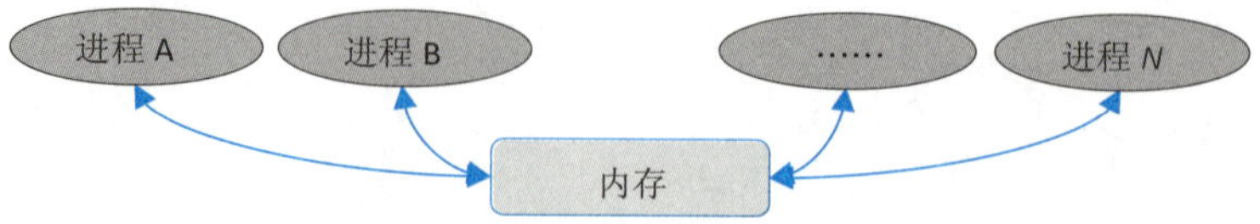

图 10-11 基于内存共享的通信

通过内存共享实现进程间的通信，需要通信的各方都可访问所共享的内存。例如，进程A创建某一个共享内存区，进程B也可访问该共享内存区。进程A可将信息保存到共享内存区，随后进程B读取该共享内存区的信息，即可实现进程A与进程B的通信。

在共享内存中，通常需要设置一个标志位，准备好标志数据，以保证执行读操作的进程读取完整的通信信息。若两个进程都执行写操作，则会发生数据竞争。

【示例 10-12】进程A和进程B都要向共享内存中写数据，此时可能引发共享资源竞争。

解析：

（1）进程A读标志位，为0，可写；

（2）进程B读标志位，为0，可写；

（3）进程A把标志位置为1，向共享单元写数据；

（4）进程B错误地再次把标志位置为1，写入数据，并覆盖进程A写入的数据。

因此，CPU总线通过支持测试与置位（test-and-set）原子操作避免数据竞争情况的发生。测试与置位原子操作首先对数值进行检测，如果该值通过检测则执行置位操作。Contex-M4使用SWP指令可实现测试与置位原子操作。

提示：

不可中断、不可拆分的操作称为**原子操作**。内核提供核外调用的过程或函数称为**原语**，原语是一种基本操作，是不可分割的，具有原子性，要么全部执行成功，要么全部执行失败，不会出现中间状态。

原语通常由硬件提供，如处理器提供的检测置位、比较置换等操作。

内存共享通信需要注意以下几点：

（1）内存共享通信不限于两个进程间通信，多进程间也可实现通信；

（2）内存共享通信是进程间通信最快的通信；

（3）多进程不能同时写共享内存区，否则会引起信息丢失，甚至导致系统崩溃。

2. 消息传递

消息传递是内存共享通信方式的补充。在消息传递方式中，每个通信实体都有独自的发送、接收单元，消息存储在发送方、接收方的端点处。消息传递有消息邮箱和消息队列两种方式。

1）消息邮箱

消息邮箱是系统预留一块公共内存区域作为邮箱，由统一的调度器来控制各个任务的数据和信息传递。任务可以通过读写相关函数操作来对邮箱进行读写。多个任务可以访问邮箱，但是只有一个任务能从邮箱中读取出数据或控制信息。数据或控制信息一旦从邮箱中读取出来，邮箱就置为空闲状态。同时，邮箱还会设置超时控制，以防止死锁。

2）消息队列

消息队列可以看作由多个消息邮箱排列而成，其原理与消息邮箱大同小异，也是通过相应的读写函数实现的。

10.4.2　进程同步与互斥

在实时操作系统中，并发执行的进程以各自独立的、不可预知的速度向前推进，各进程执行的先后顺序是不确定的。为了保证任务正常运行，各进程间有这样或那样的制约关系。

【示例 10-13】进程 A 需要从内存缓冲区中获取进程 B 的计算结果。当内存缓冲区为空时，进程 A 处于阻塞状态，等待进程 B 将数据存入内存缓冲区；当进程 B 将计算结果存入内存缓冲区时，进程 A 被唤醒。

解析：进程 A 执行的是读操作，进程 B 执行的是写操作。合乎逻辑的运行流程是先写后读，即进程 A 和进程 B 之间执行的次序有内在制约，也就是进程 B 执行写操作后，进程 A 才可执行读操作。

在实时操作系统中，约束并发进程执行先后次序的直接制约关系称为同步，在某时间段内规定只能有一个进程访问临界资源的间接制约关系称为互斥。

1. 进程同步

进程同步的目的是保证相互合作、相互制约的进程之间按照特定的时间、顺序、条件执行。同步可分为两种：一种是资源同步，即避免两个及以上进程对同一个资源的同时操作；另一种是活动同步，即当一个任务到达某种状态时，另一个任务才可执行。一般实时操作系统采用信号量同步或者事件同步的方法来实现进程同步。

1）信号量同步

在实时操作系统中，可以采用信号量来实现进程与中断服务程序同步或者进程间的数据信息同步。信号量本质上是全局变量，可以为正、零或负。例如，信号量大于 0，表示资源可供使用；信号量为 0，表示资源已被占用；信号量小于 0，表示资源不仅不可使用，而且有其他进程正在等待。

对于信号量的处理，可通过 PV 原语进行操作。如用 wait( )和 signal( )分别表示请求资源和释放资源。执行一次 P 操作（调用 wait 原语）意味着请求一个单位资源，信号量数值减 1；执行一次 V 操作（调用 signal 原语）意味着释放一个单位资源，信号量数值加 1。

2）事件同步

事件是基于同步的进程之间、进程与中断服务程序之间、进程与操作系统资源之间的通信机制，也是实时操作系统的重要标志之一。在支持事件机制的操作系统内核中，每个进程都有一个二进制的事件寄存器，该寄存器的每一位对应一个事件，每一个事件都以一个比特位表示。除系统预留位外，用户可以根据需要对其他事件进行定义。内核通过发送信号（事件标志）来实现任务间的同步，每次可发送一个事件，也可发送一组事件。

2. 进程互斥

同一时间只能被一个进程所占用的资源称为临界资源，访问临界资源的代码称为临界区。若多个进程同时访问同一临界区，则会发生与时间有关的逻辑错误。也就是在一个进程正在访问临界资源时，其他进程必须等待其访问结束后才能访问该资源。

【示例 10-14】进程 B 需要访问资源 C，但此时进程 A 占用资源 C，进程 B 若要访问资源 C 就会被阻塞，直到进程 A 释放资源 C，进程 B 才可以继续执行并访问资源 C。

同一个或者多个任务的不同进程之间也存在间接的制约关系，即进程互斥。为了避免进程互斥，通常要遵循以下原则：

（1）任何两个进程都不能同时处于临界区；

（2）不应对 CPU 的速度和数目做任何假设；

（3）临界区外的进程不得阻塞其他进程；

（4）不得使进程在临界区外无休止地等待。

进程互斥可通过管程、消息通信等方式解决。

10.5 实时操作系统构建思路

本节以多旋翼无人机实时控制系统为例，分析实时系统构建的一种思路和方法。读者可根据需要自行查阅相关资料，以了解其他构建思路和方法。

10.5.1 实时系统任务分析

构建实时控制系统，首先应了解控制系统的硬件组成、控制目标和要求，然后分析所控制设备的工作原理和工作流程，最后进一步分析为了实现控制目标有哪些具体任务、各任务的执行频率及轻重缓急程度等信息，这些信息是构建实时系统的前提和依据。

多旋翼无人机控制系统一般有三轴陀螺仪、三轴加速度计、高度计等各类检测飞行状态信息的传感器，用于检测位置信息的 GPS（全球定位系统）或北斗，作为执行部件的无刷直流电机，接收远程控制信息的遥控接收模块和电源等，如图 10-12 所示。当实时操作系统运行时，会根据实时采集的传感器检测数据解算无人机当前的姿态、位置、飞行状态等信息，结合遥控接收器接收到的遥控信息计算电机驱动信息并驱动电机，从而实现无人机的飞行控制。

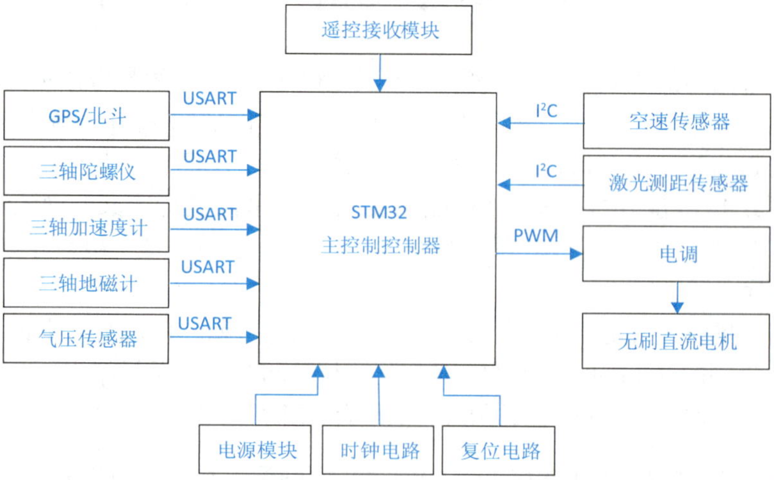

图 10-12　多旋翼无人机控制系统硬件参考框图

可见，实时操作软件系统需要实时采集、处理各类传感器的检测信息，解算无人机的姿态、位置、速度信息，计算并输出电机的控制信息，软件系统的任务多，但是不同任务的实时要求不同，或者说不同任务的重要程度不同。例如，飞行状态事关无人机的飞行安全问题，需要更为频繁地读取地磁计、气压计、陀螺仪、加速度计等相关传感器的信号，解算无人机的飞行状态，并据此通过控制电机实现对飞行状态的控制。

10.5.2　任务分组与实时模型定义

1. 线程划分

任务确定后，可根据各任务的重要程度，将各任务划分到执行周期为 1 ms、2 ms、5 ms、10 ms、20 ms、50 ms 等的若干分组中。例如，将读取、处理地磁计、气压计、陀螺仪等传感器的检测数据，解算飞行状态等任务划分到执行周期为 1 ms 的线程中。

注意：

各组任务的执行周期需要根据控制任务要求、控制芯片的可用资源等综合考虑确定。若执行周期过短，则控制芯片的运算负担大，甚至会因运算量大而发生系统崩溃现象。另外，过大的运算量也会增加芯片的能耗，致使芯片温度升高。当芯片温度过高时，会发生保护性自动关机，从而导致设备失控。若执行周期过长将无法满足控制要求。

各组任务的执行周期确定原则是在满足控制要求的前提下，适当提高执行频率。

2. 实时模型定义及配置

为了便于管理任务，可定义一个结构体用于存储各组任务的相关信息，如执行该组任务的函数指针、执行周期、最后一次执行时间等，示例代码如下。

```
// 定义结构体，用于存储各组任务的信息
typedef struct                          // 定义一个结构体，该结构体有 4 个参数
{
    void(*task_func)(void);             // 函数指针类型参数，执行该组任务的函数的指针
    uint16_t rate_hz;                   // uint16_t 类型参数，该组任务的执行频率
    uint16_t interval_ticks;            // uint16_t 类型参数，该组任务的执行周期
    uint32_t last_run;                  // uint32_t 类型参数，该组任务最后一次执行的时间
} sched_task_t;                         // 声明该结构体的名称：sched_task_t
```

结构体定义后，可根据线程的划分，通过声明结构体类型(sched_task_t)的数组创建，并初始化配置各分组的信息，示例代码如下。

```
// 声明一个静态数组，数组成员的类型为结构体 sched_task_t 类型；
// 数组的每一个成员存储一个线程的相关信息
static sched_task_t sched_tasks[] =        // 数组名为 sched_tasks
{
    /** 数组的第 1 个成员保存第 1 个线程的信息，该线程的执行函数为 void Loop_1000 Hz( void ),
    * 注意参数中的 Loop_1000 Hz 为该函数的指针；执行频率为 1 000 Hz；执行周期初始化为 0，后续
    * 根据系统时钟确定；最后一次执行时间当前是未知量，初始化为 0，实际执行时更新该值***/
    { Loop_1000 Hz,   1000,   0,   0 },
    /**数组的第 2 个成员保存第 2 个线程的信息*********************************************/
    { Loop_500 Hz ,   500,   0,   0 },
```

```
    ……
    /**数组的第 n 个成员保存第 n 个线程的信息********************************************/
    { Loop_2 Hz,  2,  0,  0 },
};
```

3. 任务的调度管理

任务调度前，需要完善各组任务执行的要求，即需要进一步初始化任务分组表，明确各组任务的执行周期，示例代码如下。

```
// 根据数组长度判断分组的数量,也就是计算任务数
#define TASK_NUM (sizeof(sched_tasks)/sizeof(sched_task_t))
void Scheduler_Setup(void)
{
    uint8_t index = 0;
    for( index=0; index < TASK_NUM; index++)   //初始化任务表
    {
      // 计算每个任务的延时周期数
      sched_tasks[index].interval_ticks = TICK_PER_SECOND/sched_tasks[index].rate_hz;
      // 最短周期设定为 1 ms,若短于 1 ms,令其为 1 ms
      if( sched_tasks[index].interval_ticks < 1)
      {
        sched_tasks[index].interval_ticks = 1;
      } // if end
    } // for end
}
```

不同分组有各自的执行周期要求，可通过循环判断各分组上一次执行时间与当前时间间隔是否大于或等于该分组的执行周期，判决该组任务是否启动执行，示例代码如下。

```
// 该函数在 main 函数的 while(1)中调用,即可持续判断是否有线程满足条件而执行
void Scheduler_Run(void)
{
    uint8_t index = 0;
    //循环判断所有分组是否满足执行周期要求,若满足启动执行
    for(index=0;index < TASK_NUM;index++)
    {
      uint32_t tnow = SysTick_GetTick();    // 获取系统当前时间,单位为 ms
      //若当前时间减去上一次执行时间大于或等于该分组的执行周期,则执行该组任务
      if(tnow - sched_tasks[index].last_run >= sched_tasks[index].interval_ticks)
      {
        sched_tasks[index].last_run = tnow;   // 更新线程的执行时间,用于下一次判断
        sched_tasks[index].task_func();       // 执行线程函数,使用的是函数指针
      }
    }
}
```

4. 任务调度思路解析

上述任务调度的本质是将各任务划分为不同执行周期的分组，以执行周期为依据循环执行各组任务，如图 10-13 所示。

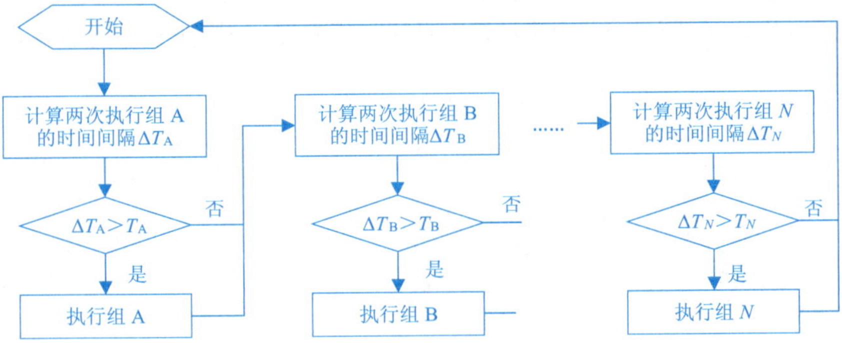

图 10-13　任务调度流程

这种调度思路虽然实现简单，但是只利用了执行周期进行简单判决，既没有任务之间的协调，也没有因任务阻塞超时的停止机制，系统资源利用率低，且极易因为某个任务阻塞超时致使其他任务长时间无法执行，产生无人机失控危险。

对运行鲁棒性要求较高的实时操作系统，可利用实时操作系统平台进行二次开发，限于篇幅，本书在此不再详细介绍。

10.6　小结

实时操作系统（RTOS）要求在事件发生时能够在截止时间内做出响应。程序执行的正确性不仅包含功能的正确性，还包含运行时间的约束性。根据对截止时间的刚性要求，实时操作系统可分为硬实时操作系统和软实时操作系统。

实时操作系统具有实时性、可靠性、可确定性和容错性等特点。内核通过任务状态对任务进行调度和管理。一般来说，任务有休眠、就绪、运行、挂起（阻塞）等几种状态。任务调度策略可分为非抢占式调度和抢占式调度。可调度性判定原则有响应时间原则和资源利用率界限原则。任务调度算法有多种，其中单调速率调度算法、最早截止时间优先调度算法、最低松弛度优先调度算法是较为常用的调度算法。

进程之间可通过内存共享、信息传递实现通信，进程之间也存在同步、互斥等约束关系。

思考题

10.1　实时性是实时操作系统的最大特点，简要阐述实时性的含义。

10.2　Rhealstone 是目前工业界用于评判实时操作系统性能指标的主要基准之一，它通过 6 个关键时间参数评估实时操作系统的实时性能，简要说明 Rhealstone 基准使用了哪些时间参数。

10.3 什么是进程？什么是线程？进程与线程有哪些异同？

10.4 假设某实时操作系统有 3 个周期性任务，其周期分别为 8、8、10，对应的执行时间分别为 2、1、4，计算各个任务的利用率和系统总利用率。

10.5 一个任务集有 3 个实时任务 τ_1(1,10,10,1)、τ_2(2,12,12,2)、τ_3(8,30,30,3)，其中每个四元组分别表示执行时间、周期、截止时间和优先级，分析任务 τ_3 是否可调度。

参考文献

[1] 郭建，陈刚，刘锦辉，等. 嵌入式系统设计基础及应用[M]. 北京：清华大学出版社，2022.

[2] 但永平，杨学昭.STM32 Cortex-M4 微控制器原理及应用教程[M]. 哈尔滨：哈尔滨工业大学出版社，2022.

[3] 郑亮，王戬，袁健男，等. 嵌入式系统开发与实践——鉴于 STM32F10× 系列[M]. 北京：北京航空航天大学出版社，2019.

[4] 玛里琳·沃尔夫. 嵌入式计算系统设计原理[M]. 宫晓利，谢彦苗，张金译.4 版. 北京：机械工业出版社，2018.

[5] 沈建华，王慈. 嵌入式系统原理与实践[M]. 北京：清华大学出版社，2018.

[6] 王剑，刘鹏，胡杰，等. 嵌入式系统设计与应用——基于 ARM Cortex-A8 和 Linux[M]. 北京：清华大学出版社，2017.

[7] 杨永杰，徐鹏. 嵌入式系统原理与应用——基于 ARM Cortex-M4 体系结构[M]. 北京：北京理工大学出版社，2018.

[8] 卢有亮. 基于 STM32 的嵌入式系统原理与设计[M]. 北京：机械工业出版社，2014.

[9] 张凯龙. 嵌入式系统体系、原理与设计[M. 北京：清华大学出版社，2017.

[10] 许大琴，万福、谢佑波. 嵌入式系统设计大学教程[M]. 北京：人民邮电出版社，2015.

[11] 奚海蛟，童强，林庆峰.ARM Cortex-M4 体系结构与外设接口实战开发[M]. 北京：电子工业出版社，2014.

[12] 王勇. 嵌入式系统原理与设计[M]. 杭州：浙江大学出版社，2013.